教育部哲学社会科学研究重大课题攻关项目

创新型国家的知识信息服务体系研究

RESEARCH ON KNOWLEDGE INFORMATION SERVICE SYSTEM OF INNOVATION-ORIENTED COUNTRY

胡昌平 等著

经济科学出版社
Economic Science Press

图书在版编目（CIP）数据

创新型国家的知识信息服务体系研究/胡昌平等著.
—北京：经济科学出版社，2011.8
教育部哲学社会科学研究重大课题攻关项目
ISBN 978-7-5141-0883-5

Ⅰ.①创… Ⅱ.①胡… Ⅲ.①知识管理-信息服务业-研究 Ⅳ.①G302②F719

中国版本图书馆 CIP 数据核字（2011）第 153864 号

责任编辑：周秀霞
责任校对：徐领柱
版式设计：代小卫
技术编辑：邱　天

创新型国家的知识信息服务体系研究

胡昌平　等著
经济科学出版社出版、发行　新华书店经销
社址：北京市海淀区阜成路甲 28 号　邮编：100142
总编部电话：88191217　发行部电话：88191540
网址：www.esp.com.cn
电子邮件：esp@esp.com.cn
北京中科印刷有限公司印装
787×1092　16 开　28 印张　540000 字
2011 年 12 月第 1 版　2011 年 12 月第 1 次印刷
ISBN 978-7-5141-0883-5　定价：70.00 元
（图书出现印装问题，本社负责调换）
（版权所有　翻印必究）

课题组主要成员

（以姓氏笔画为序）

毕　强　　沈固朝　　李　纲　　张李义
张　敏　　胡吉明　　赵　杨　　梁孟华
程　鹏　　曾建勋

编审委员会成员

主　任　孔和平　罗志荣
委　员　郭兆旭　吕　萍　唐俊南　安　远
　　　　文远怀　张　虹　谢　锐　解　丹

总　序

哲学社会科学是人们认识世界、改造世界的重要工具，是推动历史发展和社会进步的重要力量。哲学社会科学的研究能力和成果，是综合国力的重要组成部分，哲学社会科学的发展水平，体现着一个国家和民族的思维能力、精神状态和文明素质。一个民族要屹立于世界民族之林，不能没有哲学社会科学的熏陶和滋养；一个国家要在国际综合国力竞争中赢得优势，不能没有包括哲学社会科学在内的"软实力"的强大和支撑。

近年来，党和国家高度重视哲学社会科学的繁荣发展。江泽民同志多次强调哲学社会科学在建设中国特色社会主义事业中的重要作用，提出哲学社会科学与自然科学"四个同样重要"、"五个高度重视"、"两个不可替代"等重要思想论断。党的十六大以来，以胡锦涛同志为总书记的党中央始终坚持把哲学社会科学放在十分重要的战略位置，就繁荣发展哲学社会科学做出了一系列重大部署，采取了一系列重大举措。2004年，中共中央下发《关于进一步繁荣发展哲学社会科学的意见》，明确了新世纪繁荣发展哲学社会科学的指导方针、总体目标和主要任务。党的十七大报告明确指出："繁荣发展哲学社会科学，推进学科体系、学术观点、科研方法创新，鼓励哲学社会科学界为党和人民事业发挥思想库作用，推动我国哲学社会科学优秀成果和优秀人才走向世界。"这是党中央在新的历史时期、新的历史阶段为全面建设小康社会，加快推进社会主义现代化建设，实现中华民族伟大复兴提出的重大战略目标和任务，为进一步繁荣发展哲学社会科学指明了方向，提供了根本保证和强大动力。

高校是我国哲学社会科学事业的主力军。改革开放以来，在党中央的坚强领导下，高校哲学社会科学抓住前所未有的发展机遇，紧紧围绕党和国家工作大局，坚持正确的政治方向，贯彻"双百"方针，以发展为主题，以改革为动力，以理论创新为主导，以方法创新为突破口，发扬理论联系实际学风，弘扬求真务实精神，立足创新、提高质量，高校哲学社会科学事业实现了跨越式发展，呈现空前繁荣的发展局面。广大高校哲学社会科学工作者以饱满的热情积极参与马克思主义理论研究和建设工程，大力推进具有中国特色、中国风格、中国气派的哲学社会科学学科体系和教材体系建设，为推进马克思主义中国化，推动理论创新，服务党和国家的政策决策，为弘扬优秀传统文化，培育民族精神，为培养社会主义合格建设者和可靠接班人，做出了不可磨灭的重要贡献。

自 2003 年始，教育部正式启动了哲学社会科学研究重大课题攻关项目计划。这是教育部促进高校哲学社会科学繁荣发展的一项重大举措，也是教育部实施"高校哲学社会科学繁荣计划"的一项重要内容。重大攻关项目采取招投标的组织方式，按照"公平竞争，择优立项，严格管理，铸造精品"的要求进行，每年评审立项约 40 个项目，每个项目资助 30 万~80 万元。项目研究实行首席专家负责制，鼓励跨学科、跨学校、跨地区的联合研究，鼓励吸收国内外专家共同参加课题组研究工作。几年来，重大攻关项目以解决国家经济建设和社会发展过程中具有前瞻性、战略性、全局性的重大理论和实际问题为主攻方向，以提升为党和政府咨询决策服务能力和推动哲学社会科学发展为战略目标，集合高校优秀研究团队和顶尖人才，团结协作，联合攻关，产出了一批标志性研究成果，壮大了科研人才队伍，有效提升了高校哲学社会科学整体实力。国务委员刘延东同志为此做出重要批示，指出重大攻关项目有效调动各方面的积极性，产生了一批重要成果，影响广泛，成效显著；要总结经验，再接再厉，紧密服务国家需求，更好地优化资源，突出重点，多出精品，多出人才，为经济社会发展做出新的贡献。这个重要批示，既充分肯定了重大攻关项目取得的优异成绩，又对重大攻关项目提出了明确的指导意见和殷切希望。

作为教育部社科研究项目的重中之重，我们始终秉持以管理创新服务学术创新的理念，坚持科学管理、民主管理、依法管理，切实增强服务意识，不断创新管理模式，健全管理制度，加强对重大攻关项目的选题遴选、评审立项、组织开题、中期检查到最终成果鉴定的全过程管理，逐渐探索并形成一套成熟的、符合学术研究规律的管理办法，努力将重大攻关项目打造成学术精品工程。我们将项目最终成果汇编成"教育部哲学社会科学研究重大课题攻关项目成果文库"统一组织出版。经济科学出版社倾全社之力，精心组织编辑力量，努力铸造出版精品。国学大师季羡林先生欣然题词："经时济世　继往开来——贺教育部重大攻关项目成果出版"；欧阳中石先生题写了"教育部哲学社会科学研究重大课题攻关项目"的书名，充分体现了他们对繁荣发展高校哲学社会科学的深切勉励和由衷期望。

创新是哲学社会科学研究的灵魂，是推动高校哲学社会科学研究不断深化的不竭动力。我们正处在一个伟大的时代，建设有中国特色的哲学社会科学是历史的呼唤，时代的强音，是推进中国特色社会主义事业的迫切要求。我们要不断增强使命感和责任感，立足新实践，适应新要求，始终坚持以马克思主义为指导，深入贯彻落实科学发展观，以构建具有中国特色社会主义哲学社会科学为己任，振奋精神，开拓进取，以改革创新精神，大力推进高校哲学社会科学繁荣发展，为全面建设小康社会，构建社会主义和谐社会，促进社会主义文化大发展大繁荣贡献更大的力量。

教育部社会科学司

前　言

创新型国家建设在改变科技、经济和社会发展模式的同时，对面向国家创新发展的知识信息服务提出了体制变革和体系重构要求。经济全球化和创新国际化背景下，知识信息服务的社会化、协调化已引起各国的关注。从知识创新的全面推进，到创新型国家建设，我国的知识信息服务正面临着新的挑战与机遇。从战略上看，创新型国家建设与基于自主创新的国家发展，不仅需要信息基础设施建设和信息资源开发作保障，更重要的是，要求创建与创新型国家建设相适应的知识服务制度，实现面向创新的服务转型。

创新型国家的知识信息服务体制是一种有别于传统的信息服务体制，需要从创新型国家建设出发进行服务重构，使之与国家自主创新发展相适应。从服务组织上看，知识信息服务的转型应以需求为导向，以面向国家自主创新为原则，其基点是立足于国家信息化建设与创新发展，实现知识信息服务的社会化、全程化、高效化。因而，我国建设创新型国家的知识信息服务体系研究，必须面对现实，以解决我国创新发展的知识信息支撑与服务保障问题。围绕这一重大问题，2006年，我们获准承担了教育部哲学社会科学研究重大课题攻关项目"创新型国家的知识信息服务体系研究"（项目批准号：06JZD0032）。

创新型国家的知识信息服务体系研究的关键问题，一是知识信息服务体制变革，二是基于新的服务体制的面向自主创新的知识信息服务体系构建和社会化服务的全面实现。研究目的在于，从国家创新需求出发，在现代信息环境和技术条件下，构建与国际相融的、适应我国社会发展的信息服务行业体制和面向自主创新的知识信息服务体系。

在国家自主创新战略推进中，我国不断深化的体制改革，为创新型国家的信息服务体制确立和知识信息服务体系的完善创造了条件。本项目在探索知识信息服务变革与发展规律基础上，立足于国家创新发展的需要与现实问题的解决，构建面向自主创新的国家知识信息服务体系，提出以创新需求为导向，以国家制度创新为依托的网络化、数字化服务构架。在研究中，我们立足于国家和区域的发展现实，不断推进了成果的应用。本项目在中期成果应用的基础上，进行了成果的提炼，完成了集理论研究和实际应用成果于一体的专著。

《创新型国家的知识信息服务体系研究》立足于国家创新发展机制变革和创新型国家制度下的知识信息需求，分析了知识信息服务转型发展和体系重构问题，按协同发展理论构建了知识信息服务体系模型；在科学定位基础上，从系统、机构、资源、技术、管理等要素出发，探讨了创新型国家知识信息服务体系构建、服务实施和机构发展问题；在面向现实问题的研究中，提出了国家、区域、行业、系统和机构层面的服务拓展方式与对策。因此，本书既强调理论研究的导向性和基础性，又着重于案例和实证的示范性。基于此，本书的相关章节包含多方面统计数据的分析和基本理论的应用，突出了相关的实证，如基于创新价值链的知识信息需求结构分析、知识信息服务重组中的机构合作、信息资源配置的社会化体系构建、知识信息集成服务中的区域性农业信息平台建设以及知识信息服务业务拓展等。另外，对于普遍存在的现实问题，本书安排了专章，进行了面向国家创新的知识信息服务机构改革与发展案例分析。这一安排，旨在将理论与现实更好地结合起来，以利于成果的应用。

创新型国家的知识信息服务体系研究是国家发展转型和创新型国家建设中的现实问题，需要从多个方面进一步拓展研究，推进成果的应用。因此，著者希望以本书的出版为起点，将研究引向深入。

摘 要

创新型国家的知识信息服务体系研究，一是研究知识信息服务体制变革，二是研究基于新的服务体制的面向自主创新的信息服务体系构建与保障的全面实现，其目的在于从国家创新需求出发，在现代信息环境和技术条件下，构建与国际相融的、适应我国社会发展的信息服务行业体制和面向自主创新的知识信息服务体系。在国家自主创新战略推进中，我国不断深化的体制改革，科技、经济、社会发展、信息网络化与资源共享程度的提高，为围绕自主创新的国家建设提供了新的条件，为创新型国家的信息服务体制确立和知识信息服务体系的完善提供了可能。本项目研究的关键问题是，探索其中的规律，寻求科学的发展战略，构建面向自主创新的国家知识信息服务体系，为国家持续发展和基于创新的社会知识化创造基本的信息资源环境和条件。

本书从我国建设创新型国家的机制出发，分析自主创新信息需求，研究知识信息服务的社会转型、体制变革和行业规划；以制度创新、管理创新为导向，从知识信息服务业务组织、信息技术发展、信息资源利用和服务业务推进层面，研究面向创新型国家的知识信息保障体系；在此基础上，进一步研究我国建设创新型国家的信息政策、法律构架与服务规范，通过理论研究和实证，形成我国建设创新型国家的信息服务机构改革与知识信息服务体系优化方案。

全书分为10章，内容包括：创新型国家发展与知识信息服务、国家创新发展主体及其知识信息需求结构、国家发展转型基础上的知识信息服务体系重构、知识信息服务协作体系构建与系统协调发展、知识信息资源的社会化配置体系建设与资源配置组织、知识信息服务的技术支持体系与服务技术保障、面向用户的知识信息服务业务体系变革与服务拓展、知识信息服务制度建设与政策法律保障体系、以价值为核心的知识信息服务评价体系确立与评价组织、面向国家创新的知识信息服务机构改革与发展案例。本书突出机制问题、体制问题和业务系统的构建问题；在面向实际问题的应用研究中，从组织机构变革、信息技术发展、信息资源开发、服务平台建设和实施保证角度展开研究；强调信息化环境和全球经济一体化中自主创新的需求导向，将创新型国家的知识信息服务置于信息基础设施建设与网络条件下，进行实现研究。

在创新型国家知识信息服务体系研究中，结合项目组在科技信息系统、地方知识信息平台建设和行业创新发展的信息保障实证，进行了理论创新。主要创新包括创新型国家制度下的知识信息服务转型发展模型；面向用户的知识信息资源整合与平台构建方案；跨系统协同信息服务体制确立；基于创新价值链的知识信息服务重组和业务拓展。本书所取得的创新研究成果在推进我国知识信息服务体制改革和社会化服务体系重构中得到了应用。

信息化发展中，信息管理与服务已成为学术界关注的问题。从学科发展着手，本书进行了信息服务前沿跟踪，从而提出了以需求为导向的信息服务组织理论，理论研究的拓展有助于信息管理学科发展。

Abstract

The research of knowledge information service system of innovative country mainly includes two aspects: the research of the innovation of knowledge information system, the overall realization of the construction and assurance of information service system based on new service system and orienting to the independent innovation. Under the modern information environment and technical conditions, from the need of national innovation, the aim is to construct the information service industry system and knowledge information service system, blending with the international and adapting to the social development in China.

In the promotion of national strategy of independent innovation, the national construction orienting the independent innovation has possessed the new requirements, such as the deepening system innovation, the development of science and technology, economy and society, the improving of information networking and the extent of information resource sharing. And, these provide the possibility for the establishment of information service system and knowledge information service system of innovational country. The key issues of this project are as following: exploring the law, seeing the scientific development strategy, constructing the national knowledge information service system, and providing the fundamental conditions for the national sustainable development and the knowledge creation.

From the mechanism of the construction of innovational country, this work analyzed the information need of the independent innovation in China, studied the social transformation of knowledge information service, the system reform and industry planning. Taking the innovation and management innovation as the direction, studied the knowledge information assurance system face to the innovation-oriented from the organization of business, the development of information technology, the utilization of information resources and the promotion of service business. On the basis, the information policy, the information law structure and the service standard were further studied. Finally, through the theoretical research and empirical analysis, the programs for information service institutions reform and knowledge information services system optimization were proposed.

This book includes 10 sections: the development of innovation-oriented country and knowledge information service, the analysis of knowledge information need of innovation subjects, the reconstruction of knowledge information service system based on the transformation of innovational development, the construction of collaboration system of knowledge information service and the coordinated development of system, the socialization allocation of knowledge information resource, the technical support, the business expansion, the institutional construction of national knowledge information service and the assurance of policy, the comprehensive evaluation of service, the cases of reform and development for knowledge information service institutions. The mechanism and the construction of business system is the key parts in the application research from the angle of the reformation of institution, the development of information technology, the exploration of information resources, the construction of service platform and the empirical study. In the application research, the need guidance of independent innovation in the information environment and integrated global economy was emphasized, and the focus is the realization research of knowledge information service of innovational nation based on the construction of information infrastructures and network.

The theory innovation was also developed in the study of knowledge information system of innovational nation, combing with the empirical study in science and technology information system, the construction of knowledge information platform in the regions and the innovational development of industry, mainly including the transformation and development model of knowledge information under the innovational nation institution, the proposal of the integration of knowledge information resource and the construction of platform; the system establishment of cross-system and collaboration information service; the reorganization of knowledge information service and the business expansion based on the innovational value chain. The innovational research achievements promote the system reformation of national knowledge information service and the reconstruction of socialization service system.

In the informatization development, the information management and services has become the focus in the academic area. From the development of discipline, we make the front tracking of information services, and then propose the need-oriented information service organization theory. The expansion of theoretical study will promote the development of the information management discipline.

目 录

引论　　1

1 ▶ 创新型国家发展与知识信息服务　　7

1.1　国家创新体系构成与要素结构　　7
1.2　信息化中的国家创新模式转变　　17
1.3　创新型国家的知识信息支持形态与服务形态　　24
1.4　创新型国家的知识信息服务发展战略　　33

2 ▶ 国家创新发展主体及其知识信息需求结构　　46

2.1　国家创新的自主性与自主创新发展　　46
2.2　国家自主创新网络结构与创新信息网络的形成　　58
2.3　基于创新价值链的知识信息需求结构　　65
2.4　知识信息需求引动与演化机制　　73

3 ▶ 国家发展转型基础上的知识信息服务体系重构　　80

3.1　国家发展方式转变与知识信息服务转型　　80
3.2　发展转型中的知识信息服务重组及其目标定位　　88
3.3　知识信息服务重组的动力机制　　97
3.4　创新型国家建设中知识信息服务重组的战略推进　　103

4 ▶ 知识信息服务协作体系构建与系统协调发展　　112

4.1　知识信息服务系统建设与协调发展基础　　112
4.2　知识信息服务协作导向与协作实现机制　　120
4.3　知识信息服务的系统协同组织　　127

4.4　知识信息服务动态联盟建设与虚拟联盟服务的发展　133

5 ▶ 知识信息资源的社会化配置体系建设与资源配置组织　140

5.1　知识信息资源配置的社会环境与社会化目标选择　140
5.2　知识信息资源的社会化配置关系　149
5.3　知识信息资源社会化配置体系建设　157
5.4　社会化知识信息资源配置的协同战略推进　165
5.5　知识信息资源社会化配置的组织　173

6 ▶ 知识信息服务的技术支持体系与服务技术保障　186

6.1　信息资源管理技术发展与服务技术支持体系　186
6.2　知识信息服务技术研发与应用组织　191
6.3　知识信息跨系统协同服务的技术保障　197
6.4　知识信息跨系统协同服务的技术支持　205
6.5　知识信息服务中的系统互操作技术保障　217

7 ▶ 面向用户的知识信息服务业务体系变革与服务拓展　225

7.1　面向用户的知识信息服务发展与业务体系变革　225
7.2　面向国家创新的学科门户建设与服务系统构建　238
7.3　面向国家创新的知识信息集成服务组织　246
7.4　跨系统定制服务　258
7.5　一体化虚拟学习协同服务　265
7.6　基于网格的知识管理与数据挖掘服务　272
7.7　协同数字咨询服务　279

8 ▶ 知识信息服务制度建设与政策法律保障体系　290

8.1　国家制度变迁与知识信息服务制度演化　290
8.2　国家发展中的知识信息服务制度建设　297
8.3　知识信息服务转型发展中的制度创新　303
8.4　知识信息服务行业制度建设与双轨制管理　310
8.5　知识信息服务制度创新的政策与法律保障　318

9 ▶ 以价值为核心的知识信息服务评价体系确立与评价组织　330

9.1　知识信息服务价值与价值实现　330

9.2　知识信息服务评价依据与模型　336

9.3　知识信息服务评价指标体系构建与权重设置　347

9.4　知识信息服务评价的组织实施　358

10　面向国家创新的知识信息服务机构改革与发展案例　367

10.1　国家创新环境下的 NSTL 知识信息服务体系变革与发展　367

10.2　面向知识创新的国家学位论文服务平台建设　373

10.3　面向行业创新的广东省纺织服装行业信息服务体系重构　384

10.4　武汉大学图书馆文献传递服务评价　388

参考文献　405

后记　421

Contents

Introduction   1

1 National Innovation Development and Knowledge Information Service   7

1.1 Framework and Factor Structure of National Innovation System   7

1.2 Transformation of the National Innovation Model in the Informatization   17

1.3 Support and Service Form of Knowledge Information for National Innovation   24

1.4 Development Strategy of Knowledge Information Service for National Innovation   33

2 National Innovation Subjects and Structure of Knowledge Information Needs   46

2.1 Autonomy of National Innovation and Development of National Independent Innovation   46

2.2 Structure of National Independent Innovation Network and Formation of Innovative Information Network   58

2.3 Structure of Knowledge Information Needs Based on Innovation Value Chain   65

2.4 Motivate and Evolution Mechanisms of Knowledge Information Needs   73

3 Reconstruction of Knowledge Information Service System Based on Transformation of National Development   80

    3.1 Changing of National Development Mode and Transformation of Knowledge Information Service   80

    3.2 Reorganization and Target Orientation of Knowledge Information Service in National Development and Transformation   88

    3.3 Dynamic Mechanism of Knowledge Information Service Reorganization   97

    3.4 Strategy Promotion of Knowledge Information Service Reorganization in Innovation Country Constructing   103

4 Construction of Knowledge Information Service Collaborative System and its Coordinated Development   112

    4.1 The Construction and Coordinated Development Foundation of Knowledge Information Service System   112

    4.2 Coordinated Guidance and Realization Mechanism of Knowledge Information Service   120

    4.3 Coordinated Organization of Knowledge Information Service System   127

    4.4 Construction of Dynamic Alliance and Development of Virtual Alliance of Knowledge Information Service   133

5 Socialization Allocation of Knowledge Information Resource   140

    5.1 Social Environment and Target Selection of Knowledge Information Resource Allocation   140

    5.2 Relationship of Knowledge Information Resource Socialization Allocation   149

    5.3 Construction of Knowledge Information Resources Allocation System   157

    5.4 Coordinated Strategy Promotion of Knowledge Information Resource Socialization Allocation   165

    5.5 Organization of Knowledge Information Resource Socialization Allocation   173

6 Technical Support System and Technology Guarantee of Knowledge Information Service　186

6.1 Development of Information Resources Management Technology and Services Technical Support System　186
6.2 R&D and Application of Knowledge Information Services Technology　191
6.3 Technology Guarantee of Cross-system Knowledge Information Coordination Service　197
6.4 Technology Support of Cross-system Knowledge Information Coordination Service　205
6.5 Technology Guarantee of System Interoperation in Knowledge Information Service　217

7 Business System Reform and Service Expansion of User-oriented Knowledge Information Service　225

7.1 Development and Business System Reform of User-oriented Knowledge Information Service　225
7.2 Construction of Subject Gateway and Services System for National Innovation　238
7.3 Organization of Knowledge Information Integrated Service for National Innovation　246
7.4 Cross-system Customization Service　258
7.5 Integration Virtual Learning Collaborative Service　265
7.6 Knowledge Management and Data Mining Service Based on Grid　272
7.7 Collaborative Digital Consultation　279

8 Construction of Institution and Policy and Law Guarantee System of Knowledge Information Service　290

8.1 National Institution Change and Knowledge Information Service Institution Evolution　290
8.2 Construction of Knowledge Information Service Institution in National Development　297

    8.3   Institution Innovation in Knowledge Information Service Transformation Development   303

    8.4   Industry Institution Construction and Double-track System Management of Knowledge Information Service   310

    8.5   Policy and Law Guarantee for Knowledge Information Service Institution Innovation   318

9   Establishment and Organization of Evaluation System for Knowledge Information Service Taking Value as the Core   330

    9.1   Value of Knowledge Information Service and its Realization   330

    9.2   Evaluation Basis and Model of Knowledge Information Service   336

    9.3   Evaluation Index System Construction and Index Weight Assignment for Knowledge Information Service   347

    9.4   Organization and Implement for Knowledge Information Service Evaluation   358

10   Cases Study of Reform and Development of Knowledge Information Service Institution Oriented to National Innovation   367

    10.1   Reform and Development of Knowledge Information Service System of NSTL Under the National Innovation Environment   367

    10.2   Construction of National Dissertation Service Platform Oriented to Knowledge Innovation   373

    10.3   Reconstruction of Information Service System in Guangdong Clothing Industry Oriented to Industry Innovation   384

    10.4   Evalution of Document Delivery Services of Wuhan University Library   388

References   405

Postscript   421

引 论

信息在人类社会和自然界中的存在是普遍的,是物质形态及其运动形式的体现,出现在自然、社会和人类思维活动之中。就信息运动(产生、流通、利用)而言,不仅包括人与人、组织与组织之间的信息交流,人与社会、人与组织和组织与社会之间的各种交往,而且包括人与自然界以及自然界中生命物质世界与非生命物质世界之间交流和作用[1]。从信息存在形式和作用机制上看,按米哈伊诺夫的界定,可区分为社会的、非社会的和知识的、非知识的[2]。非社会信息反映自然存在的物质运动形式与状态,社会信息反映社会运行中的主体活动和主体关系。在社会信息中:非知识信息只是社会组织和成员活动状态与关系的客观反映,并不直接反映主体的知识活动成果;知识信息作为知识的载体,是反映社会主体探索、研究和实践成果的知识性信息。

在知识创新活动中,社会化的信息服务与保障是重要的,根据知识信息的内涵层次,其服务组织存在着从信息层面向知识层面的内容深化和业务拓展问题。事实上,在国家创新发展中,知识创新主体不仅需要信息基础设施保障,而且需要全方位信息服务支撑。然而,在面向知识创新的信息服务组织中,知识信息服务始终处于核心地位。这说明,建设创新型国家必须构建完整的知识信息服务体系,使之与国家创新发展相适应。"创新型国家"是一种新的国家发展体制,其建设不仅对科技界和工、农业产业部门提出了新的要求,而且对服务于国家创新发展的知识信息支撑与保障体系建设提出了新的课题,其中面向创新型国家建设的知识信息服务体系研究,已成为至关重要的研究问题。

---

[1] 胡昌平. 信息管理科学导论(修订版)[M]. 北京:高等教育出版社, 2001:89.
[2] 米哈伊诺夫等著,徐新民等译. 科学交流与情报学[M]. 北京:科学技术文献出版社, 1980:87.

就实质而论，无论是技术、管理创新，还是制度创新，其核心是知识的创新。知识创新以现有知识为基础，其创新成果存在传播、转移和利用问题，这意味着，创新活动需要有相应的知识信息服务支撑。现代条件下，自主创新能力的提高和创新型国家的建设，离不开信息化环境，需要有充分而完善的信息服务。事实上，在基于信息化的国家创新发展中，包括知识信息服务在内的信息服务业已成为支持自主创新和科技、经济、文化发展与社会进步的先导行业。从知识创新的社会化推进，到创新型国家的建设，我国在全球经济一体化过程中面临着新的机遇与挑战，以自主创新为核心的创新型国家建设，不仅需要进行信息服务技术、网络手段与方法更新和拓展信息服务业务，更重要的是，要求创建与创新型国家建设相适应的知识信息服务体系。这一重大问题的解决直接关系到我国创新型国家建设的实现。

知识信息服务对国家创新的作用已经引起国际组织和地区性组织的关注。2001 年，在面向 21 世纪科技资助系统国际论坛（International Forum on Science Funding System Oriented to the 21st Century）上，与会者指出，知识与信息促进了知识经济的形成，信息的作用将比过去 40 年更为突出。欧盟委员会科研总司 2004 年公布的第六框架计划已将信息技术作为优先资助的重要领域，欧盟 2007~2013 年技术发展与实验第七框架计划于 2006 年公布，旨在强化信息服务对欧洲创新的作用。2004 年以来，亚太经合组织科技政策委员会部长级会议，持续关注知识传播与信息服务对国家创新、经济可持续发展以及社会进步的作用，注重基于网络的服务发展。

我国面向科学研究、文化教育、产业与社会发展各系统的信息服务在工业化中与国家集中管理体制下的需求相适应，在系统构建中，具有各自的定位和分工，这与我国当时的社会形态相一致。然而，随着国际信息环境的变化、国际经济整体化发展和创新全球化中国家体制的变革，"部门"发展战略受到了来自各方面的挑战，从而提出了知识信息服务转型和体系重构要求。

市场经济体制下的基于信息化的国家创新发展中，我国相对封闭的知识创新系统结构已发生根本性变化，随着科技体制和经济体制改革的深入，以系统、部门为主体的创新向开放化、社会化、协调化方向发展。在知识创新推进中，部门、系统的界限逐渐被打破，国家科学研究与发展和企业研究与发展结合，开始重构国家知识创新大系统。这意味着，知识创新已从部门组织向社会化组织发展。在这一背景下，条块分割的知识信息服务发展模式必须改变，以开放服务为特征的社会化知识信息服务体制必须确立，基于新的服务体制的知识信息服务体系必须完善。

国家创新体系的建立和制度安排，不仅对以知识组织、开发和服务为主体内容的知识信息服务业的社会转型提出了要求,而且也构建了新的社会发展基础①。我国20世纪50年代初期开始的国家经济建设和国家科学技术发展计划,决定了科技信息工作的创立和图书情报事业的发展,1956年中国科学技术情报(信息)工作的诞生和此后的各专业科技信息机构的建立是这一时期事业跨步发展的重要标志;80年代初期以来,随着我国改革开放的深入,国家经济信息系统的现代化建设全面推进,科技与经济信息服务开始结合并协调发展,从而将我国信息服务推向一个新的开放发展阶段;90年代中期以来的国家创新和信息化建设的全面开展,不仅提出了面向自主创新的创新型国家信息服务体系的变革要求,而且营造了网络化的信息环境,新的环境和条件为社会化知识信息体系的构建提供了可能。

创新型国家的信息服务是一种有别于传统的信息服务体系,需要从创新型国家建设出发进行相应的知识信息服务体制变革,使之与国家自主创新发展相适应;信息服务体系的构建应以需求为导向,以面向国家自主创新为原则,其基点是立足于国家信息化建设与创新发展,实现服务的社会化、全程化、高效化。由此可见,我国建设创新型国家的知识信息服务体系研究,应面对现实,解决我国创新发展中信息支撑与服务保障的现实问题。

在我国建设创新型国家的社会转型中,自主创新是必然的强国之路。新的形势对知识信息服务业的要求日益提高。2005年11月召开的国家信息化工作领导小组会议提出,信息化要从过去主要侧重于服务经济的发展,转向服务于现代化建设全局的发展。知识创新是我国发展的必由之路,而知识信息服务则是自主创新的重要保障。经济增长方式的转变、产业结构的调整,离不开信息化环境和知识信息服务的支撑。因此,应针对知识信息服务体制变革与体系构建,从战略管理、系统建设和业务推进层面研究基本规律,寻求实际问题的解决方案,通过实证,推进成果的应用。

创新型国家的知识信息服务体系研究,在理论上将基于科学研究与发展的创新和面向创新主体的信息服务作为一个整体加以研究,揭示创新发展的信息机制,从知识创新、技术创新和管理与制度创新出发,以政府、研究机构、高等学校、企业和服务机构的创新信息需求为导向,寻求基于国家自主创新发展的信息管理与服务理论②。

社会活动,无论是科学研究、文化教育、企业经营、经济活动,还是社会生活,必然以相应的信息服务作保障。这说明,包括信息发布、交流、传播和提供

---

① 胡昌平,邱允生.试论国家创新体系及其制度安排[J].中国软科学,2000(9):120-124.
② 胡昌平.信息资源管理原理[M].武汉:武汉大学出版社,2008:128.

在内的服务发展，一直是社会关注的领域。近 30 年来，国际社会的信息化发展、信息网络的全球化和知识经济的兴起，不仅加快了国际经济一体化步伐，而且极大地促进了以知识创新为核心的国家发展。其中，面向国家和社会知识创新的知识信息服务已成为信息服务中的重大研究问题，国内外因此而展开了多角度、多层面研究。

纵览国外的研究与实践成果，其共同特征是，立足于本国实际，探索面向国家创新发展的信息服务体制和信息服务手段的变革，强调社会化信息服务体系的构建，实现知识信息服务的数字化和网络化，同时，将信息服务纳入国家基础设施的视野进行研究。如美国国家科学基金委员会（NSF）提出的"网络信息服务设施"模式，认为它是由硬件、软件、信息资源与服务等组成的一个系统，于 2005 年完成的研究报告《网络信息基础设施：21 世纪发展展望》（*Cyberinfrastructure Vision for 21st Century Discovery*），在改善创新信息服务中已得到应用。在面向创新的知识信息服务发展中。2005 年至今，各国推进了部门化研究工作，如关于学科信息门户、数字图书馆和图书馆联盟服务和知识信息服务的高效化、集成化研究等[①]。

我国的国家创新体系研究始于 20 世纪 90 年代中期。中国科学院 1997 年提出的《迎接知识经济的到来，建设国家创新体系》的研究报告将我国的国家创新体系视为由知识创新与技术创新相关机构和组织构成的网络系统，指出，创新体系由知识创新系统、技术创新系统、知识传播系统、知识应用系统四个部分构成，其组织构成包括政府、研究机构及高等院校、企业和相关的中介机构等。这一代表性报告明确了系统的基本关系，即知识创新是基础，技术创新是核心，知识传播是途径，知识应用是目的，知识信息支持与服务是保障。

近 5 年来，关于建设创新型国家的知识信息服务问题的研究在国内学术界引起广泛关注。2005 年 10 月 17～22 日，中国科学院第 14 次图书馆学情报学科学讨论会在兰州举行，会议重点是研究国家科技文献情报平台的发展目标和战略问题，张晓林就"重塑支持自主创新的文献情报服务"作了专题发言。中国图书馆学会也于 2006 年 6 月 10～14 日在成都召开了"国家创新体系中专业图书馆的服务与发展"学术会议，探讨专业图书馆在国家创新体系建设中的地位、作用，明确专业图书馆的发展战略，实现专业图书馆的业务创新和管理创新，推动国家创新体系的建设。从总体上看，我国关于面向知识创新的知识信息服务研究与服

---

① Datta P., et al.. A Global Investigation of Granger Causality between Information Infrastructure Investment and Service-sector Growth [J]. Information Society, 2006, 22 (3): 149.

务组织不断取得进展。

国内关于国家创新信息服务研究同我国创新活动的开展紧密联系在一起。2000年以来，科技部联合有关部门所组建的国家科技图书文献中心（NSTL）工作的推进、中国高等教育文献保障体系（CALIS）项目建设、国家数字图书馆（NDL）计划的展开和国家经济信息服务系统的优化等，都以相应的研究为基础。在面向创新型国家的知识信息服务发展中，1999~2001年中国知识基础设施工程的启动，中国知识资源总库、CNKI网络资源共享平台的相继启动，体现了我国产业化知识信息资源共享平台服务的新发展；2005年以来，国家科技基础条件平台建设项目中，科学数据共享平台、科技文献共享平台、科技成果转化公共服务平台、网络科技环境共享平台处于核心位置，其平台研究和建设将面向国家科技创新发展的信息服务体系建设推向一个新阶段。关于地区信息服务体系的构建，各地规划了公共服务平台、人力资源服务平台、科技创业投资服务平台、信息服务平台和知识产权服务平台建设，不断推进工业与信息化融合中知识信息服务的社会化进程。

虽然在知识信息服务组织、国家协调管理与创新信息服务研究中不断取得新进展，然而，其研究：一是处于分散状态，往往强调具体问题的解决，或者强调其中的某一个方面，没有考虑到知识信息服务提供方的多元性和社会体制的完善；二是缺乏对国家自主创新信息机制和以自主创新需求为导向的信息管理与服务组织理论研究，未能揭示知识信息服务的转型发展规律。同时，在面向国家创新的信息服务组织中，未能从创新型国家制度出发进行现代信息环境下面向国家自主创新发展的知识信息服务体系构建和实现研究。由此可见，国内外的实践发展与研究进展，构成了研究的新起点，提出了基本的研究任务与要求。

创新型国家的知识信息服务体系研究，一是研究知识信息服务体制变革，二是研究基于新的服务体制的面向自主创新的信息服务体系构建与保障的全面实现，其目的在于从国家创新需求出发，在现代信息环境和技术条件下，构建与国际相融的、适应我国社会发展的信息服务行业体制和面向自主创新的知识信息服务体系。在国家自主创新战略推进中，我国不断深化的体制改革，科技、经济、社会发展、信息网络化与资源共享程度的提高，为围绕自主创新的国家建设提供了新的条件，为创新型国家的信息服务体制确立和知识信息服务体系的完善提供了可能。本书研究的关键问题是，探索其中的规律，寻求科学的发展战略，构建面向自主创新的国家知识信息服务体系，为国家持续发展和基于创新的社会知识化创造基本的信息资源环境和条件。

《创新型国家的知识信息服务体系研究》在现代信息环境和技术条件下，从建设创新型国家的机制出发,分析自主创新信息需求,研究知识信息服务的社会转型、体制变革和行业规划;以制度创新、管理创新为导向,从知识信息服务业务组织、信息技术发展、信息资源利用和服务业务推进层面,研究面向创新型国家的知识信息保障体系;在此基础上,进一步研究我国建设创新型国家的信息政策、法律构架与服务规范,通过理论研究和实证,形成我国建设创新型国家的信息服务机构改革与知识信息服务体系优化方案。

1

创新型国家发展与知识信息服务

创新型国家制度是一种新的国家发展制度,是国家创新发展的根本保证。在创新型国家建设中,科技创新、产业创新与运营管理和体制创新的核心是知识创新。就知识创新价值链构成和实现上看,不仅需要充分利用现有的知识成果,而且存在创新成果的传播、转移和增值利用问题。显然,创新过程离不开全方位的知识信息服务。事实上,在基于信息化的国家创新发展中,包括知识信息服务在内的信息服务业已成为支持自主创新和科技、经济、文化与社会发展的先导行业。从知识信息服务组织上看,必然与国家创新发展形态相一致,由此决定了知识信息服务体制与体系。

1.1 国家创新体系构成与要素结构

对于国家创新体系的研究,学术界一直围绕着国家和创新两大问题展开。1992年,英国经济学家克里斯·弗里曼(Christophe Freeman)在其出版的《经济学的未来》一书中,提出国家创新体系广义和狭义的两种解释:广义上,国家创新体系包括国民经济中与社会创新发展中的所有系统;狭义上,国家创新体系只包括与科学技术活动直接相关的机构[1]。丹麦学者伦德维尔(Lundvall Bent

---

[1] Freeman C.. Economics of Hope [M]. Printer: London, 1992: 12-17.

Ake）在《国家创新体系：建构和创新和交互学习的理论》一书中，指出国家创新体系由创新要素及其相互关联作用的复合体构成，其要素和要素作用形成创新网络系统①。经济合作与发展组织（OECD）在1997年发布的《国家创新体系》报告中指出，国家创新系统是由参加新技术发展和扩散的企业、高等学校和研究机构组成，是一个为创造、储备和转移知识、技能及产品的相互作用的网络系统②。

通过对多方面研究和实践的比较，我们可以得出这样的结论：各国创新体系的构建都是以知识和科技创新为主导的，也就是发展了熊彼特的科技创新思想；由于知识经济的兴起和技术发展的深化，对科技创新的认识也进化到知识创新阶段；随着知识和资本的全球化，国家创新正处于国际化发展之中，这便是构建国家创新和知识信息服务体系的出发点。

1.1.1 国家创新体系构成与要素结构

巴特尔（Patel）等认为国家创新体系是国家制度安排、组织效率和国家能力的体现，它反映了一国的技术、知识流效率及方向③。路甬祥针对我国情况，指出国家创新体系是指由科研机构、高等学校、企业及政府等组成的网络，它能够更加有效地提升创新能力和创新效率，使科学技术与社会经济融为一体，协调发展④。比约恩（Bjorn）等认为国家创新体系是指由不同组织支撑的区域聚集体系⑤。显然，这些有代表性的研究，在核心问题的认识上，明确了国家创新系统及其知识信息作用的基本要素。

（1）国家创新体系构成

国家创新体系是由多个相对稳定的系统要素组合而成的大系统，系统的各个组成要素既有分工，又有协作，从而构成了国家创新体系的基本框架，而这种框架结构又决定了国家创新体系的基本功能与特征。国家创新体系具有促进知识创

---

① Lundvall B. A.. Product innovation and user-producer interaction [M]. Aallborg: Aallborg University Press, 1985: 21-23.

② OECD. National Innovation System [R]. Paris, 1997: 7-11.

③ Patel P., Pavitt K.. The continuing, widespread (and neglected) importance of improvements in mechanical technologies [J]. Research Policy, 1994, 23 (5): 533-545.

④ 路甬祥. 创新与未来：面向知识经济时代的国家创新体系 [M]. 北京：科学出版社, 1998: 27.

⑤ Asheim B. T., Isaksen A.. Regional Innovation Systems: The Integration of Local Sticky and Global Ubiquitous Knowledge [J]. The Journal of Technology Transfer, 2002, 27 (1): 77-86.

新、知识传播、知识应用以及观念创新作用。同时，它也承担创新活动的组织、创新资源的配置以及创新环境的建设任务。

国家创新体系包括：制度创新系统；科技创新系统；知识创新系统；知识传播与应用系统。建设国家创新体系，不仅要重视知识和科技创新，更要重视包括观念、管理等创新和关键的制度创新。

在国家知识创新的整个体系中，科学创新系统是由与知识的生产、扩散和转移机构与组织构成的系统，核心组织是科研部门和高等学校，主要功能是知识生产、扩散和转移应用；技术创新系统主要由与科技创新相关的机构或组织构成，核心机构是企业，主要功能是产生新技术；知识传播系统主要由高等学校、科研机构、企业以及信息服务机构等构成，主要功能是进行创新知识的传播；知识应用系统主要由包括政府部门、企业和其他机构组成的系统构成，主要功能是应用新知识和新技术、促进新知识转化为现实生产力；制度创新系统，由政府、企业、科研机构与高等学校组成，以政府为主导，进行体制改革和制度创新，推进企业、科研机构和高等学校的创新发展，为国家创新提供合理的制度保障。

国家创新体系中的各子系统的相互关系为，科学创新系统是科技创新系统的基础和源泉，技术创新是企业发展的根本，通过知识传播系统、知识应用系统促使科学知识和技术知识转变为现实生产力，而国家则通过制度创新系统进行制度安排。由此可见，以上五个系统各有侧重、相互交叉，形成一个运行有序、统一开放的有机体。

在美国、欧盟和日本等发达国家的发展中，国家创新体系的建设起到了至关重要的作用。国家层面上的共识是，创新体系由创新执行机构、创新基础设施、创新资源、创新环境和国际互动五大部分组成。其中：创新执行机构包括企业、高等学校、科研机构和中介机构；研发机构作为知识创新和知识传播的主体而存在；创新基础设施包括国家科研技术设施、信息网络等支撑系统；创新资源包括创新人才和其他投入资源；创新环境则是国家政策、法规、市场和服务的统称；国际互动反映了国家创新主体参与国际竞争与合作的交互关系[1]。

我国国家创新体系的建设，要求从政策和体制上，推进政府、科研机构、高等学校、企业和中介机构的改革，以适应知识经济发展和创新型国家的战略发展要求。

20 世纪 80 年代以来，国家创新系统在推进一系列创新发展计划中，不断完善系统建设。

①制度创新系统。政府代表国家意志，进行经济与政治体制改革，其中包括

---

[1] 胡昌平，邱允生. 试论国家创新体系及其制度安排[J]. 中国软科学，2000（9）：120 – 124.

调整政府职能，发展与完善市场经济制度，建立和发展现代企业制度等。

②科技创新系统。具体工作包括国家实施的科技创新工程、国家星火计划、火炬计划、国家重点科技攻关项目计划、高技术研究发展计划等。

③管理创新系统。国务院九部委推动了旨在促进我国知识创新与知识传播、促进社会文明与进步的知识工程，在创新计划事实上，推进了管理创新。

④知识传播与应用系统。包括多项科技、教育计划和基础设施工程，如教育部实施的面向21世纪教育振兴行动计划，科技部推进的科技文献信息保障系统建设等。

（2）国家创新体系的基本要素

国家创新体系是一个复杂的网状系统，包括创新环境、创新主体、创新行为、创新资源4大基本要素（如图1-1所示）。

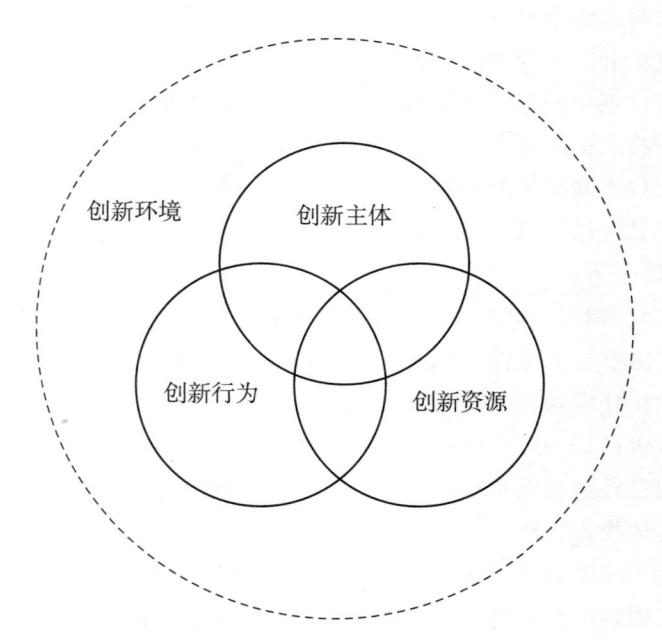

图1-1 国家创新体系的基本要素

①创新环境。创新环境是指与知识创新系统有物质、能量、信息交换关系的周边系统，包括其物质条件、文化传统、国际关系以及支撑系统等[1]。国家创新体系的建立存在于一定的社会环境之中，社会环境的变化对国家创新体系建立的

---

[1] 陈其荣. 科技创新的哲学视野 [J]. 复旦学报（哲学社会科学版），2000（1）：18-19.

影响是多方面的，因此创新环境是国家创新体系不可回避的客观背景。没有任何国家创新体系可以脱离创新环境而存在，与此同时，体系的完善有利于环境的优化，环境的优化则进一步促进体系发展。值得指出的是，自主创新是一个多层次、多环节的社会实践活动，它总是在一定的经济环境下进行的，这就使它必然要受到经济环境的制约；良好的经济条件是自主创新开展的持久性推动力，是知识创新的物质保障条件；文化传统是一个民族的宝贵财富，然而有时也会形成文化惯性和惰性，这就需要将文化改造成更具创新性和创新意识的文化，以激励各创新主体的创新意识活动；政治环境包括体制、制度、法律、规范、组织形式等，创新活动中的政治环境在制度创新主体（政府）主导下构建和优化。目前的国际综合环境，较之过去有了重大的变化，知识经济的凸现，经济全球化的加速不断改变着国家创新发展格局，决定了创新的国际竞争与合作体系变革。

②创新主体。从哲学角度看，对主体有如下阐述：从本体论角度，主体是某些属性、状态和作用的主导者；从认识论角度，主体是与客观现实世界相关联的自我作用者。将本体论和认识论统一起来，便形成了主体的基本内涵，即实践活动的承担者。国家创新主体是指从事创新活动的人和组织，是在一定现实和历史条件下产生的。在研究国家创新时，不仅要明确创新主体的构成和分布，而且需要明确创新主体之间的关系和交互作用。从创新主体构成上看，包括制度创新主体、科技创新主体、管理创新主体和知识传播与应用创新主体，即政府、企业、研究机构。高等学校和社会服务等机构中从事创新的成员，创新主体的社会分工和职业活动决定了创新关系和创新关联作用。

③创新行为。创新被认为是增强组织竞争力的来源，它是社会组织在激烈竞争中得以生存的关键因素。在创新四要素中，创新行为即创新主体在创新环境中实现创新价值的行动，依照创新主体的不同，可以区分为个人创新行为和组织创新行为。一般认为，个人创新行为是组织创新行为的基础。创新行为是在疑难情景中，为求问题解决，个人和团队凭理论和实践基础产生超越经验的新观念，以及在新思维模式下获取新知识的活动过程。创新行为的结果包括新的领域开辟、新制度的确立、新体系的构建以及新的产品、新的过程、新的方法和新的服务产生或已有知识的具体化、综合化或集成化。这意味着，创新行为是具有实际价值的。值得指出的是，创新主体思维在创新中的交互作用十分重要。在信息技术高速发展的今天，各种创新思维的沟通也越来越方便，从而使多区域、多领域、多学科、多层次的创新聚合关系得以形成。

④创新资源。创新资源是在创新环境中，创新主体活动所依赖和需要的社会、经济和自然资源的综合，包括金融资本、能源材料、人力资源、政策资源、人文资源、信息资源、知识资源等。创新资源是从事创新活动的基本支撑条件，

对于企业创新而言，创新实质上是把创新要素组合纳入生产体系，这样的新组合包括开发新产品和新技术、开辟新的市场、组建新流程。这样的理论认识强调了创新资源在创新活动中的重要作用，只有实现物质、人才、信息等创新资源的有机组合才能达到创新目标。创新资源在创新要素中，体现了向创新核心区域集中的趋势。创新资源集聚的主要原因是：集聚区域具备优越的创新物质性基础设施和某些区域具备特有的制度性基础设施；集聚区域大多是政治、经济、金融、科技、文化中心，也是创新信息交流中心和创新关系中心；集聚区域往往在产业结构方面更注重高新技术的发展，而这些产业对创新资源有更大的吸引力。为了实现国家创新的科学布局，理应配置好创新资源，协调创新主体关系，激活创新资源的利用，以实现创新目标的均衡化和最大化。

1.1.2 知识创新的多维信息支持

知识创新是难以被竞争对手所模仿的活动，它决定着创新主体的未来发展和资源的优化配置，因而是竞争优势的根本来源。

安斯沃思（John Unsworth）在研究创新过程时，提出了研究基元活动概念，他认为基元活动包括以科学工作者为中心的发现、收集、创造和分享活动[1]。按安斯沃思的说法，发现、收集、创造和分享也体现了科学研究的过程，在实践过程中这四个阶段活动不一定是连续的，这是因为创新活动是一个反复的和多维的过程，需要逐步向科学知识逼近[2]。知识创新基元活动作用和创新的反复过程，提出了面向基元活动和创新过程的多维信息保障问题。

例如，在某一科研项目的实施和具体的研究中，首先应进行与科研项目相关的成果或者参考文献的搜索，其信息查询不管是分散的还是结构化的查询，获取知识信息无疑是为了实现对知识前沿的追踪。查询基础上的信息收集是搜索、获取和组织知识信息的过程，在项目实施或科研活动中，研究者需要大量知识信息资源的支撑，包括文本资源、数字资源、图像、图形等。创造是研究者识别并利用相关知识后的创新，包括分析和综合、思维和认识，以及新知识关系的建立，显然，这一活动需要对知识信息进行吸收和利用。知识创新成果形成后的分享行为包括研究成果传播和利用等，如参加学术会议、申请专利、推介成果、转移技术。同时，当成果形成时，知识产权等问题显得非常重要，这就需要进行相关信

---

[1] Unsworth J.. Scholarly Primitives: What Methods Do Humanities Researchers Have in Common and How Might Our Tools Reflect This? [EB/OL]. [2008-12-13]. http://jefferson.village.virginia.edu/~jmu2m/Kings.5-00/primitives.html.

[2] 刘高勇. 基于Web2.0的信息服务研究 [D]. 武汉大学博士论文，2008：50.

息保障，以确定保证创新成果的成功应用。

从图1-2可以看出，创新主体的知识创新过程是一个多维信息作用过程，发现、收集、创造和共享的每一环节都离不开信息利用，这就需要在过程进行中，按创新基元活动和基元活动关系进行具有多维结构的信息支持。随着主体信息获取、利用方式的变化，其知识信息支持也发生了结构性变化，主要体现在：

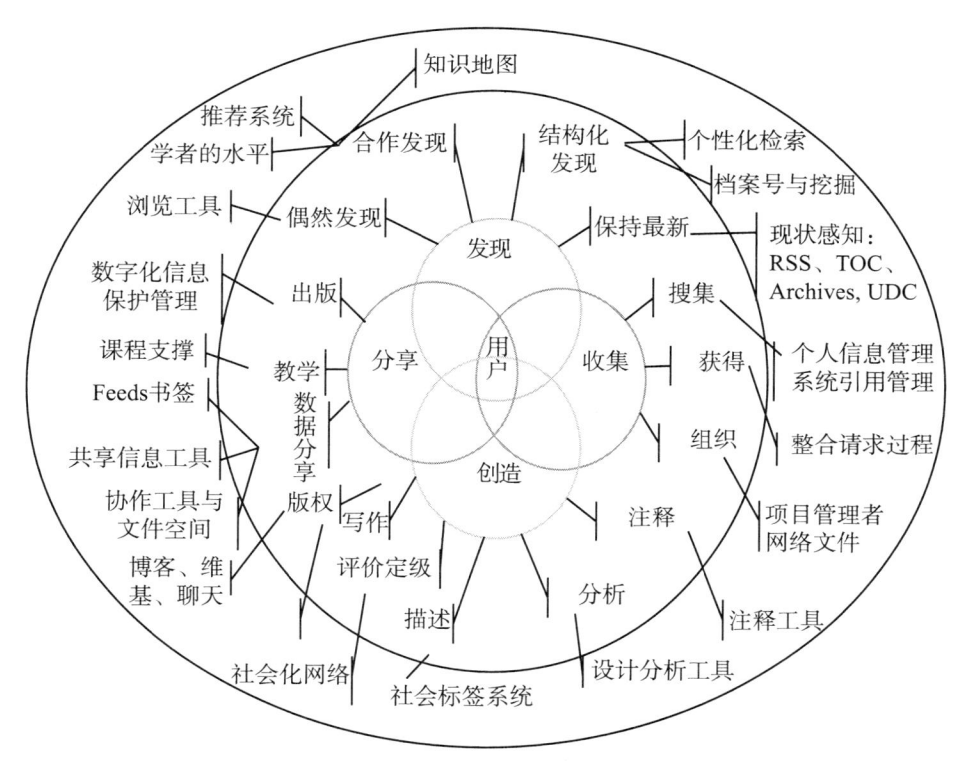

图1-2 知识创新的多维信息支持

资料来源：A Multi-Dimensional Framework for Academic Support: Final Report [R/OL]. [2009-03-01]. http: //www. lib. umn. edu/about/mellon/docs. phtml.

①知识信息的全方位与综合化支持。创新主体利用信息系统已不再限于单纯利用知识信息系统获取所需知识信息的线索和信息本身，出于职业工作的需求和知识积累与创新的需要，他们迫切希望通过服务获得从事创新活动所需的内容全面、类型完整、形式多样、来源广泛的知识，要求能够针对他们所承担的具体业务提供全程性、全方位、综合化知识信息资源。

②知识信息的开放化与社会化支持。随着创新主体职业工作中社会交往范围的扩大，知识信息交流日益广泛，从而要求从面向部门的信息支持向面向社会的信息支持转变，以此构造知识信息支持的开放化、社会化基础。这显然不是某一

个机构能够满足的,而需要利用本单位、本部门、本行业服务支持,甚至利用多类型机构的支持才能满足。由此可见,传统信息保障支持模式愈来愈难以满足主体开放化的信息支持要求。

③知识信息的数字化与网络化支持。知识创新主体的信息支持需求结构由以传统型为主向数字化与网络化为主发展已成为不可逆转的潮流。创新主体要求网络化、专业化、个性化、交互化信息支持保障;主体的知识信息支持需求的这一趋势,便是知识信息支持的数字化和网络化发展。创新人员要求通过数字化网络手段直接访问相关成果,要求从中提取知识和进行创新活动辅助。

④知识信息的集成化与高效化支持。创新主体对知识信息的利用深度,随着创新发展不断深入,专业人员(主要是从事高科技领域研究与开发人员)不再满足于为其提供一般性信息,而要求通过知识信息资源共享,将分散在本领域及其相关领域的专门知识信息进行内容集成和二次开发,甚至利用"基因工程"进行知识重组,从中提炼出对研究、开发与管理创新至关重要的"知识基因"。

伴随着知识创新主体活动的结构性变化,信息保障支持系统作为知识信息的传播、应用和创造服务系统,应提供一体化信息支持,甚至嵌入到知识创新过程之中。例如,美国明尼苏达高等学校图书馆围绕科学研究中发现(Discover)、收集(Gather)、创造(Create)、分享(Share)过程,设计了 My Field - 在线研究环境(Online Research Environment),以此出发综合选择和利用多种资源,使科学研究中的信息利用过程与研究(Research)过程、学习(Learning)过程和处理(Processing)过程相融合,从而创造了一种新的信息支持模式。网络环境下,这一成功的多维信息保障支撑模式,具有普遍性。

1.1.3 知识创新价值链中的信息关联作用

在国家创新体系的建设和实践发展中,虽然各个国家有着各自的特点,但就其基本创新层面而言,一般包括思想创新、制度创新、科技创新、产业创新和管理创新等基本层面。

如图1-3所示,国家创新的基本层面和结构决定了各方面创新的关联作用,从价值实现上看,体现了基本价值链关系:

思想是所有理论、观念和理念的根源,是所有行为的指针。国家创新体系的出现,在客观上体现了社会发展和科技进步带来的国家综合国力和总体竞争力的提升;主观上来源于创新发展思想。国家创新体系的建立和发展,最首要和最根本的,应该是思想创新,这是国家创新体系其他创新层次的构建基础。

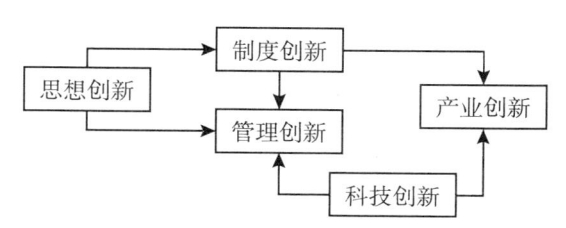

图 1-3　国家创新的基本层面

按照新制度经济学的解释，制度是一种"有形的机构、组织或社会现象，如国家、公司、家庭、垄断等"，也可以理解为"无形的社会心理、行为动机和思维方式的表现形式，如所有权、集团行为、社会习俗、生活方式、社会意识等"[①]。从创新发展上看，有效率的社会经济组织需要在制度上做出安排，例如，从企业管理制度的变革可以发现，只有在制度上进行创新，才能不断适应经济、社会发展需要，因此制度创新是国家创新体系的最基本层次。

现代经济增长关注知识流的组织和作用，国家创新体系之间各组成部分的相互作用关系表明，知识流动的范围、方向、效率和强度直接关系到国家的经济增长实绩。因而，国家创新体系的研究者非常关注科技创新体系构建，这是因为没有科技创新，任何理念和思想都无从实现；另一方面，基于知识创新的科技进步则进一步促进了新理念和新思想的出现。

创新科技成果转化为现实的生产力应通过产业创新来实现。产业创新的作用体现在以下方面：将科技创新成果导入产业领域，开创新型产业部门，改变整个产业结构；推进科技创新成果在产业领域的应用，形成了新的产业经济增长点，如生物技术的应用形成了生物经济，推动了生物技术产业的发展等；产业创新还在于应用高新技术成果改造传统产业结构，提高传统产业的科技含量和生产效率。

在现代经济与社会发展中，管理越来越显现出重要的支撑作用。管理的功能体现在营造一种新环境、新体制和运作方式，是实现各种资源最佳配置的组织保障。管理创新涉及诸多方面：宏观层次上，要求建立适应经济全球化发展趋势和现代经济发展要求的管理体系；微观层次上，从管理思想、管理组织、管理方法和管理手段等方面进行组织变革，使之不断适应日益变化的发展需求。

国家创新体系 5 个基本层次相互关联。其中：思想创新是灵魂，无论是"扬弃"还是"原创"，都需要思想上的重新认知和适应；制度创新是基础，是国家创新体系的规则；科技创新是核心，是国家创新发展的原动力；产业创新是归宿，科学发展、技术进步归根到底要落实到生产力发展上；管理创新是保障，营造创新环境、保护创新资源、激励创新行为等都必须有先进的管理思想、方法

---

① 青木昌彦著，周黎安译. 比较制度分析 [M]. 上海：上海远东出版社，2001：260.

和手段。上述 5 个层面的关联作用构成了国家创新发展的宏观价值链。

在知识创新的微观组织上，从科技成果得到利用，创新价值链包括基础研究、应用研究和开发研究三个环节。在理论研究阶段，本质上几乎属于社会公益活动，必须依靠政府的支持，其次依赖其他社会组织的支持，其成果体现为知识创造力的提高。基础研究和应用研究处于价值链的上游，所取得的成果通过有效的知识流动机制传递到下游，才能形成创新生产力。在这一过程中，牵涉制度安排，如专利制度、技术市场制度、技术服务、中介制度以及高等学校和科研机构的市场化延伸制度等。由此可见，政府在价值链中处于关键地位。图 1-4 反映了其中的基本关系。

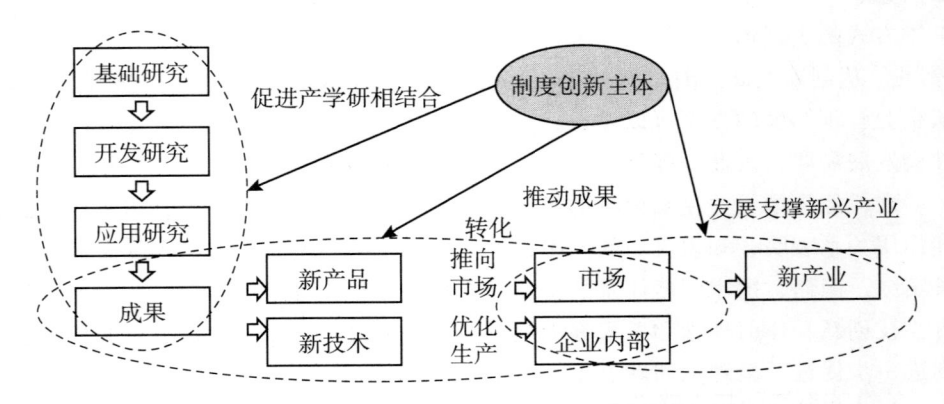

图 1-4 制度创新主体在创新价值链中的作用

创新价值链的下游通过对上游的基础研究与技术成果的利用，根据市场需求和成本收益需求将成果转化为市场接受的产品，或成本的降低，资源的节约等，以获取直接的经济、社会效益。

值得指出的是，政府作为制度创新主体，在国家创新发展中具有以下职能：统筹考虑并推进经济体制和科技体制改革；加强对科技发展的宏观管理，包括营造有利于科技创新和人才成长的政策环境，重点支持事关国计民生、国家安全和长远利益的基础性研究、前沿技术研究和社会公益研究；建立部门之间、区域之间的统筹协调关系；组织国家级科技攻关项目研究和重大创新工程实施。

国家创新体系强调技术发展和信息在企业和研究机构等组织中的流动，从某种意义上说，创新和技术发展是创新系统中各角色的关联作用结果。信息在创新价值链中的关联和交互作用，保证了创新系统中知识扩散、流动和利用的有效整合，从而使创新系统整体功能得以发挥。创新信息沟通的基本目的是，在政府、研究机构和企业之间建立稳定的信息关系，促进主体之间的合作，协调创新过程，维护主体合法权益。

事实上，国家创新体系中的主体创新活动需要共享信息、资源和支撑性服务。

在创新价值链中，创新服务主体需要联系、交流、转化、支撑等辅助系统支持。由此可见，信息服务与保障机构也是国家创新体系中的不可缺少的关联部分，它们为各级各类其他创新主体服务，如为政府部门提供支持决策，为企业提供市场信息和技术信息，为高等学校和科研院所提供所需的多方面信息等。因此，基于知识创新价值链的信息关联组织，无疑是面向国家创新发展服务组织的关键。

1.2 信息化中的国家创新模式转变

处于信息化环境下的国家创新，不仅依赖于基础设施、自然环境、经济基础和物质条件，更依赖于信息支持和全方位的知识服务。从国家发展方式转变和创新变革角度看，信息化环境中的知识信息作用形态与创新发展形态交互作用，形成了整体化的自主创新网络组织形态。

1.2.1 国家创新发展的演进

社会的发展、技术的进步导致了创新活动处于不断发展变化之中，这种变化体现在创新方式的进步和创新手段的革新上。从总体上看，创新模式的转变直接促进了创新活动的科学化、创新的高效化和创新成果的产业化。这说明，不同的阶段，创新在竞争优势形成过程中的作用也在不断发生变化，表1-1展示了创新模式的演进历程[1]。

表 1-1　　　　　　　　　创新模式的演进

阶段	时间	创新模式
第1阶段	1950~1960年	技术推进模式
第2阶段	1961~1970年	市场（需求）拉动模式
第3阶段	1971~1980年	相互作用模式
第4阶段	1981~1990年	整合模式
第5阶段	1991~2000年	系统整合和网络模式
第6阶段	2001年以后	国家创新体系模式

---

[1] Rothwell R.. Successful Industrial Innovation: critical factors for the 1990s [J]. R&D Management, 1992, 22 (3): 221-239.

如表 1-1 所示，创新模式经历了一个由传统的线性向网状模式的发展过程。与传统的线性创新模式不同的是，系统集成创新模式是网状结构的。在网状模式中，各种创新元素能够进行充分有效的组合，实现或多方联动的。在线性向网状模式的转变中，存在着创新的交互作用和系统整合发展阶段。

（1）线性创新模式

传统创新模式是一种线性模式，这种线性模式又分为两类。

一种是技术推动型，开始于科学发现，接着是技术研究、产品研发，最终是新产品或工艺的市场化（如图 1-5 所示）。

基础研究 → 技术研发 → 产品开发 → 市场销售

图 1-5　技术推动创新模式

技术推动型模式的特征：一是科学知识是作为创新组织的外部资源被引入企业，科学发现、技术发明形成创新的上游知识，企业的任务就是将上游的知识变成下游的产品；二是创新活动涉及的因素较少，过程较简单，周期较长，在延续的时间流中可以把过程划分为若干阶段；三是创新组织多是直线型的，创新更多地体现在管理决策活动下的技术研发或转型；四是创新信息沟通和反馈有限，信息按创新流程进行利用。另外，线性模式的缺陷还在于缺乏反馈渠道，创新的累积作用被忽略，以致掩盖了创新过程中学习的重要性等。

另一种是需求拉动型，这是一种以需求为动力的线性序列创新过程模式，即从市场需求到应用研究与开发，再到产品制造，最后到销售的过程（如图 1-6 所示）。

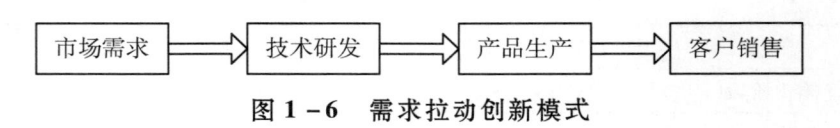

市场需求 → 技术研发 → 产品生产 → 客户销售

图 1-6　需求拉动创新模式

需求拉动模式反映了市场需求导向下的产品研发特征，是技术创新背景下订单生产需求所决定创新模式。需求研究与开发活动的结合是这一模式的重要特征，技术研发在创新过程中往往被市场激发。需求拉动作为知识创新源头，处于上游，科学技术研究则是创新的基本条件。这种模式强调创新的市场导向，创新不再是一种纯科学的研究活动，而是企业通过满足市场新的需求而扩大销售、增加利润的活动，因而具有强烈的功利性。另外创新属于问题导向型，强调对创新的发现和推广。在这一过程中，创新者需要将成果转化为系统应用知识，以便适时推广应用，实现其知识价值①。

(2) 创新的交互作用模式

上述两种线性模式无疑都是具有各自的缺陷，因此，技术与市场相结合的耦合模式随之而产生。创新的交互作用是有反馈的循环作用过程，强调研究开发和市场需求的共同作用。在产业周期的不同阶段，技术推动与需求拉动的相对重要性会发生变化，从而构建了一个逻辑上连续的、市场与研究交互作用的创新循环作用过程。在这种模式中创新过程涉及组织内外的联系，既要把各种内部功能联结在一起，又要将创新活动延伸到组织外部（如图1-7所示）。

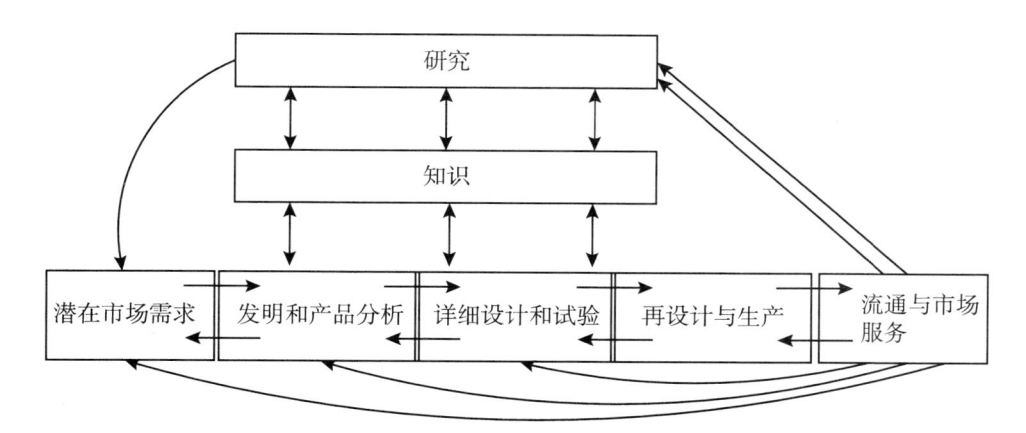

图1-7 创新过程的交互作用模式

在这一创新模式中，有多条路径。创新的中心链，也就是传统的线型链，它始于设计，通过开发和生产，终于市场；反馈在每两个环节之间进行。在这种意义上，需要进行产品开发、生产安排和市场开拓的相互配合。在创新交互作用中，知识创新贯穿于整个价值过程中，创新的反馈路径，或更准确地说是从创新成果应用到科学研究的反馈路径显得十分重要。

(3) 系统整合模式

系统整合模式更接近于合作企业之间的战略整合，它提高了作为开发工具的知识创新专家系统的使用效率。在产品研发中，可以将技术供应方和用户连结的系统作为新产品联合开发的一部分对待（如图1-8所示）。

---

① Drucker P. F.. Innovation and Entrepreneurship [M]. New York：Harper & Row Publishers，1985：59.

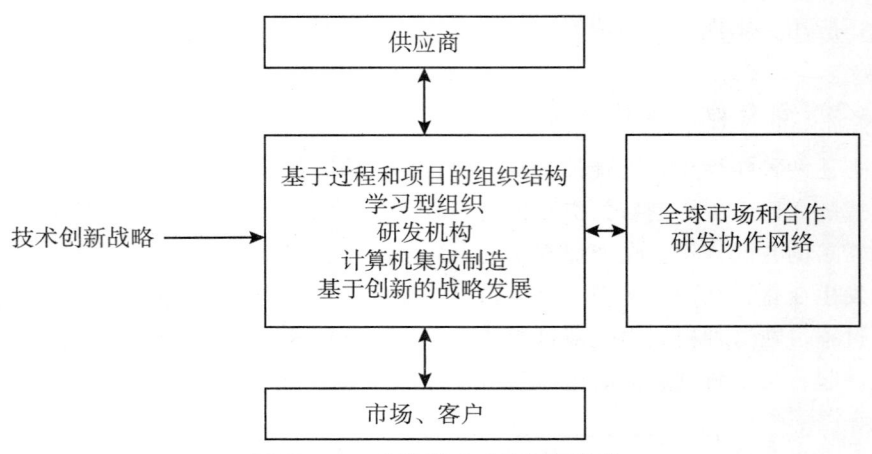

图 1-8　系统整合与网络模式

系统整合模式把创新不仅作为一个职能交叉的过程对待,而且作为一个多重机构的网络合作对待。整合模式代表着创新构想与创新实践的融合。在这一模式中,技术积累进一步受到重视,在创新中更关注技术和制造的集成,强调产品创新的灵活性和开发速度,注重质量和产品多样化。对企业而言,通过系统整合强化内部集成和外部的网络连接,使创新研发与经营并行发展,相关机构从各自的角度同时参与知识创新活动,从而在研究开发、生产和市场经营上进行横向网络联合。

(4) 国家创新网络模式

国家创新网络模式强调从国家层面实施创新工程,通过国家政策导向,相关知识基础设施建设,以及全国范围内的分工协作、知识共享来完成系统化的创新工作,从而促进国家综合实力的提升,保证国家的可持续发展(如图 1-9 所示)。

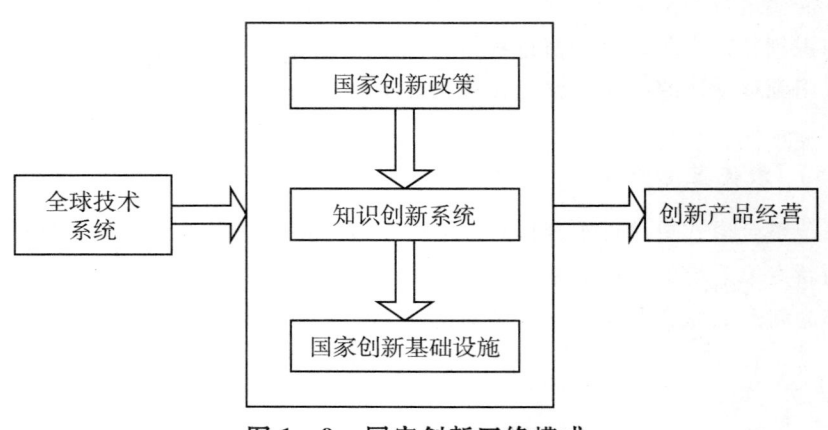

图 1-9　国家创新网络模式

国家创新网络模式是国家创新的主要模式,已在许多国家得到了应用。国家创新网络在创新框架基础上构建,是一种国家创新整体系统,它将所有创新因素进行整合。事实上,一个创新系统必须作为一个整体来对待,因为它的构成要素之间存在着必然的联系,网络不仅包括创新过程要素的整合,而且包含影响创新的制度、组织、社会和文化等方面的因素整合。从这种意义上看,它又是一种跨领域的网络[1]。

1.2.2 信息化环境下的国家整体化创新发展系统架构

国家创新系统是建设创新型国家的根基,其建设对推动经济发展和社会进步起着至关重要的作用。为了适应信息化带来的创新环境变化,各国在寻求国家创新发展战略全新定位的同时,也对国家创新系统中的信息组织提出了相应的变革要求。

信息化是建设创新型国家发展的必由之路。20世纪90年代以来,随着信息技术不断进步和信息网络持续发展,信息化成为全球经济社会发展的显著特征,引领着全球经济发展与创新。当前,信息化与创新全球化相互交织,在推动全球创新模式调整的同时,促进了信息化与科技创新的进一步融合。在这一背景下,越来越多的国家开始将国家信息化战略与建设创新型国家战略有机结合起来,以寻求信息化环境下国家创新发展的全新定位,从而加快本国创新发展的步伐。

美国竞争力委员会于2004年12月发布了《创新美国》(*Innovation America*)报告,提出了全面提升美国创新能力的动议和80余项强化创新的政策建议;报告将美国未来国家创新战略的焦点放在知识经济的发展和信息资源的高效开发利用上[2]。2009年7月,日本政府IT战略本部制定了日本新一代信息化战略"i-Japan 2015",从而将信息技术应用和信息服务发展全面融入国家创新发展之中[3]。韩国政府在国家长期科技发展规划中对国家科技创新体制和科技发展战略进行了大幅调整,将信息技术等领域作为促进国家经济增长的重点发展领域[4]。芬兰作为世界上率先将国家创新系统纳入国家科技政策基本范畴的国家之一,在面向信息化的国家创新发展进程中,提出了全面推进信息社会建设和创建创新型

---

[1] 郭哲. 纵览国家创新系统 [N]. 科技日报,2002 – 08 – 16.
[2] Innovation America [R/OL]. [2009 – 08 – 15]. http://www.nga.org/Files/pdf/06NAPOLITANOBROCHURE.pdf.
[3] i-Japan 2015 [R/OL]. [2009 – 08 – 15]. http://www.soumu.go.jp/main_content/000030866.pdf.
[4] 刘蔚然,程顺. 韩国科技发展长远规划2025年构想剖析 [J]. 科学对社会的影响,2004(3):8 – 11.

知识经济社会的长远目标①。我国作为发展中国家的代表，面对新的国际竞争态势和信息化发展形势，2006 年发布了《2006～2020 年国家信息化发展战略》，明确提出推进信息化建设是我国建设创新型国家的迫切需要和必然选择。

　　信息化环境下，各国创新发展战略的重新定位充分显示了信息化对国家创新发展的深刻影响，其共同点是突出了信息技术、信息资源、信息产业在国家创新发展中的重要地位。从发展趋势上看，各国创新发展的重点正从"封闭创新"转向以产学研紧密合作作为支撑的"开放创新"，从"物质资源的计划分配"转向"信息资源的优化配置"。在实践中，各国普遍强调信息产业对国家经济、社会发展的支撑作用，强调知识和信息对国家可持续发展的作用（如图 1 - 10 所示）。

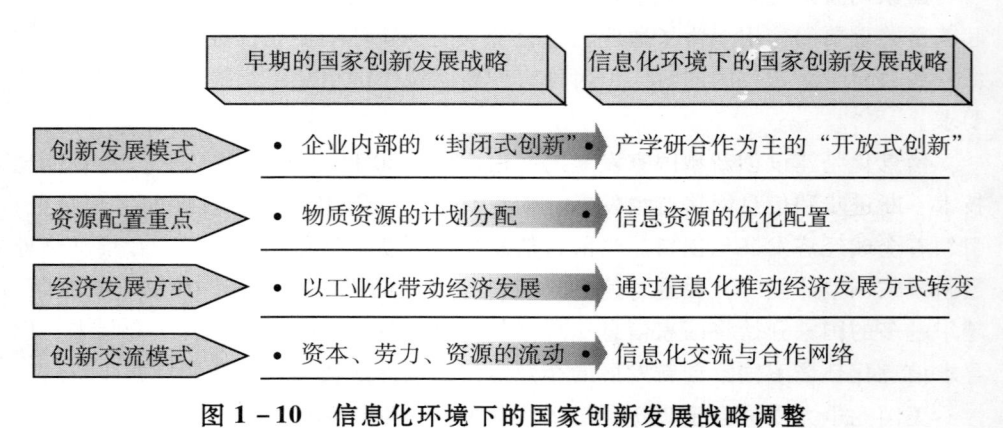

	早期的国家创新发展战略	信息化环境下的国家创新发展战略
创新发展模式	企业内部的"封闭式创新"	产学研合作作为主的"开放式创新"
资源配置重点	物质资源的计划分配	信息资源的优化配置
经济发展方式	以工业化带动经济发展	通过信息化推动经济发展方式转变
创新交流模式	资本、劳力、资源的流动	信息化交流与合作网络

图 1 - 10　信息化环境下的国家创新发展战略调整

　　信息化战略与国家创新发展战略的有机融合为创新活动的开展提供了新的思路，也为国家创新系统建设与完善明确了方向。国家创新系统是支撑国家创新发展的基石，承担着优化配置创新资源、执行创新活动、协调创新主体关系、建设创新基础设施的任务②。随着信息化环境下国家创新发展战略的调整，创新组织间的信息交流与合作日益紧密，信息资源的传递与流动，不断推动着国家创新系统建设朝着开放化、网络化、社会化方向发展③。在这一背景下，各国开始以整合全球创新资源、促进创新主体协调互动、实现信息服务优化为目标，依托信息网络平台重构国家创新大系统，其系统结构模型如图 1 - 11 所示。

---

　　① Evaluation of the Finnish National Innovation System-Policy Report ［R/OL］. ［2009 - 08 - 11］. http：//www. tem. fi/files/24928/InnoEvalFi_POLICY_Report_28_Oct_2009. pdf.
　　② 胡志坚. 国家创新系统理论分析与国际比较 ［M］. 北京：社会科学文献出版社，2000：12.
　　③ Chesbrough H. ，Vanhaverbeke W. . Open Innovation：Researching a new paradigm ［M］. Oxford：Oxford University Press，2006：15.

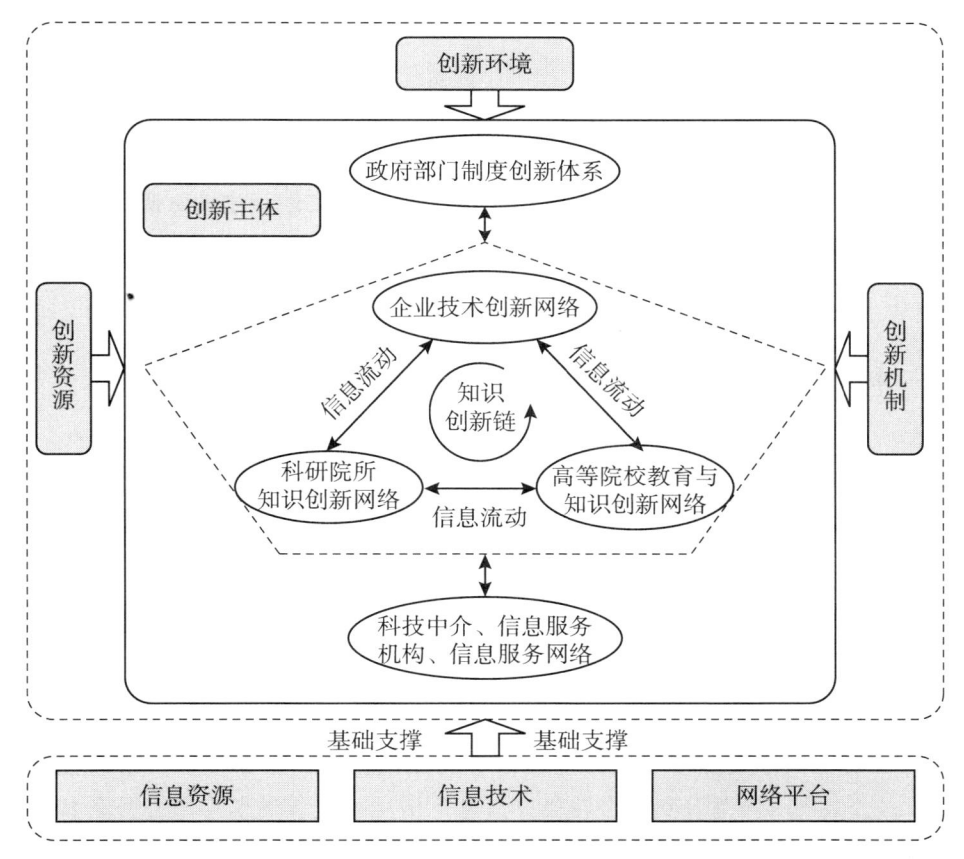

图 1－11　信息化环境下的国家创新系统架构

　　尽管各国的国家创新系统建设在资源结构、政治制度、经济体制和传统文化等方面存在差别，且在系统架构上具有各自的特色，但从基本组成结构看，信息化环境下的各国的创新系统的共同点是，以知识生产、传播和应用为核心，以创新资源的优化配置为调控内容，以信息资源、信息技术和网络平台为基础支撑，从而构建符合各自情况的知识创造和信息流动的网络体系（如图 1－11 所示）。

　　国家创新系统运行中，创新体制的确立和优化是重要的。创新体制是保证国家创新系统有效运行的一系列动力、规则、程序和制度安排，其主要作用是协调创新主体之间的复杂关系，促进创新活动的有序开展。从内容上看，体制确立包括：知识创新项目进行方案设计、融资和投资的运行体制；集合多方力量共同开展国家创新活动的协作机制；调节创新主体创新收益分配矛盾的利益协调体制；对信息进行有效配置以保证创新活动成功实施的信息保障体制；对国家创新系统运行效果进行绩效考核的评价体制。创新体制的确立从国家整体利益出发，促进创新主体间的协同，保证国家各项创新活动的公正、有序和高效开展。

国家创新系统是各类创新要素社会化融合和有效互动的基础平台，信息化环境下，国家创新系统已演化成一个复杂的开放体系，决定着国家创新主体的运动方式和国家创新资源的配置，因而是实现信息化与国家创新建设协调发展的社会系统。

1.3 创新型国家的知识信息支持形态与服务形态

创新型国家的建设不仅从制度上对国家知识创新发展提供了根本保证，而且改变了知识创新信息支持的社会组织方式与服务形态，使其从部门走向社会，从分工走向协同，从单一化走向全方位。

1.3.1 创新型国家建设中知识信息的社会化支持形态

传统的以科学研究与发展为主体内容的知识创新中，除公共图书情报机构（主要是公共图书馆系统和综合性科技信息机构）所提供的信息服务外，其创新信息保障主要依赖于各部门、各系统内的信息服务，由此决定了信息支持的部门化、系统化和专业化发展格局。这种发展模式适应了国家以科学技术为主体的知识创新体系建立与制度安排。在国际信息化环境中，我国相对封闭的知识创新系统结构发生了根本性变化，知识创新已从部门组织向社会化组织发展。在这一背景下，条块分割的信息模式开始转向以信息资源共建共享和开放服务为特征的跨系统发展模式。

政府机构改革和职能转变导致所属信息（情报）机构的组织关系变化。政企分开以适应社会主义的经济发展，是我国从中央到地方政府机构改革和职能转变的重要内容。通过改革，我国传统的通过设立行业部（委），管理企业和经济的组织形式，已成功地过渡到政府宏观调控，按现代市场规律管理企业和经济的形式。在体制变革中，按行业部门设立的国家行业信息（情报）机构进行了两方面的转变：一方面，并入国家面向全社会的综合性信息（情报）机构，实现面向社会的服务；另一方面，进行体制变革，实现市场化信息服务。显然，这种社会转型必须纳入战略管理的轨道。20世纪90年代中期以来的国家创新和信息化建设的全面展开，不仅提出了面向自主创新的创新型国家信息服务体制与保障体系的变革要求，而且营造了新的环境，为社会化的信息服务体制的确立创造了条件。

随着国际信息环境的变化、国际经济整体化发展和市场经济中企业体制的变革与完善，我国信息服务的"部门"发展战略受到了来自各方面的挑战，从而提出了战略管理上的信息服务机制的社会转型，表现为以下特征：

①从部门走向社会。由于知识信息的特殊性质和分布式异构网络环境，随着国家创新体系建设方针的制定和提高自主创新能力战略的提出，信息服务机构需要进行跨部门的社会化组织，基于开放网络的知识信息服务必须从面向部门创新信息需求向面向社会的知识创新需求转变。

②从封闭走向开放。传统服务模式愈来愈难以满足国家创新发展中开放化的信息服务需求。用户知识信息需求的开放化从客观上提出了资源的社会化共享问题。当前，知识信息组织正处于从封闭式的文献服务到开放式的知识信息服务的转型之中。

③从系统走向行业。在国家改革发展、信息化推进和创新型国家建设中，我国的信息系统正向行业信息服务系统组织方向演化。一方面随着政府机构改革的推进，原隶属于国务院专业部（委）的信息机构也进行了相应的调整和改革，其中一部分转变机制而成为行业信息中心（如国家电力信息中心、中国航空信息中心、中国化工信息中心、中国轻工信息中心等）[①]。

④从分散走向集成。知识创新中，用户需求的多元化、个性化和综合化，实现信息服务的集成和跨系统的资源重组和服务整合，通过对各个相对独立系统中的数据对象、功能结构进行融合，使之重新结合成一个有机整体，形成一个效能更好、效率更高的知识信息服务体系。

以上发展形态可以通过中国化工信息中心的运行加以说明。如图 1-12 所示，中国化工信息中心通过服务的重组与协同，实现信息服务的行业合作与资源交换，推动创新成果面向市场进行转化，最终促进行业企业实现创新价值[②]。在中国化工信息中心服务模式中，不同的业务单元由不同机构承担，中心负责将各项信息服务进行优化组合与协调，以增强整体服务能力。作为中央科技型企业，中国化工信息中心由国资委进行监管，与相关政府部门保持密切合作，以实现政府对行业信息服务的宏观管理。

---

① 邓胜利，胡昌平. 建设创新型国家的知识信息服务发展定位与系统重构 [J]. 图书情报知识，2009（2）：17-21.

② 乐庆玲，胡潜. 面向企业创新的行业信息服务体系变革 [J]. 图书情报知识，2009（2）：34-38.

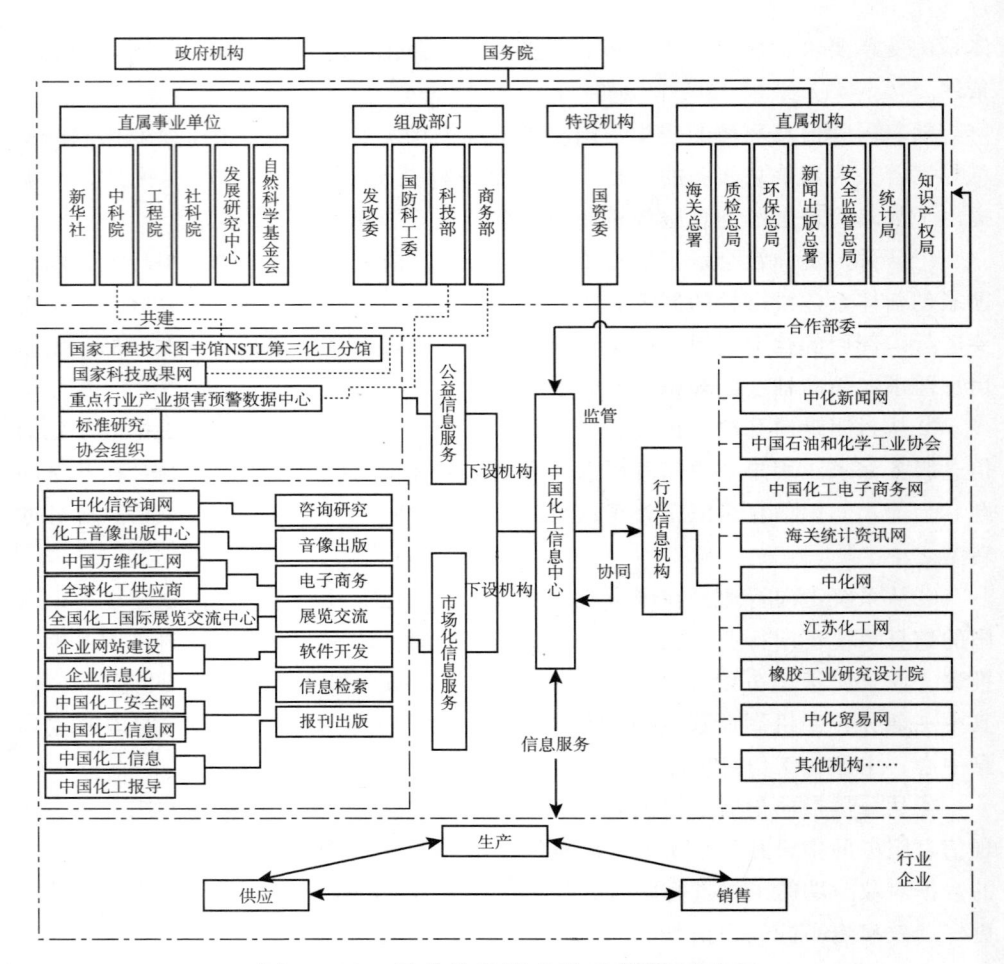

图 1-12　行业信息服务跨系统协同形态

1.3.2　基于资源共享的知识信息协同服务形态

由于知识信息服务系统之间存在多种协同要素，包括战略、资源、技术、人员、流程等，因此可以进行多种方式的协同要素的组合，如服务产品市场组合、资源组合、用户组合和技术组合，或这些组合形式的联合采用。基于不同要素整合配置，可以使我们从多个角度来考察信息服务系统之间的协同关系。

对用户而言，跨系统的协同知识信息服务意味着可使用单一、统一的界面访问多个信息服务，从而实现相关应用系统之间的相互作用。服务组织中，知识信息服务系统的交互作用形成了一个"整体环境"，用户浏览、检索、身份认证、全文获取和电子交易等过程在这个"整体信息环境"中进行，而不需要分别在多个不同服务系统间反复登录和退出。因此，跨系统的协同知识信息服务最终目标是，通过跨系统的服务整合和异构系统互操作，推动面向用户的一站式协同服务实现。

协同环境是跨系统协同服务的必要条件，因为任何事物都不能脱离与周围的联系而孤立存在和发展。协同环境如何，对于协同服务的实施具有重要的影响。广义的协同服务环境包括人文环境、政策环境和技术环境。对于跨系统协同知识信息服务而言，主要应该考虑以下几个因素：人员因素（包括人员的结构、技术素质）、技术因素（包括技术的经济因素、维护成本等）、政策法规因素等。

2007 年美国国会通过的《信息共享国家战略》（National Strategy for Information Sharing，NSIS）中规划了跨部门、跨系统信息服务共享环境建设，强调了从政策、系统、构建和标准出发的跨系统协同服务环境建设目标。基于以上内容，NSIS 提出了跨系统信息共享环境（Information Sharing Environment，ISE）的技术架构，如图 1-13 所示①。

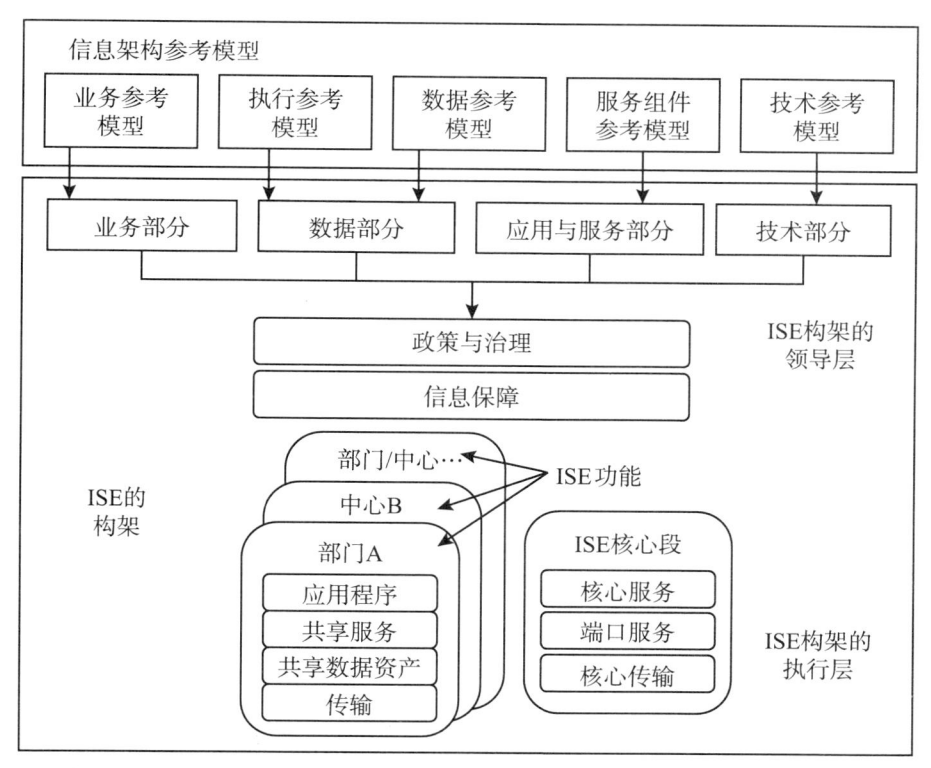

图 1-13 ISE 的构架及与子构架的映射关系

---

① United States Intelligence Community. Information sharing strategy2008 [R/OL]. [2009-01-10]. http://www.dni.gov/reports/IC_Information_Sharing_Strategy.pdf.

宏观环境下协同服务的技术环境是保障协同技术实现的关键，要求在网络环境下进行协同作业的技术平台构建。这个平台对协同服务的保障应实时、动态、集成、有序和开放。协同服务环境的构建应该以人为本，以协作共享为主，面向应用和需求来构建，而不应单从资源角度构建。在以技术为支撑的协同服务中，协同技术的采用具有3方面特征[①]。

①以互联网为基础。协同技术是在网络技术发展基础上发展起来的，它强调的是基于互联网的跨区域、跨组织、跨部门的协作。第二代互联网的互动性使其成为协同软件的应用平台，IPV6技术的推广以及其他网络技术的普及可以实现如实时与异步的信息流转与共享、知识采集与利用、基于互动的知识管理（KM）、项目管理（PM）等。

②以流程协同为主。流程管理是近年来非常重要的一种管理模式，流程管理的内容是如何规范工作流程，促进业务发展。在以流程为主的协同技术应用系统中，流程成为其串联各项管理事务的主线，在应用上具有柔性化、可视化特征。这也是协同技术区别于其他信息技术的主要特征之一。

③以人为本。协同技术的核心思想是以人为本，该思想体现在协同技术应用系统的功能排列、流程组织、操作方式等方面。协同技术应用中的"人"可以是单个的自然人，也可以是由人组成的部门和按工作角色区别的群组等。这些功能充分体现了以人为本的应用思想。协同技术的"以人为本"特性还体现在协同技术以人为中心来定义流程，在流程管理中，"人"作为流程中的特定"资源"被关联，并赋予相应的操作权限。

协同技术得以发展的基础包括：计算机及网络技术，群组通讯技术，协同控制技术，协同系统的安全控制技术，协同应用共享技术，应用系统开发环境与应用系统集成技术，多媒体和超文本（Hypertext）技术等。这些技术组件为跨系统协同服务的实现提供了支撑。

1.3.3 动态联盟环境下的知识网络保障形态

动态联盟环境下的知识网络将知识信息组织与创新结合，使之成为一个有机体。知识网络的构成形态包括隐性知识网络形态和显性知识网络形态。在知识的交流和利用上，同时还存在着隐性知识网络与显性知识网络中的知识转换形态。

---

① 胡昌平等. 面向用户的信息资源整合与服务［M］. 武汉：武汉大学出版社，2007：132.

(1) 国家创新体系中的隐性知识网络

国家创新体系的隐性知识网络实质上是一个连接人与人之间的网络，因而国家创新体系中的隐性知识网络也是一个动态化的社会网络。

隐性知识网络是一个复合的网络系统，由多个要素组成，这些要素相互协同，构成了一个完整的知识网络体系。

知识创新体系的隐性知识网络中会存在一个积极引导知识共享的核心组织，其他组织往往以与核心组织的合作形式而融入知识网络之中。网络核心组织所开展的各项知识管理活动贯穿于整个知识网络的运作全过程之中，知识网络的构建成效通常由网络成员组织的最终效益来体现。

隐性知识网络的从属组织是指就某一领域的知识，与核心组织开展共享活动的组织，其中包括企业、企业群体、科研院所、高等学校、咨询机构等在内的各类组织。各从属组织所开展的合作活动可能只涉及知识网络运作中的一部分。

隐性知识网络的构建实现了来自不同领域的知识跨越空间和时间的整合，有效地弥补了组织自身知识的不足，克服了知识供应主体与知识使用主体之间的知识缺口。它在实现组织间知识共享与创新基础上，进而增加了组织间的知识带宽，提高了组织知识管理运作成效。

隐性知识网络的构建目标是，通过共享知识在组织间的转移，克服组织知识缺口。利用知识网络的运作，可以最终实现知识网络中各组织的共同收益。为实现这一构建目标，隐性知识网络遵循以下构建原则：隐性知识网络组织实质上是一种知识资源的共享组织形态，它应通过知识资源的共享与转移，使各参与组织从中获得收益；参与隐性知识网络运作的组织应具备为其他组织提供相应知识的能力，以实现组织间知识领域的优势互补；隐性知识网络的构建应建立在相互信任的基础上，以最大程度减少知识产权等原因所带来的风险；隐性知识网络的构建是一个动态协调过程，核心组织必须依据外部环境的变化及运行中存在的问题，及时调整知识网络的成员构成；网络的构建应该建立在相互平等、相互信任的基础之上，各组织之间应本着自愿原则，以让自己组织中有价值的知识信息在网络中合理流动和共享。

隐性知识网络是由参与其中的组织为节点构成的网状知识共享与创造体系，这说明建立知识网络的目的是为了适应组织的知识创新需要。依据各节点上的组织在知识网络中所起的作用不同，知识在知识网络中传送方式的差异性，以及知识传送平台的不同，知识网络区分为星形、环形和混合形构建形态。

星形形态是由核心组织为主体建立起来的辐射网络形态，其中核心组织处在整个知识网络的中心，其他组织则是通过与核心组织的合作而参与到知识网络体系中。知识网络所开展的各项知识交流与共享活动贯穿整个知识网络的运作过程。知识网络的成效主要由核心组织的最终效益来体现，因此，这种模式也可称为紧密型的知识网络①。

隐性知识网络的环形形态是由几个对等节点为主体的网络串行构建。在这种形态中，参与组成网络的各节点组织的地位和作用平等，但知识流动和转移却存在着有序性关联关系（如技术创新成果向产品研发的转移关系），因此网络中组织按环路关联。与星形隐性知识网络的组成不同，环形的隐性知识网络可以没有起积极引导知识共享活动的核心组织，因而各组织可以通过相互间的合作融入到隐性知识网络体系中。

隐性知识网络的混合形态是星形和环形的综合（如图1-14所示）。一方面，在混合形态的隐性知识网络中，各组织之间存在着知识的交换关系，虽然有核心组织，但核心组织的作用并没有星形形态的明显，而网络的运行也不以核心组织的成效为前提。所以，并不存在绝对的核心组织。另一方面，核心组织的作用又是不可或缺的，它起到了联系推动网络运行的作用。

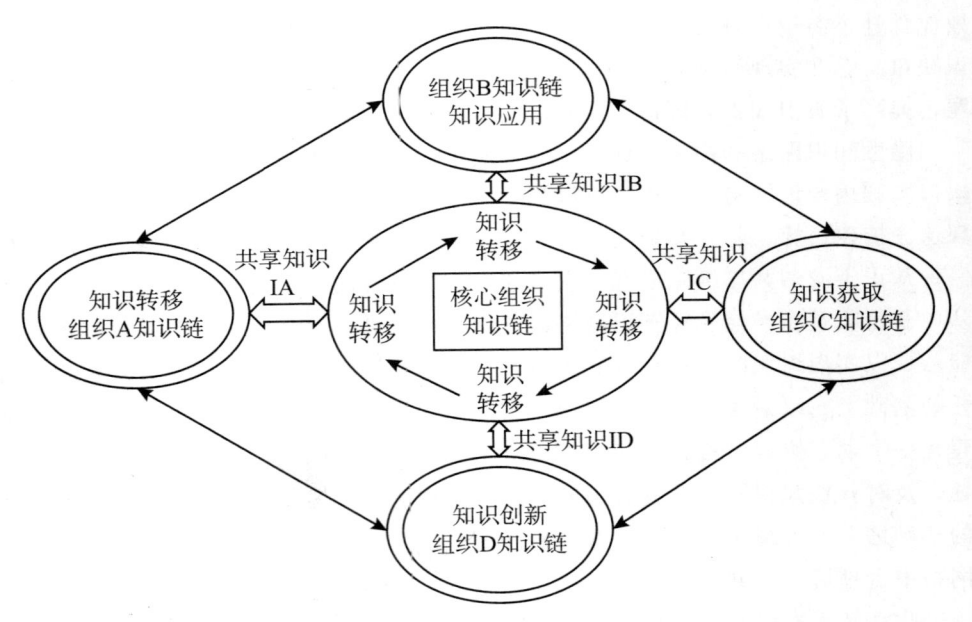

图1-14 隐性知识网络的混合形态

在隐性知识网络的混合组织中，组成知识网络的各节点组织为了实现知识合作和知识的有效流动，从创新发展需求出发，所建立的包含咨询机构、科研院

---

① 李丹，俞竹超，樊治平．知识网络的构建过程分析［J］．科学学研究，2002（6）：620-623．

所、行业伙伴在内的各种类型组织的知识节点网络。图 1 - 14 中，A、B、C、D 分别代表了四种组织，它们之间没有必然的先后顺序和稳定的联系，也不一定存在知识互补关系，只是基于自身知识链中的知识管理活动的需要，所进行的与其他网络成员开展的协作式知识交互活动。核心组织与从属组织的知识交互活动并不是唯一重要的知识传播途径，在网络成员之间，知识传播沿着一种多维方向进行。在这种形态中，核心组织的地位并不明显，通过国家创新体系中的混合隐性知识网络构建，各组织可以从其他组织处获取所需的各类知识（如 IA、IB、IC……），并将其融入到组织内知识链的运作中，从而实现组织的知识创新。同时，组成网络的其他组织也可从知识网络交换中获得直接或间接知识创新成果。

（2）国家创新体系中的显性知识网络

国家创新体系中的显性知识网络的实质是一个连接各系统知识的信息网络。在网络中，知识的不同单元能够互连，这是知识整合的前提条件。

在显性知识网络中，知识信息的载体得以扩展。反映知识创新成果著作是载体，一篇学术论文或报告是载体，一组数据，包含内容的图表也是载体。具体而言，出版物（期刊、图书、报纸、会议论文）、网页、网站等，都可以看作显性知识网络中知识的单元载体。

国家创新体系中的显性知识网络由包含各种知识信息的网络系统连接而成，根据构成连接对象的知识信息揭示情况，显性知识网络分为三个层次：宏观显性知识网络、中观显性知识网络、微观显性知识网络。宏观显性知识网络中的知识载体为集中某领域知识的整体，如领域知识数据库。中观显性知识网络中的知识载体是某一著作、论文或其他载体。微观显性知识网络的知识载体则是宏观、中观载体中的某一知识单元。三种网络，从宏观到微观，从三个不同层次反映人们对知识的不同组织形式。它们相互补充，缺少任何一个，都不能适应知识的结构化利用需求。

显性知识网络包含的内容非常丰富。从不同的角度去组织，可以得到不同的网络结构。从文献的角度去考虑，我们得到一张相互关联的文献网。从知识概念的角度去考虑，我们得到相应的知识关系网，知识关系网可作为构建知识地图的基础。从分类角度看，可以得到一种分类网络，而不是传统的简单的分类树。从知识的来源机构考虑，就会得到知识创新来源机构网。

知识文档网中的每一篇文献可以成为一个节点，围绕它组织着许多相关的信息节点，如引用文献、相似文献、同类文献、同一研究方向的学者、读者交互推荐文献等，从而构成了显性知识网络节点。利用分类、导航技术，可以实现分类系统的交叉管理，形成分类的知识单元网络。来源机构网络，则可以通过来源机构对知识进行关联组织。从文献引用关系出发建立的知识网络，可以得到引证关系网。国家创新体系中的显性知识网络可以按引证关系、参考、共引关系、二次参考引证关系和同被引关系来组织，其中参考与引证关系涉及共同研究背景的相关信息。引证文献的引证文献，可以揭示该研究方向上的当前进展；同被引文献可以展示具有共同研究基础或共同起源的研究领域。由此可见，显性知识网络的应用是广泛的。

（3）显性知识与隐性知识转换网络形态

互联网技术和虚拟现实技术的发展为显性知识与隐性知识的转换提供了新的途径，从而使基于互联网的显性知识与隐性知识转化成为可能。显性知识与隐性知识转换网络是一个立体的网络，这一网络能够实现显性知识与隐性知识的转换，进而实现知识创新保障。

从图 1-15 可以看出，显性知识与隐性知识转换网络是一个全方位的结构网络，显性知识的节点除了可以与其他显性知识节点互连外，还可以与网络内的任何一个隐性知识节点互连。这种相互连接的过程，包含了显性知识和隐性知识转化中的社会化、外化和内化的结合。在转换网络中，转换的范围可以由原来的局部范围扩展到全社会范围，由原来的单个知识创新螺旋发展成为多个知识创新螺旋的并存。

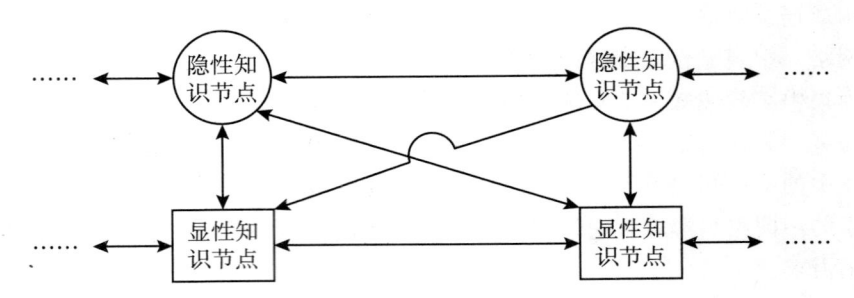

图 1-15　显性知识与隐性知识转换网络的逻辑结构

国家创新体系中的显性知识与隐性知识转换网络的层次结构，实质上是一种知识管理结构（如图 1-16 所示）。

图 1-16 所示的体系结构中，显性知识存在于文档或其他类型的数据库中，可以通过文档和内容管理系统管理这些知识资源。其中管理功能的实现则需要底层的 IT 基础设施、数据库管理系统和处理工具的支持。为了更方便地存取知识，还需要建立知识地图。知识地图建立在组织内部对知识分类的基础上，各组织可能有不同的分类方法，采用的技术包括分类和索引技术等。为满足个性化知识创新需求，

在服务的上一层应构建个性化网关,其中知识门户提供不同的入口。最上层是应用层,不同的入口提供不同的应用:如电子学习、能力管理、智力资产管理等。

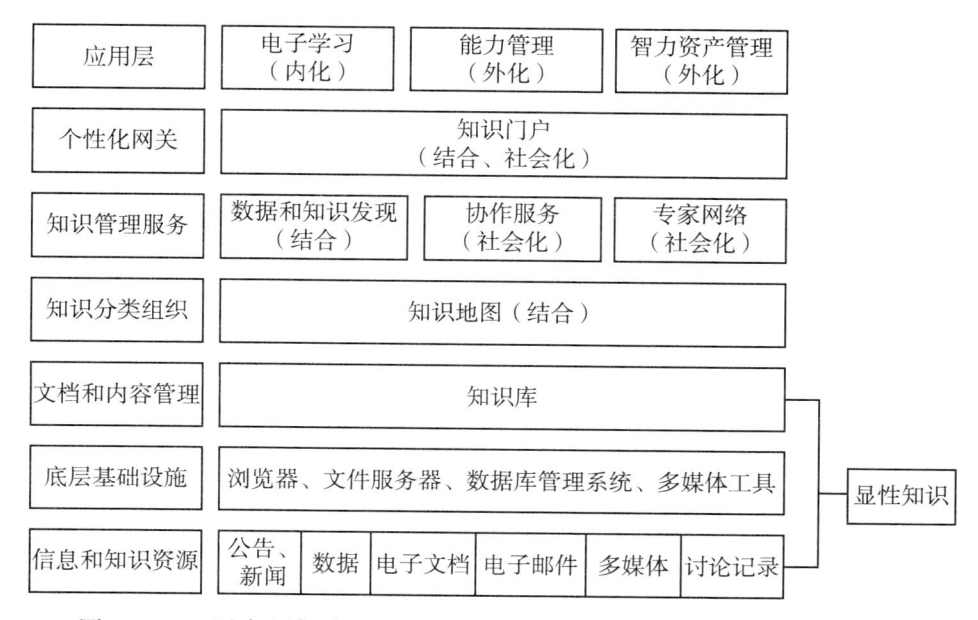

应用层	电子学习（内化）	能力管理（外化）	智力资产管理（外化）
个性化网关	知识门户（结合、社会化）		
知识管理服务	数据和知识发现（结合）	协作服务（社会化）	专家网络（社会化）
知识分类组织	知识地图（结合）		
文档和内容管理	知识库		
底层基础设施	浏览器、文件服务器、数据库管理系统、多媒体工具		显性知识
信息和知识资源	公告、新闻 | 数据 | 电子文档 | 电子邮件 | 多媒体 | 讨论记录		

图 1-16　国家创新体系中的显性知识与隐性知识转换网络结构形态

知识创新过程是一个显性知识与隐性知识相互转换的过程,仅有显性知识网络是不够的,因而必须注重隐性知识的管理及网络建设,进而实现整个知识创新信息形态的优化。

1.4　创新型国家的知识信息服务发展战略

国家知识创新水平直接关系到一个国家的国际竞争力和综合国力,因此世界上许多国家,特别是发达国家争相建设自己的国家创新系统。通过分析和比较其他国家的创新系统建设以及信息服务的组织战略,可以为我国的国家创新体系建设提供有益的借鉴。

1.4.1　部分发达国家的知识信息服务战略发展及其启示

科学技术的进步是国家发展的关键推动因素,因此国家创新体系已成为各国最重要的资产,是今天和未来国家发展的重要资源。从综合情况看,发达国家的创新体系是各方面相互交织的复杂网络体系,由政府机构、行业、实验室、高等学校、研究机构等组成。其运作受外部环境因素的影响,且具有自我发展和自我调整的功能,虽然看起来无序,但运行效率高,以致成为社会、经济、科技发展的支柱。

(1) 美国的国家创新体系建设与创新信息保障

美国的国家创新体系建设旨在维护和推动知识创新和应用的紧密结合,创新体系包括了知识生产和知识应用系统。在知识的生产中:行业、高等学校、政府实验室和研发机构中的科学家和工程师是主体,在知识的应用中:各系统知识生产者同时也是知识利用者,他们交互使用其他知识生产者所创造的知识。

创新体系中的个人和机构只是创新系统的节点。这些节点之间的连接和流动才使这个系统成为一个网络,而不是各部分无序组合。

就国家创新体系的公共政策而言,政府履行三方面职能:一是分配公共资金并管理创新支出;二是根据公认的公共利益,监督和调节创新活动;三是制定国家议程或提供制定议程的机会。因此,相应的政策行为在创新投资和创新活动中起着重要作用,政府的作用主要体现在两方面:一方面负责维护一个合适的环境,以有利于创造、发明;另一方面维护知识创新中的公共利益。

美国国家创新体系建设,采取了以下措施:

保证充分的投入。国家创新体系需要投入才能在不同阶段产生输出,这种活动涵盖早期的知识生产,关系到应用研究和技术开发,以及创新成果的商业化和应用。

维护公共环境。具体做法有知识产权的保护、维护和制定标准、加强基础设施建设和强化协作及伙伴关系建设等。

改善各方的沟通。国家创新体系是由个人、组织和公共机构组成的网络,各方通过正式和非正式的沟通实现互连。如果沟通方便简捷,整个体系就能发挥最大的功效和潜能。

保持创新体系的活力。这方面的措施包括让公众更好地认识国家创新体系,评估研发效果和拓宽国际视野等。

美国的创新信息保障的体系结构可以为各国所借鉴。美国的国家创新体系中的信息服务包括5个层次:第一层次,美国政府重点支持的信息服务机构,如美国国会图书馆、农业图书馆、医学图书馆、标准技术图书馆、技术信息服务中心、专利商标文献中心以及联邦政府各部所属的专业信息中心;第二层次,州政府支持的信息服务机构;第三层次,美国教育系统的信息服务机构;第四层次,公司、企业所属的信息服务机构，主要保证行业创新信息需求；第五层次，独立经营的各种信息机构。

美国是世界上较早启动数字图书馆建设的国家。其数字图书馆建设伴随着信息高速公路建设的推进而不断向前发展，美国的数字图书馆建设得到了美国政府和美国国会的大力支持。美国于1993年就出现了建设数字图书馆的呼声，当时推动数字图书馆建设有两大主要因素，这两个因素分别是技术方法的进步和美国联邦政府的推动。美国科学数字图书馆建设的管理机构主要是国家科学基金会（NSF），技术实施主要由国家研究创新公司（CNRI）进行协调。

美国的数字图书馆项目分为五组，这五组的进展各不相同，有的已经完成，有的尚在进行之中。其中："数字图书馆首创计划"第一阶段（DLI1），由美国国家科学基金会、国防部先进技术局和国家宇航局联合出资，由科学基金会机器人与智能系统信息分部负责协调；美国国会图书馆的"美国的回忆"项目，1995年由美国国会图书馆正式开始启动国家数字图书馆项目（National Digital Library Program，NDLP），项目以高质量的数字产品形式，集中美国的历史、文化收藏；加州数字图书馆计划（CDL）由加州高等学校各分校（如伯克利、戴维斯、圣地亚哥分校等）共同完成，CDL采用的是IntelLib集成服务，该系统的特色是具有智能检索功能和多媒体查询服务功能；"数字图书馆首创计划"第二阶段（DLI2），由美国国家科学基金会、国防高级研究项目局、国家人文学资助会、国家医学图书馆、国会图书馆和国家宇航局联合资助，从扩展媒体、研究开发点、主题资助单位等各方面作为切入点，推进数字图书馆建设；美国国家科学、数字、工程与技术教育数字图书馆（NSDL）项目，由美国国家科学基金会启动，目的是在联机环境下向教师和学生提供高质量的科学、数学、工程与技术教育资料，力求建设成为一个巨大的资源和服务阵列①。美国依赖于数字图书馆的知识信息服务推进方式值得借鉴。

（2）日本的国家创新体系建设与创新信息保障

日本的国家创新体系是一个不断演进的系统，尽管在不同时期所强调的重点不同，但"技术立国"始终贯穿于整个国家的发展过程。纵观战后日本的发展历史，其国家创新体系的演变大致经历了3个阶段：20世纪50~60年代的创建期，70~80年代的改进期，90年代以来的重建期。

第二次世界大战后初期，日本的一系列改革为国家创新体系的建设，造就了

---

① 胡昌平，谷斌. 数字图书馆建设及其业务拓展战略——国家可持续发展中的图书情报战略分析（4）[J]. 中国图书馆学报，2005（5）：13-16.

一大批民营企业，同时为"官、产、学"结合为特色的战后日本科技制度确立创造了条件，竞争机制的引入和科学管理推动了技术进步；同时，产品质量的提高和成本降低，给日本国家创新注入了活力。

20世纪60年代，日本以教育为基础，企业为主体，科技、产业、政府相联合的技术创新体系基本形成，由此推动了此后的日本经济增长。

20世纪70年代开始，日本政府在技术开发中发挥了主导作用，政府制定了"阳光计划"、"月光计划"等长期研发计划。随着这些计划的实施，日本的国家创新体系也作出了相应的调整和变革。如从"技术研究组合"直至"技术立国"方针的制定，相应鼓励创新政策的出台，标志着日本的国家创新体系调整变革的完成。

20世纪90年代，工业信息化、知识化和全球化的发展，使得日本原有的国家创新体系表现出了极大的不适应性，重建21世纪国家创新体系，已成为日本政府和社会面临的重大问题。日本的国家创新体系的战略也由原来的"技术立国"转向"科学技术创造立国"。

日本的国家创新体系中创新行为的主体包括企业、高等学校、科研机构和政府机构。企业一直是创新的核心主体，尤其是大企业已成为各行业最先进技术的代表。日本大企业一般都设有自己的研究机构，其人力、财力、设备能力和科研成果都不亚于国立研究机构。日本的高等学校除为社会培养人才、生产和传播知识外，也是一支重要的基础科研力量。它主要承担基础科学的研究，同时也以联合形式参与应用与发展方面的研究。在日本的国家创新体系中，政府居于主导地位，对国家创新活动采取积极引导和重点扶植的干预政策。

日本的国家创新体系的运行是以市场调节为基础的，但政府介入的程度比美国大，因此人们把它划为政府强干预的发展模式。这对日本这种后发国的赶超型发展是必要的，实践证明也是成功的。

网络环境下，日本的知识信息服务系统由数字图书馆、行业科技信息机构和专门机构组成。日本的数字化知识信息保障系统建设起步较早，自1995年以来，日本政府和业界都非常重视数字图书馆和专门的数字化信息服务系统建设。日本的数字化建设项目由4大机构分头立项，这4大机构分别是通产省、邮政省、文部省和国会图书馆。日本的数字信息服务系统建设目标明确、协调有力、重视实践经验的应用和技术难点的突破。日本的数字化信息资源系统主要有3种类型：一是以数字化收藏为中心，如日本国会图书馆和日本学术情报中心；二是以信息系统为中心的系统建设，如隶属于通产省的信息技术促进局、信息技术开发中心以及各公司的系统；三是以用户的社会需求为中心，在高等学校及研究机构中进行服务，包括多语种代理、元数据服务等项目。此外，日本的空间协作系统计划利用卫星网来实现日本高等学校和机构的信息资源共享，这是一种超越时空限制的远程学习系统，目前该系统已经联接了100多所高校和相关机构。另外，日本的数字图书馆建设注重点面结合，一方面将日本国会图书馆关西新馆建设成为全国最大的数字图书馆；另一方面在各部门建立公共数字图书馆系统，做到协调发展。日本立足于现实的分阶段实施创新信息保障的做法，具有普遍意义。

（3）法国的国家创新体系建设与创新信息保障

第二次世界大战以后，法国为加强国际竞争力，将依靠科技进步带动经济、社会发展作为国家长期发展的重要战略。法国国民议会制定和颁布了《科技进步法》。20世纪90年代以后，西方发达国家步入后工业化社会后，为保证法国经济稳定增长，培育新的经济增长点，解决一系列结构调整问题，法国议会颁布了《科技创新和科研法案》，推出了一系列激励科技创新的法律和政策。进入21世纪，为加强高新技术研发和产业化进程，法国科技教育部与工业部适时发布了《面向2005年的关键技术指南》，确定了涉及国际技术竞争前沿的重点发展领域，直至2010年，在应对全球经济风暴中，不断进行基于创新的产业调整。

法国科技管理机构由政府主管部门、行业协会和地区管理机构3个层次构成。法国国民教育科技部是国家的科技主管部门，负责制定有关重大科技政策、科技创新计划，统筹国家科学研究与技术发展预算，对教育和科技进行审查和评价，从战略发展的高度进行科学与教育的宏观管理和运行调控。法国行业协会是法国科技管理的重要组成部分，法国政府职能部门主要通过半官方的行业商会或联合会等对企业的科技创新进行引导。

法国的科技创新体系由公共科研机构、高等学校科研机构、企业科研机构及民间科研机构组成。公共科研机构又分为"科技型公共机构"与"工贸型公共机构"。前者是法国"非定向研究"（即自由探索）的核心力量，主要从事基础研究、应用研究。后者是法国"定向性研究"（目的性研究）的重要力量。法国高等学校科研机构的科研成果占全国的1/10，承担的项目占全国的1/4，拥有各类科研机构150多个。其经费来源的90%为国家预算，10%是公共科研和管理机构及与企业签订的合同收入。高等学校研究机构主要从事基础研究，与国家公共科研机构的合作十分密切。企业和民间科研机构作为法国科技创新体系的重要组成部分，创新活动十分活跃。

法国国家与地区科技信息服务机构十分重视科技情报对经济、科技发展的作用和影响，政府制定支持情报发展计划，建立大型科技情报系统。例如国家科技情报研究所是法国提供原始文献的最大中心，拥有当前世界先进的网络系统，可在各研究机构、实验室、行业中心及欧盟之间传递服务、每年订阅近3万种世界各国科技期刊，建有一大批大型数据库。法国各大区和行业科技信息中心的 20 多个网络，直接为企业进行技术咨询和提供知识信息与情报服务。国家工业产权局主要管理专利、商标、企业贸易及运转情况的动态信息。另外，法国还在高等学校、科研机构与中小企业间建立信息服务界面，成立了信息咨询服务中心，以法国技术信息推广署为龙头，制定信息技术成果推广计划，为中、小企业提供服务，经费来源均由政府计划拨款。同时，法国还十分强调知识信息资源共享，在许多领域建立了共享共建系统以及技术转移信息机构和信息咨询服务中心，以沟通科研、教学单位与企业间的联系。

在法国，数字图书馆更多地被称为"多媒体数据库"。在技术层面，法国将目标定位于从深层次开发法国研究系统的信息及计算机科学领域的技术。其主要的研究机构是国家计算机科学与控制研究所（INRIA），该研究所的工作重点是开发基于 Web 的各种编辑器，这些编辑器可用于数字图书馆的内容资源加工及组织。在数字图书馆的信息资源建设层面，主要工作由法国文化与交流部进行统筹规划与组织实施；法国文化部发布了文化内容资源的数字化计划，在这一系列的计划中，法国国家图书馆项目和国家博物馆被圈定为该计划的重点和示范项目。

（4）英国的国家创新体系建设与创新信息保障

英国知识创新与技术转移的有关组织机构包括：高等学校研究与工业联合协会，英国技术集团，英国工业联盟，工业与高等教育委员会，地区技术中心，创新传递中心，英国科学园协会等。

2004 年 7 月，英国财政部、贸工部和教育技能部联合发布了英国未来 10 年（2004~2014 年）科学与创新投入框架文件，提出了国家科技创新的总体战略。战略要点为紧紧抓住知识经济时代的发展机遇，努力提高国家竞争力，通过科学研究生产知识，通过教育和培训传授知识，利用信息和通信技术传播知识，在科技创新中应用知识；在创新支持中，抓住知识生产、传授、传播和应用链条的起端和终端，使英国成为全球经济的关键知识枢纽，同时成为将知识转换成新产品和服务的世界领先者。

英国采取的主要战略措施有：鼓励高等学校、科研院所与企业结合，以合作促创新；鼓励高等学校进行科技创新，将尖端科学技术商品化；提供研究开发经费及信贷担保，支持中小企业创新；制定激励创新的政策，营造有利于创新和高技术产业发展的良好环境；大力发展风险资本市场，促进科技成果的转化与产业化。

英国国家创新的信息保障机构主要有以下部门：一是大英图书馆，大英图书馆拥有大量高质量的科学技术领域的图书、期刊、系列出版物、学位论文、会议记录、文摘和索引出版物等。它的储藏主要来自呈缴、购买、捐赠和交换，包括大量的电子数据库和电子期刊。在图书馆中专门设有科学技术与商业阅览室，其中的电子资源包括多个学科的数据库。大英图书馆在信息资源建设、信息加工、信息分析研究与信息服务上均处于世界一流水平，在服务中获得了很大成功。大英图书馆积极推进图书馆知识服务，重视为科学技术服务，重视为企业创新服务，严格遵守知识产权法，确立服务开放性意识。他们讲求服务效益的做法，值得我们借鉴。二是"全球科技观察网"，这是一个面向科技创新的门户网站，该网站不以营利为目的，主要提供公益性科技信息服务和辅助政府管理服务。门户网站联接多个网络系统，为英国企业提供全球各地最新科技发展信息。网站的建立在于使企业界及时获取电讯、自然科学、机械工程等相关科技领域的最新信息，为英国企业提供创新性的技术实践信息支持。英国按部门分工推进知识创新服务的做法，具有针对性，追求实效的原则体现了创新的产业化趋势。

（5）德国的国家创新体系建设与创新信息保障

德国是世界上高度重视科学技术的国家之一，德国历届政府和企业始终把科技创新视为国家发展和企业生存的根本。

为了保持竞争优势，德国政府提出了从"研究政策"向"创新政策"转化的创新战略思路。在国家科技创新的整体发展战略上，德国政府对技术、经济和环境的三维协调发展给予了充分考虑。

德国的科研系统，虽然具有市场经济和自由竞争的特点，但是并不把所有研究都推向市场。国家出资建立大型科研基础设施和知识信息服务设施，利用公共事业经费支持基础和应用基础研究。同时扶持科技创新型中小企业，帮助它们实现成果转化。建立技术园区是德国政府促进科技进步的重要政策手段，政府将建立技、工、贸一体化的高新技术群落作为发展科技经济的一项重要战略措施。为改造传统技术及工艺，政府鼓励创办风险投资公司，加速科研成果转化。

企业是德国国家创新体系的产业化主体，不论是世界著名的大型企业还是中小企业，均把科研和技术开发摆在至关重要的位置。德国大企业大多拥有为数众多的科研队伍，并在 R&D 经费投入上给予充分保证。大型企业集团的研究部门是企业科技创新的主体，对提高工业技术水平、开发新产品起着龙头作用。

德国重要的科学研究机构由马普学会、亥姆霍兹协会、弗朗霍夫学会等所属机构组成，它们下属的研究机构是德国的主要科研院所。这些机构绝大多数有着较长的发展历史。其中，马普学会以基础研究为主，下属 80 个研究所，90% 的经费由中央政府和所在地方政府提供。在面向企业的工程应用研究中，弗朗霍夫学会下属的研究所为企业提供有偿的技术开发和技术转让，是连接科学研究、工业界和政府部门的桥梁。亥姆霍兹协会由 16 个国家科研中心构成，主要集中了国家的大型科研仪器设备，除了自身进行研究外，面向社会开放。

高等学校科研机构是德国科研系统的重要组成部分。高等学校与产业界联系十分密切，其应用开发研究项目主要来自企业委托。德国教育制度的创新是德国科技创新取得成功的关键，高等学校为德国造就了大量的优秀人才。

科技服务机构为企业提供实现科技创新和应用的各种技术与信息服务，具有纽带、桥梁、组织、协调作用。德国各协会设立的科技中介机构十分突出，最典型的如德国工业研究联合会（AIF）。AIF 成员主要是中小企业，联合会所属的各合作研究机构不仅协调企业的科技创新活动，还在创新的各个阶段，从确定技术项目、协助获得政府资金支持，到技术人员的培训和成果的商业化，为企业提供全方位服务。

德国以知识信息服务为内容的数字图书馆计划主要由德国基础科学研究基金会（DFG）和德国教育与科研部（BMBF）组织实施。德国最大的数字图书馆规划（GLOBE-INFO）由隶属于德国教育与科研部的德国国家信息中心负责相关的技术推进。德国教育与科研部的数字图书馆项目：一是数字图书馆技术，开发集中在基于 SGML 的开放的信息管理系统和基于 XML 的虚拟信息和知识环境构建，已经完成的项目有高性能多媒体信息管理系统（HERMES），从大型馆藏中抽取知识的 IMAGINE 系统，CORDIS 数据库中的多语言标引和查询系统等；二是 GLOBE-INFO 项目，耗资 1.2 亿马克，主要是为了实施信息网络化。德国基础科学研究基金会的数字图书馆规划主要包括：科学图书馆的文学和信息电子出版物促进计划、科学图书馆的现代化和合理化促进计划、图书馆藏品的数字化回溯促进计划和数字文献的分布式处理与重点交换计划。德国数字图书馆建设，政府重视，软件基础实力雄厚，服务水平和质量得到了充分保证。

（6）俄罗斯的国家创新体系建设与创新信息保障

俄罗斯科学院作为国家最高学术权威机构在其自身开展创新活动的基础上，从 2003 年起负责统一建设俄罗斯一体化创新体系。俄罗斯国家级科学院共有 5 个，即俄罗斯科学院、俄罗斯农业科学院、俄罗斯医学科学院、俄罗斯教育科学院和俄罗斯建筑科学院，此外还有军方的军事科学院和军事医学科学院。

俄罗斯知识创新与传播体系建设的指导思想是，在高等教育中完善科学技术政策实施体系，促进高等学校和科学院之间在科研方面的整合和合作，建立科学技术系统的人才培养体系，确立科学研究创新机制等。

作为俄罗斯知识应用体系的企业研究开发系统，包括科学技术应用及工艺方法开发系统。在俄罗斯，衡量企业的研究开发能力，可通过衡量企业的基础研究、应用研究和开发研究能力来实现。

俄罗斯国家科技创新体系是 1997 年根据科技部、教育部和两个基金会共同制订的跨部门规划建立的。创新体系的主要环节是科技创新，着重于技术成果的完善和商品化经营。

就国家创新调控体系来说，俄罗斯创新活动和商务活动保障制度的建立，在很大程度上决定着高技术产品和先进技术工艺的推广范围。为此，为了营造创新的良好环境，俄政府相继制定了一系列法律和制度。

俄罗斯在构筑国家创新体系时所考虑的是系统制订国家创新政策，在国家总体发展目标下，建立独立的地区创新体系，优先发展基础科学、高等教育和高技术产业，将有限的财力集中到优先发展方向上。同时，对国家技术能力（技术能力、科研能力和教育能力）进行整合，建立创新领域的专业协调联络机制。

在知识信息服务保障支持中，俄罗斯的数字图书馆建设起步相对较晚，1998 年俄罗斯科技部推进了利用电子图书馆分布式信息系统的规划，旨在实现知识信息加工、存储、查询、传播的数字化、网络化。俄罗斯的数字图书馆系统是一个开放的系统，既有传统文献的数字化成果，也有原版数字出版物。俄罗斯的数字图书馆计划还体现在《俄罗斯电子图书馆》部际规划中，该规划的参与者除了俄罗斯科技部之外，还包括文化部、教育部、俄罗斯档案馆、国家出版委员会、国家专利局、国家通信委员会、俄罗斯科学院等机构。这些机构成立了相应的专家组，就数字图书馆建设的重要问题予以咨询。

1.4.2 我国国家创新发展的知识信息服务战略选择

信息化环境，一是对国家创新起宏观作用，在国家创新网络中的所有组织所共同面对的环境，对各国的科技、经济、文化和社会发展产生影响，是基本的信息化要素动态作用结果；二是与实现国家创新目标直接相关的具体环境，又称特定环境或微观环境，由对创新及知识信息服务组织产生直接影响的外部要素构成。

宏观和具体环境的作用体现在信息化中国际环境、国家环境、行业环境和产业环境的变化上，这些变化对知识创新与信息保障战略产生全面影响。

(1) 经济全球化环境影响下的创新型国家建设战略

知识经济是世界进入商业竞争全球化、信息传递高速化、科技发展高新化、高新技术产业化时代的经济，表现为体制不断创新。知识经济又称"新经济"，美国前总统克林顿认为："新经济的燃料是科技和知识，新经济的精神是冒险和创新。"北京"中国知识管理网"的创始人王德禄在2003年出版的《知识管理的IT实现——朴素的知识管理》一书中指出，知识经济的重要特征之一是知识量和信息量的极度膨胀[①]。可见，知识经济发展所带来的全球经济格局变化，是各国必须面对的现实问题。

市场全球化是促进知识经济发展的最重要因素之一，库恩（Richard Koch）和戈登（Lan Goddon）在1997年出版的《没有管理的管理》（*Managing Without Management*）一书中，分析了全球化对传统产业结构的影响和产业发展对国家制度的影响[②]。

在面向新世纪的我国国家建设中，党中央、国务院提出了建设创新型国家的战略任务，党的十七大更进一步明确提高自主创新能力是创新型国家建设的根本保障，是落实科学发展观的重要战略决策。

科学发展观的基本要求是全面协调可持续发展。加快经济结构战略性调整，推进产业结构优化升级，保持经济平稳较快发展，提高经济增长质量和效益，是今后一个时期我国经济社会发展的重大任务。根据这一要求，我们必须更加清醒地认识到国家创新的重要性。目前，我国的"比较优势"和国际竞争力，在相当程度上依靠的是劳动力和资源的低价格，比较缺乏核心技术、缺乏自主知识产权、缺乏世界知名品牌，这"三缺乏"集中到一点，就是自主创新能力不强，由此造成产业结构的不合理，经济增长中资源消耗多、环境污染严重、整体素质不高和运行不稳定。实践表明，传统的高投入、高消耗、高污染、低效益的路子已经难以为继，必须加快经济增长从要素驱动向创新驱动的转变进程，从而在转变经济发展方式方面取得新进展。

国际上将科技创新作为基本战略，大幅度提高自主创新能力，形成日益强大竞争优势的国家称之为"创新型国家"。目前大约有20个，如美国、日本等发达国家和芬兰、韩国等后发国家。它们的共同特征是：创新能力综合指数明显高于其他国家，科技进步贡献率在70%以上，一些具体指标，如研发投入占GDP比重大都在2%以上；对外技术依存度指标都在30%以下；这些国家获得的三方专利，即美国、欧洲和日本授权的专利数占世界总量的90%以上。值得提出的是，芬兰、韩国等在10~15年的时间内，实现了经济增长方式的初步转变，这对我国有着借鉴意义。

2010年，我国人均GDP已超3 000美元，科技创新综合指标相当于人均GDP 5 000~6 000美元国家的水平。我国科技人力资源总量已达3 200万人，研

---

① 王德禄. 知识管理的IT实现：朴素的知识管理［M］. 北京：电子工业出版社，2003：128.
② Koch R.，Godden L.. Managing Without Management：a postmanagement manifesto for business simplicity［M］. London：Nicholas Brealey Publishing，1997：44.

发人员总数达 105 万人年，这是走创新型国家发展道路的最大优势。经过几代人的努力，我国已经建立了大多数国家不具备的比较完整的科学布局，这是走创新型国家发展道路的重要基础。我国具备了一定的自主创新能力，生物领域、纳米领域、航天领域等研究开发能力已跻身世界先进行列。我国完全有条件走创新型国家的发展道路。① 本质上，一国的创新能力是通过企业、高等学校、科研院所、产业化机构、政府部门等创新主体相互作用和协调产生系统能力，由此形成的知识创新链呈现出集成创新的合力。在国家创新发展过程中，只有有效地组合各创新要素，诸如政策、法律、基础设施、产业环境、人力资源、知识积聚、创新动力、信息扩散、技术转移、产业集群等要素，才能提升创新体系整体运行效率，实现国家创新发展战略目标。

近 20 年来，随着经济、社会与科技的快速发展，我国已经为提高自主创新能力、建设创新型国家奠定了坚实的基础，完全有能力实现建设创新型国家这一宏伟目标。经济基础方面，国际经验表明，在人均 GDP 1 000 ~ 3 000 美元的发展阶段，技术创新的重要性明显上升。这一发展时期，我国在一些前沿科学、交叉科学领域取得了一批具有较大国际影响的成果，初步形成了自主创新的核心能力②。因此，推进创新型国家建设战略，不仅是国家创新发展的需求，而且也是科学的战略选择。

（2）创新国际化环境影响下的知识联盟创新战略

面对信息化和全球经济一体化的国际竞争环境，传统的工业化产品生产规模效益不再明显，企业正在"从高产量到高价值"转变。某些掌握关键技术的公司，将占据某一产业内的最大利润地盘，它们无需承担最终产品的生产配装任务，无需拥有庞大的硬产品生产规模，其生存发展战略主要通过不断的技术创新来实现。因此，在高价值企业中，利润不再来自规模和产量，而是来自适时更新的技术、产品和服务。而技术产品和服务创新的根本在于其中的核心知识创新。

伴随着知识创新的国际化发展，单一企业或公司的有限资源已无法满足技术创新的要求。于是，技术创新呈现出跨领域、跨企业的特征，技术合作、技术联盟、网络创新组织和虚拟企业等相继出现。新的发展环境下，企业外部的知识资源已成为技术创新的重要基础和源泉。企业通过与外部行为主体的广泛合作，不仅可以获得企业所需的资金、技术、人才和信息，更重要的是获取和利用新知

---

① 赵志耘. 中国的战略选择走创新型国家道路 [J]. 太原科技，2005（4）：9.
② 白春礼. 我国有条件建设创新国家 [EB/OL]. [2008 - 03 - 20]. http://www.gov.cn/jrzg/2007 - 01/18/content_499761.htm.

识。这说明，知识联盟的出现绝非偶然，信息技术手段的成熟与市场环境的变化为新兴的企业知识联盟的创建提供了可能。

首先，信息技术发展为知识联盟的产生提供了技术基础。20 世纪 90 年代以来，光纤通讯技术和信息网络的发展，为企业创造了一种超越时间、地域的交流方式，消除了信息交流的种种壁垒，大大地改变了企业内部及企业之间业务联系的方式，为深层次知识信息交流提供了技术条件。信息交流技术与组织技术的发展，一方面为企业间的合作创造了便捷条件；另一方面也加剧了企业外部环境的变化。在新的变化之中，企业产品的生命周期大大缩短，使得企业不得不考虑在随机应变中，提高快速反应的能力，以适应创新发展这一要求。

知识联盟伴随着知识经济环境变化而产生，其优势在于可以利用现有的外部资源，快捷、低成本获得所需知识，可以根据特定问题提出"解决问题方案"。知识联盟有利于避免企业在竞争压力下高度集中和无限扩张。以前，很多企业往往通过并购等形式来扩大自己的规模和市场，但是在全球化企业的并购浪潮之后，却出现了企业发展上的困难。其中，一个主要原因是企业组织结构逐渐虚拟化和模糊化。从另一角度看，信息网络为企业间或者是企业与其他机构间的跨地域合作提供了便利，使基于网络的知识联盟成为可能。知识联盟可以将各合伙企业的核心能力和知识资源集成在一起，形成一个临时的经营实体，可获得补充性能力，可以共同完成产品生产、经营和服务。

国家的创新发展，体现在经济增长上便是各行业企业的创新发展和知识经济的扩展。在战略构建上，国家应为企业知识联盟提供政策指导和运作平台。联盟战略的实施，一是促进企业与国内研发机构、相关企业和服务机构的联盟活动，创造支持知识联盟创新的条件；二是在政策、法规上，引导企业通过国际合作，将创新产业链延伸到国外，通过与国外技术原创者的联盟活动，进行创新技术转移，以提升我国企业的创新水平，同时实现创新国际化发展目标。显然，在知识信息服务组织上，拟从战略角度实现知识服务的联盟化，以支持具有国际视野的知识联盟创新活动。

（3）产业结构演化环境下的知识创新与信息服务整体化发展战略

信息化对国家创新发展具有决定性影响的表现形式之一是产业结构的演化。这种演化，一是表现为包括信息服务和信息基础设施行业在内的信息产业已成为其他产业发展的重要支撑基础；二是产业之间的界限正在变得模糊，不仅是高新技术产业，而且传统产业也是呈现出技术共用和互动发展的特点[①]。这两方面的

[①] [美]唐纳德·马灿德著，吕传俊，周光尚，魏颖译. 信息管理：信息管理领域最全面的 MBA 指南[M]. 北京：中国社会科学出版社，2002：144.

变化，提出了我国工业化与信息化融合和产业结构调整中的以核心技术为中心的高新技术产业与传统产业融合发展问题。这两方面的问题在国家创新发展中日趋突出。

当今世界经济发展的一个结构性特点是，信息产业以 15% 左右，甚至 20% 以上的速度迅猛发展，表现为包括信息设备制造业、软件业、信息内容加工与知识信息服务业在内的信息产业已成为促进经济增长的支柱产业，在支持知识创新中，服务与产业的融合发展已成为必然。需要指出的是，信息技术的应用加快了行业创新的步伐，带来了新的技术进步，从而促进了经济和产业的发展。我国的服务业大约占到整个产业的 30% 以下，而发达国家已经占 40% ~ 60%，美国则达到 70% 以上①。这说明，在国家创新发展中，有必要将知识信息服务融入知识创新和支持产业结构调整的战略框架中，从而实现产业结构演化下的知识创新与知识信息服务的融合发展。

应当看到，我国目前产业结构中服务产业总体水平滞后于经济发展的需要，特别是信息服务业发展尚不能适应产业结构升级和转型发展需要。可见，通过发展信息服务业是推进我国产业结构升级和实现高新技术产业发展的必然选择②。根据我国当前产业结构优化升级的要求，科技创新的重点领域是：电子信息技术，特别是软件技术、生物技术与制药、技术装备、交通运输设备、新能源与新材料。2009 年，我国人均 GDP 已突破 3 000 美元，2010 年 GDP 首次超过日本③。从经济发展上看，面向科技和产业创新的知识信息服务的战略发展地位已经确立。

产业结构演化中的知识创新与知识信息服务整体化发展战略目标是，在服务于产业创新中，改变高投入、高消耗、重污染、低产出的传统工业化局面。其融合要点是：一是以知识信息服务为支撑，实现传统产业的创新改造和高端产业的产业链延伸；二是合理规划国家和区域的知识信息服务投入，构建面向产业转型的创新知识信息服务平台。

---

① 石定寰. 加大创新型服务业的发展力度 [J]. 科技潮，2006（2）：1.
② 田海峰. 信息产业发展与我国产业结构升级的关联分析 [J]. 现代经济探讨，2003（6）：28 - 30.
③ 商务部：人均 GDP 更重要 中国仍是发展中国家 [2010 - 08 - 18]. http：//news. hexun. com/2010 - 08 - 18/124629305. html.

2

国家创新发展主体及其知识信息需求结构

国家创新发展中,自主创新已成为推动经济增长、保障国家安全和促进社会进步的重要因素,是国家或地区经济获取竞争优势的决定性力量[①]。推进自主创新发展,在于提高核心竞争力,随着科技发展与社会进步,我国已建立了相对完整的自主创新系统,然而在经济全球化和竞争国际化时代,我国自主创新网络正处于不断演化之中,表现出新的发展趋势和特点,由此产生了新的创新需求。

2.1 国家创新的自主性与自主创新发展

我国已经形成相对完整的国家自主创新体系,该体系是由多个相对稳定的创新子系统组成的社会化系统,系统中各要素交互作用,形成了国家创新系统的基本框架,同时也决定了国家创新系统的基本功能与特征。

2.1.1 创新自主性与自主创新

国家创新系统既有促进自主创新、知识传播、知识应用的功能,又承担创新

---

① 胡昌平等. 面向用户的信息资源整合与服务 [M]. 武汉:武汉大学出版社,2007:33.

活动的组织、创新资源的配置以及创新环境的建设任务。国家自主创新系统是一个演化发展的动态系统，随着时代变迁和环境变化，其功能与作用发生着相应变化，由此对知识信息服务提出了新的要求。

（1）自主创新及其特征

创新型国家建设的关键之一是把增强自主创新能力纳入国家战略，使其贯穿于现代化建设的各个方面，形成有利于自主创新的社会体制与发展机制，从而推进制度创新、理论创新、科技创新、产业创新，以不断提升我国核心竞争力。

创新是以新思维、新发明和新描述为特征的创造过程，人类创造知识价值的行为就是以发现和创造为基础的行为，这是促进经济发展和社会进步的前提。创新行为的社会化与创新成果的社会化相辅相成。从经济发展角度看，创新活动即是依赖于科学发现和发明实现经济增长的过程。迈克尔·波特的《国家竞争优势》一书指出，创新是国家竞争的"核心能力"，书中强调了国家竞争中自主创新的战略作用[①]。

自主创新是指创新主体通过自身主动努力而获得核心知识的主导性创新活动，在自主创新基础上可以实现新知识的独有价值，能够形成独特的竞争优势。自主创新强调依靠自身力量实现认识上的突破，对于技术创新而言，可以摆脱技术模仿和对外部技术的依赖，其本质是掌握创新的主动权与核心知识的所有权。自主创新成果，体现为新的科学发现以及拥有自主知识产权的技术、产品和服务等。

按照不同的分类标准，自主创新有不同的类型。从知识应用的组织方式划分，可以分为原始创新、集成创新和引进创新；从创新成果的类属区分，可以分为科学创新、技术创新、产业创新和应用创新。无论何种创新，自主创新最重要的特征是自主性，主要表现在以下方面：

①创新活动自主性。人是创新活动的主体，也是创新知识的载体。因此，谁在创新中居于主导地位，谁就能通过创新活动获得具有自主性的知识，这种自主性体现在对创新组织和成果具有的主导性影响上。

②创新投入自主性。创新活动需要综合性的环境建设和资源投入，自主创新中的资金投入、技术投入、人员投入和设备投入等，应由创新主体自由支配，以决定创新成果获取后的权益和利益分配。

③知识产权自主性。知识产权是创新成果排他性使用权力，旨在限制创新成果被他人使用，这是获得知识创新经济效益的保障。知识产权的自主性表现在对知识产权的自主拥有和潜在利用两个方面。

④创新收益自主性。创新收益的自主性是指通过创新所形成的知识收益的自

---

① 宋河发，穆荣平，任中保．自主创新及创新自主性测度研究［J］．中国软科学，2006（6）：60 – 65.

主性，创新收益包括创新知识成果收入和创新知识过程通过转化后的收益，创新收益的自主性表现为创新知识经济活动的自主安排和实现。

在国家自主创新中，根据自主创新的内在特征和自主创新对科技进步和经济发展的作用，按国际上的可比指标，表 2-1 列出了我国 2006~2009 年的科技进步贡献率、研发投入占 GDP 的比例、对外技术依存度指标和获得专利数占世界数量的比例。表 2-1 中的参考指标为国际上一般认可的 20 个国家相关指标的均值。比较我国数据与创新型国家参考指标，可以看出我国自主创新与国际上普遍认定的指标相比，还有相当差距。

表 2-1　　　创新型国家参考指标与我国自主创新数据比较　　　单位：%

参考统计值＼指标	科技进步贡献率	研发投入占 GDP 比重	对外技术依存度	专利占世界总数
比较参考值	>70	>2	<30	>5
2006 年统计值	50	1.42	71	2.9
2007 年统计值	53	1.49	70	3.8
2008 年统计值	54	1.50	68	5.1
2009 年统计值	57	1.52	67	5.3
2010 年统计值	59	1.55	71	5.5

表中数据是以科技部研究中心测算数据为基础，根据中国科技统计年鉴数据的计算结果。

面对竞争日益激烈的国际环境，我国自主创新能力相对有限，具有自主知识产权的核心创新成果比较匮乏，发达国家的创新知识壁垒，已成为制约我国发展的瓶颈。因此，提高自主创新能力是解决我国创新发展中的突出矛盾和问题的必然要求，是提高我国国际竞争力的客观需要，也是我国持续发展的保障。

提升自主创新能力是转变经济发展方式的根本途径，也是建设资源节约型、环境友好型社会的需要，是产业结构优化升级的要求，必然有利于调整经济结构，有利于提高我国经济的国际竞争力和抗风险能力。因此将自主创新作为国家基本战略，提高国家创新能力，是必要的战略决策。

综合以上情况，我们可以从以下几个方面来理解国家自主创新活动：国家自主创新以技术创新为基点，知识创造为根本；国家自主创新系统以制度创新为宏观保障；国家自主创新系统取决于企业、科研机构、高等学校等诸多创新主体的参与；国家自主创新系统依赖于国家信息化发展，离不开知识信息服务的全面支撑。

（2）我国自主创新发展演化

国家自主创新随着社会、经济的不断发展而演化。新中国成立以来，我国自主创新大致经历了三个阶段，这三个阶段分别是：起步阶段、转型阶段、发展阶段。

1949~1978年是起步阶段。新中国成立之初，我国科技创新资源匮乏，创新人才稀缺、经济条件差，我国发展的基本任务在于经济的重建。1956年我国编制了第一个科学技术发展规划《1956~1967年科学技术发展远景规划》，首次提出科学技术对我国经济发展与社会主义建设的重要性，初步建立了我国的科研体系结构；1963年制定了第二个科技发展长远规划《1963~1972年科学技术规划纲要》。这两个纲要的实施奠定了我国科学研究发展基础，在国家统一计划下推动了我国工业和国防科技的快速发展。计划经济条件下，我国政府统筹规划创新资源，创新项目集中在关系国家安全及经济命脉的大项目上，如两弹一星、钢铁制造等领域。

1978~2005年是转型阶段。1978年邓小平同志提出了"科学技术是第一生产力"的论断。1985年国家发布了《关于科学技术体制改革的决定》，推进了面向经济建设的科技创新改革战略。1986年3月开始实施"863计划"，这一时期，制定和实施了《专利法》、《商标法》等重要法律；特别是1993年《中华人民共和国科学技术进步法》的颁布，确立了我国科学技术活动的法律原则和基本制度。同时，我国还加入了科技创新的相关国际条约。这些都推动了我国自主创新的制度变革和发展转型。转型时期，我国自主创新的特征是明确市场机制对创新的作用和企业在国家创新系统中的主体地位。

从2005年起，我国自主创新系统进入一个新的协调发展阶段。随着世界科技、经济形势的变化，针对可持续发展要求，我国提出了走中国特色自主创新道路的科技创新战略，制定了《国家中长期科学和技术发展规划纲要（2006~2020年）》，确立了通过国家自主创新促进经济健康持续发展和国家安全的保障能力提高的战略。这一战略构架反映在我国建设创新型国家的中长期规划中。由此可见，国家自主创新能力的提升是建设创新型国家的保证，创新型国家建设又促进了基于自主创新核心能力的国家发展。

现阶段，我国自主创新发展具有以下特征：

创新目标设立的全局性。新中国成立初期，我国的创新资源和国家支撑条件有限，创新目标相对单一，创新领域与项目受到限制。当前我国自主创新的目标是国家发展层面的目标，不仅包括全面提升国家竞争力目标，而且包括实现国家创新发展的制度转型目标。因而，目标设立包含了科技、经济、社会和环境各个方面，从根本上体现了科学发展与和谐可持续发展的原则。

创新资源配置的全方位。我国长期实行的计划经济，决定了创新资源，如人力、设备与资金配置的政府统一规划和分配；改革开放以来，市场调控已成为重要的创新资源配置方式，市场化管理提高了资源配置效率，从而成为政府集中配置资源的有效补充。

创新组织的社会化。在创新组织层面，逐步形成了科学研究机构、高等学校和企业创新部门相融合的社会化创新体系。事实上，社会的发展、技术的进步引起了自主创新活动的变化，这种变化首先体现在创新体系的社会化构建上；另外，自主创新模式的转变直接促进了创新活动的科学化和创新效益的进一步提升[1]。

我国的自主创新活动处于不断变革之中，以下问题是当前必须面对的：

①创新体制有待完善。虽然我国的经济体制已经完成了由计划经济向市场经济的转变，但科技创新体制还没有完全与市场经济制度接轨。一方面，我国自主创新大部分的人力、物力、财力投入还集中在国有研究机构和高等学校等事业单位，目前主要由国家财政支持，绝大部分研究院、所和高等学校均属于事业体制，研究机构和高等学校所拥有的知识创新成果向企业转移存在着一定的体制上的障碍。另一方面，由于体制上的原因，企业的自主创新投入与企业的转型发展需求不相适应，政府职能转变的滞后和过多的行政干预，导致企业仍然没有成为最主要的自主创新主体，缺乏自主创新的制度支持保障。

②创新发展政策指导和法规建设有待加强。我国自主创新政策、法规体系尚不完善，表现为不同创新领域和各级政府颁布的政策、法规不协调。现有的各项政策之间缺乏紧密联系，部分政策还存在某些冲突和矛盾，未能有效地形成创新政策合力，一些重要的自主创新政策，如科技创新贷款政策、R&D 经费政策、减免税政策等的制定和执行相对滞后。另外，我国的相关法规建设，仅有《专利法》、《反不正当竞争法》、《知识产权法》等，全方位的自主创新法规有待进一步完善。

③新成果转化率有待进一步提高。我国科研机构、高等学校和企业所拥有的自主创新成果转化为实际生产力的效率有限，也就是说，我国有许多闲置的创新成果，由于资金、市场或理念问题，难以转化为现实的新技术和新产品。因此，需要加强创新成果的二次开发和成果转化，建立成果产业化服务系统；同时，在成果转化中应优化环境，形成有效的激励机制。

④知识信息服务有待转型。国家自主创新离不开知识信息服务，然而，知识信息服务对国家自主创新的支撑还不够，特别是企业人员利用知识信息服务的障

---

① Syslo M. M., Kwiatkowska A. B.. Informatics Versus Information Technology-how Much Informatics Is Needed to Use Information Technology-A School Perspective [M]. Springer Berlin/Heidelberg, 2005: 180 – 183.

碍未能完全消除，从而导致了创新中收集和利用知识信息的成本过高，由此降低了自主创新的效率。因此，应将知识信息服务的转型纳入国家创新发展的轨道，以便以创新需求为导向，在国家规划下实现服务的社会化转型。

2.1.2 我国自主创新的系统构成

我国自主创新主体由政府部门、科学研究机构、高等学校及企业研发和创新服务机构构成[①]。其中，政府部门从事制度、管理创新，负责组织各行业、部门的创新工作；高等学校及科研机构凭借对外合作与交流、人才和科学研究优势，是自主创新系统中基础和应用研究的主体；企业是科技成果转化的受体和产品技术与管理创新的主体，是自主创新的主力军。图2-1显示了国家创新系统的主体结构、主体关系和主体活动。

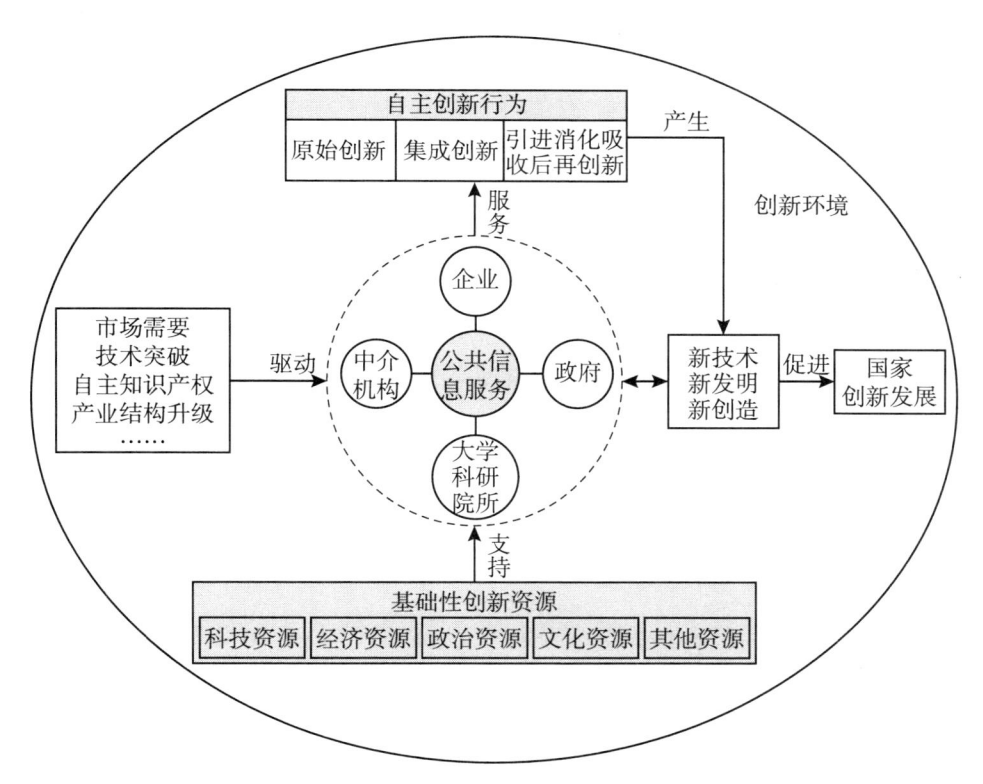

图2-1 国家自主创新系统主体结构

---

① 陈其荣. 技术创新的哲学视野 [J]. 复旦学报（哲学社会科学版），2000（1）：18-19.

如图 2-1 所示，国家创新发展中的各部门创新主体既有分工，又有合作，从而形成了从知识原创、知识应用、知识转化、知识产业化和知识创新服务、管理与保障的完整体系。

关于我国自主创新主体机构的构成，国家统计局发布了相关数据，2007 年我国全国性政府主管科学研究机构数量为 319 家、普通高等学校 1 908 所（另含高等学校内研究机构 4 454 所）、大中型企业的研究发展机构为 10 464 个[①]（如表 2-2 所示）。

表 2-2　　　　　　　　我国自主创新主体构成

创新特点	政府科研机构	高等学校	企业 R&D 部门
创新特点	基础研究	基础研究 应用研究	应用研究
机构数	3 727	2 263	11 847
经费（%）	17.6	8.5	73.3
发明专利（项）	9 748	30 808	95 619

注：表中数据为《中国科技统计年鉴（2007）》统计数据。

对于从事创新的人员，《中国科技统计年鉴（2008）》数据显示，在 2 354 万专业人员中，从事创新活动的人员共 575 万；其中 R&D 人员 230 万，科学家与工程师人数 393 万人；各类研究机构从事基础研究的人员 15.4 万。2008 年，企业科技活动人员继续保持快速增长趋势，达到 246.82 万人，比 2007 年增长了 12.1%，占从业人员的比重达到 5.19%；其中科学家工程师的数量明显增加，已达 158.9 万人，比上年增长 13.4%，占企业科技活动人员的比重达到 64.4%；企业 R&D 人员全时当量为 101.4 万人年，比 2007 年增长 18.2%[②]。数据显示，我国创新成果转移，自主创新的产业化实现，极大地推动了经济发展。

我国创新人员产出成果不断增长，表 2-3 汇集了国家统计局网站 2002 ~ 2009 年的统计数据[③]。

---

① 科技统计资料汇编［EB/OL］.［2009-07-20］. http：//www.sts.org.cn/zlhb/zlhb2008.htm.
② 科技统计资料汇编——中国科技统计 2010 年度报告［EB/OL］.［2010-08-03］. http：//www.sts.org.cn/zlhb/2010/hb3.1.htm#_6.
③ 科技统计资料汇编_最新科技统计数据［EB/OL］.［2010-08-03］. http：//www.sts.org.cn/zlhb/2010/hb1.1.htm#_6.

表 2-3　　　　　　　　　　我国创新统计

统计项＼年度	2002	2003	2004	2005	2006	2007	2008	2009
科技经费支出额（亿元）	2 671.5	3 121.6	4 004.4	4 836.2	5 757.3	7 098.9	8 510.6	10 500
国家财政科技拨款（亿元）	816.2	944.6	1 095.3	1 334.9	1 688.5	2 113.5	2 581.8	3 050
占国家财政总支出的比重（%）	3.7	3.83	3.84	3.93	4.18	4.25	4.12	4
R&D 经费（亿元）	1 287.6	1 539.6	1 966.3	2 450	3 003.1	3 710.2	4 616	5 433
与国内生产总值之比（%）	1.07	1.13	1.23	1.34	1.42	1.49	1.47	1.62
专业技术人员（万人）	2 186	2 174	2 178.3	2 197.9	2 229.8	2 254.5	2 309.9	2 354
从事科技活动人员（万人）	322.2	328.4	348.1	381.5	413.2	454.4	496.7	575
科学家工程师（万人）	217.2	225.5	225.2	256.1	279.8	312.9	343.5	393
R&D 人员（全时当量、万人年）	103.5	109.5	115.3	136.5	150.3	173.6	196.5	230
科学家工程师（万人年）	81.1	86.2	92.6	111.9	122.4	142.3	159.2	184
专利申请量（万件）	25.3	30.8	35.4	47.6	57.3	69.4	82.8	97.7
发明专利申请量（万件）	8	10.5	13	17.3	21	24.5	29	31.5
专利授权量（万件）	13.2	18.2	19	21.4	26.8	35.2	41.2	58.2
发明专利授权量（万件）	2.1	3.7	4.9	5.3	5.8	6.8	9.4	12.8

续表

统计项 \ 年度	2002	2003	2004	2005	2006	2007	2008	2009
SCI、EI、ISTP系统收录的我国科技论文数（万篇）	7.7	9.3	11.1	15.3	17.2	20.8	27.1	—
国内科技论文数（万篇）	23.9	27.5	31.2	35.5	40.5	46.3	47.2	—
高技术产业总产值（亿元）	15 099	20 556	27 769	34 367	41 996	50 461	57 087	60 133
占制造业的比重（%）	15.4	16.1	15.8	15.8	15.3	14.3	12.9	11.1
高技术产品出口额（亿美元）	679	1 103	1 654	2 182	2 815	3 478	4 156	3 769
占商品出口总额比重（%）	20.8	25.2	27.9	28.6	29	28.6	29.1	31.4
技术市场签订技术合同（万项）	23.7	26.8	26.5	26.5	20.6	22.1	22.6	21.4
技术合同成交金额（亿元）	884	1 085	1 334	1 551	1 818	2 227	2 665	3 039
区内企业数（万个）	2.8	3.3	3.9	4.2	4.6	4.8	5.3	5.8
年营业总收入（亿元）	15 326	20 939	27 466	34 416	43 320	54 925	65 986	78 785
净利润（亿元）	801	1 029	1 423	1 603	2 129	3 159	3 304	3 907
实交税金（亿元）	766	990	1 240	1 616	1 977	2 614	3 199	3 759
出口创汇（亿美元）	329	510	824	1 117	1 361	1 728	2 015	1 762

从我国自主创新主体结构、人员结构和分工上看，专门性科学研究与发展机构、高等学校研究机构和企业研究发展机构具有不同的分工，承担着基础研究、应用研究和产业技术发展的任务。然而，在自主创新体系中，这三类主体存在着

相互结合和互动发展的问题。随着科技体制改革的深入和科学研究服务于创新经济的目标实现，科学研究机构与企业发展密切结合，以及高等学校产、学、研合作的战略实现，致使这三方面主体构成了既有分工又有互动合作的创新系统。

创新活动是创新主体在创新环境中通过研究、探索和实践，获取新知识并实现创新价值的过程，表2-3列出了2002~2009年的知识创新投入和产出。表中数据说明，我国自主创新成果增长迅速，特别是反映基础研究成果的学术成果、高新技术产业依赖的知识创新产业增加值、专利拥有量、成果交易额等增长迅速，从而拉动了国民经济生产总值的增长，促进了产业结构的调整。然而，对于创新投入和创新基础性建设显得不足，这一现实必将在国家创新发展中得到改善。

2.1.3 基于核心创新力的国家自主创新网络发展

在国家自主创新系统（由政府机构、中国科学院、社会科学院、高等学校、相关部门研究单位和各地方科研机构组成的知识创新体系）中，科技创新通过一系列科技项目的完成，为自主创新提供理论与知识积累。系统中以企业为主体的产业创新，通过面向市场的技术与产品研发，构成产业创新体系，其特点是通过对知识的创新应用（通常是集成创新和消化再创新），将知识成果转化为实用技术和新型产品。当前，产业创新与科技创新密切结合，通过研发融合和成果转化，实现基于科技生产力的产业创新发展目标。同时，在国家自主创新中，制度创新环境支持着科技体制、企业体制和市场运行体制的改革；以知识信息服务为核心的创新服务则是自主创新的条件保证。

如图2-2所示，在知识创新网络中，各创新主体分属不同部门，从事不同类型的创新活动，形成了纵向与横向结合的有序网络结构。随着经济发展需要变化和创新机制的变革，创新融合和成果应用突破了相互分割的独立创新界限，这意味着，我国自主创新的网络化已成为创新发展的主流。

知识创新发展的网络化集中体现在以下方面：

（1）创新资源配置网络化

任何创新活动都需要多方面的资源，各种创新资源的组合和配置决定着创新的绩效。然而，创新资源具有相对稀缺性，任何创新主体都无法支配所有的资源。同时，人力资源、经济资源、物质资源、创新信息资源以及创新组织资源等创新资源的分布具有地域差异、时间差异和机构差异，加之，创新竞争日益激烈，加剧了对创新资源的无序占有。因此，进行资源的有效配置便成为国家协调创新的关键。

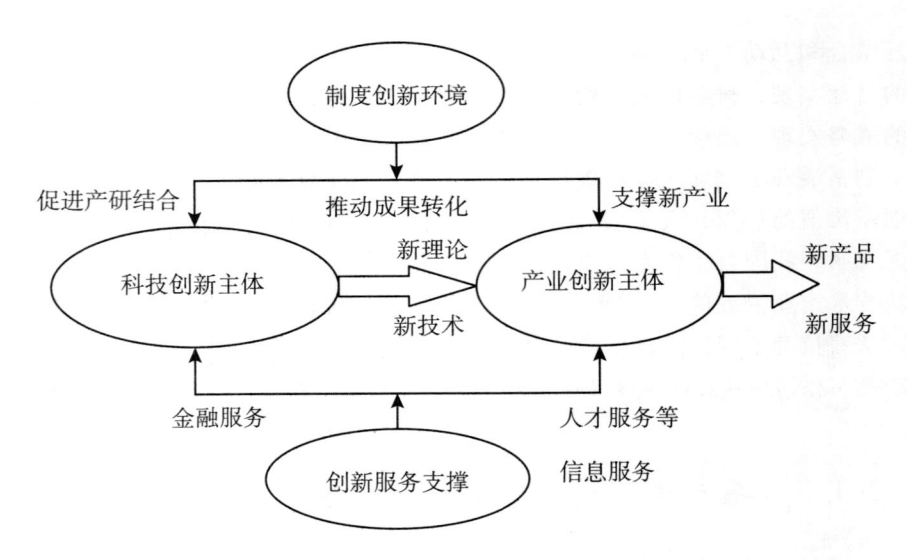

```
                    制度创新环境
       促进产研结合    推动成果转化    支撑新产业
                                              新产品
       科技创新主体  →新理论→  产业创新主体  →
                    ←新技术←                    新服务
         金融服务              人才服务等
                    创新服务支撑
                               信息服务
```

图 2-2　知识创新系统的网络结构

为了合理配置国家创新资源，利用创新主体的网络结构关系，将创新资源配置的视角转移到关系网络上，从优化网络协同入手，提高创新资源的配置效率，便成为国家创新资源配置的必然趋势。事实上，自主创新主体置身于创新资源网络环境中，一方面可以充分利用网络节点的创新资源，另一方面可以充分利用网络外向服务，从其他组织获取所需资源，从而提高整体资源的配置效率，达到组织内外资源协调配置的目的。创新资源网络化配置，既可以进行有形资源的配置，也能通过创新知识的共享，实现无形资源的优化利用[①]。

创新资源配置的网络化，扩展了资源配置范围，提高了创新资源的配置质量，有助于自主创新的良性发展。

（2）创新主体活动网络化

创新竞争与合作是知识创新发展的必然趋势，单个创新主体在自主创新竞争中往往无法取得综合优势，因而越来越倾向于与其他创新主体建立联盟，通过优势互补，结成动态网络创新组织，以加强整体的创新竞争实力。

传统创新竞争中，创新主体通过组织之间的合作和配合增强自身的创新能力。然而，这种创新合作，由于存在组织间的障碍，其创新效率与效益往往受到限制。当前，自主创新的网络化发展和知识联盟组织形式的产生，使创新主体可

[①] 陈伟丽，王雪原. 产业集群网络结构与创新资源配置效率关系分析 [J]. 科技与管理，2009 (5)：63-66.

以采用契约方式与其他组织结成基于网络的动态联盟，借助网络的协同效应，使创新联盟成为一个有序的协作整体，即在创新主体间实现知识、技术和条件的整合，以增强联盟成员的实力，甚至完成单个组织无法实现的创新计划。由此可见，创新主体活动的网络化是以创新整合为基础的组织创新，它有利于组织获得社会资源和建立新的创新优势。创新主体活动网络化机制如图 2-3 所示。

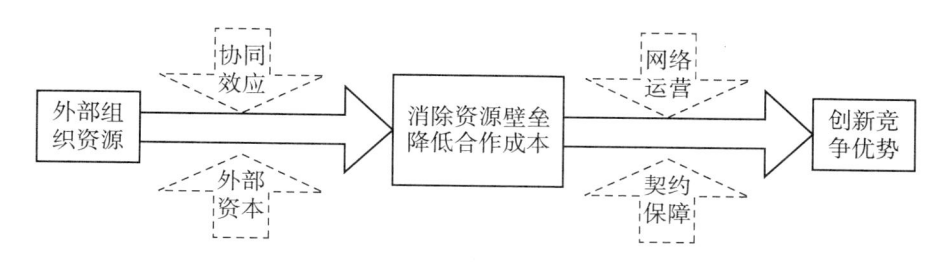

图 2-3 创新主体活动的网络化机制

创新主体活动网络化，不仅是应对全球范围内日益复杂创新竞争的需要，而且是追求更加灵活的组织形式以提高创新效率的内在要求[①]。网络化的知识创新，使创新主体在资源交互与合作中建立了相对稳定的联盟关系。事实上，这些关系必然使创新主体在规模、组织效率以及控制边界等方面发生变化，从而影响创新竞争的态势，使单个组织竞争演变为网络组织之间的创新竞争，这无疑是网络环境下创新主体联盟活动的动态化和集成化结果。

（3）创新知识服务网络化

在基于网络的知识创新中，从自主创新的价值始端到创新价值的实现，存在着多组织和人员的配合活动。不同创新个体的创新状态与成果虽然各自独立，但在创新价值的实现中，却需要获取彼此的信息，甚至进行创新交往。这说明，创新主体将在创新价值链上实现创新活动的交互和协同。显然，这一过程存在着创新活动中的信息共享问题，而解决这一问题的有效途径是实现创新知识信息服务的网络化。

对于创新知识信息的网络化共享，在信息网络为其提供了实现条件的同时，创新主体的交互信息需求使其成为可能。知识信息作为自主创新的保障要素，是网络化自主创新中所不可缺少的。这是由于创新信息既来源于他人的创新活动，又反映了通过创新所形成的知识增值活动，最终体现为知识信息价值总量的增

---

① 朱勤. 国际竞争中企业市场势力与创新的互动——以我国电子信息业为例 [M]. 北京：经济科学出版社，2008（8）：116.

加。创新主体,一方面需要挖掘网络化的知识信息,另一方面,又要充分利用信息网络发布或传递信息①。可见,创新信息服务的网络化伴随着知识创新网络化的发展而不断发展。

2.2 国家自主创新网络结构与创新信息网络的形成

实现国家的整体化创新发展,不仅需要构建创新网络,实现各创新主体的网络化沟通,而且需要通过网络进行有效的资源配置和信息组织,进行面向创新发展的网络化信息支撑和保障。实践证明,我国自主创新的网络化组织是有效的创新组织形式,处于网络结构中的各创新主体实现资源共享和协调运作,可以弥补各自的不足,提高整体创新效率,这是经济全球化环境下国家创新发展的大趋势。

2.2.1 创新主体的网络结构

经济全球化中,全球性的知识创新竞争不断加剧,创新的综合性和集成性越来越强。创新主体的创新活动面对日益复杂的多变环境,即使具有很强创新能力的研究机构和企业也会面临创新资源短缺的问题,单个创新主体依靠自身能力实现重大创新突破将越来越困难。因此,不同创新主体之间按分工合作关系,实现外部创新资源的内部化和内部资源的共享化,已成为新形势下国家创新发展的必然趋势。这些不同规模的合作关系,形成了知识创新网络结构。在自主创新网络中,创新主体可以通过网络进行沟通和合作,进而实现基础研究、应用研究、实验发展和产业化推进的网络融合。

创新网络结构的优势还在于,融入网络的创新主体可以获得互补性创新资源,共担创新风险和实现创新协作②。国家创新网络是在政府主导下由创新主体组织组成的网络系统。各创新主体(政府部门、企业、研究机构、高等学校、中介机构和金融组织等)构成了网络节点,各节点成员可视为网络系统的子系统。创新网络中各节点组织之间突破了所属于系统的限制,可以按知识创新

---

① 胡昌平等. 网络化企业管理 [M]. 武汉:武汉大学出版社,2007:102.
② Porter M.. Locations, Clusters, and Company Strategy [M]. The Oxford Handbook of Economic Geography. Oxford: Oxford University Press, 2000: 253–274.

活动的需要建立多元交互和合作关系，因此，创新网络的构建有利于各节点成员之间形成动态的多元的关联关系，有利于在创新中实现跨子系统的知识创新协同。

知识创新网络结构如图2-4所示。一方面，网络节点相对于自主创新网络整体来说，只有与网络中的其他节点关联，才能实现协同创新的目标，一旦离开了网络整体，创新主体便无法获取网络资源，继而实现创新合作和协同。另一方面，创新网络只有整合了网络中各节点的资源，才能获取网络创新的整体效益，达到放大单个主体的创新效能的目的。这说明，离开了节点组织，创新网络也不成其为互联互通的网络系统，网络系统目标便不能实现。因此，创新网络中节点组织是网络的有机组成部分，相对于创新网络整体系统具有分部结构特征[①]。

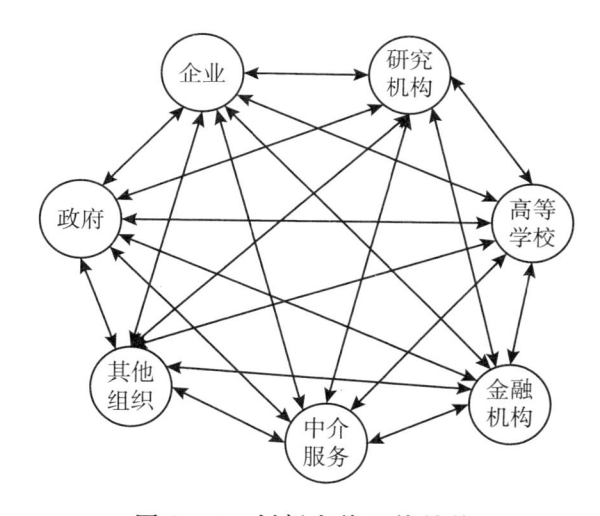

图 2-4 创新主体网络结构

我国的国家创新网络在政府协调管理下运行。从全国范围的创新组织上看，可以将融入网络的各系统视为网络节点组织；从地区范围看，可以在各纵向系统中进行跨越子系统边界的横向网络连接。在创新实现中，研究机构、企业、服务机构和其他主体也可以建立基于网络的知识创新联盟，以进行集成化的知识创新活动。

创新主体构成的网络结构，不仅有横向的连接关系，而且有纵向的层次关系。网络内部形成了纵横交错的交互关系，这种高度连通的网络结构大大缩短了

---

① 张首魁，党兴华，李莉. 松散耦合系统：技术创新网络组织结构研究 [J]. 中国软科学，2006 (9)：122-124.

创新主体交流的平均距离，提高了知识信息传播的速度和深度，改进了主体获取创新信息的效率，推动了组织之间的创新交互与协同，有助于创新绩效的提升。由于创新扩散的基本模式为紧邻扩散，距离越近扩散效果越好，随着距离变远创新扩散效果将递减。根据这一特性，空间距离近、产业背景相似、创新文化及环境相近的创新主体具有构成网络连接的优势，所以最初的创新网络通常按照地理区域聚集而成。随着互联网技术和通讯技术的发展，借助于网络的组织沟通逐步突破了物理空间的限制，使虚拟组织形式的网络创新活动成为可能。因此，创新网络的构成主体可以不再受地域、部门限制，网络创新合作的范围可以扩展到全国，乃至全球。

知识创新网络具有松散的边界、跨部门的沟通、灵活的创新组合、开放的信息系统以及跨系统的创新团队。

首先，创新节点组织具有活性。创新网络是一个由节点及节点之间的多元关联关系构成的具有网络结构的系统。节点组织是构成创新网络的基本单元，又是网络的有机组成部分，具有创新活动的相对独立性。节点对信息具有处理能力，其活性与分散决策是网络组织的重要特征，对网络组织创新的贡献是决定节点在创新网络中地位的重要依据。

其次，创新网络具有动态性。创新网络中，创新节点具有横向与纵向的联系，节点之间的横向关联可能引发创新知识在多个组织中转移，节点的纵向关联则推动创新成果在价值链上下游之间转移。创新网络组织结构的灵活性与开放性，使得创新网络中节点组织可以根据自身的发展需要，组建新的动态创新网络，也可以与现有链接断开，并入其他网络。因此，随着创新的进展，创新网络始终处于不断变革之中。

最后，更加注重协同创新。创新网络在强调节点组织自主性的同时，也强调网络的整体协同性。协同创新正是创新网络的灵魂，网络组织的协同创新不仅充分利用节点的活性，更重要的是通过系统协调，使各个节点在共享其他节点信息和创新资源的同时，也将自己的知识、信息与其他节点共享，从而促进网络整体创新活动的开展。当然，要使创新网络成为一种有利于知识信息共享与创新协同的社会系统，仅有技术支持和合适的组织架构是不够的，还需要建立一种有效的内在激励机制。实现这一目标的关键是管理者与相关主体共同创建一种以创新协同发展为目标的制度。

构建我国自主创新主体网络是为了优化配置创新资源，实现创新价值。处于创新网络中的各创新主体推动着国家创新发展，实现创新增值，构成自主创新价值链。

自主创新网络的结构，实际上是创新价值驱动的结果，它反映了各创新主体在创新合作中的价值关系[1]。创新网络特征表现为一系列的价值选择,因此创新网络结构也是创新价值结构。在本体形态上,创新网络的价值特征表现为价值选择的"合理性"、价值实现的"有效性"和价值回报的"可行性"。

构建自主创新网络的根本目的在于合理配置创新资源,并实现创新价值的最大化。创新网络一旦建立,便对创新要素或资源的投入达成协议,以明确创新主体的角色地位和职责[2]。因此,创新网络结构符合创新价值的普遍性规则,这一规则在创新网络范围内被承认、接受和遵守。创新价值网络具有组织合理性,也就是说,创新网络主体具有共同的价值目标,当个体难以实现目标时,可以通过创新网络协同来实现知识创新的价值目标。

2.2.2 基于网络结构的知识创新价值实现

自主创新网络不是一个平面网络,而是一个多维结构网络。就知识创新价值实现看,可以简化为横向价值网和纵向价值网。横向价值网,是指处于平行地位的创新主体相互作用所构成的价值关系网络;纵向价值网,是指处于创新价值链上下游的自主创新主体相互作用形成的价值关系网络。

横向价值网络是自主创新网络中相关创新主体构成的价值共同体,其实质是创新资源的横向整合,以共同创造创新价值。创新资源(资金、人力、设备等)的全球化转移和应用中,通过横向价值网络分享创新资源,已成为创新发展的最好选择。图2-5显示了各创新主体的网络关系和创新价值的分享模式。

横向创新价值体系的建立需要具备以下条件:一是网络中的主体对创新项目具有相同的价值判断;二是分别掌握必要的创新资源,且具有资源互补关系;三是有保障和推动创新价值网络正常运转的机制。横向创新价值网络的构建是竞争环境中配置创新资源的有效途径,可以实现社会创新资源价值的最大化,推动自主创新发展。需要指出的是,处于网络中的创新主体,往往并不只是参与一个创新项目,很有可能同时成为几个创新价值网络的节点,因此横向创新价值网具有多元性结构特征。

创新价值的实现过程具有客观的逻辑性和时间顺序,从创新发展的关系链看,科学创新、技术创新、产业创新和应用创新环节形成了纵向价值网络。网络化自主创新主体正是通过四个创新环节创造价值的,纵向网的价值链中各部分相互关联的运行关系如图2-6所示。

---

[1] 刘俊."产学研"创新联盟的基本价值分析[J].经济师,2007(1):55.
[2] 梁祥君.高校科技创新联盟及体系[M].合肥:合肥工业大学出版社,2008:166-168.

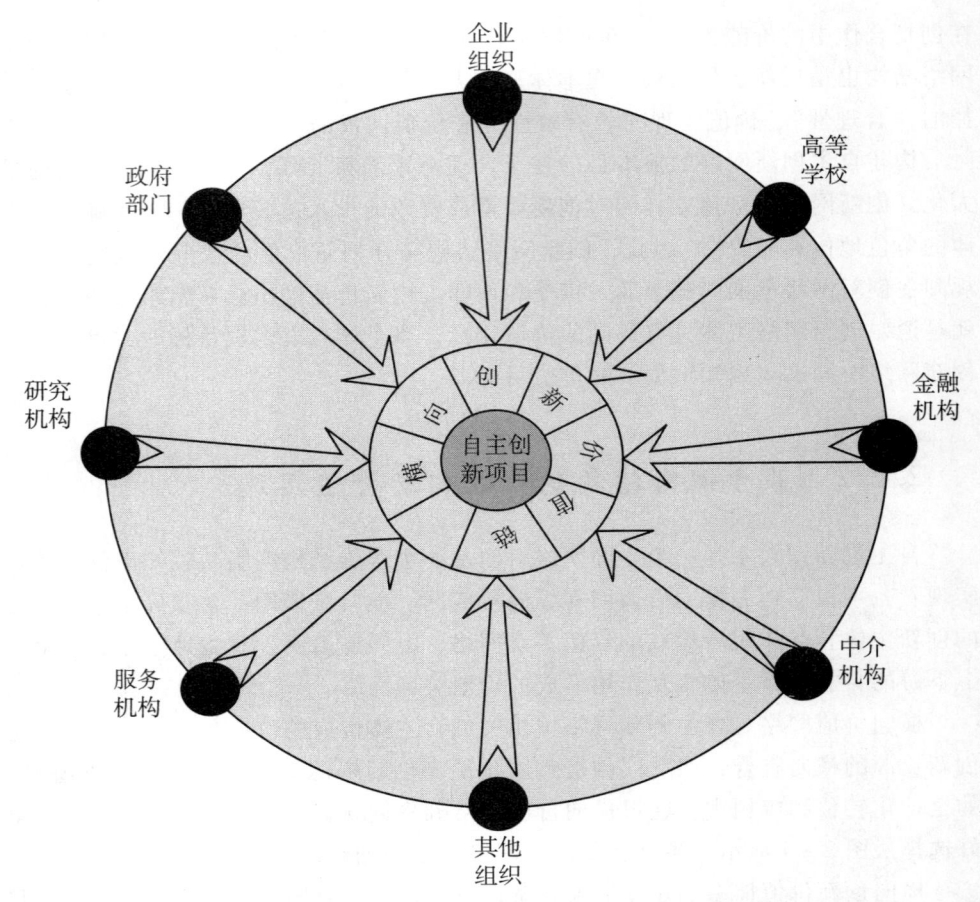

图 2-5 基于价值链的横向创新网络组合

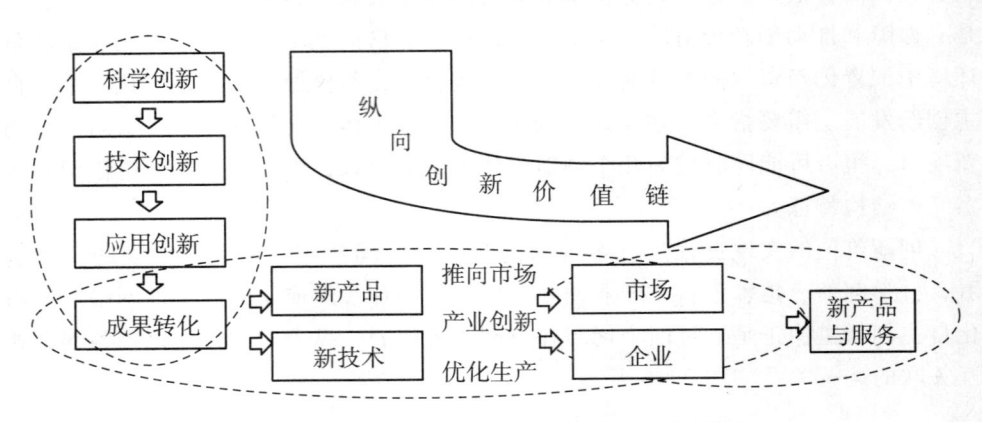

图 2-6 基于价值链的纵向创新网络组合

在创新价值链的纵向网络连接中,价值链上每一创新环节所起的作用不同,由此反映了自主创新主体的不同分工。从国家创新的宏观组织角度看，科研机构与研究型大学位于价值链的上游，是创新成果和人才的基础性来源，企业位于价值链的下游，是创新成果增值转化的实现者，创新服务组织处于中间环节，从事创新成果转移服务，是创新价值实现的保障机构。

创新型国家建设从发展需求、发展规划和政策保障出发，依托国家创新保障条件，进行从基础研究、应用研究到试验发展的关键性创新活动，以达到价值最终实现的目的。

由此可见，国家自主创新的价值网络分为横向的价值链和纵向的价值链，这些链式结构不是孤立的，每一创新主体都可以与其他主体进行多种横向与纵向的联系[1]。创新网络的跨行业、跨部门的横向合作与上下游间纵向合作，既不同于知识创新的线性方式，也不同于创新的星形发散合作。这种纵横交错的价值实现方式的采用，有助于进行知识创新的动态组合。

创新价值网络具有自生性。创新价值网络中各利益主体相互作用呈现的自组织特性使网络如同一个自组织生命体。创新参与者的相互作用形成了创新网络内的各种利益关系和网络的整体结构关系，利益相关者之间的互动促进了各种创新联系，网络中的价值交换关系促使网络主体产生持续性的创新互动行为，从而可以实现创新网络的自我发展。

创新价值网络并不是一个平面的结构体，而是包含多个层次的多维立体结构体系[2]。从社会组织和个体的不同角度考察网络，价值网络中既存在个体间的关系和组织间的关系，也存在组织与个体间的关系。无论何种关系，创新网络主体在创新价值的驱动下，都存在着根据利益原则和分配关系而结合的可能。创新组织和个体的社会价值往往相互重叠，从而形成了组织间网络和个体社会网络的耦合，因此需要在创新网络中强调人际网络、组织层次网络和组织间网络的规范管理，以保证创新网络运行的有序性。

知识创新与生产、应用紧密结合而形成的创新价值网络，体现了国家创新发展中的知识价值增值过程。通过增值，有助提升国家的创新竞争力，推动国民经济和社会发展。

事实上，创新网络经历了从自发产生到社会化组织的发展过程。从自发角度看，知识创新网络中的自主创新主体，如果产生了与其他主体的创新活动关联，必然存在跨越所属系统的信息沟通行为，因而引发了相关的信息网络连接。从社会化组织角度看，政府及有关管理服务部门可以有目的地组建面向自

---

[1] 钟柯远. 完善国家创新价值链[J]. 决策咨询通讯, 2005 (4): 35–38.
[2] 茅宁, 王晨. 软财务——基于价值创造的无形资产投资决策与管理方法研究[M]. 北京：中国经济出版社, 2005: 328–329.

主创新的信息支持与服务网络，或推进现有知识信息系统面向自主创新的网络化重组。

2.2.3 创新信息网络的形成

我国在基于创新价值关系构建创新网络的同时，自然形成了面向知识创新的信息组织网络。事实上，我国自主创新网络体系中始终存在信息的流动。一方面，信息沟通和关联推动创新发展，另一方面，知识信息流通又是创新活动的内容之一。可见，国家自主创新网络中的创新信息网络建设是必不可少的基础工作。

创新信息网络是指自主创新活动中，以信息的获取、组织、存储、传播和提供为内容，面向创新主体进行保障、支持、服务的网络。创新信息网络的存在，一定程度上消除了信息孤岛现象，使创新主体间的各种正式和非正式交流可以流畅地实现。

创新信息网络是信息的流通网络和价值实现网络，其核心功能是信息价值的识别、显化、转换与实现。创新信息网络中的信息活动包括了信息获取、信息选择、信息生成、信息内化和信息外化，借助于创新信息网络，创新主体可以实现知识信息的共享和无障碍交流。

创新信息网络以创新需求为导向，通过信息组织和流通，面向知识创新网络中的创新主体开展服务。自主创新网络中各创新主体在实施创新活动时，不仅需要在网络中方便地获取、利用所需信息，而且需要将创新知识通过网络向外传递，从而实现创新价值。创新信息网络的构建，可以没有中心点，各信息节点在网络中可以处于平等位置。在这种情况下，网络便是各创新主体的信息交换平台。但是，在国家主导的知识创新中，更多的是需要设立控制中心，通过交互平台使分布于创新信息网络中的知识信息系统互联互通，从而形成分布式信息资源网。从这一角度出发，创新信息网络应具备信息获取、处理、反馈、传输、存储和控制功能。

创新信息网络具有动态复杂性。由于自主创新网络中的创新主体分属于不同的系统，当通过本系统获取其他系统的信息时，需要实现系统的兼容，或由本系统将其他系统的信息转化为主体可识别的信息。面对这一问题，需要进行跨系统的操作，这是创新信息网络的复杂性特征之一。另一方面，创新主体网络往往是动态的，创新网络中的节点组织输入与输出的信息也会处于变化之中，信息网络中的信息形态变化还会使网络变得可变和复杂。同时，信息网络由多个不同类型的信息系统组成，而且节点组织具有多知识链关系，这就要求网络中的所有系统都能实现信息的无障碍交流,从而提出了标准统一的网络信息资源建设问题。显然,问题的解决也是复杂的。随着信息网络的不断拓展,节点组织的空间跨度将不断增大,信息链的网络结构将更加复杂。对于这一问题,在技术实现上应有完整的解决方案。

创新信息网络具有价值增值性。信息网络中的信息流通与自主创新活动息息相关,因此,信息网络可以通过降低网络组织信息获取与交流成本的方式显示信息的增值利用。同时,创新信息网络又是信息价值增值网络。节点组织中,输入的知识信息可以在共享、流通和利用中激活,以实现对知识创新的支撑。另外,创新信息网络所具备的知识信息整合功能,决定了基于整合的价值提升。

创新信息网络具有学习性。创新信息网络是基于创新主体的知识信息需求而构建的。在创新主体的知识信息需求驱动下,创新信息网络的辅助学习功能得以发掘。因此,知识创新组织可以在网络上进行自主性的知识吸收和学习,利用网络组建学习型的创新联盟。网络中创新主体构成的学习型组织,可以从整个信息网络的角度去考虑,以便达到提高组织创新能力的目的。

值得提出的是,我国的创新信息网络是在互联网环境下构建的,因此离不开现有各系统的数字化信息资源组织与服务基础。这里分析的知识创新信息网络的结构、功能和价值实现,将体现在面向创新发展的知识信息网络建设与服务拓展中。

2.3 基于创新价值链的知识信息需求结构

创新型国家建设改变了部门、系统相对独立的知识创新模式和关系,在国家创新发展中所形成的专业研究机构、高等学校和企业创新融合的网络化创新发展体系,决定了国家知识创新用户的分布[1]。创新网络系统中的专业人员,其信息需求既有环境影响和相互关联的共性,又有由系统原因和职业原因等所决定的个性[2]。基于此,有必要从知识创新信息用户的部门和职业出发,进行信息需求的调查分析,以便为知识信息服务组织提供需求依据。

---

[1] Takeda Y., Kajikawa Y., Sakata I.. An Analysis of Geographical Agglomeration and Modularized Industrial Networks in a Regional cluster: A Case Study at Yamagata Prefecture in Japan [J]. Echnovation, 2008, 28 (8): 531-539.

[2] 胡昌平. 面向用户的信息资源整合与服务 [M]. 武汉: 武汉大学出版社, 2007: 258-261.

2.3.1 知识创新中的机构信息需求结构

国家创新发展中的创新主体分属于不同的部门，大致分为政府部分、科研机构、高等学校、生产企业和服务行业中的用户。国家自主创新体系的不同主体机构，由于创新活动的内容不同，具有不同的信息需求。只有准确把握各创新主体机构共同和不同的信息需求类型、内容及来源，才能使面向机构的服务具有针对性。

对我国自主创新系统中主体的信息需求分析，应该从我国政策制度、经济结构、专业技术、市场经营及国际竞争等不同层面上进行。表2-4将我国自主创新系统中的主体信息需求类型、内容和作用进行了归纳[1]。

表2-4 自主创新主体的总体信息需求类型

信息需求类型	信息需求内容	知识信息作用
政策、制度、法律	与创新相关的政策、制度信息和法律信息	改革体制，优化制度设计，为自主创新提供良好的制度保障与法规保障
知识创新环境	科技发展环境信息、经济发展数据、产业结构调整信息、高新技术产业信息、科技投资信息等	在创新发展不断变化的环境中，优化创新结构，改善经济条件，为自主创新提供支持，拓展发展空间
专业性和专门性知识	科学发现与技术成果信息、技术标准信息、专利信息、科技发展与创新相关信息	追踪创新发展，充分利用创新成果；把握创新方向，掌握创新动向，增强自主创新能力
经济活动、市场经营	市场结构信息、市场需求信息、市场发展信息、金融服务信息	实现市场需求驱动下的创新，激发创新思想，实现知识成果的市场化
国际竞争、外向发展	国外创新信息、国外专利信息、国外制度法规政策信息	跟踪国际创新动态、增强国际竞争力

表2-4中的内容与我国自主创新发展息息相关，为保证我国自主创新系统整体的顺利运行，以上基本信息必须得到保障。表2-5列出了我国自主创新主体机构的信息需求状况。

---

[1] 陈玲，毕强. 国家自主创新信息需求研究 [J]. 情报资料工作，2009 (3)：85-90.

表 2-5　　　　　　　　　　　　自主创新主体信息需求结构

创新主体机构	创新分工与信息需求引动	信息来源需求	信息服务需求	信息保障系统需求
政府：政府部门和政府研究机构	通过国家制度创新推进创新型国家建设，创新信息需求由政府的行政管理创新引动，内容涉及社会发展、科技、经济、文化各个方面	整个国家创新体系的宏观信息需求，包括社会经济总体运行、国家自然资源、人力资源和社会发展、科技、经济、文化、外部交往等方面的信息，类型包括报告、数据、资料等	政府需要企业、大学和科研机构的创新发展信息，需求为决策管理提供全方位服务和数字环境下政府的数字化、网络化技术支持服务，实现电子政务的全面保障	国家信息中心、各省市信息中心、国家图书馆、各种专家系统、智囊团，以及其他各种能够为政策、法规的制定和实施提供智能支持的信息服务
专门科学研究机构：包括中国科学院系统研究机构、行业科研机构和地方科研机构	中国科学院承担基础与应用研究领域项目，面向高新技术产业和重点发展领域提供创新成果支持；部门、行业机构、地方机构面向部门和区域发展推进R&D，承担产业化创新任务，由此引发以项目和成果为中心的信息需求	信息需求具有针对性和完整性，所需信息以会议文献、期刊文献、学位论文、专著为主，同时需要研究进展、学术研究动态信息和机构信息；从载体上看，对专业数据库和专业文献需求突出	需要专门机构为其提供内容全面、类型完整的信息服务，需要进行网络化信息检索，数据库服务和咨询服务；在服务内容上，要求从信息组织层面，向知识组织层面发展；在服务组织上，需要进行国际化合作，进行开放化信息服务	对本部门、系统和单位的信息服务机构有依赖性，同时要求各系统实行服务协同，主要支撑机构包括NSTL，中国科学院文献信息机构，公共图书馆、国家和地方科技信息中心等
高等学校科学研究机构：包括教育部属高等学校和地方高等学校中从事科学研究与发展的机构	高等学校研究机构实现产、学、研整体化发展，承担基础与应用研究任务和面向国民经济发展的产业化创新成果转移任务。科学研究与发展既涉及基础研究，也包括技术研发和产业化成果推广，由此决定了综合性、全方位的专业信息需求	信息需求具有综合性，所需文献以期刊文献、会议文献、报告文献、标准文献、专利文献、学位论文、项目成果等文献为主，此外，还包括科技政策、产业发展、科技成果应用等方面文献。同时，对专业数据库，基础和应用研究动态信息，具有迫切需求	在信息服务上，需要实现高等学校信息资源共享和开放化的社会服务。随着高等学校研究发展的开放化，除高等学校图书馆服务外，还需要国家、地方、行业层面上的信息服务，其目的在于为项目研究、成果应用和面向社会的创新服务提供保障。此外，在服务安排上，要求实现教学、科研整体化信息保障	首先，依赖于全国高等学校文献保障系统（CALIS）的支持服务，以及各校图书馆的保障服务。此外，需要国家、地方图书馆，科技信息机构、行业信息机构提供信息共享服务；同时还要求有针对性地利用专门信息服务

续表

创新主体机构	创新分工与信息需求引动	信息来源需求	信息服务需求	信息保障系统需求
企业研究发展机构：包括行业企业的研究发展机构，从规模上可区分为大、中、小型企业，从体制上区分为国有、民营企业和外企，从创新发展上，分为高新技术企业和传统企业	企业研究发展是自主创新的最终体现，表现在以创新为基础的核心竞争力形成和发展上。由于企业创新的最终形式是技术创新和新产品研发，由此需要科技成果、应用技术和产品市场信息，需要围绕自主创新发展和经营进行知识信息保障	企业研发机构的信息需求内容由研发和技术产业化发展需求决定，其信息需求要具有前沿性、预测性和及时性等特点，需求类型主要包括市场信息、技术信息、竞争信息、人才信息、管理信息、政策信息和资源所有者信息。所需信息既包括项目成果信息、新产品信息，专利文献，标准文献，行业技术经济数据及来自政府、市场、客户和行业的信息，需要产品数据、技术规范、行业政策、发展投资和改革法规信息	需要提供产业发展、市场、客户、资源、政策、法规等方面的专门信息，在R&D环节上，要求提供全方位信息保障。需要行业信息中心、国家经济信息机构、国家科技信息机构、有关高等学校系统和公共信息服务系统，为其提供形式多样的服务，要求围绕技术、市场、产品经营提供数据库服务和咨询服务	行业信息服务机构是重要的支持机构，国家信息中心、地方系统为企业市场经营提供信息保障处于重要地位；对NSTL、CALIS和公共信息机构的服务，要求参与共享；此外，信息咨询和市场化服务作专门服务支持；另外，对本企业的服务有直接的依赖性
服务行业：包括金融服务、中介服务、商务服务、社会保障、流通服务和信息服务等	服务行业的创新发展是国家创新的重要组成部分，表现为对科技产业和社会发展的支撑。服务行业由于彼此差别大，其信息需求具有专门性特征，其共同点是围绕本行业创新和运行，需要获取全方位信息。同时，需要掌握服务对象的发展需求信息	服务行业所需信息不仅来源于本行业，而且来源于政府部门、所服务的行业和科研机构。服务行业所需要的信息涉及服务技术创新和技术应用信息，包括专利、标准、市场、投资等方面的信息	当前服务行业正处于信息化发展之中，要求构建服务平台，实现与科技、经济和社会发展相适应的服务业创新，因而需要全方位的知识信息保障	需要国家政策、法律信息保障和服务业创新发展信息保障作支撑，对国家信息中心、公共信息服务机构及专门的咨询机构的信息服务具有定向化需求

根据创新主体及其创新性质来划分，自主创新的类型可以划分为制度创新、基础创新、技术创新、产业创新和应用创新等不同类型。不同的自主创新类型具有不同的创新特点，主体所从事差异化创新活动，决定了创新信息需求的差别。

政府是国家创新的管理者，在创新管理中通过国家制度安排保证创新的实现。政府的制度创新包括构建自主创新政策制度、制定自主创新战略和为其他创新主体营造一个稳定、有序的创新环境。因而，政府信息需求的内容主要包括关系国家发展的经济、科技、社会、教育等方面的信息。在信息利用中，各种信息及时地反映到政府的决策和行政管理之中，从而营造了有利于创新的制度环境。国家信息中心、各省市信息中心、国家图书馆、各种专家系统、智囊团以及其他各种为政策、法规的制定和实施提供支持机构，所提供的信息服务是不可缺少的。

专门的科学研究机构包括中国科学院系统机构、地方科研机构、行业研究机构等。其中，中国科学院承担基础与应用研究领域项目，面向高新技术产业和重点发展领域提供创新成果，主要表现为基础性创新，创新发展趋势和具有前瞻性的成果信息是其最需要的信息。各部委所属科学研究机构、行业研究机构、地方研究机构和面向区域发展的技术研发机构，承担产业创新任务，项目信息、专利信息、产业发展信息是这些机构需要全面获取的信息。专门科学研究机构的信息需求具有针对性和完整性，所需信息以会议文献、期刊文献、学位论文、专著为主，同时需要研究进展、学术研究动态信息和机构信息等；从载体上看，对专业数据库和专业文献需求突出。

高等学校在国家自主创新中承担人才培养、知识创新与知识传播任务，目的在于推动新知识的获取、分配和利用，促进创新成果尽快转化为生产力。除人才培养外，高等学校自主创新在于，获取新的基础科学和技术科学知识，主要包括追求新发展、探索新规律、创立新学说、积累新知识和传播新成果。高等学校自主创新所需的信息主要包括前沿科学技术信息、社会多元化信息和其他创新主体的信息。高等学校信息需求具有针对性和完整性，所需信息以会议文献、期刊文献、学位论文、专著为主，同时需要研究进展、学术研究动态信息和机构信息等。

无论是生产企业，还是服务行业的企业，其共同特征是市场化发展和经营决定了基本的信息需求结构。企业创新是自主创新成果产业化的最终体现，表现在以创新为基础的核心竞争力形成和企业发展上。由于企业主要从事技术创新和产业创新，将新技术融入新产品或服务，实现创新经济价值是其最终目标，因而需要科技成果、应用技术和产品市场信息。通常情况下，企业挖掘市场信息，预测消费者的需求，创造性地利用已有知识开发产品和服务是重要的。一般说来，企业自主创新过程包括创新构思、研究开发、生产试制和市场经营4个阶段。企业研发机构的信息需求内容由研发和技术产业化发展需求决定，其需求类型主要包括市场信息、技术信息、竞争信息、人才信息、管理信息、政策信息和资源所有者信息等。企业自主创新的信息需求要具有预测性和及时性特点，因此，企业需要为其及时提供产业发展、市场、客户、资源、政策、法规等方面的专门信息，要求提供全方位信息保障服务。

从总体上看，各类创新主体对本部门、系统的信息服务机构存在依赖性，内部机构是其获取信息与服务的主要来源，同时也要求本系统与其他系统实行服务协同，以满足更广泛的需求。

综上所述，自主创新发展主体对信息的需求是多方面的，同时，由于不同创新主体的创新活动不同，对信息的需求存在着多方面差异，这就要求全国范围内的各信息机构建立网络信息服务体系，以满足自主创新发展机构的多元化需求。

2.3.2 知识创新人员的信息需求分布与结构

知识创新人员分布于政府部门、科研机构、高等学校、生产企业和服务行业，显然他们的需求存在部门、机构和行业差异。就其职业活动而言，他们所承担的专业工作决定了基本的知识信息需求结构。按各机构的用户情况，可以按决策管理、科学研究、试验发展、生产经营和服务保障等类型进行需求分布与结构分析，以求得出普遍性的结论。

在上述分类人员的知识信息需求分析中，我们在政府部门、研究机构、高等学校和企业组织进行了抽样调查。在数据获取中，既考虑到行业分布和地区分布特征，又考虑到各方面环境因素的影响。以下对网上、网下调查数据做了归纳。

表2-6反映了各类专业人员所需信息的来源，在统计中，决策管理、科学研究、实验发展、生产经营和服务保障人员，按各3000份问卷数据的分类均值和总体均值列出。

从表2-6中可知，各类人员类型所需信息来源各异。但从整体上看，首先是对本组织的信息服务机构和本行业机构所提供的信息需求量最大，其次是公共信息服务机构所提供的信息和互联网信息；另外，包括相关系统、政府部门和其他来源的信息需求量最少。这三个区域的信息需求符合等级分布规律。

表 2-6　　　　　　　　专业人员信息需求的来源结构　　　　　　单位：%

人员类型 \ 信息来源	本组织机构	本行业机构	公共服务机构	互联网	相关系统	政府部门	其他
决策管理人员	52.1	10.1	10.2	6.2	11.3	6.7	3.4
科学研究人员	55.2	15.3	5.1	11.3	7.8	2.1	3.2
试验发展人员	47.8	16.2	2.5	13.4	12.4	2.6	5.1
生产运营人员	60.3	7.8	4.6	8.2	11.2	3.3	4.6
服务保障人员	28.2	21.3	11.2	17.5	9.7	8.6	3.5

表 2-7 显示了各类专业人员所需信息的内容结构，表中的结果表明：专业人员所需信息的内容由所承担的职业工作和知识创新任务决定。研究类型的人员、运营人员和管理人员的差别较大。研究人员中，由于基础研究、应用研究和试验发展的目标与内容区别，决定了信息需求内容结构上的差别。这是因为研究人员更注重学科知识和学术前沿的掌握，试验发展与技术人员则注重知识成果的应用和实用技术的发展。

表 2-7　　　　　　　　专业人员所需信息的内容结构

专业人员 \ 信息内容	机构信息	项目信息	各种数据	关键知识	需求信息	成果信息	产品信息	管理信息	经济信息	其他信息
决策管理人员	1	5	2	6	8	7	9	3	4	10
科学研究人员	6	2	4	3	1	5	7	8	9	10
试验发展人员	7	1	2	3	9	4	5	8	6	10
生产运营人员	1	6	3	5	10	4	2	8	7	9
服务保障人员	1	7	8	2	9	3	10	4	5	6

从表 2-7 中可以看出，专业人员所从事的知识创新存在着类型上的差别，从而所需信息内容结构相差较大。但是在信息化环境下，所需信息服务的交

叉愈来愈突出，需求的内容交叉决定了跨系统组织社会化知识信息服务的可行性。

表2-8显示了专业人员从事知识创新活动所需信息的载体类型结构和分布。从10种类型的知识信息源的需求数据分析中可知，各种载体的信息对于专业人员都很重要。表中所排的需求顺序，仅仅体现了知识创新中，专业人员的信息利用量的变化，并不说明各类载体信息的重要性程度。表中数据显示，专业人员存在着核心载体需求的集中化趋势。根据与以往的调查数据比较，对数据库查询的需求比例逐步提高。

表2-8　　　　　　　　专业人员所需信息载体结构与分布

信息内容 需求排序 专业人员	期刊文献	会议文献	专业图书	专利文献	报告文献	标准文献	学位论文	样本档案	数据库	其他文献
决策管理人员	4	2	5	1	6	7	10	9	3	8
科学研究人员	1	2	5	4	9	7	6	10	3	8
试验发展人员	6	7	8	1	2	3	10	5	4	9
生产运营人员	1	8	2	3	4	9	10	6	5	7
服务保障人员	5	1	8	3	9	2	10	7	4	6

另外，值得指出的是，不同部门人员信息需求的差异性主要体现在机构性质和环境作用上。同一组织中不同层面的专业人员所需信息，按是否有需求进行调查，其信息需求调查数据，在企业中的抽样结果如表2-9所示。

表2-9中的数据显示，企业管理人员、技术人员、生产人员、营销和服务人员的信息需求已不再局限于各自的职业活动需求，而需要来源广泛、内容完整的多方面信息。这意味着，企业人员的信息需求已从单纯的职业结构向综合结构转变。在企业信息需求调研中，我们对电子行业的管理、研发、生产和市场销售人员的需求进行了分析。在各100人的抽样中，列出了管理、科技、市场和其他类信息，要求接受调查的人员按"需要"和"不需要"选择作答。

从表2-9的数据分析中可以明确，高层管理人员对管理、市场和其他相关信息有需求的占接受调查人数的100%，对科技信息有需求的占整个调查人数的95%。另外，在部门管理人员、研发人员、生产人员、经营人员和服务人员中，有50%以上的人员对各类信息均产生了需求。这说明，企业人员的信息需求结构趋于完整，需求来源日益广泛。对于其他类型用户的信息结构分析，也可以得出类似企业人员的结论。

表 2-9　　　　　　　企业人员信息需求内容结构抽样结果

专业人员＼信息类型（有需求的占比）	管理信息	科技信息	市场信息	其他相关信息
高层管理人员	1.00	0.93	1.00	1.00
部门管理人员	1.00	0.45	0.82	0.75
研发人员	0.67	1.00	0.91	0.67
生产人员	0.86	0.56	0.79	0.71
经营人员	0.96	0.54	1.00	0.60
服务人员	0.73	0.64	0.68	0.67

2.4　知识信息需求引动与演化机制

知识创新主体信息需求由创新发展的信息机制所决定，其基本的流程关系引发了创新发展中的信息需求。在需求激化和显化过程中，需求的表达方式和保障服务受环境因素、组织因素和主体创新因素的影响。

2.4.1　组织运行的信息机制与创新发展信息需求引动

组织运行中的信息机制具有共同特征。无论是科研机构系统，还是企业和社会服务部门，其生存、发展都离不开社会环境。这说明，科技、经济、文化和社会发展决定了组织运行的外部条件。在环境作用下，组织不仅需要从外界输入物质、能源和其他资源，而且需要有知识和信息的输入；组织通过运营，实现输入资源的增值，从而向外输出物质产品、知识产品和服务，与此同时，输出组织活动信息。组织在增值循环中通过与环境的作用，实现价值提升，其中知识创新则是提高核心能力、促进资源增值性增长的重要保障。图 2-7 反映了这种基本关系。

科学研究机构、高等学校、生产企业、服务行业和政府部门等不同组织，由于输入、输出的不同，存在物质产品、知识产品和服务产品等方面的差异，然而从组织运行的创新机制上看，却是共同的。恩格斯在论述社会发展时指出，"生产以及随之而来的产品交换是一切社会制度的基础"[①]。恩格斯所说的生产，在现代社会中不仅包括物质产品的生产，也包括知识产品（如科技成果、文化艺术品等）生产。按通常说法，我们按输入、输出特性将其区别为不同行业的和不同性质的组织。

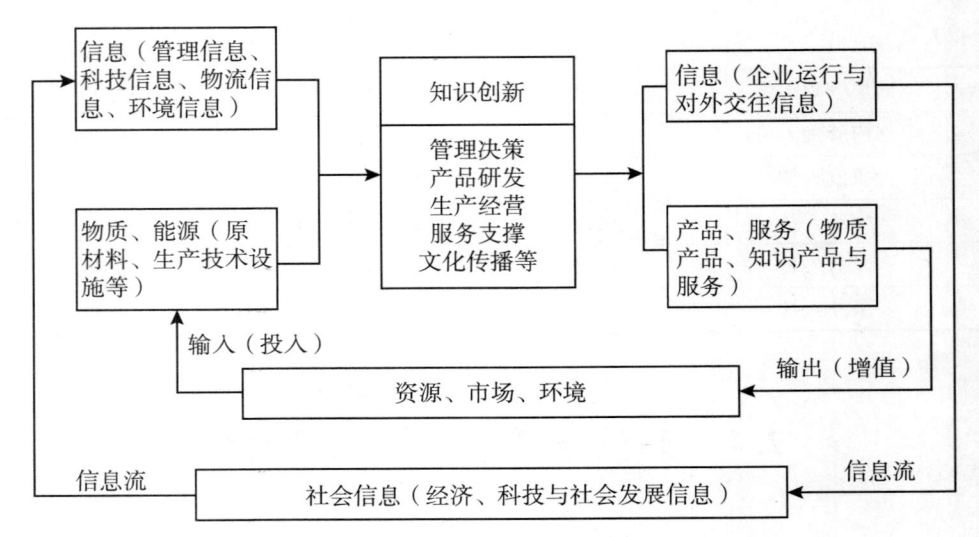

图 2-7　组织运行中的物质流和信息流

如图 2-7 所示，社会运行中物质、能源和信息的利用是以其流通为前提的。在物质、能源和信息的社会流动中，一方面，信息流起着联系、指示、导向和调控作用，通过信息流，物质、能源得以充分开发利用，科技成果和其他知识成果得以转化和应用；另一方面，伴随着物质、能源和信息交换而形成的资金货币流反映了社会各部分及成员的分配关系和经济关系，物流和信息流正是在社会经济与分配体制的综合作用下形成的，即通过资金货币流，在社会、市场和环境的综合作用下实现物质、能源和信息的交流与利用。基于此，图 2-7 省略了对资金货币流的表达。

信息流是指各种社会活动和交往中的信息定向传递与流动，就流向而言，它是一种从信息发送者到使用者的信息流通。由于信息不断产生，在社会上不断流

---

① 社会主义从空想到科学的发展．马克思恩格斯选集（第 3 卷）[M]．北京：人民出版社，1972：740．

动和利用，因而我们将其视为一种有源头的"流"。研究社会运动不难发现，社会的物质、能源分配和消费无一不体现在信息流之中；社会信息流还是人类知识传播和利用的客观反映，如对于企业，信息流伴随着企业生产、研发和其他活动而产生，可以认为，一切组织活动都是通过信息流而组织的，我们可以由此出发讨论其中的基本关系。

组织活动中的信息需求体现在管理、生产、研究、经营和服务等各方面人员的需求上，是组织中各部门和流程中各环节信息需求的集合。它既具有组织运行上的整体化需求特征，又具有面向部门和业务环节的结构性需求特征。这说明，组织整体信息需求由各部门和各业务环节需求决定。就需求主体而论，信息需求包括组织管理人员、研究人员、生产人员和服务人员的需求；就需求客体而论，组织需要包括政府信息、市场信息、科技信息、经济和管理信息在内的各方面信息。稳态环境下，它可以归纳为组织中各类人员的不同职业活动所引发的管理、科技和经济等方面的信息内容需求，以及对分工明确的政府信息服务、科技信息服务、商务信息服务等机构的信息服务需求。

动态环境下，随着科学技术的迅速发展和经济结构的知识化，组织处于不断变化之中，组织内部的职能分工和人员分工随之发生变化。如企业生产与技术活动的一体化、管理决策与业务经营的融合、部门式的职能管理向流程管理的转变，都不可避免地改变着企业的信息需求结构。这说明，包括企业在内的各类组织都存在着适应环境的创新发展问题，由此引发了基于核心创新能力的知识信息需求。

组织创新能力可以分为核心能力和支撑能力两种。核心能力从本质上看，是一种基本的战略能力，带给组织以核心竞争优势；支持能力是全面支撑组织创新的各方面综合能力，是实现创新的条件能力。图 2-8 在普斯尔（K. J. Purcell）等人的核心能力管理框架基础上，归纳了企业核心创新能力战略发展模型。①

从知识创新需求因素上看，基于核心能力的创新过程要素决定了知识创新信息需求。这些要素包括：社会、文化、人口、环境要素，政策、法律和制度要素，信息技术与网络因素，竞争与合作要素。外部要素的变化不仅改变着组织的发展状态，而且改变着组织间的交往和竞争与合作关系。例如现代商务环境的改变使处于动态环境下的组织不得不考虑利用信息平台，以在创新重组中拓展发展空间，在具体的战略制定中必然寻求基于网络的外部联合。

---

① 覃征，汪应洛等. 网络企业管理 [M]. 西安：西安交通大学出版社，2001：6-7.

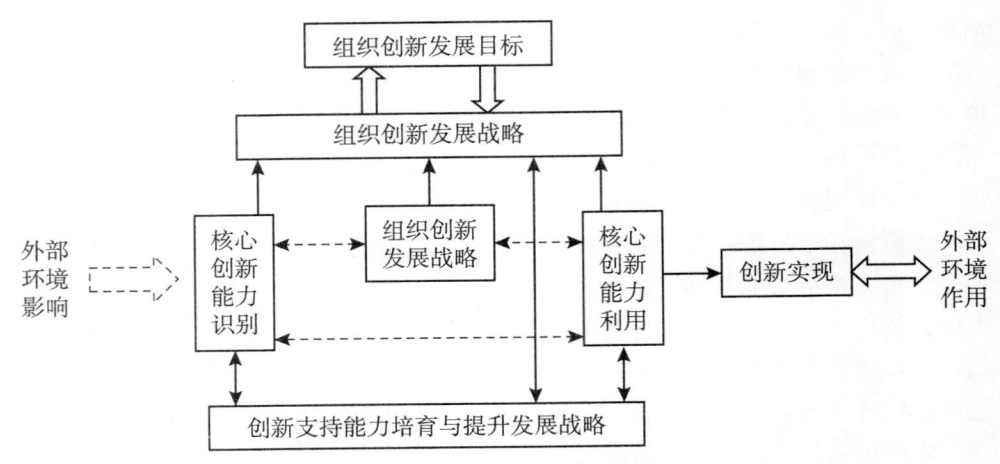

图 2-8 基于核心竞争力的战略管理模型

影响组织创新信息需求的内部要素包括：组织运行与发展要素，包括资本要素、知识要素、文化要素、影响力与竞争力要素等。这些要素不仅决定了组织的发展实力，而且关系到创新发展基础和组织模式。具体说来，内部要素是组织创新发展的依据，组织只有在内部要素合理调配的情况下，内部要素的关联作用才能最优化。

基于内、外要素作用的组织发展，既有人文层面、技术层面的，又有经济层面和资源层面的。因此需要从要素分析出发，弄清发展形态和各种基本关系，以便从中明确知识信息需求的引动机制，最终客观地显现组织创新发展的知识信息需求模式。

2.4.2 知识信息需求的演化

知识信息需求的演化由创新价值链变化和环境变化引发，如何认识处于变革中的知识信息需求，是值得专门关注的。

(1) 基于价值链的知识信息需求变革

在创新型国家建设的实践发展中，自主创新主体根据国家的创新发展导向，即从发展需求、发展规划和政策保障出发，依托国家创新条件保障（包括国家的创新基础投入、创新环境和信息保障），在基础研究、应用研究和试验发展的整个环节中，围绕知识创新的价值实现，根据周围创新环境的作用实时调整创新活动，最终实现创新目标。这种内外关联的创新机制，决定了多元自主创新主体主导的价值创新增值链式结构，即国家创新价值链。如图 2-9 所示。

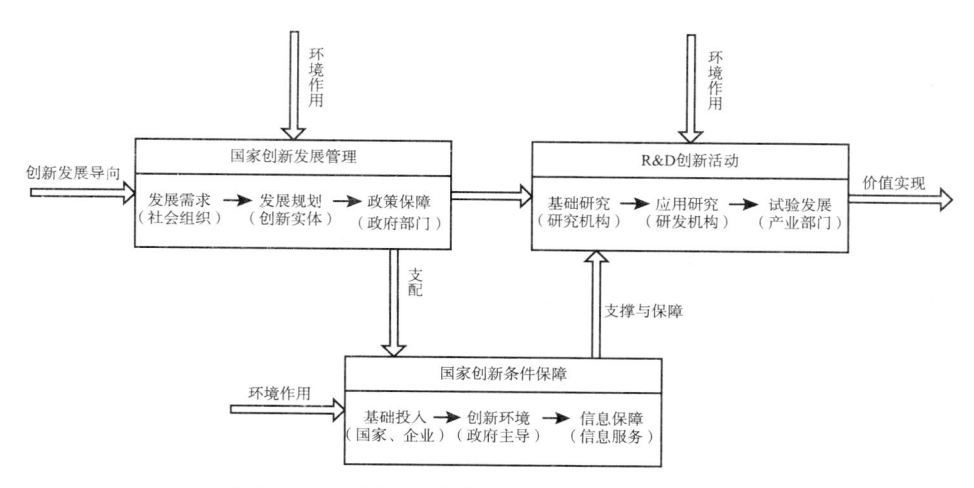

图 2-9　国家创新发展中的创新价值链模型

　　国家创新中的价值链关系以及创新与环境的关联，决定了创新主体的信息需求形态、结构与内容。信息化中的创新国际化发展决定了创新主体信息需求的转变。从总体上看，我国自主创新信息需求呈现以下发展趋势：

　　①从系统内需求向跨系统需求转变。国家创新价值链的跨系统性和社会协作性决定了创新主体信息需求具有跨系统特性。在传统的科学创新与研究发展中，信息需求表现为部门化、系统化和专业化，这说明，只要利用系统内的信息资源就可以保证创新的进行。然而在信息化环境下的创新型国家建设中，所有的创新活动都必须纳入到国家创新价值链中。创新主体的创新活动必然从以系统、部门为主体向开放化、社会化、市场化和协同化方向发展，其信息需求因而具有跨系统性。

　　②从单一内容形式需求向综合需求变革。一方面自主创新主体的创新业务涉及多个方面，表现为系统化和综合化；另一方面，国家创新涉及多个学科和专业领域，且交叉现象越来越严重，单一化的信息资源整合难以满足创新主体的信息需求。因此，创新价值链上起主导作用的自主创新主体出于知识创新的增值需要，必然要求信息服务系统提供内容全面、类型完整、形式多样、来源广泛的知识信息。

　　③从信息来源需求向信息服务组织需求拓展。在创新价值链中，为了保证创新增值的有效实现，自主创新主体的信息需求从对信息本身的需求拓展到对信息服务优化组织的需求，要求信息服务机构有针对性地提供专业化的信息服务，即为自主创新能力的提高和创新型国家建设提供信息资源保障和专门化信息服务支撑。

　　④从固定式信息需求向动态化信息需求发展。国家创新价值链系统是多维

的，具有动态性和开放性；创新活动的开展要求自主创新主体之间进行动态的信息交流和协作。因此，随着我国自主创新主体结构、自主创新目标、任务和运行机制的变革，加上信息化和技术的作用，使得自主创新主体的信息需求呈现出明显的动态化趋势。

⑤从浅层信息需求向知识需求深化。在分布式异构创新网络环境下，国家创新价值链上的创新活动是一种更高层次的创新。随着科学进步及其对经济发展推动作用的增强，知识信息的利用深度也不断加深，自主创新主体要求将分散在本领域及相关领域的专门知识信息加以集中组织，进行二次开发利用；甚至利用"基因工程"原理进行知识重组，从中提炼出对研究、开发与管理创新思路具有至关重要的"知识基因"供其使用[①]。

值得强调的是，自主创新价值导向下的信息需求转变是在一定环境下进行的，环境的变化必然影响以需求为导向的信息服务发展方向。国家创新发展中自主创新主体的需求变化、组织机构变革、社会信息资源共享、信息技术集成等诸多因素共同构成了信息需求演化环境，表现为信息组织的数字化、网络化和虚拟化、信息获取渠道的多元化、信息载体的多样化和信息传播的扁平化。

（2）现代环境下的知识信息需求特征

在知识创新价值链和环境变革的驱动下，知识创新信息需求具有以下特征：

①广泛多样性。在以知识创新为特征的知识经济时代，竞争范围由国内转向国际，竞争层次由单纯的知识生产转向资本、技术和管理共同作用下的创新发展。对于企业而言，其创新发展愈来愈与科技、社会、经济、文化密切相连。因而企业的创新信息需求不再是单一的生产信息需求，而是科技、经济、政策法规、产品、投资、经贸、金融、管理和人才多方面的信息需求。与此同时，竞争情报和相关行业信息也是企业必不可少的。组织创新信息需求的多样性体现在组织创新活动中需要的信息来源范围广泛、载体形式多样、层次复杂。当前，创新主体的信息载体需求形式已由印刷型向电子型、网络型等多种载体发展，数据库、直观性较强的信息越来越受到重视。

②主动及时性。知识创新时代是科学技术和信息技术飞速发展时代，组织处于一个高速变化的环境中，创新的自主性决定了优先发展的创新战略。从主体信息需求上看，便是需求的主动和及时。例如，对于企业，要求提供的信息及时，以保证迅速做出决策。随着网络技术的发展，信息呈指数级的增长，如果组织不

---

① 柯平，李大玲，王平．基于知识供应链的创新型国家知识需求及其机制分析［J］．图书馆论坛，2007（6）：64-69．

能及时获取信息，就可能丧失发展机会。及时获取信息不仅可以为组织发展争取时间和机会，还能确保信息的前瞻性和新颖性。

③前沿预测性。知识创新以科学技术为牵引力，推动组织发展。互联网环境的形成和知识成果生命周期的缩短，加之知识更新迅速，创新型组织为实现创新发展目标必然需要及时地获取国际上的新理论、新方法和新技术，以解决创新过程中遇到的难题，因此需要前沿性的信息。前沿性的信息不仅满足了组织对各种新理论、方法、技术的需要，还反映了各学科领域或行业的发展，有利于从中引发新的创新思想。因此，在以知识创新为特征的新经济时代，创新主体必须适时掌握反映知识创新的前沿信息，以寻找新的发展空间，争取未来竞争的主动权，保持组织的领先地位。

④新颖时效性。知识创新通过追求新发现、探索新规律、积累新知识，达到创造知识、谋取竞争优势的目的。例如，企业在创新发展中，必须获取最新的信息，如最新出台的政策、最新颁布的标准、最新发明的技术、最新批准的专利、最新面市的产品以及最新的市场信息等，以便适时实现创新决策、实施创新项目，取得创新成果，形成动态化的可持续发展能力。创新型组织信息需求具有新颖性特点的另外一个原因是，知识信息本身具有时效性。过时的信息对知识创新而言，不只是意味着陈旧，还意味重复他人的创新活动，从而造成资源的浪费。

⑤精准针对性。精准性是组织创新对信息内容最基本的要求，知识信息准确是决策正确的前提和基础，虚假、错误和失真的信息会导致组织的重大损失。信息精确是创新决策正确的保证，信息社会中信息过载现象严重，面对海量信息，组织创新需要获取经过加工处理的信息。精确的信息不仅可以减少组织处理信息的时间，而且可以针对创新的不同阶段，有针对性地及时解决创新中的问题。

综上所述，知识信息需求的引动和演化，决定了面向创新需求的知识信息服务组织体制与体系。准确掌握其中的演变规律、形态和特征，是组织高效化的知识创新信息服务的基本出发点。

3

国家发展转型基础上的
知识信息服务体系重构

经济全球化和创新国际化背景下,各国的经济发展都面临着转型的问题。我国经济结构的调整和经济增长方式的转变中,围绕知识创新的知识信息服务也处于不断变革之中,如何在创新型国家建设背景下进行知识信息服务的变革,重构社会化、高效化的服务体系,推进服务重组,形成有效的动力机制,是我国知识信息服务改革发展的关键。

3.1 国家发展方式转变与知识信息服务转型

国家发展中新的社会生产力形成与知识创新发展密切相关,可以说是知识创新推动经济结构和产业结构变革的必然结果。与此同时,国家发展方式的转变,又对知识创新提出了新的目标和任务。在这一背景下,与国家发展制度建设相适应,知识信息服务也处于以公益性、事业型为主,向社会化、多元化方向发展之中。

3.1.1 国家发展方式转变与创新型国家制度安排

创新型国家制度下,我国经济、政治、科技制度正在进行新的变革,创新主体知识信息服务需求结构随之也发生了重大变化,知识信息服务正面临转型发展问题。

国家创新作为有效解决国家经济可持续发展的重大举措,其功能的发挥要求有相应的制度支撑。制度安排作为国家创新战略的实现基础,是知识创新、知识传播以及知识应用的根本保障。

国家发展中过度的资源消耗、环境污染,以及产业布局的无序和知识创新成果转化率的限制,不仅影响着经济增长的稳定性和持续性,而且带来的资源环境后果是未来发展中难以消除的。经济全球化大大提高了各国经济关联度,在各国利用经济融合发展机遇的同时,经济发展风险也被放大。因此,新经济环境下的国家发展方式转变已成为国家创新发展必须解决的现实问题。

在国家发展方式转变中,我国提出的"资源节约型、环境友好型"发展战略是十分及时和科学的选择。将经济增长由投资规模和生产制造规模驱动,转变为创新发展驱动,不仅在于实现低污染、低消耗的产业发展,而且在于确立高技术、高性能的经济增长方式。

国家发展方式的转变,提出了工业与信息化融合和现代服务业重构问题。在面向现实问题的解决中,以知识创新为导向,以创新型国家制度为基础的新的经济增长体系正在形成。

国家发展转型中最重要的生产要素是科学技术知识的创造、积累和应用。国家知识创新投入包括国家财政投入和通过调控引导的市场投入,其产出包括创新知识的积累和市场化配置两大部分。在以知识创新为基础的发展方式转变中,国家创新制度安排便处于关键位置。在这一时期,国家创新主要强调技术创新、技术流动及相互作用,因此也称为国家技术创新阶段。

20世纪90年代后,在世界经济逐步由工业经济向知识经济转变中,经济增长方式发生了重大变化。知识与知识劳动者在经济中的作用日益突出,知识创新受到越来越多的关注[1]。1992年,伦德华尔(Bengt-Ake Lundvall)在《国家创新系统:建构创新和交互学习的理论》中,从微观经济学的角度研究了国家创新系统的构成与运作。伦德华尔认为,现代经济中最基础的资源是知识,在知识生产、扩散和使用过程中,应有基本的体制保证,1994年,佩特尔(Patel)和帕维蒂(Pavite)进一步从国家宏观技术投资政策的角度提出了制度安排问题。

随着全球和区域经济发展模式的改变,国家创新不再仅受国家专有因素的影响,同时也受国家间相互作用因素的影响。在这一背景下,国家创新的微观机制与宏观运行环境联系愈来愈紧密,国家在融入经济全球化体系的同时,实现国家

---

[1] 郑小平. 国家创新体系研究综述[J]. 科学管理研究,2006,24(4):63–68.

经济转型与国际经济发展协调，是唯一科学的选择。在协调发展中，每个国家都应该根据自己的独特状况改变现有体制形成自己的创新体系。

从李斯特、熊彼特、弗里曼，到联合国经济合作与发展组织的工作，可以得出这样一个结论，即国家创新已由产业创新过渡到国家发展创新[①]。这说明，国家创新的制度建设是国家发展必须面对的基本问题。

国家创新中经济发展方式的转变，要求进行将科学技术融入经济增长过程的制度安排，从制度上明确科技知识生产者、传播者、使用者和政府机构之间的作用关系，在此基础上建立知识创新与产业发展的互动机制，以使国家创新提供制度运行保障。

在国家发展中，制度被视为决定经济效率和社会进步的最重要因素[②]。各国所进行的政治、经济体制改革，也是为了面对知识经济时代的挑战，以发展方式转变为内容，以推动国家的知识创新为目的，促进经济、社会又好又快的发展。

过去20多年，世界经济论坛（World Economic Forum）对国家竞争力进行了连续性评估。在2009年发布的各国竞争力报告中，全球竞争力指数围绕12个指标建立，每一个指标对各国的生产力和竞争力都很重要，其中位列第一的是制度[③]。

从国家发展方式转变和创新对发展的驱动和促进上看，制度的完善从根本上保证了创新发展的全面推进。值得指出的是，一个国家的创新能力最终还是取决于是否存在于一种合适而有益的制度环境，而这种制度环境能够对公共部门和个人的知识创新进行支持[④]。

我国在创新型国家建设中形成的知识创新系统是包含知识创造、传播、应用和产业化在内的网络系统，知识创新中存在着行政管理、科学研究、技术开发、产业发展、经济运行和服务组织等方面的变革和转型问题。从发展上看，要求进行全方位的制度建设，以利于在制度上确立和谐发展机制。如果缺乏制度支撑，基于多方互动的国家创新体系不仅难以自发形成，而且难以确立高效有序的发展转型机制。因此，国家创新体系是一个运行有序、统一开放的有机体，制度建设必然围绕创新整体运行需求进行。图3-1从国家创新体系构建角度，归纳了制度建设的基本内容。在制度创新系统中，政府处于核心地位，通过政府主导下的经济、科技体制改革，在知识创新主体功能定位的基础上，对各主体之间的关系进行协调，使其与国家创新发展相适应。图3-1反映了其中的基本关系。

---

① 李正风，曾国屏. OECD国家创新系统研究及其意义 [J]. 科学学研究，2004，22（2）：44-51.
② 周子学. 经济制度与国家竞争力 [D]. 华中师范大学博士学位论文，2005：64-68.
③ 世界经济论坛全球竞争力报告2008~2009 [EB/OL]. [2009-12-10]. http://www.weforum.org/en/initiatives/gcp/Global%20Competitiveness%20Report/index.htm.
④ 波特等著，杨世伟等译. 全球竞争力报告（2005~2006）[M]. 北京：经济管理出版社，2006：72-75.

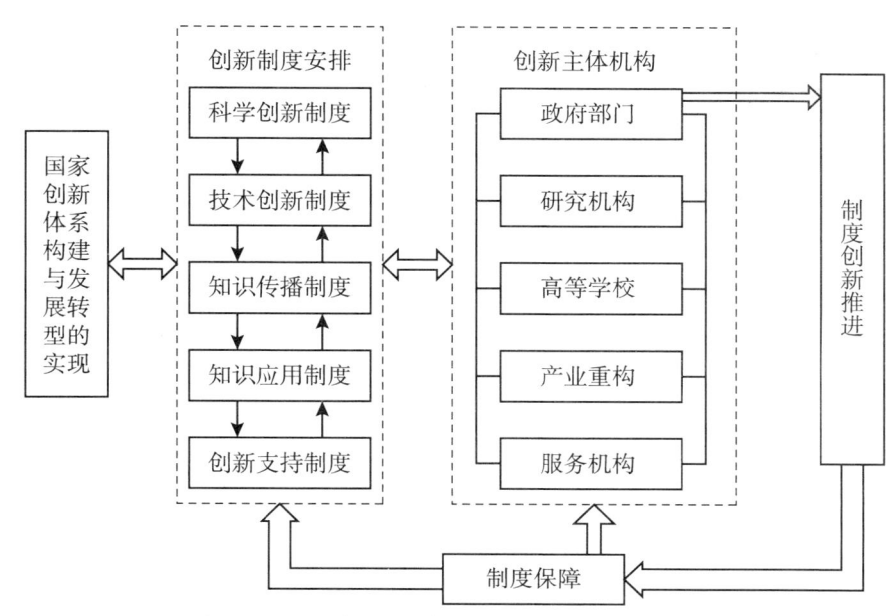

图 3-1　国家发展转型与创新中的制度安排

我国当前的国家创新体系中，制度创新是最重要、最具难度的一个环节，合理的制度安排与制度选择是其中的关键。制度创新为我们提供了一种新的国家发展秩序和规则，通过制度所确立的国家发展制度构架是创新政策、法律形成的基石。

在面向国家创新的制度安排中，政府负责制度建设。在制度框架下，各创新主体在创新发展中不断推进体制改革和创新运作[①]。

政府在制度安排中的举措包括：进一步发展与完善社会主义市场经济制度；调整政府职能，为创新主体提供公平的行业创新发展制度保障，为经济持续快速发展提供创新支持；创造良好的法律环境，促进创新知识的创造、传播与应用。

科技创新是通过科学研究，获得新的基础科学和技术科学知识的过程，追求新发现，创造新方法，积累新知识[②]。当前，科技创新的制度建设应强调以下问题的解决：建立与国际接轨的国家科学研究体制和科研机构管理制度，将改革方式由简单的放权变为发展转制；发展和完善 R&D 制度，在创新环境中建立科技成果转移及信息保障体系；建立科学研究基地制度，推进创新资源共享；重构研

[①] 中共中央办公厅，国务院办公厅. 2006~2020 年国家信息化发展战略 [EB/OL]. [2007-12-10]. http：//www.cqyl.org.cn/P0000060.aspx? IID = N000003200002030&OID = N0000120. CNNIC. 中国互联网络发展状况统计报告 2007 [R]. 2008-01-11.

[②] 国务院信息化工作办公室. 中国信息化发展报告 2006 [R]. 2006-03-10.

发组织体系，创立合作开发和产学研结合制度[①]。

企业是技术创新系统的核心，也是技术创新的主体。良好的制度安排在于，为企业的技术创新提供激励与保障。企业的制度安排分为两个层次：一是国家为企业创新提供制度安排；二是企业自身内部的制度创新[②]。主要内容包括：产权制度改革，明晰有利于创新发展的产权关系，建立高效率的组织制度，规范企业创新的投入与产出；完善知识创新利益分配制度，合理调节创新收益在个人、企业与国家之间的分配关系，激发创新主体的积极性。

高等学校的知识创新与传播作用在国家创新发展中日益加强。知识创新和创新主体的素质密切相关，这意味着创新人才的培养必然依赖于良好的教育制度与合理的教育投入。20世纪80年代中期，我国启动了高等教育体制的改革，为教育发展适应社会需求创造了条件；进入21世纪，我国高等教育体制改革面临着更严峻的挑战，其中的重要问题是在高等教育体制转轨的基础上，着力推进制度建设和体制创新，实现高等学校创新与社会化知识创新发展的融合。

3.1.2 创新型国家制度框架下的知识信息服务转型

国家创新发展中，知识创新模式向开放化、社会化、网络化方向发展，从而导致了信息需求的变化，使得传统的知识信息服务受到来自各方面的挑战，由此提出了服务适应创新的变革要求。

国家创新体系中，知识的创造、传递和应用贯穿于创新活动的全过程。这些知识既包括现有的存量知识，也包括在创新活动中创造的新知识[③]。创新活动所形成的知识网络帮助参与主体获取现存知识，传播新知识，同时进行知识的转移[④]。国家创新制度框架下的知识创新正处于不断进步和变革之中，这种进步和变革不可避免地伴随着面向创新发展的知识信息服务转型。

值得指出的是，国家创新系统内的各要素在创新过程中的关联变化往往是非线性的，因此保障创新活动中知识的畅通，必须从制度层面出发，实现知识信息服务的整体性变革。

创新主体之间的信息交流与合作互动直接影响创新成效和基于创新的发展转

---

① 胡昌平，邱允生. 试论国家创新体系及其制度安排 [J]. 中国软科学，2000 (9)：51 – 57.
② 中共中央、国务院关于加速科学技术进步的决定 [EB/OL]. http: //news. xinhuanet. com/misc/2006 – 01/07/content_4021977. htm.
③ 科鲁夫等著，北乔译. 知识创新：价值的源泉 [M]. 北京：经济管理出版社，2003：56 – 57.
④ 陈喜乐. 网络时代知识创新中的信息传播模式与机制 [D]. 厦门大学博士学位论文，2006：78 – 80.

型。在图 3-2 中，创新网络的"知识分配力"是极为重要的，也就是创新网络要保证创新者随时可以接触到相关的知识存量①。

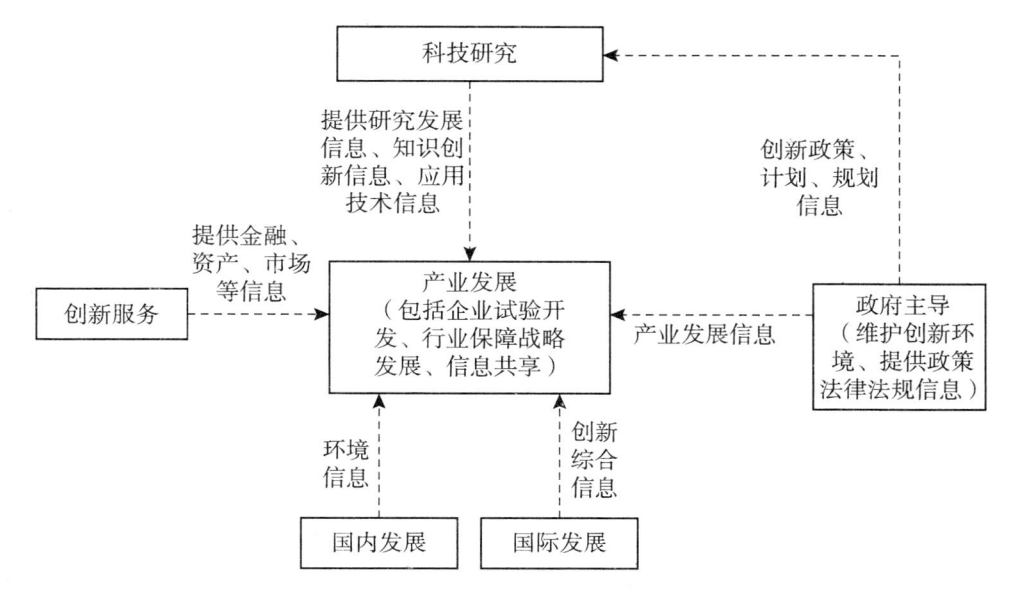

图 3-2　国家创新网络系统中的信息流

信息作为创新网络不可或缺的必要条件，无论是科技信息、市场信息，还是创新投入资源信息，均对创新的实现有着至关重要的作用。因而，处于国家发展方式变革之中的知识信息服务，必须从知识、内容组织和服务实现上进行面向发展的转型，通过转型建立知识信息服务的新机制。

当世界经济发展到一定阶段，全球产业结构调整就成为一种无法回避的问题。随着经济全球化的发展，全球范围内的产业结构调整在知识信息服务中显得尤为突出②。

表 3-1 显示了国家发展方式转变中信息业的重点转移和形态变化。在以信息服务推动现代服务业和知识经济的发展阶段，作为知识传播、交流、利用、转移主渠道的知识信息服务必然是以知识为核心的创新活动开展的重要支撑。现代信息化环境下，自主创新能力的提高有赖于充分而完善的知识信息服务保障。事实上，知识信息服务业已成为支持国家创新发展中自主创新和科技、经济、文化

---

① 周寄中，许治，侯亮等. 创新系统工程中的研发与服务 [M]. 北京：经济科学出版社，2009：153-156.
② 张晓林. 走向知识服务：寻找新世纪图书情报工作的生长点 [J]. 中国图书馆学报，2000（1）：57-59.

发展与社会进步的先导行业。然而，知识创新的社会化推进，在需要进行知识信息服务技术、网络手段与方法更新的同时，要求创建与创新型国家建设相适应的知识信息服务体制。因此在国家制度建设的框架下，进行知识信息服务的转型和体系重构是十分重要的，它直接关系到我国创新型国家建设的实现①。

表 3-1　　　　　　　　信息产业不同发展阶段的创新模式

阶段	产业增长的关键要素	组织形态	竞争力体现	创新模式	发展空间
信息工业拉动阶段（1970~1990年）	资金、需求拉动	等级系统	规模、市场份额	工业创新、技术创新	封闭、孤立
信息技术驱动阶段（1991~2000年）	技术、无形资产投入	等级系统走向分散化网络系统	个性、变化、创新	系统创新、不断满足需求	走向开放
信息服务推动阶段（2001年至今）	知识创新、技术创新、知识传播和应用构成的国家创新系统	网络系统	知识创新	持续不断的创新（网络化立体创新）	开放化、一体化、网络化

我国传统经济体制下的国家创新体系由分工明确的各部属研究机构系统、高等学校系统、科学院系统、国防科技系统以及各地的研究机构和企业构成。在部门、系统所有的体制下，知识信息服务往往采取部门、系统保障方式进行组织，无法为多元主体提供社会化服务，因此，传统知识信息服务的封闭性很强。这种体制直接导致了行业分散投入，投入—产出效率低下，创新需求难以有效满足。随着国际信息环境的变化、国际经济整体化发展和我国市场经济中科技与产业体制的变革与完善，这种"部门"发展战略受到了来自各方面的挑战，从而提出了知识信息服务的转型问题②。

①知识创新的社会化决定了信息服务面向社会的发展方向。国家发展方式的转变与创新体系的建设使得多个分布相对稳定的系统结合而成为系统网络，各组成部分形成了新的分工协作关系。然而长期以来，我国知识创新主体除利用知识

---

① 胡昌平．面向新世纪的我国网络化知识信息服务的宏观组织 [J]．中国图书馆学报，1999（1）：27-30．

② 胡昌平，曹宁，张敏．创新型国家建设中的信息服务转型与发展对策 [J]．山西大学学报（哲学社会科学版），2008（1）：31-34．

信息服务机构所提供的知识信息服务外，其创新信息保障主要依赖于各部门、各系统内的知识信息服务机构。随着科技体制和经济体制改革的深入，我国相对封闭的创新系统结构发生了根本性变化，以系统、部门为主体的创新逐步向开放化、社会化、市场化、协调化方向发展，部门、系统的界限逐渐被打破，国家创新大系统开始重构，从而推动着知识创新从部门组织向社会组织发展。这意味着条块分割的知识信息服务发展模式必须改变，以信息资源共建共享和开放服务为特征的知识信息服务的社会化发展战略必须确立。

②政府机构改革和职能转变决定了所属信息机构的社会转型。1982～2008年我国政府机构历经了多次改革，从中央到地方的政府机构改革和职能转变中，传统的通过行业部（委）管理经济的形式，已成功地转变为政府宏观调控下的市场运行组织形式。在政府机构改革进程中，行业部（委）的撤销、合并和重组，使原来从属于各行业部（委）的企业通过产权改革和市场化转制，成为社会主义市场经济新的主体。原来面向系统或部门信息保障的机构已不再从属于相应部（委），而成为面向社会服务的行业信息服务机构。当然，这种社会转型涉及国家创新的整体布局，因而必须纳入战略管理的轨道①。

③知识创新用户信息需求的全方位和综合化决定了知识信息服务面向社会大众的开放化组织模式。现代条件下，创新主体的信息需求已经发生了深刻变化，出于职业工作和知识积累与更新的需要，他们迫切要求通过信息机构为之提供全程性、全方位的信息保障服务，以满足他们多方向、系统化和综合化的创新发展需求。另一方面，科学技术发展中的学科和专业领域的交叉涉及自然科学与社会科学的结合，使得专业化知识信息服务机构逐步建立了新的合作或协作关系。这种合作或协作关系的发展，要求在管理体制上对相对封闭的专业化机构进行整体化整合与调整，使之形成面向多方面用户的体系。在战略发展上，可将其归纳为面向社会大众的开放化体系的构建与发展。

④信息技术的进步与信息网络的社会发展使跨机构的信息组织与开发成为可能。传统机构的知识信息服务受制于时间和地域，难以向非本地用户开展系统性服务。随着数字化技术、网络通信技术的发展及其在知识信息服务中的应用，信息组织和处理的效率得到了提高，服务业务范围得到极大的拓展，从根本上解决了信息的实时交流和跨域、跨机构传递问题。为此，数字信息资源组织的社会化和网络服务的社会化发展，对传统的知识信息服务的组织创新提出了新的要求，使之实现组织形式上的变革。

⑤知识信息服务业的可持续发展要求建立知识信息服务社会化组织体系。处

---

① 胡昌平．信息服务转型发展的思考［N］．光明日报，2008-06-10．

于转型期的知识信息服务的社会化发展,是创新型国家建设的重要方面。国家创新体系的建立与制度安排,对知识信息服务的社会转型提出了要求。建立知识信息服务社会化组织体系,首先要突破部门、系统的限制,实现跨部门、系统的合作。这种社会化组织既能实现社会效益与经济效益的有机结合,又能实现知识信息服务宏观投入、产出的合理控制,使知识信息服务在社会发展中形成自我完善的运行机制。目前,我国知识信息服务已具备良好的社会发展基础,当前最需要的是理顺行业之间关系,推进知识信息服务的社会化发展进程。

20年来,我国知识信息服务的转型大都从具体的知识信息服务机构的改革试点入手,逐渐在全行业铺开。这种变革模式虽然取得了机构改革的成效,然而在知识信息服务转型过程中,服务的全局性变革有待于从体制上加以保障。

关于转型,一般而言是从制度变迁的角度来解读的,它通常被看作创新的制度产生、形成、发展和替代旧制度的过程[①]。我国作为从计划经济向社会主义市场经济转变,从资源消耗型向创新发展型转变的国家,目前正处于转型期。政府主导下的经济体制和经济形态的变化,为知识信息服务业转型提供了依据。从宏观上看,知识信息服务的转型是指知识信息服务组织体制和发展机制的根本性转变。从微观上看,知识信息服务转型是指知识信息服务业在产业形式、发展格局和技术支持上的变动深化[②]。

与不断市场化的经济环境及日益深化的国家体制改革相适应,我国知识信息服务制度变革也在不断深入之中。从总体上看,我国知识信息服务业的发展速度、现有规模与总体发展水平仍然滞后于信息技术产业。相对于发达国家,我国知识信息服务业整体发展较慢、规模较小,对国民经济的带动作用不够突出。为了解决好知识信息服务业转型发展问题,应从制度上去寻求问题的根源和改革策略。

3.2 发展转型中的知识信息服务重组及其目标定位

全面提高自主创新能力是我国的科学选择,是保持经济长期平稳较快发展的重要支撑,是调整经济结构、转变经济增长方式的重要保证,也是提高我国经济

---

① 卢现祥. 西方新制度经济学 [M]. 北京:中国发展出版社,2003:97.
② 邓胜利,胡昌平. 建设创新型国家的知识信息服务发展定位与系统重构 [J]. 图书情报知识,2009(3):17-21.

国际竞争力和抗风险能力的必要条件①。处于发展转型中的知识信息服务变革，是一种全局性的制度创新和基于创新发展的服务体系重组。因此，需要在重组的社会基础、目标定位和服务改革的实现上进行组织。

3.2.1 知识信息服务重组的社会基础

知识信息服务重组是在一定的环境和基础上进行的。构成知识信息服务重组的社会基础，一是我国国家科技与经济信息机构的建设和现代技术与网络的发展，二是各类机构在服务于国家创新发展中的运行基础和自我发展基础。

（1）信息机构建设与改革发展基础

一个国家和地区，自主创新对于国民经济和社会发展的作用，最终必然体现在知识的创新发展上。以自主创新需求为导向的知识创新，要求转变思路，实现基础研究、应用研究和试验发展与管理创新及制度创新的互动，以使在知识信息服务的组织上，构建服务于创新主体的社会化知识信息体系，从而改变现有的管理、运行关系，实现基于创新的机构可持续发展。

我国分工明确的科学院系统、社会科学院系统、国防科技系统、各部属研究机构所组成的系统、高等学校系统以及各地方的研究机构和企业，在以科学研究与发展（R&D）为核心内容的知识创新中，构成了从创新源头、成果应用到企业经营的发展体系。随着国家体制改革的深化和市场经济制度的完善，我国以系统、部门为主体的创新向开放化、协调化和国际化方向发展，国家科学研究与发展机构和企业机构结合，开始重构国家创新系统。这意味着，基于创新的制度变革，不仅将企业创新源头从国内延伸到国际，而且形成了政府宏观管理和调控下的知识经济创新发展基础。

围绕企业创新发展，发达国家（如美国、欧盟国家和日本等国）纷纷完善其知识信息服务体制，美国国家科学基金会（NSF）启动了面向企业创新发展的服务平台建设项目；欧盟制定了一系列卓有成效的联合行动计划，其中最有影响力的是欧盟科技发展和研究框架计划；日本也启动了面向产业创新的信息资源整合与服务集成建设项目②。这些项目的推进确立了信息服务与企业创新发展的互动机制。在我国，国办发［2005］2号文第17条专门强调了知识信息资源共享

---

① 胡锦涛. 坚持走中国特色自主创新道路，为建设创新型国家而努力奋斗. 在全国科学技术大会上的讲话. 2006.1.9.
② 胡潜. 我国建设创新型国家的行业信息服务转型发展［J］. 情报学报，2009（3）：315-320.

和交换机制在面向科学研究与企业创新发展中的关键作用。20世纪90年代以来，我国启动了相应的建设项目，如国家科技部的科技创新知识信息服务平台建设工程、国家数字图书馆工程，国家发展与改革委员会2006年对一些行业（如电子、机械、化工、纺织服装行业）的创新信息服务等。

综合国内外情况，面向知识创新的信息服务，一是国家科技信息系统、经济信息系统、政府和高等学校信息系统所提供的信息支持与保障服务，二是各部门的知识信息服务系统，如中国科学院系统、高等学校系统和行业系统。从专业性知识信息服务的组织上看，国家通过各类系统的建设，构建了知识信息服务系统重构的转型发展基础。同时，各部门的协同共建关系和互动发展机制，决定了各类机构的自我完善和创新发展前景。

信息贯穿于国家创新体系中的各个子系统和包括各创新主体的创新过程之中。这说明，信息既是国家创新体系的重要组成要素，也是知识创新最基本的保障条件。如何发挥知识信息服务在国家创新和企业体系中的作用，关键问题是信息机构的自身建设与发展。知识信息服务作为一种特殊的社会服务，从体制上看，区分为两类，即公益性知识信息服务和产业制知识信息服务。前者包括图书馆、档案馆、信息中心、大众信息传播服务等，后者包括一切经营性知识信息服务实体，如广告业、咨询业、中介服务业、文献信息服务经营实体和其他信息经营服务。国家创新和企业创新体系中面向创新主体的服务系统，彼此相互关联，形成一体，其协调建设和基于现代信息技术与网络的业务组织，在各机构的发展中非常重要。

国家创新体系的建立和企业创新制度安排，对以信息组织、开发和提供为主体内容的服务提出要求的同时，也构建了新的社会发展基础。我国20世纪50年代初期开始的国家经济建设和当时的国家科学技术发展计划，决定了信息工作的创立和图书情报事业的发展，1956年中国科学技术情报（信息）工作的诞生和此后各地、各专业科技信息机构的建立是这一时期事业跨步发展的标志；80年代初期，随着我国改革开放的深入，国家经济信息系统的现代化建设和科技信息服务的网络化推进，致使科技与经济信息服务开始结合并协调发展，从而将我国知识信息服务行业推向一个新的开放发展阶段；90年代中期以来的国家创新和信息化建设的全面展开，不仅提出了面向自主创新的创新型国家知识信息服务体制与保障体系的变革要求，而且为行业化知识信息服务体制的确立创造了条件。由此可见，知识信息服务的组织必须纳入创新型国家总体发展基础建设轨道，从制度、体制和业务层面上予以保证。

从包括知识信息服务业在内的信息业发展上看，信息设备制造、网络建设、软件业、信息内容加工与服务业的发展，已远高于其他产业发展速度。世界信息业近20年的平均增速在15%以上。我国信息产业则一直保持着3倍于GDP增长的速度，这是其他产业所无法比拟的。"十一五"期间，信息服务产业增加值占GDP的比重超过7%[①]。当今社会，已步入科技创新和经济结构加速调整的重要时期。21世纪信息科技发展将进一步推动经济增长和知识信息服务的发展进程。

（2）知识信息资源共建共享基础

信息资源共建共享的实现是知识信息服务重组的资源基础。信息资源共建共享打破了信息封锁和阻碍，畅通的信息流使各方面系统的知识信息得以公开。知识信息资源共建共享既有利于国家知识创新保障体系的完善，又能有效地降低社会信息成本，提高全国和区域的综合竞争力。目前，我国各类图书馆、信息中心、文献机构等已形成了资源收藏丰富、规模较完整的信息资源体系，从而为构建国家层面的知识信息资源共建共享系统奠定了资源基础。

信息技术的发展使得信息资源共建共享成为必然。美国、英国、德国、加拿大、澳大利亚、日本、韩国等国家，先后推进了本国的信息资源数字化项目，借助技术手段实现信息资源的收集和共享服务。

国外信息资源共建共享和集成服务的发展，主要体现在基于网络的社会化集成服务的推进上。我国知识信息资源整合和服务共享，最初体现为图书馆服务中的馆际互借、联合编目和机构间合作业务的开展。20世纪70年代以来，主要集中在文献信息资源的协调建设、文献资源共建共享以及跨地区、跨部门的服务组织上。80年代原国家科委科技情报司组织的我国科技情报收集服务体系建设、中国科学院文献资源整体化布局、全国高等学校文献资源共享组织等，对信息资源共建共享和集成服务产生了重大影响，从而从管理实践上确定了信息资源共建共享的基本模式。然而，从实施上看，当时的文献资源共建共享，大都局限于本系统，整合形式局限于图书情报机构的馆藏协调和单一方式的联合书目服务上。由于技术条件和管理上的限制，用户深层信息需求与跨部门、跨系统的资源利用难以实现。信息网络化环境下，数字化知识信息服务处于新的变革之中，我国相对独立、封闭的部门、系统服务正向开放化、社会化方向发展，各部门、系统正致力于网络环境下的数字化知识信息服务的业务拓展，以此为基点，改变着传统知识信息服务的面貌。其中，2000年以来，科技部联合有关部门组建的国家科技图书文献中心（NSTL）的数字资源共享服务的推进，中国高等教育文献保障系统（CALIS）项目的建设、国家数字图书馆计划（NDL）的展开，以及2003

---

① 赵亚辉. 加强基础研究　完善学科布局　为建设创新型国家作出更大贡献［N］. 人民日报，2010-12-03（002）.

年以来国家科技基础条件平台中的科技数据共享平台、文献共享平台项目的实施和 2006 年 3 月中国科学院面向科学研究的数字化知识信息服务的规划等,标志着我国信息资源共建共享开始进入一个全面发展时期。此外,包括各类图书馆、经济信息机构、科技与行业信息部门在内的传统知识信息服务机构纷纷开拓网络服务业务,形成了知识信息服务的数字化集成发展格局。由此可见,跨系统的知识信息资源共享得到了广泛的社会认同,从而为行业知识信息服务平台的建立奠定了基础。

3.2.2 知识信息服务重组定位

自主创新对社会经济和社会发展的作用,最终必然体现在各行业的企业发展上。以企业发展需求为导向的产业创新,要求转变思路,实现基础研究、应用研究、试验发展与管理创新、制度创新的互动,构建服务于企业创新的社会化行业知识信息服务体系,进而实现面向行业的知识信息服务重组定位。

创新型国家建设中,以科技创新、管理创新和制度创新为主体内容的知识创新体系的创建处于中心位置,我国国家创新体系中知识信息服务起着最基本的支持作用,然而知识信息服务改革和发展的步伐与创新需要相比较,显得相对落后,因而需要从机构改革、多元保障和全方位整合出发进行重组定位。

(1) 全面改革与发展定位

创新型国家的知识信息保障需要从创新型国家建设和发展出发,进行相应的知识信息服务体制变革,使之与国家自主创新相适应。知识信息服务体系的构建应以面向国家自主创新为原则,其基点是立足于国家建设与创新发展[1]。面向国家创新的知识信息服务体系中,图书馆服务、科技信息机构、政府部门的知识信息服务,既有共同的服务对象,又有各自的服务重点和服务范围;这些机构在面向国家知识创新的服务中,既有分工又有协作,从而决定了知识信息服务体系的框架结构。我国的国家创新体系中,研发机构和企业除利用图书情报、信息机构(主要是综合性科技信息机构和社会科学信息机构)所提供的知识信息服务外,主要依赖于系统、机构内的服务,由此决定了知识信息服务的系统、部门发展格局。然而,全球经济一体化环境下的国家创新发展,使相对封闭的知识创新系统结构发生了根本性变化,因此在知识信息服务中,应突破部门、系统的界限,采取开放化的协调服务战略,以此出发进行机构全面改革定位,以便在服务体制上

---

[1] 胡昌平,向菲. 面向自主创新的图书馆信息服务业务重组 [J]. 图书馆论坛,2008 (1):9-12.

实现从部门制向行业制的转变。

建设创新型国家的关键是提升科学创新和核心技术创新的能力。从科技创新出发，在管理创新层面、制度创新层面以及创新服务层面上重新构建国家的知识信息服务网络系统，以实现多层面互动和完善面向国家创新发展的知识信息保障体系。在面向多元主体的服务中，知识信息服务的行业化发展是必然的趋势。因此可以从知识信息服务行业构建出发，进行其行业化发展定位。行业化的知识信息机构在知识创新中无疑肩负着面向多元创新主体的知识信息组织和服务保障任务，这种多元化主体服务决定了它在国家创新系统中的地位。

在国家创新知识服务中，面向企业的服务是一个重要问题，其服务亟待拓展和完善。目前，我国面向企业的行业信息服务由科技信息服务机构、经济信息服务机构和相关的社会机构承担。其中，行业性机构可以区分为行业性科技信息机构（如机械、化工、电子行业的科技信息机构）和面向行业运营的信息机构（如市场、物流信息服务机构）。在企业创新发展运行中，企业往往需要利用多个机构的服务，这种分离式的服务状况与企业的集成化信息需求已不相适应，从而需要通过行业内部资源整合、外部资源整合和产业合作，实现面向企业创新发展的全方位知识信息服务定位。

（2）知识信息服务重组的目标控制

行业化的知识信息服务是国家创新战略和行业服务的基本保障。从行业化保障作用和功能实现上看，知识信息服务应以信息需求为导向，以信息基础建设为依托，在国家战略框架下，进行开放化重组。在知识信息服务的行业化重组中，基本目标的确立具有客观性，即由国家创新环境、创新发展机制、创新需求导向和基本的社会条件决定。这一情况最终将体现在重组目标的选择、构建和实现上。

知识信息服务重组目标应该是知识信息机构和其所服务的创新实体要实现的共同目标。一方面，各主体通过信息机构的服务获得创新发展的全面信息保障；另一方面，知识信息机构在服务组织中完善自我发展机制，实现持续发展。

对于知识信息服务机构而言，重组的目标控制是核心。从重组实现上看，目标具有以下重要特性：

①目标的层次性。对于知识信息服务体系而言，面向自主创新发展的行业服务重组的总目标，由创新型国家建设和企业创新发展目标决定，由此形成了知识信息服务体制改革和体系重构目标。在总目标框架下，各系统的重组又有各自的发展目标。虽然各系统信息服务重组目标有着不同的机制，然而必然受总目标制约，因此各系统目标可视为国家知识信息服务重组目标体系中的系统目标。在目标控制中，存在着知识分层目标控制问题。一方面，各系统的知识信息服务的重

组目标必须在国家创新发展的信息保障总体目标导向下形成；另一方面，总目标的实现必须有系统目标支持，即各系统知识信息服务重组目标又体现在分层目标的实现上。知识信息服务重组目标的层次关系决定了目标管理的系统性原则。

②目标的关联性。从纵向看，知识信息服务的重组目标具有分层结构关系，即形成总目标、子目标、分目标的从总到分的关联结构。从横向看，知识信息服务重组依赖于国家信息基础设施建设和创新改革发展，必然与信息化目标、自主创新目标相协调。从纵横向关系上看，知识信息服务还与包括电子政务、商务信息系统平台在内的信息化运行保障和包括通信在内的其他服务相关，由此形成了相互关联的网络目标。重组目标的关联网络作用决定了目标管理中各系统之间的配合和协同。事实上，由于行业或组织中各部门或部分的联系是纵横交错的网络联系，其目标也必然是一种网络式的关联目标体系。从知识信息服务组织和运行看，多个目标之间的相互作用是实现目标化管理的基础，决定了知识信息服务重组目标的协同控制。

③目标的多元性。在目标管理和目标实现上，知识信息服务重组目标所具有的复杂结构和各目标主体之间的关系，决定了目标的多样性。在多元体系中，既有支持各行业创新发展的服务目标、信息基础建设目标和服务发展目标，又有作为服务对象主体的创新目标，还存在着中央政府、地方政府和公众在知识创新中的发展目标。这种多元主体的目标，存在着主、次关系和互动关系。从战略发展角度来看，诸多目标中，必定有一个是主要目标。主要目标是一种共同性比较明显且被人们共同认识的目标；而次要目标往往是某一局部目标，容易被忽视。然而，当多个目标之间发生冲突时，如何协调与管理主次要目标便成为其中的关键。

④目标的时效性。知识信息服务的重组目标具有鲜明的时效性，目标的实现必须与国家创新和创新型国家的建设同步，并且与信息化环境相适应。在知识服务重组的功能实现上要与信息管理的知识化、网络化发展协同。例如：现代企业再造、业务流程重组，导致了企业信息流程和组织关系的变化，因而面向企业的知识信息服务重组目标，应与企业信息流程和组织形式的变化相适应，即保证重组的时效性。面向基础与应用科学研究的系统内知识信息服务重组，则应与科学研究模式和手段变革相适应。知识信息服务重组目标的时效性：一是在重组中，必须针对知识信息需求的变化进行适时重组；二是在信息环境变化中充分利用最新的信息技术与服务技术，进行服务功能拓展。

3.2.3 知识信息服务重组的目标实现

知识信息服务重组最终目标的实现，体现在知识创新发展和服务于国家创新运行的服务价值实现与机构发展上。它是国家管理部门、行业机构和自主创新主体共同要求达到的一种状态和结果。

图3-3显示了知识信息服务重组的目标体系结构。一方面，创新型国家建设与发展总体目标不仅决定知识创新发展目标，同时还决定社会、科技、文化发展的总体目标以及信息化建设目标。从知识创新发展上看，产业技术创新取决于基础研究、应用研究与实验发展，经济发展程度决定了创新投入，文化发展关系到知识创新背景和水平，社会进步则是知识创新的基本保障。与此同时，国家信息化基础设施建设在企业信息化中起着关键的支撑作用。这几个方面有机结合成为一个整体。另一方面，国家创新发展促进着社会进步，为经济、科技和文化发展奠定了新的物质基础。由此可见，应在多元主体的互动中构建知识信息服务创新发展目标体系。

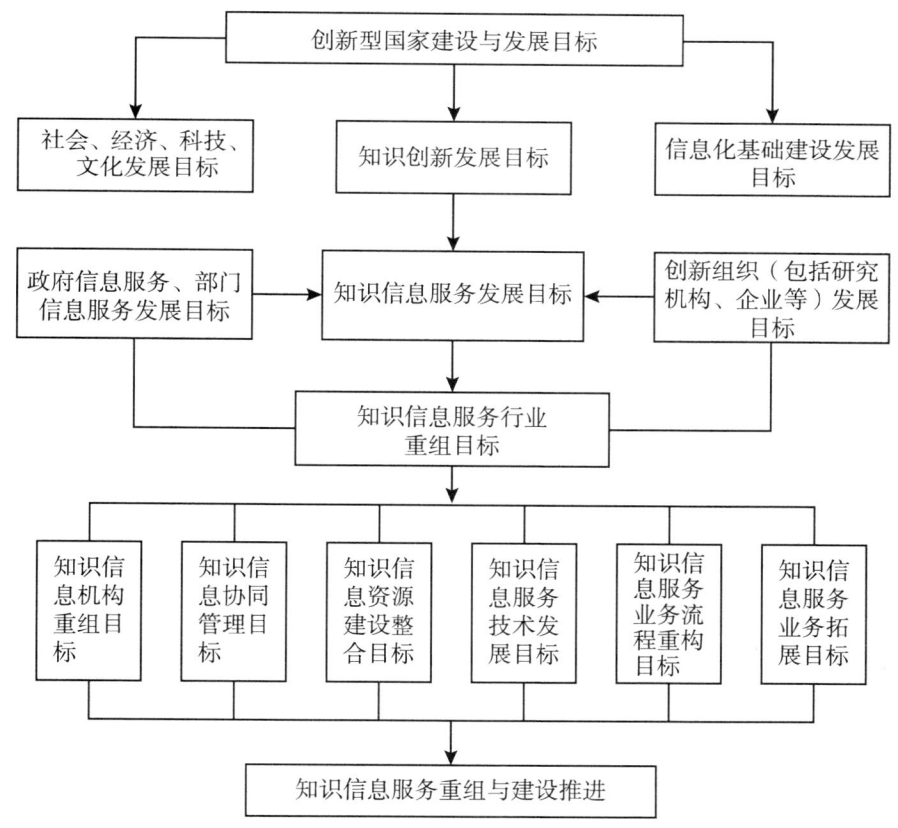

图 3-3 知识信息服务重组目标与目标实现

知识创新发展的目标体系直接决定面向知识创新的知识信息服务发展目标。其一，知识信息服务发展目标应与国家信息化和创新发展组织相协调，信息化环境下的创新要求决定了知识信息服务的组织形式和内容,而知识信息服务的组织又必然与国家创新组织形态相协调;其二,社会化知识信息服务应与政府信息服务(如国家信息中心、国家统计局和其他政府部门的信息服务)的发展目标协调,以使在信息服务框架下发展包括各类图书馆和科技信息机构在内的知识信息服务①。这说明,在目标制定上,知识信息服务应与部门服务以及创新组织目标相一致。

国家创新发展框架下的知识信息服务重组目标,不仅是知识信息服务的自身发展目标,而且涉及政府及部门目标,它们之间的协调决定了目标体系的构建。

在知识信息服务重组目标的实现上,总目标决定了具体目标;知识信息机构重组目标,决定了知识信息服务重组的组织基础,规定了机构重组的实质性内容和结果。知识信息服务协同管理目标,决定了知识信息服务重组过程中的相关机构协同和互动。知识信息资源建设整合目标,关系到实现知识信息资源的重组整合和服务集成,是资源重构和高效利用的目标实现基础。知识信息服务技术拓展目标,决定了面向创新服务的价值实现,其目标内容包括服务业务拓展的各方面内容。知识信息服务流程重构目标,包括业务流程变革的基本内容和规范目标,知识信息服务业务拓展在重组目标实现的基础上进行,在面向国家创新的服务中实现。

知识信息服务重组目标通过方向目标、使命目标、方针目标、政策目标、规划目标、计划目标、程序目标、规定目标等形式来实现。这些形式的目标从宏观到微观,构成了具有有序性的多层次结构体系。

方向目标是重组的基础,从战略管理的角度看,知识信息服务重组目标是国家创新发展在一定时期内所要达到的目的和所期望的结果,因此战略方向目标包括重组活动的绩效方向、重组目标实现要求以及重组目标的实现条件与宏观组织等。

使命目标体现了服务机构在重组中所要完成的各方面任务,这些任务的承担者必然肩负一定的使命,知识信息服务重组目标实现中的使命,应指明组织是干什么的,应该干什么,应该达到什么样的目的。

方针目标根据发展取向制定,是知识信息服务重组面向未来的发展目标导向。方针作为一种宏观计划,具有导向性强、内容精练和影响面广的特点,方针规定了重组活动的计划方向、重点及对具体问题的解决办法,决定了重组的基本目标定位。

---

① 中共中央办公厅,国务院办公厅.2006~2020年国家信息化发展战略[EB/OL]. http://www.eqyl.org.cn/p0000060.aspx? IID=N000003200002030&OID=N0000120,2006/10/27.

政策目标体现在知识信息服务重组的纲领和指导上，它不仅决定知识信息服务重组的规范、形式和内容，而且还给出具体问题的解决原则和标准，从内容上看，政策是方向、使命、方针的"操作化"。

规划目标是指知识信息服务重组实现中所进行的全局性管理安排、发展路线选择以及对未来发展的规定，从重组实施上看，规划是各种具体计划制定的基础，是决定重组前途和知识信息机构发展的依据。

计划目标是重组部署和实施的目标安排。计划是在战略目标引导下的关于活动和资源要素的综合布局，在对未来发展趋势的科学预测前提下，对目标进行阶段性分解，以明确各阶段的目标状况和规定重组的绩效。

程序目标作为重组的有序化组织目标，具有严密的逻辑性，对于知识信息服务流程而言，程序具有通用性和可移植性特征，它为程序化管理的实现提供目标保障。

规定目标是对知识信息服务重组的一种原则上的目标约束，各种具体的重组目标计划的执行需要一定的规定作保证。在重组目标实现中，"规定"对重组活动进行原则上的支配，是落实重组计划的保证。

在知识信息服务重组的实现上，目标的层次关系、特征和结构决定了目标实现策略。

3.3 知识信息服务重组的动力机制

以国家自主创新为导向的知识信息服务系统，在系统的自适应驱动力、自组织驱动力以及各主体间和主体与环境间的协同驱动力作用下进行重组。如何认识重组的动力机制，明确驱动力作用下的知识信息服务重组规律，对于推进服务重组是重要的。

3.3.1 自适应与自组织驱动机制

知识信息服务机构的适应性在一定程度上决定了知识信息服务系统重组的自适应驱动力的大小，直接影响知识信息服务系统主体的适应性行为。

（1）知识信息服务机构适应性学习驱动

知识信息服务机构的自适应能力，是指在环境发生变化时，机构所具有的适应外部环境变化的能力，表现为机构在环境和需求变化之中的学习过程和通过学习进行变革，以适应动态环境和动态需求的过程。

知识信息服务系统中，机构的学习能力和自适应能力。在为自主创新主体提供知识信息服务的过程中形成。为了提供更有针对性的创新信息服务，知识信息机构需要适时根据服务需求的变化，及时地与创新系统进行交流，在不断变化着的信息技术环境中，进行技术和信息资源组织方式的变革。同时，在服务中不断提升机构自身的学习和适应能力，以求机构自身发展。在知识信息服务机构的自适应学习中，可以以霍兰德的主体行为模型为基础，构建知识信息服务中的机构适应性学习系统。

如图3-4所示，知识信息服务机构的适应性学习模型是对知识信息服务系统中各主体（包括图书馆和科技信息机构等）的信息行为的抽象描述。系统由执行系统和学习系统两部分组成：其中执行系统的功能是分析动态环境下的知识信息服务需求变化动向，将分析结果传递给学习系统，继而按学习系统提供的规则进行面向主体的服务重组；学习系统的功能在于，从创新主体需求与支持服务的资源和技术变化入手，通过对环境的适应形成学习规划。

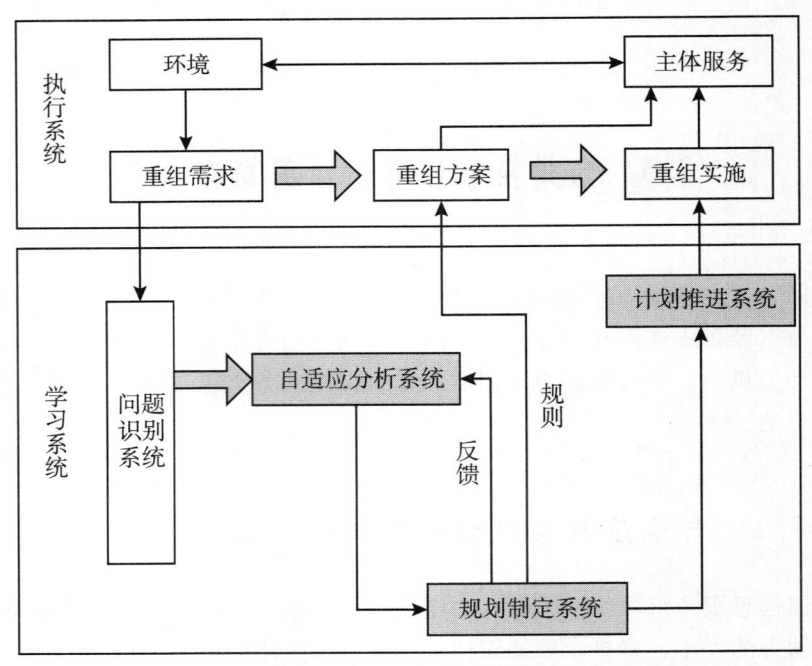

图3-4 知识信息服务机构的适应性学习模型

在知识信息服务机构的适应性学习中，系统主体以既定的学习规则为基础，进行规则匹配的分析是重要的，这是机构产生适应性行为的需要，也是自适应学习得以实现的前提。

知识信息服务机构的适应性行为和系统演化建立在主体的学习和创新实践基础上,知识信息服务机构的学习过程在一定程度上决定着服务重组和改革的方向,因此在学习中应强调问题识别、自适应分析、重组规则与计划推进环节。

值得指出的是,自适应学习中的系统重组规则在机构变革中处于关键位置。由于知识信息服务系统是动态变化的,服务机构和自主创新主体之间的相互作用也是变化的,这意味着实现机构的变革和重组,不可能预先设计好所有规则,相反,新规则需要在服务过程中确立。值得注意的是,新规则制定应以满足知识信息服务机构"效用最大化"目标为前提,如果条件不满足,主体将维持原行为轨迹,而不采用新规则。

(2) 自组织驱动力

知识信息服务系统的自组织重组在一定程度上由自组织驱动力决定。知识信息服务系统的重组自组织驱动力往往来自机构竞争和合作发展的需要。

知识信息服务系统是一个具有耗散结构的系统,所谓耗散结构是开放系统在与外界交互作用中,由混乱无序的状态转变为时空有序的状态的一种特征结构。为了维持系统的结构状态,系统需要持续耗散能量。

知识信息服务系统,是一个开放系统,由于知识信息服务面向的自主创新主体众多,各机构服务主体需求存在差异,所发挥的作用各不相同。为了满足差别化创新信息需求,知识信息服务机构间既存在着分工的问题,又存在着社会化发展中的竞争与合作问题,因而需要适时改变自身的状态,以保持复杂环境中的机构有序化发展的态势。这说明,知识信息服务系统是远离平衡态的系统,机构间及机构与环境间的交互作用影响着机构的存在和运行,而机构的运行又必须以适应开放的环境为前提,这就引发了机构变革中的自组织驱动行为。

自组织理论是在20世纪60年代末发展起来的一种复杂性科学理论,其核心是"自组织",即事物自行优化、自我组织和发展。

知识信息服务系统是一个开放的、非平衡系统,信息服务机构通过自组织行为适应环境是服务机构发展的需要,服务机构通过改善自我获得适应新环境的能力,则是系统进化的需要[1]。根据自组织理论,信息服务机构之间的合作与竞争,无疑是知识信息服务系统演化及系统重构的根本原因。

为了保证知识信息服务系统的动态有序性,必须维持它与环境之间的资源、能量和信息的交互流动。整个系统的开放性与价值交换的内生性决定了不同服务机构竞争与合作的不可消除性。

---

[1] 陈禹. 复杂适应系统理论及其应用:由来、内容与启示 [J]. 系统辩证学学报, 2001 (4): 16-21.

国家创新发展中各创新主体的竞争决定了服务于这些主体的知识信息服务机构的竞争。在国际视野下，知识信息服务的竞争性体现在知识信息条件保障竞争之中，因此，竞争是知识信息服务系统重组的根本动力，只有提高服务重组效率，才能保证知识信息服务的业务发展。市场化运作方式的引入能够更有效地促进知识信息资源的开发和利用。在竞争机制形成中，基于双轨制的知识信息服务体系重构便成为一种合理的选择。

对于国家体系重构而言，机构之间的跨系统合作显得日趋重要。合作不仅是优势互补的基本手段，也是构建知识信息服务整体合力提升的保障。从机构服务上看，单凭系统内的力量往往无法实现全方位创新信息服务目标，这就要求在条件具备时实行系统间的合作，即实现基于合作的知识信息服务协调发展，以便在发展中形成新的重组优势。

3.3.2 系统驱动机制

知识信息服务系统在自适应、自组织和协同三种驱动力的作用下，不断发生变化，从而涌现出新的系统特征和系统性能（如图3-5所示）。由于知识信息服务系统立足于国家自主创新战略，服务于自主创新主体，作为国家创新网络系统的变革便是知识信息系统重组的系统驱动力。这说明，原始创新、集成创新和知识吸收后的创新，促进了知识信息服务的系统重构。沿着驱动路径，整个系统结构在重组中优化，最终体现为知识服务系统与国家自主创新的协调。

如图3-5所示，知识信息服务重组驱动包括以下各方面的问题：

①面向原始创新的知识信息服务系统重组驱动。原始创新是指创新主体依靠自身的资源和能力所完成的知识创新，原始创新是一种根本性的创新，是自主创新中最重要、最艰难的创新形式。实现原始创新的重要条件是主体应具有明显的优势和创造能力，而这不得不依赖于高水平的知识信息服务，重组后的知识信息服务系统要求成为原始创新的可靠保障。面向原始创新的知识信息服务系统重组是一种基于信息元和知识元的服务重组，是知识信息服务中知识转化为原始创新资源的过程。

面向原始创新的知识信息服务系统重组是为了满足创新主体的全方位信息需求，从国家创新服务体系构建上看，需要实现基于信息层面的服务向知识保障服务转化，因此不仅涉及机构重组，而且包括服务流程重组和服务内容的深化。

理想化的面向原始创新的知识信息服务系统重组是一种信息系统的重构性升级，是知识信息服务系统的重新构建。主要包含以下三层含义：首先，知识信息服务系统的重新构建以原始创新主体所提出的发展要求为导向，确立面向知识创新流程的服务体系；其次，重组涉及知识信息服务系统的战略规划、资源布局、技术发展等多种要素的重新组织，并非系统中的少数几个要素变动；最后，重组不仅是技术上的构建，还涉及知识信息服务流程和服务方式的变革。

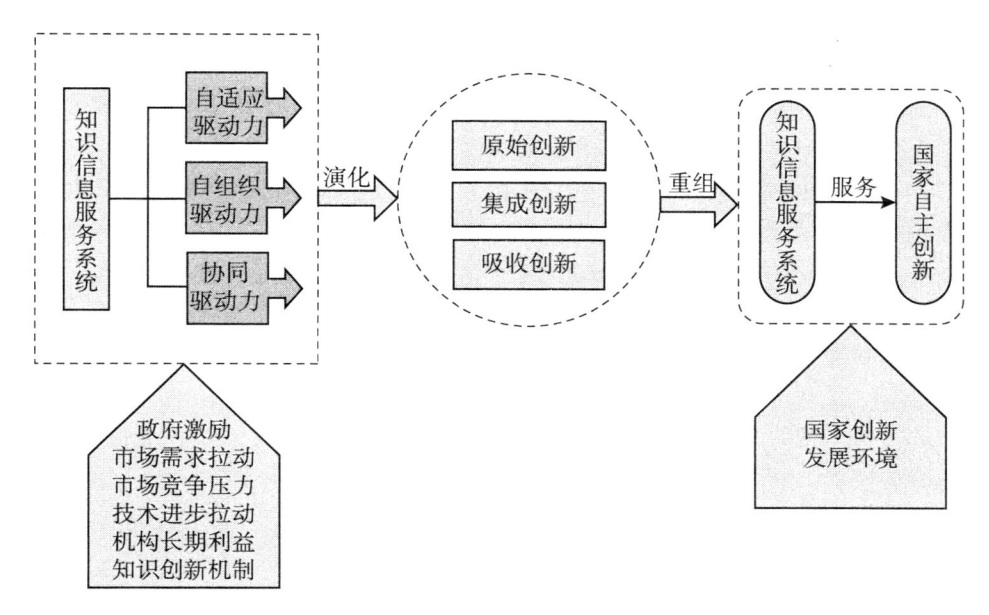

图 3-5 知识信息服务重组的系统驱动机制

②面向集成创新的知识信息服务系统重组驱动。在集成创新中，创新主体十分注重信息的集成利用，因此要求信息服务系统进行知识信息的整合。知识信息整合实际上包括了信息整合与共享两个环节：通过知识信息整合，聚集分散在各系统中的信息，通过信息的转化和加工处理，重构面向集成创新的信息资源系统，最终实现面向创新主体的定向服务[①]。

知识信息服务中，服务提供者和自主创新主体之间存在交流、互动关系，系统因此不断发生变化。这说明，重组过程具有动态性。在不断变化的需求中，只有采用面向需求的动态化组织方式，才可能实现知识信息面向自主创新主体的适时集中。

知识信息服务系统集成重构效果取决于知识信息服务提供者的知识整合能力和面向用户的信息服务水平。另外，系统重组后的体系结构关系到知识信息服务的质量和集成创新的绩效。

③面向吸收创新的知识信息服务系统重组驱动。引进消化吸收再创新是指主

---

① 王晓耘，江贺涛，梁玲夫. 软件企业显性知识整合的实证研究 [J]. 情报杂志，2007（6）：45-47.

体在知识成果引进中，通过对引进成果的消化吸收，在掌握核心知识的基础上，依据需求所进行的创新活动，目的是超越引进成果和形成新的知识优势。引进消化吸收再创新往往是渐进性创新，面向吸收创新的知识信息服务要求依据引进构思、技术实现、消化吸收和再创新环节提供完整的信息与服务，因此系统重组应围绕创新流程进行。在重组中需要确定知识转移服务、创新保障服务和知识应用服务相结合的机制，形成跨系统的知识信息交流和系统利用平台。

知识信息服务重组在原始创新、集成创新和吸收创新驱动下推进。这种驱动，构成了国家层面上的公共知识信息服务系统、中观层面上的部门知识信息服务系统和微观层面上的机构知识信息服务系统。这三方面的系统，实际上是对国家主导的社会化知识信息服务（包括公共信息服务和系统服务）的协同化重组和对分属于各部门的知识信息服务系统的机制变革。在知识信息服务变革中，这三方面驱动相互结合而成为一个整体（见图3-6）。

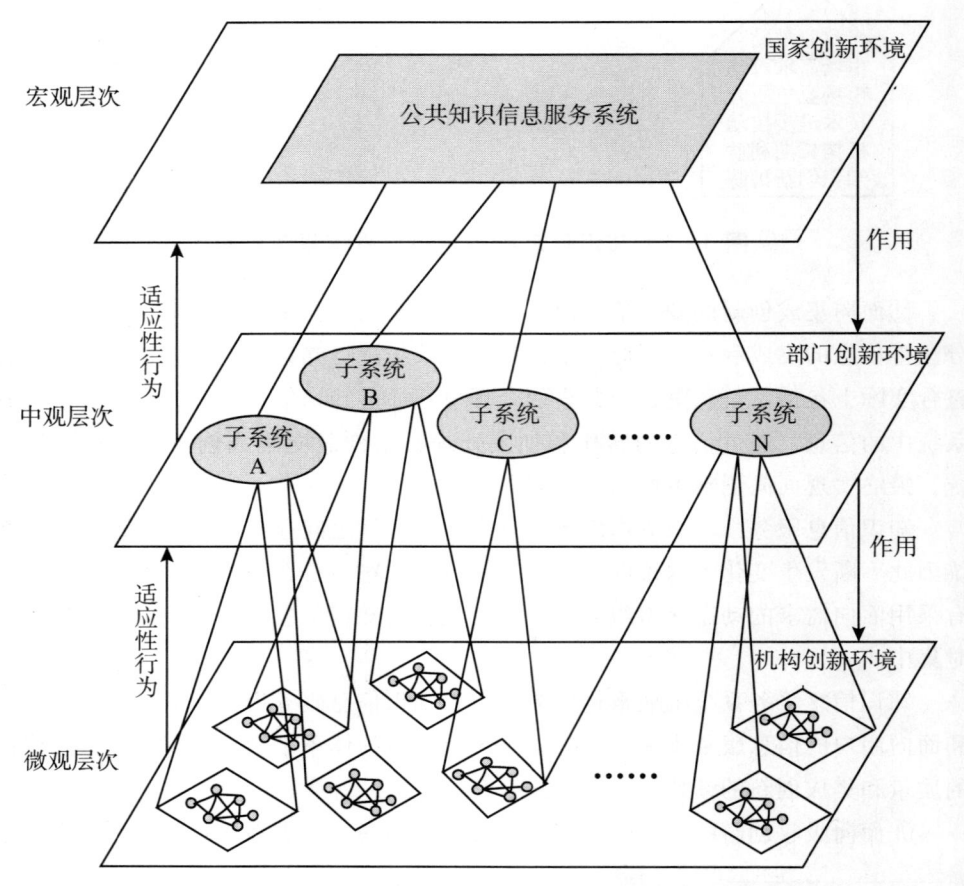

图3-6 国家自主创新导向的知识信息服务的系统驱动

知识信息服务重组涉及自主创新主体、公共信息服务、部门服务和机构服务，多元主体的多层次合作形成了多种形态的服务网络，网络中各节点之间不断地进行交互，通过协同作用实现面向创新的服务体系重构。

在系统演变过程中，知识信息服务系统始终保持着三层结构，即主体层、子系统层（子群）和系统层（系统的集成层）结构。图 3-6 反映了这种结构的驱动关系。

图 3-6 中，宏观层次对应的系统主要是各类公共知识信息服务机构，他们通过社会化知识信息服务，为自主创新主体提供信息支持。信息机构在广泛收集知识信息的基础上，按分工协作关系，进行资源开发，提供满足国家创新需求的公共资源和服务。

中观层次的系统原分属于各部门，如属于中国科学院的中国科学院文献信息中心，属于科技部的中国科技信息研究所，属于社会科学院的中国社会科学文献信息中心和属于教育部的高等学校文献保障系统等。在重组中，这些系统存在着国家统筹下的系统协作和跨系统合作问题，要求实现运作模式的变革。

微观层次上的系统包括各研究机构、组织和企业的系统，这些系统存在着系统间合作和对社会化知识信息服务资源的利用问题，由于各机构系统组建和发展水平上的差异，在重组中需要针对各自的情况进行发展规划和创新。

3.4 创新型国家建设中知识信息服务重组的战略推进

知识信息服务是一项涉及面很广的系统服务，既存在着行业信息制度变革和机构重组问题，又涉及网络环境下的信息组织与服务流程重组问题。重组的战略推进，不仅需要国家层面的统一规划和协调，而且需要信息机构与部门创新发展的互动。基于此，知识信息服务重组的战略推进应把握基本原则，以便实现最优化的战略发展目标。

3.4.1 重组战略原则

知识信息服务重组目标在于支持国家创新的可持续发展，确立服务创新体制和体系，与此同时形成有利于知识信息机构建设和自身发展的机制。从总体上看，知识信息服务重组原则包括：

①按整体化原则，构建开放化的知识信息服务平台系统。知识信息服务的开

放化发展与服务系统建设必须打破部门的限制，实现跨系统的资源共建共享和联合，以网络技术平台的使用和专门性信息资源与服务网络融合为基础，构建支持各行业可持续发展的知识信息资源整合与服务集成平台，以便解决服务系统的互联和协调服务问题。

②按利益均衡原则，实现信息机构建设与共享服务的权益保护。资源整合利用和服务平台的开放化使用必然涉及国家安全、公众利益以及服务机构、资源提供者、组织者、用户和公益性服务以外的网络知识信息服务商、开发商的权益，因而保证信息安全、防止信息污染是构建整合与服务平台的关键。它要求法规、行政管理和社会化监督作保证，以便创造良好的环境及条件。

③按有利于技术发展原则，建立完善的信息技术研发与实施标准体系。基于网络的资源整合及平台建设取决于信息技术的应用，其基本要求，一是技术的应用与网络的发展同步，二是实施统一的技术标准。因此在技术战略构建上，必然要求采用通用的标准化技术，实现整合和平台技术的优化组合，同时力求实施动态的标准化战略，为新技术的应用留有发展空间。

④按面向用户创新的原则，进行宏观战略规划和微观业务管理。知识信息服务中的整合平台建设应适应用户个性化需求与深层次服务要求。这就要求坚持面向用户的组织原则。具体说来，拟解决好通用平台使用和面向用户的平台接口问题，使整合的资源能够通过知识信息服务平台，形成以用户为导向的服务重组。

⑤按促进业务发展原则，为知识信息服务业务开展提供条件。目前，基于网络的垂直网站门户、知识信息推送、数据挖掘、知识重组、智能代理、虚拟数据库服务以及基于用户体验的信息构建服务，应在资源整合与平台应用基础上发展。在战略上，应将服务业务的拓展与资源平台建设相协调，以此推动面向知识创新的集成化知识信息服务的开展。

在知识信息服务重组的战略推进中应重视以下问题：

数据集中。数据是组成知识信息的基本要素，各种原始数据的积累与集中是知识信息机构开展业务的底层基础，只有当各种内外数据相对完整时，才会有利用的价值。

信息集成。在知识信息机构内外部存在着大量的结构化和非结构化信息，如各类电子文档、音频、视频等信息。因此，将内外知识信息源集成在一起，是信息机构不得不考虑的问题。

资源整合。资源整合强调对知识信息资源的整体规划与管理，这不仅包括对信息源的整体架构、信息人员的配置、业务流程的安排，而且包括在此基础上面向服务的资源集成。

机构合作。对知识信息机构而言，其内部信息资源是可以控制的，而外部信息资源则难以控制，因此需要对此进行机构间协调和融合。

3.4.2 重组战略要点

知识信息服务重组是在国家创新、科技进步和社会繁荣背景下进行的，其战略基点：一是国家科技、经济和企业的可持续发展；二是知识信息机构本身的可持续发展。它要求根据国家和创新发展基础和条件，将战略内容的构建与实施作为一个有机联系的系统工程对待。知识信息服务重组的战略构建，应面向创新需求，面向国家发展中的实际问题，按可持续发展要求进行。总体说来，战略要点包括以下几个方面：

①开放化重组的实现。面向国家创新的知识信息服务重组应具有开放性，即在重组中打破部门、系统的限制，推进按行业结构的开放化重组。在重组中，应确立政府主导下的依托于行业组织的信息中心建设体制，同时理顺多元主体的关系，在保证各主体权益的情况下，实现知识信息的开放化共享。经重组的知识信息服务系统，一是实现了科技知识信息服务和经济信息服务的结合；二是向知识创新产业链中的相关主体开放，改变各系统相互封闭的局面。

②行业体制的建立。经济全球化和创新国际化发展中，国家经济运行模式和组织形式正发生深刻变化。我国长期以来实行的计划经济体制已成功地转变为市场经济体制，企业经营已不再由政府部门进行全方位管理。国家调控下的企业自主经营体制，使国有企业、民营企业、外资企业和合资企业等不同类型的企业进入国际化的大市场，从而实现了创新发展的国际化、经营运作的全球化。如何在知识创新中提高我国企业的自主创新能力和水平，是实现国家经济信息化和建设创新型企业的关键。在改革发展大环境下，建立与行业体制相适应的知识信息服务制度直接关系到知识信息服务机构重组的实现，理应成为改革发展的核心战略。

③协调机制的完善。协调发展是我国发展知识信息服务的成功模式，与计划经济体制下的系统部门协调不同，市场经济中的知识信息服务重组，是政府主导下的一种开放化、社会化的面向行业发展的协调。在协调发展中，一是政府主导，推进国家所有的知识信息服务和部门服务的共享，为知识信息服务的开展提供资源共享保证；二是主导知识信息服务体系建设，在重组中建立和完善知识信息服务协作机制；三是在科技、经济与社会发展层面上，确立知识信息服务的战略地位，并在创新型国家建设中予以明确。

④服务平台的搭建。从国家创新发展上看，各系统具有关联性，从而构成了

事实上的创新产业链。如从企业知识创新上看，企业创新已不再局限于企业内部，而需要与科研单位、研发和技术转移机构进行全面结合，即实现基于知识创新价值链的联合。在信息化发展中，这两方面的关联将得以充分体现。因此，在面向行业发展的信息服务重组中，应在具有分布结构的知识信息资源整合的基础上，构建共用的服务平台。信息资源数字化共享是搭建知识信息服务平台的基础，实现基于网络的知识信息服务平台构建和服务集成，不是简单地推行统一的信息组织标准和提供单一的通用工具或技术，而是从战略角度构建面向用户的行业平台，使各类用户可以通过服务平台充分而有效地利用资源和服务。知识信息服务平台建设，涉及平台环境、基础设施的利用、平台技术发展、平台业务规范和共建平台的实现等方面的战略性问题。

⑤服务技术的研发。知识信息服务重组中的技术推进，旨在解决知识信息资源的数字化建设与面向用户的服务发展问题，它要求与现代信息技术的发展同步，其战略基点在于确立行之有效的技术研发机制，以利于组织基于网络的数字化信息管理技术的研发和应用。目前我国各行业的技术发展差距较大，各地域的技术水准不尽一致，信息技术的发展与应用还存在着很大差异，因此如何通过技术研发消除数字鸿沟，是目前应考虑的技术战略重点。另外，技术推进战略还包括知识信息网络与其他网络的配合以及新一代互联网中的信息资源建设技术发展战略等方面的内容。

⑥管理创新的坚持。知识信息服务重组与发展应以科学的管理作保证，这就要求进行服务体制创新、信息组织创新和协调与控制等方面的创新。20世纪90年代，我国图书馆与科技信息机构的合作和整合发展，从战略上构建了面向社会的知识信息服务主体，在此基础上的业务重组，适应了社会化知识信息服务整合的需要和服务业务的拓展要求。可见这种创新管理是十分必要的。知识信息服务管理创新的战略实施在于，根据服务重组和发展中的问题，探索新的管理模式，在服务于国家的创新发展中，完善知识信息服务的管理，使之可以持续发展。

3.4.3 基于机构合作的知识信息服务重组推进

在面向国家发展的知识信息服务中，各部门、系统有着自己的服务和发展定位，知识信息服务重组，在于根据环境和需求的变化，重组知识信息系统，通过关系调整和资源与服务重组，实现面向各主体创新的服务发展目标。在表3-2所示的我国知识信息服务系统构成中，各系统有着明确的发展定位和系统服务目标，其管理处于分散状态，信息资源存在着交叉建设的问题，跨系统共享受到一

表 3-2　我国知识信息服务系统部门构成

信息机构 服务组织	中国高等教育文献保障系统	国家科技图书文献中心	中国科学院国家科学数字图书馆	中国社会科学院文献信息中心	全国文化信息资源共享工程	国家数字图书馆
启动时间	1998年12月	2000年6月	2001年12月	1992年10月	2002年5月	1998年10月
组织管理	1个管理中心、4个全国文献知识信息服务中心、7个地区文献知识信息服务中心和1个东北地区国防文献知识信息服务中心	理事会领导，主任负责，科技部指导和监督，信息资源专家委员会和计算机网络服务专家委员会咨询指导	专家组咨询，领导小组领导，项目管理小组负责项目实施	院属研究所图书馆及文献信息中心图书馆以合并、统一管理的方式组建	文化部、财政部和国家图书馆共同组成领导小组，成立咨询委员会给予项目咨询	国家图书馆下设数字图书馆管理处
信息资源	已组成55个集团，购买了202个数据库	购买了39个中外文数据库，上网数据近3000万条	购买了10多个中外文数据库，整合全院近80个研究所图书馆和上万种科技期刊的文献服务	除购买数据库以外，将纸本资源、电子资源、网络资源和院特色资源进行了整合	整合全国范围图书馆、博物馆、文化馆、艺术院团拥有的文化资源	积累建设了总量近10TB的数字资源，进行古籍的数字化加工

107

3　国家发展转型基础上的知识信息服务体系重构

续表

信息机构 服务组织	中国高等教育文献保障系统	国家科技图书文献中心	中国科学院国家科学数字图书馆	中国社会科学院文献信息中心	全国文化信息资源共享工程	国家数字图书馆
服务业务	检索、馆际互借、文献传递、协调采购、联机合作编目等	全文数据库、期刊分类目次浏览、联机目录查询、文摘联录数据库检索、网络信息导航、专家咨询系统等	文献数据库、集成期刊目录、学科信息门户、学位论文、新闻聚合、文献传递、图书馆、跨库检索等	搜集、加工、研究和报道国内外社科信息，向全院、社会各领导层提供较系统、全面的文献信息服务	文化信息资源联合目录、数字资源建设	电子文献、我的图书馆、咨询、查新、翻译、培训、特色馆藏服务
主持者	教育部	科技部	中国科学院	中国社会科学院	文化部	国家图书馆
参与单位	北京大学、清华大学、中国农业大学等高等院校	中国科学院图书馆、工程技术图书馆、中国农业科学院、医学科学院等	中国科学院各分院	中国社会科学院文献信息中心、院属研究机构图书情报部门	国家图书馆及全国31个省级图书馆	文化部、科技部高科技产业司

定的限制。因此，在国家知识信息服务系统宏观层面上的重构，应推进机构合作战略。这表明，重组并不是片面撤销和归并机构，而是在行业细分、关联发展的同时，要求在重组中推进机构间的合作，以构建协同体制下的知识信息服务体系。知识信息服务重组中的机构合作包括以下几个方面：

①知识信息机构与相关研究机构的合作。知识信息机构离不开相关科研机构的支持，现代知识信息机构的建设需要科研机构帮助解决所面临的一系列技术问题，这些新的研究课题包括知识平台技术、研发信息与经营信息整合技术、系统交换技术、构建技术以及与之相应的管理和法律问题等。知识信息机构的发展水平从某种程度上说与技术水平密切相关。

②知识信息机构与各类信息供应者的合作。知识信息机构所拥有的信息来源于供应者，信息供应者提供信息的数量和质量直接关系到资源组织与服务的质量及水准。因此，在机构与信息供应者的合作中，应按规范性的技术标准进行信息资源的管理，特别是知识技术、产品和市场数据库的内容质量及功能管理。同时，在知识信息资源的共享中，更应明确知识信息产权的管理和信息资源污染的防治。

③知识信息机构与信息基础设施部门和保障部门的合作。知识信息服务的开展是在一定的信息基础设施平台和技术条件下进行的。信息网络和技术的发展状况是决定服务开展和服务质量的重要因素，在服务重组中应引起充分重视。当前的知识信息服务网络，存在着知识之间、地域之间和国内外之间的差异，重组网络与服务，应有全局性规划[①]。在信息基础设施提供、网络维护和信息系统软件开发与应用上，应使用明确的技术合作规范。对于机构来说，合作的目的不仅在于满足基本的业务要求，而且在于建立长期的共建关系，形成有利于设施更新和技术发展的管理机制。

④知识信息服务机构间的合作。知识信息服务机构间的合作包括同知识领域的机构合作和跨知识领域的机构合作，其中同知识领域机构合作可以区分为大学科领域与从属于该领域的知识领域机构的合作。另外，在知识服务机构合作中，还存在国际性的知识信息服务合作和全国性知识信息服务与地域性知识信息服务合作问题。跨知识领域机构合作是不同知识类属机构之间的合作，如机械信息机构与电子信息机构的合作，二者在机电一体化服务中将面对共同的用户。与此同时，知识信息机构和相关信息机构也存在合作关系。对于这些合作关系，在服务重组中应从战略层面加以明确，在实施中予以规划。

⑤知识信息服务机构与服务对象的合作。例如企业既是知识信息机构的服务

---

① 焦玉英，曾艳．我国合作式数字参考咨询服务发展的对策［J］．情报科学，2005（4）：528－531．

对象，又是知识信息的来源组织。这是因为企业在利用知识信息服务的过程中，通过管理、研发和经营创造财富，同时产生相关信息。而所产生的信息又是其他企业或组织所需要的，因此有必要将其归入知识信息系统。作为用户，在合作中，必须使知识信息机构的服务与用户的信息需求和利用相协调，将数字化信息提供与业务信息系统实现有效衔接，以支持创新主体的全方位管理和研发活动。作为知识信息来源，在合作中，知识信息机构需要进行来自企业用户单位的信息汇集，在与单位合作中完成信息的组织和发布服务。

总之，知识信息服务中的机构合作，是重组必须面对的问题，是在多元主体环境下必然考虑的。因此，在重组推进中应将其纳入战略体系。

基于机构合作的知识信息服务重组战略实施，一是组织层面上的机构合作，二是服务开展中基于协同环境的业务合作。图3-7反映了我国五大知识信息服务的系统组织概况，从中可知，这些系统之间存在着战略协同和合作关系。

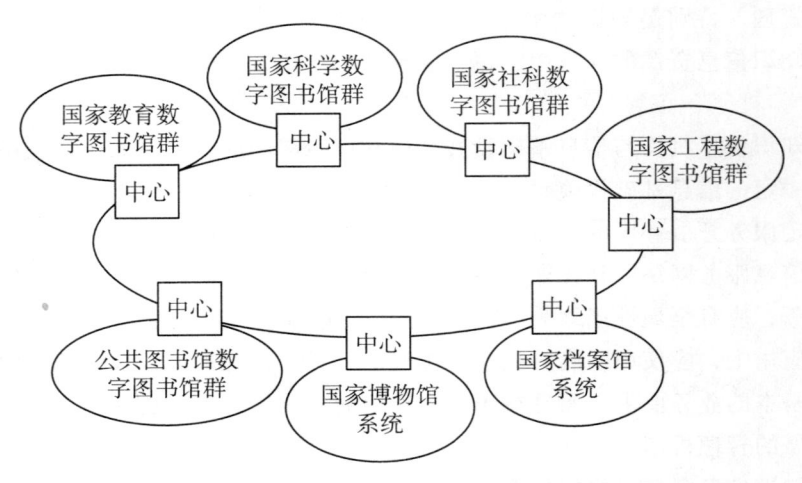

图3-7　知识信息服务重组中的机构合作战略框架

如图3-7所示，知识信息服务的跨系统合作涉及具体领域和机构，基于开放架构的服务组织，应建立在各系统协作基础上，以形成合作环境。例如，对于数字图书馆服务，可以在互联网中进行各部门数字资源的共建，在完善数字资源组织、共享和交互服务中，确立基于资源组织与服务协调的体制。在机构合作战略推进中，各系统机构通过内部信息系统组织和外部资源服务系统的融合性嵌入，创建能够管理、保存和共享机构内外学术资源的平台，以此为依据，发展基于系统重组的服务。

在知识信息服务重组的技术实现上，图3-8归纳了其中的基本业务关系。对于用户而言，通过跨系统协作满足全方位的知识信息需求，享用一站式的全程服务是其根本目的。因此，知识信息服务重组应将用户个人资源系统包含在内，以便为用户提供个性化的交互式协同服务空间，实现以用户需求为导向的微观层次的资源和服务整合。这样，将有利于从用户体验出发开展跨系统的服务[①]。

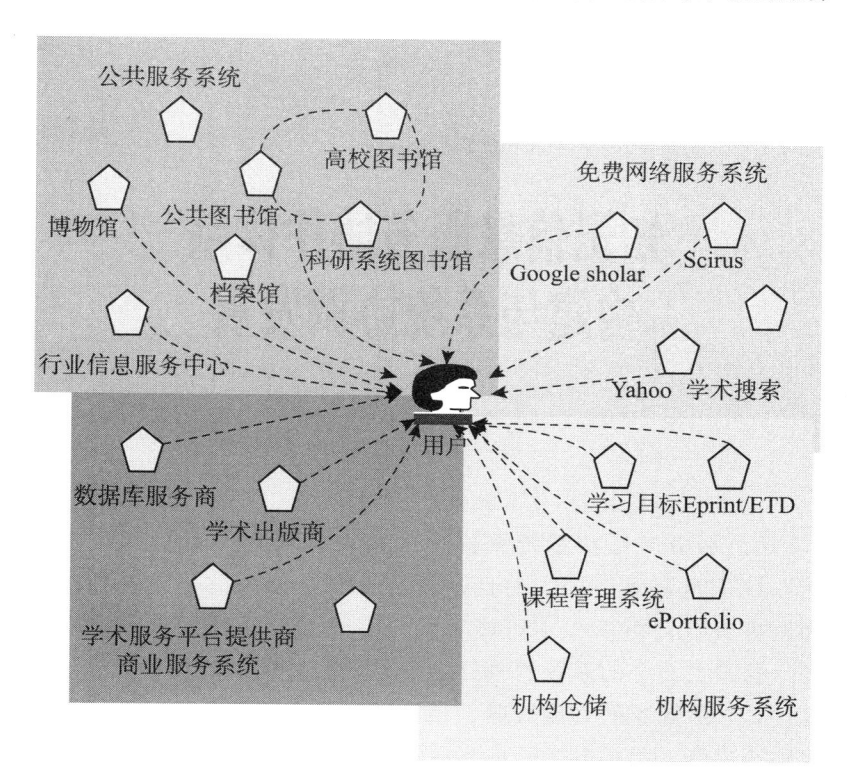

图 3-8 以用户为中心的系统协作服务

在复杂的知识创新和信息环境中，知识信息服务系统与用户已不再是简单的服务提供与享用关系，而是知识创新的伙伴关系。因此，在知识信息服务重组的战略推进中，需要实现与用户的合作，只有将信息服务系统嵌入用户创新环境，才能实现系统重组的最终目标。

[①] 张智雄，林颖等. 新型机构信息环境的建设思路及框架 [J]. 现代图书情报技术，2006 (3)：1-6.

4

知识信息服务协作体系构建与系统协调发展

知识信息服务转型和系统重构中的跨系统协作体系构建,不仅由国家创新的跨系统信息需求引动,而且是系统自身建设的需要。这是因为,创新多元化和服务开放环境下,不可能重构一体化的、由中央政府集中管理的全国大系统。我国大而全的系统管理已为分布式服务的政府集中规划和协调管理方式所取代。发达国家的实践表明,信息服务的系统协作已成为当今社会化信息服务的发展主流。我国的知识信息服务协作已具备很好的社会发展基础,目前的问题是进一步确立协作体制,在改革中实现知识信息服务的跨系统协作发展。

4.1 知识信息服务系统建设与协调发展基础

知识信息服务协作是现有系统基础上的转型和运行方式的变革,其协调发展离不开服务基础建设与技术支撑。我国的知识信息服务系统,在国家统一规划下,也已形成了面向部门的服务体系;同时,互联网和数字技术环境下,系统间的资源协作共建关系得以形成。所有这一切,构成了知识信息服务系统协调基础,提供了立足于基础的可持续发展条件。

4.1.1 我国知识信息服务系统建设及其协作化发展

我国的知识信息服务，按部门所属关系区别为公共图书馆服务系统、科技信息系统、社会科技信息系统和各专业的系统，具有从中央到地方、从系统到部门的结构体系。图 4-1 反映了这种基本的结构关系。

在服务发展中，随着国家体制改革的深入，20 多年来，知识信息服务体系已发生了根本变化，目前的体系由公共图书馆系统、国家科技图书文献系统、社会科学信息系统、中国高等教育文献保障系统和国家信息中心等机构构成。这种结构，形成了分属于各部门的知识信息服务组织关系。基于国家层面的体系结构如图 4-1 所示。

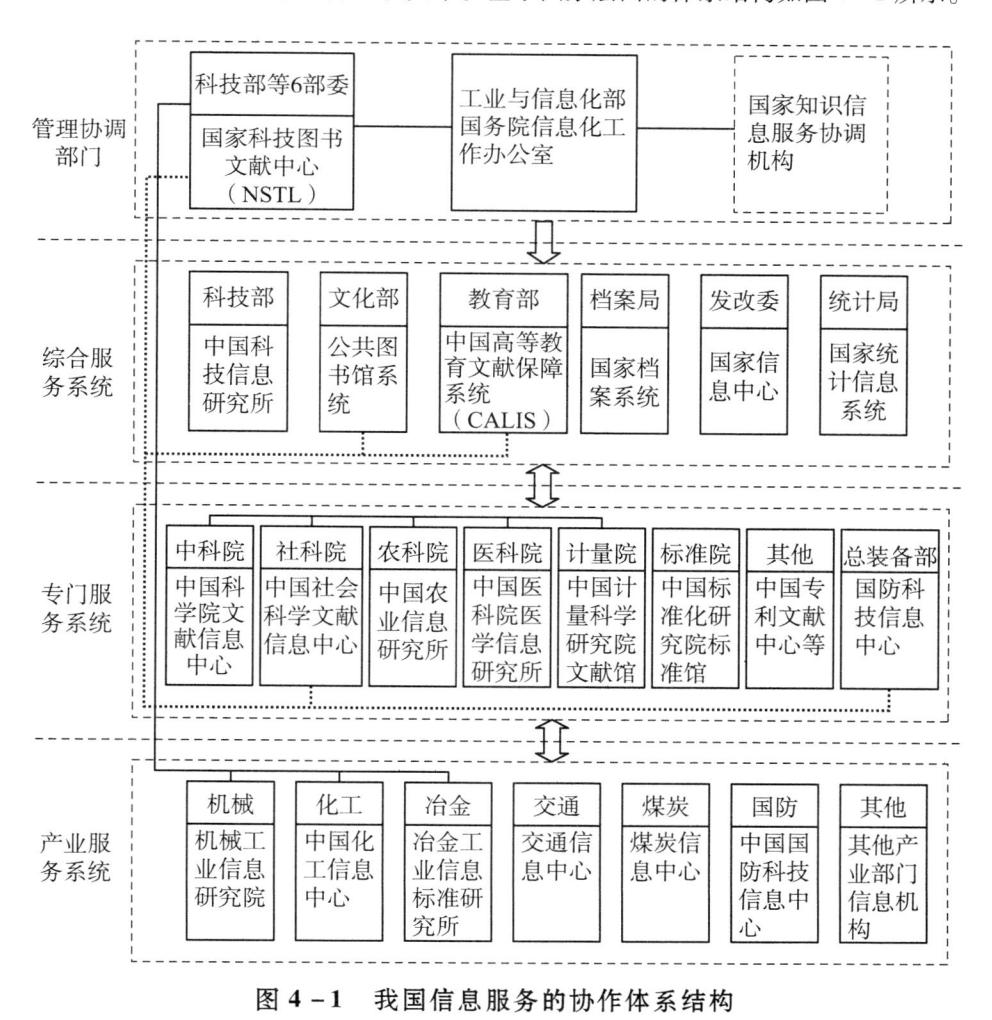

图 4-1 我国信息服务的协作体系结构

在图 4-1 所示的信息服务体系结构中,各系统存在不同的隶属关系和运行机制。其中:分属于各部门的独立运作机构包括综合服务系统中的国家信息中心、国家统计信息系统、国家档案馆和专业服务与产业服务中的交通、煤炭、纺织等信息系统,这些系统大都在系统内实现信息资源整合与共享;与此同时,在国家创新发展导向下,各层系统在协作服务中,形成了跨系统合作和信息资源共享关系,如由科技部等 6 部委推进的国家科技图书文献中心的建设就是如此。目前,中心在 9 系统合作中进行了面向全国的跨系统协作服务建设,实现了服务的协同;此外,教育部组建的中国高等教育文献保障系统和中国科学院文献信息系统等,在本系统内实现了知识信息服务的协作发展。在我国知识信息服务的协调发展中,国家科技图书文献中心和中国高等教育文献保障系统的建设与发展具有普遍意义。

国家科技图书文献中心(NSTL)是科技部联合财政部等 6 部委根据国务院的批示于 2000 年 6 月组建的科技文献信息服务联合体,其成员单位包括中国科技信息研究所、中国科学院文献信息中心、机械工业信息研究院、冶金工业信息标准研究院、中国化工信息中心、中国农业科学院图书馆和中国医学科学院图书馆,网上共建单位还包括中国标准化研究院和中国计量科学研究院等。NSTL 的组织结构如图 4-2 所示。

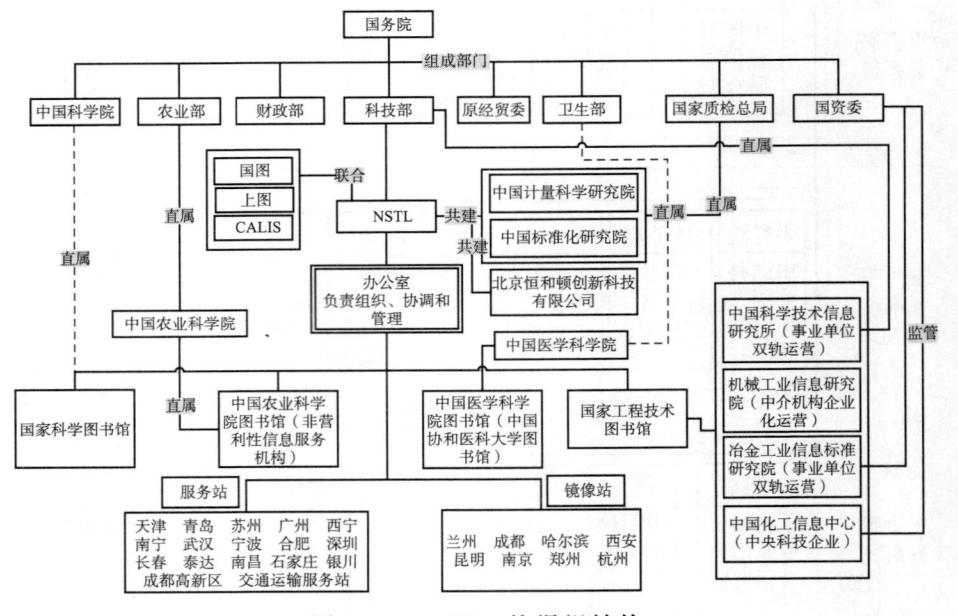

图 4-2　NSTL 的组织结构

NSTL 实行理事会领导下的主任负责制。理事会是中心的领导决策机构,由跨部门、跨系统的专家和有关部门人员组成。科技部协同其他部委对中心进行管理和监督。中心设信息资源专家委员会和计算机网络服务专家委员会，对中心的有关业务工作提供咨询指导，中心主任负责各项工作的组织实施。

NSTL 的建设宗旨是根据国家科技发展需要，按照"统一采购、规范加工、联合上网、资源共享"的原则，采集、收藏和开发理、工、农、医各学科领域的科技文献资源，面向全国开展科技文献信息服务。其发展目标是建设成为国内权威的科技文献信息资源收藏和服务中心，现代信息技术应用的示范区和对外的科技图书馆交流窗口。

NSTL 的主要任务包括：统筹协调国内外科技文献信息资源的组织；制订数据加工标准、规范，建立科技文献数据库；利用现代网络技术，提供多层次服务；推进科技文献信息资源的共建共享；组织科技文献信息资源的深度开发和数字化应用；开展国内外合作与交流等。

NSTL 于 2000 年 12 月 26 日开通了网络服务系统，通过丰富的资源和方便快捷的服务满足各方面用户的科技文献信息需求。2002 年，NSTL 对系统进行了改造升级。目前该系统的网管中心与各成员单位之间已建成宽带光纤网，实现了与国家图书馆、中国教育网（CERNET）、中国科技网（CSTNET）和总装备部信息中心的光纤连接。系统功能在原有文献检索与原文提供的基础上，增加了联机公共目录查询、期刊目次浏览和专家咨询等新的服务。目前，NSTL 大力推进各地方镜像工作站建设，已经开通的镜像站包括兰州站、成都站、昆明站、西安站、南京站和哈尔滨站等。NSTL 的二次文献内容见表 4-1[①]。

表 4-1　　　　NSTL 文献检索服务所提供的二次文献数据库资源

文献类型	起始年	收录范围	补充、更新情况
外文期刊	1995	13 000 多种学术期刊，年增论文百万余篇	每周补充、更新
外文会议	1985	世界各地出版的学术会议论文，年增 20 余万篇	每周补充、更新
国外科技报告	1978	主要收录美国政府研究报告，年增报告 2 万余篇	每月补充、更新
日俄文期刊	2000	收录日俄文重要学术期刊分别为 1 266、479 种	每周补充、更新
国外学位论文	2001	收录美国 ProQuest 公司博硕士论文资料库中的优秀博士论文	每年补充、更新
国外标准	2000	包含 ISO、IEC、BS（英国）、DIN（德国）、NF（法国）、JIS（日本）标准	每年补充、更新
中文期刊	1989	收录国内出版的 4 350 余种期刊	每周补充、更新

---

① 国家科技图书文献中心 [EB/OL]. [2008-03-01]. http://www.nstl.gov.cn/index.html.

续表

文献类型	起始年	收录范围	补充、更新情况
中文会议	1980	国内召开的全国性学术会议论文,年增 4 万余篇	每月补充、更新
中文学位论文	1984	我国高等学校的博硕士学位论文,年增 6 万余篇	每季补充、更新
中国国家标准	2000	包括强制性标准和推荐性标准	每年补充、更新
计量检定规程	1972	计量检定规程、计量鉴定系统、技术规范及计量基准、副基准操作技术规范	每年补充、更新
专利	2000	中、美、英、法、德、瑞、日、欧洲专利局、世界知识产权组织等 7 国 2 组织专利文献	时时补充、更新

目前,NSTL 主要致力于向全国信息用户,特别是向科技信息用户提供功能齐全的文献信息服务。目前系统提供的服务包括:文献检索和全文提供,网络版全文文献浏览,期刊目次页浏览,馆藏目录查询,热点信息门户,网络信息导航,参考咨询,预印本服务,特色文献服务,我的 NSTL,代查代借服务等。任何网络用户都可以免费查询 NSTL 网络服务系统的各类文献信息资源,浏览 NSTL 向中国大陆开通的网络版期刊,合理下载所需论文。用户还可以根据需求在网上请求所需印本文献的全文。

NSTL 运行中,各协作成员单位的作用得以充分发挥。例如,中国科学院文献情报中心在面向科学研究的创新发展中,于 2006 年 3 月实现了系统内部协作和服务整合,组建了中国科学院国家科学图书馆。图书馆实行理事会下的馆长负责制。总馆设在北京,下设三洲、成都、武汉法人分馆,同时依托若干研究所建立专业馆,通过网络平台提供高速、便捷的科技信息服务。其中总馆负责管理和协调公共信息平台建设。各分馆根据图书馆的统筹布局,参与信息服务的联合建设,负责相应领域的信息资源建设和面向相应领域深层次专业服务。各专业分馆在服务本单位需要的同时,辐射全国。

国家科学图书馆立足中国科学院,同时,通过 NSTL 提供跨系统服务,为科研人员和科技管理人员,提供自然科学基础学科、边缘交叉学科和高技术领域的科技文献资源保障。近年来,国家科学图书馆围绕用户需求,不断创新服务模式、深化服务内涵,初步建立了以数字资源为主的文献资源联合保障体系和基于网络的文献信息联合服务体系。作为 NSTL 核心成员的中国科技信息研究所信息资源中心,负责承担工程技术信息服务的任务,依托于跨系统资源整合组建的国家工程技术图书馆,通过 NSTL 开展面向全国的工程技术文献服务。另外,NSTL 的其他成员也实现了基于服务共享的业务协调和拓展。由此可见,NSTL 的创新服务为我国知识信息服务的系统协调发展提供了成功的范式。

中国高等教育文献保障系统（China Academic Library & Information System，CALIS），作为经国务院批准的我国高等教育"211工程"和"九五"、"十五"总体规划中三个公共服务体系之一，组建宗旨是在教育部领导下，将先进的技术手段、高等学校丰富的文献资源和人力资源整合起来，建设以中国高等教育数字图书馆为核心的教育文献联合保障体系，实现信息资源共建、共知、共享，以发挥最大的社会效益和经济效益，为中国的高等教育和科学研究服务。CALIS创建了文献获取环境、参考咨询环境、教学辅助环境、科研环境、培训环境和个性化服务环境，现已成为高等学校教学、科研和重点学科建设的文献信息保障系统。

CALIS构建的中国高等教育数字图书馆（China Academic Digital Library Information System，CADLIS），以系统化、数字化的学术信息资源为基础，由多个分布式、大规模、可互操作的异构数字图书馆群组成，可以向用户提供高效、一站式、全方位的综合文献内容服务。CADLIS总体建设内容包括：全国高校"共建、共享"的三级服务网络；与国家标准同步的高校数字图书馆标准规范；由全文、目次、馆藏等组成的海量数字资源；先进的技术支撑体系。

CADLIS体系结构见图4-3。

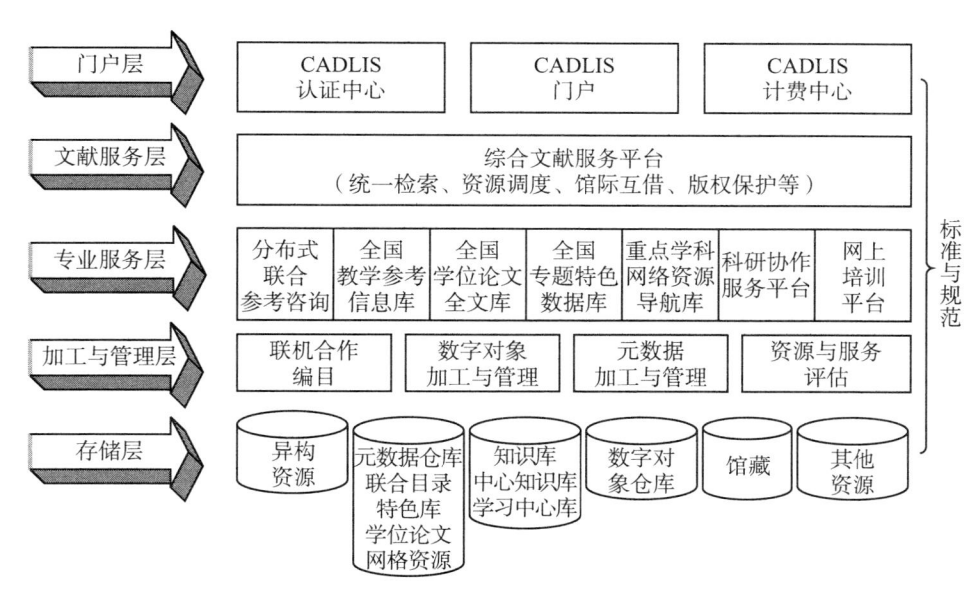

图4-3 中国高等教育数字图书馆（CADLIS）体系结构[①]

CADLIS系统的特点是联邦式系统整合，各馆既彼此独立，又相互关联；分

---

① 陈凌，王文清. CADLIS 总体架构概述 [EB/OL]. [2008-03-28]. http://www.calis.edu.cn/calisnew/images1/neikan/1/2-1.htm.

布式资源组织，由 CADLIS/CALIS 中心负责协调；开放链接服务，使资源得以跨馆集成；标准化功能/服务规范。

CADLIS 的门户系统利用 Portlet、视图、XML/XSL、Web Services、ODL 等技术将各类资源和各种应用信息动态呈现在服务页面上，内置了内容管理和用户管理功能，支持统一认证和单点登录，为用户提供增值的资源链接调度服务。另外 CALIS 通过《中国高等教育数字图书馆技术标准规范》，实现了服务的标准化和管理的高效化。

综上所述，我国知识信息服务的组织，正从部门、机构分工，向部门内系统协作和跨系统合作组织方向发展。实践证明，跨系统的协作发展离不开信息化环境，其协作进程取决于系统建设基础。

4.1.2　知识信息服务协调发展基础

就知识信息服务协作体系构建而论，我国的发展尚处于初始阶段，主要问题表现在以下几个方面：

在组织体制上，跨系统协作知识信息服务的推进需要国家层面的统筹规划，这就需要在国家体制改革中，强化信息服务的宏观管理功能，以推进各部（委）的协作工作。

在协调机构设置上，目前科技部等 6 部委协调 NSTL 的工作，因受成员单位分布结构的限制，协作面有限，因此应变革机制，设置具有协作组织权威的机构。

在协作范围上，应进行跨部门的拓展，对目前独立运作的机构，应促进多元化、多层面的协作服务组织，特别是实现科技信息服务与经济和产业服务的协作。

在协作技术支持上，由于技术应用上的差异和系统内规划的限制，带来了协作服务技术兼容上的困难，因而应进行协作技术的研发，推进服务技术的标准化，特别是资源组织技术和服务技术的结合应用应得到加强。

以上问题的解决，不仅需要国家和地方层面的推进，而且需要进一步加强基础建设，优化协作服务环境。从总体上看，我国推进基础和环境建设的条件已经成熟。解决问题的思路应立足于现实，在发挥我国优势的基础上，实现协作信息服务的跨系统发展。

经过 50 多年，特别是改革开放 30 多年的发展，我国的信息服务逐步形成了自己的优势：

第一，拥有"完备的科学与技术体系"，在这方面，中国可与欧美科技强国相比，这是其他发展中国家所不具备的，也是中国建设创新型国家和实现信息服务协作最重要的基础条件。

第二，拥有"丰富的知识型人力资源"，其资源总量已居世界前列。建立创新型国家所面临的实质性问题，就是如何把人口大国变成人力资源强国，如何进一步将人的智慧变成现实的生产力，以形成创新信息服务的更大优势。

第三，拥有"配套的制度保障机制"。我国在改革开放中，进行了经济体制改革、政治体制改革、教育体制改革、卫生体制和文化体制改革，体制改革的深化为面向创新的协作信息服务开展奠定了改革发展的制度基础。

第四，拥有"迅速发展的网络化数字信息技术与设施"。知识信息服务协作是建立在高速发展的网络基础之上的协作。我国的网络发展基本上与发达国家同步，因而可以同步或领先于其他国家拓展数字化协作业务。

第五，拥有"独特的用户资源和市场资源"。我国的知识信息用户分布广泛、人数众多，跨系统的信息需求驱动效果明显。同时，随着用户信息素质的迅速提高，互动式服务已成为新的发展起点。

环境是系统协调服务发展的一个基本因素，对于服务组织而言，内、外部基础即环境。在知识信息服务的协调发展中，对环境的依赖关系如图 4-4 所示。

	作用描述	关键问题
管理环境	有助于信息服务协作管理；有利于跨系统合作发展；可以实现信息服务的共享。	信息服务共享是否有一致的价值标准；是否达成服务层次的协议；建立跨系统协调服务管理机构；信息跨系统共享纠纷如何解决；信息服务协作的利益关系如何处理。
政策环境	国家信息协作政策的完善；信息政策作用的强化；信息服务跨系统协作规划的实现。	是否具有完备的政策指导；是否有信息服务协作规划；是否有政策执行的机制；是否有合理的协作导向。
技术环境	技术、系统和协议的完善；信息服务共享平台技术的发展；系统协作安全问题的解决。	是否有共同的数据标准和服务标准；参与者是否进行跨网数据处理；协作协同是否安全；识别技术是否完善。
文化环境	信息服务协作理念形成；信息费服务协作意识的加强；信息服务共享的社会化发展。	如何激励跨组织共享信息和服务；各层次的信息如何交流；是否营造了新的协作服务氛围。
经济环境	跨系统协作经济发展；信息服务经济价值提升；信息机构投入的多元化实现。	是否有足够的资金支持协作计划；是否有足够的资金支持信息服务共享方案；跨系统协作信息服务经济效益是否明确

图 4-4　跨系统协作信息服务作用环境

2007 年，美国国会通过的《信息共享国家战略》明确了跨部门、跨系统信息服务共享环境建设的内容，包括：需要制定一个对跨系统信息访问与共享起实质作用的政策；在指导特定领域的信息协作服务时，需要一个相应的组织体系；跨系统的协作信息服务共享需要一个统一的行动纲领；在协作信息服务组织中，需要有一个合理的协作服务构架①。

如图 4-4 所示，就开展协作服务的环境而论，我国实现跨系统的条件已经具备。当前的问题是，在科学导向下，从体制、管理、技术和系统层面出发，进行整体化推进。

4.2 知识信息服务协作导向与协作实现机制

知识信息服务协作是在一定条件下驱动的，协作的原动力不仅在各系统内部，而且在系统的外部，内外部因素的关联作用形成了协作导向。另外，协作导向关系的建立决定了系统构架，协作关系的调整决定了协作架构的变化。

4.2.1 知识信息服务协作导向

知识信息服务协作是服务系统之间的联合行动过程；协作关系的建立，既有共同的服务目标意愿，也有客观的外界因素影响。然而，在条件都具备的情况下，协作行为的发生却需要有关主体的推动。从服务于知识创新的信息系统协作看，行政导向、市场导向和信息导向是服务协作的引动因素。

（1）行政导向协作

行政导向机制是国家通过行政手段或宏观规划，推动以创新为中心的信息资源共建共享，实现不同信息服务系统之间的合作协调机制。国家对信息服务的规划和政策引导是协作服务的实施保障。

系统协作信息服务是一项涉及多系统的协作工程，需要统筹考虑。首先，协作服务组织经费主要来源于国家，社会化协作服务体系建设离不开政府的支持，所以政府的干预是必不可少的。其次，政府通过调控手段，对协作信息服务系

---

① United States Intelligence Community. Information sharing strategy2008 [R/OL]. [2009-01-10]. http://www.dni.gov/reports/IC_Information_Sharing_Strategy.pdf.

所进行的宏观管理，是社会化协作服务实施的保障。

我国的信息资源共建共享和协作服务模式，带有鲜明的政府行为特征，如科技部联合有关部门所组建的国家科技图书文献中心（NSTL）、国家数字图书馆（NDL）计划的协作实施和政府信息公开中的协作等，都是由政府部门推动。与此同时，一些地区同步进行了地区信息服务网络的规划与建设，初步形成了相对完整的创新信息服务地方系统。在组织形式上打破了现行的行政管理体系，特别是科技文献信息系统内条块分割的局面，淡化了行政隶属关系，推进了隶属不同系统、不同部门的知识信息机构之间的联合与协调，提高了地方创新发展的信息保障实力。

在国家和地方协作服务推进中，国家财政经费的支持是可持续发展的重要保障，如科技部会同财政部建立了新的经费投入机制，出台了《科技文献信息专项经费管理暂行办法》，实现了调控增量，保证了跨系统的资源共享和协作服务持续而稳定的发展。事实上，国际上跨系统协作信息服务体系建设也体现了政府推动，例如对于美英图书馆合作计划、欧洲数字图书馆协作建设等，都体现了政府导向的发展优势。

（2）市场导向协作

市场机制表现为各信息服务主体在满足信息用户需求过程中所获得利益的市场分配导向，可视为是利润驱动下的协作机制。通过市场协作，服务主体可用较低的交易成本获得较高的收益，有利于发挥各方的优势。

在公平的市场环境和利益驱动下，各协作参与方必然会联合确立服务合作关系，以求协作服务的持续发展。市场导向主要有两种类型：一是政府引导市场驱动，即政府制定信息市场规则来促进服务协作；二是自组织的信息市场驱动，即信息服务系统之间，按信息市场协作服务供求关系开展协作服务。

信息服务机构是否参与协作服务，是各方的自主行为，是否开展信息共享，采用何种形式，由信息服务机构独立自主决定。实行协作服务后，各机构的互利合作是服务的持久动力。这里需要一个投入贡献与共享利益的平衡机制，以保证参与协作信息服务的成员能获得与其投入和贡献相当的利益。市场机制有助于巩固协作信息服务参与机构的合作关系，可以赋予成员单位努力实现整体目标的动力，以调动各方参与协作服务的积极性。因此，信息服务机构在制定信息资源建设规划、开展协调合作过程中，应根据市场需求以及自身的利益和能力，寻求协调、协作伙伴，在保证自身运作利益的前提下，参与社会化协作服务体系建设。

(3) 信任导向协作

跨系统的协作信息服务跨越了传统的组织边界，实现了更大范围内的优化组合，而这种组合必然建立在相互信任的基础上。英国学者罗茨（R. Rhodes）指出，信任是网络协作组织的基本治理工具，信任是信息服务系统长期合作的基础，它取决于协作各方的信誉记录和成效因素。基于信任机制的协作关系是稳定的，它可以有效弥补单纯市场导向的缺陷，对跨系统的协作信息服务的高效运行更具推动作用。协作信息服务机构信任作用的过程模型如图4-5所示[①]。

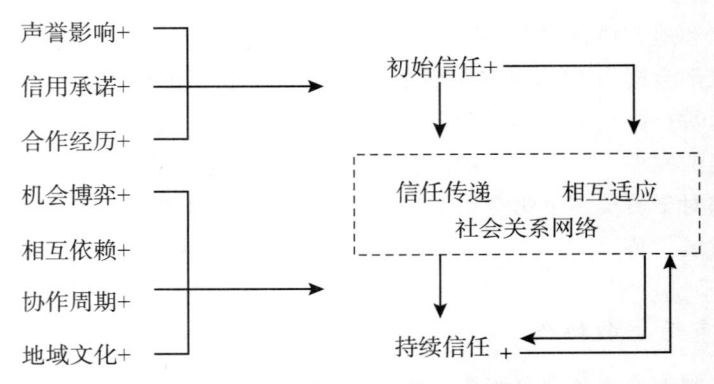

图4-5 协作服务机构信任作用的过程模型

信任在一定背景下存在并且受社会环境的影响，即信任是基于社会关系的嵌入，即知识信息服务机构是通过与外界直接或间接联系嵌入社会关系网络。社会关系网络中，存在着信任传递和相互适应的行为。在协作信息服务系统构建初期，成员彼此的交互往往依靠声誉、承诺和合作经历，形成信息服务协作的初始信任关系；随着协作的推进和服务系统之间的互动，信息服务协作周期、相互依赖关系和文化因素等将对协作服务产生持续性的信任作用。由此可见，协作服务中信任导向是信息服务系统之间持续协作的长效机制，涉及协作成员之间交互作用的信任和声誉传递过程。

由于信息服务协作各方有着局部利益和局部目标，因此要建立协作关系，必须经过充分的交流和协商，通过相互选择达成全局目标和利益上的一致。在建立信息服务系统协作关系时，必须注重以下问题的解决：

建立有效的沟通机制。这是促进协作各方相互信任，实现服务协作的关键。有效的沟通应具有三项功能：首先，应有助于冲突的解决，且在解决冲突中增进

---

① 汪岚，张正亚. 论供应链信任治理机制 [J]. 商业时代，2007 (24)：16-17.

协作各方之间的信任；其次，应能促进信息共享，从而减少信息不对称和机会行为的影响；最后，具有明确的共同目标，这对于协作服务的成败至关重要。

保证协作各方的相互公平。在协作关系建立中，经常存在合作各方不平等的问题。在这种情形下，优势方必须公平地对待其他的合作者。一般来说，协作中有以下两种公平值得重视：首先是分配公平，即合作的利益和成本应用一种双赢或多赢的方式进行分配；其次是程序公平，即协作关系的确立和协作服务的组织，由各方共同确定，即各方具有同等的权利。

在跨系统的协作信息服务中，信息服务系统之间的协作关系随需求变化而不断变化，这就需要不断进行协作目标、协作对象及协作过程的适应性调整。由此可见，信息服务系统之间的协作关系演化也是服务组织关系的演化。

4.2.2 知识信息服务协作中的技术协同机制

从整体而言，跨系统的协作信息服务重视资源共享和潜在的战略利益。协作服务目的是增强实力，实现规模效应，获得最佳效益，以便在今后的发展中处于更有利的地位[①]。

信息服务系统之间的合作方式和协作内容是多种多样的，可以有多种模式，从多角度或多层次实现系统协作服务。因此，需要根据协作目的，进行服务模式的选择。

值得指出的是，基于协作构架的信息服务推进存在着技术协同问题。系统的协作服务在技术上实现上以信息交换和共享为基础，因此，基于网络的服务接口层转换，应用系统之间的数据流动，分布式资源的集成揭示等，是必须考虑的具体问题。

（1）跨系统的信息资源交换机制

信息交换是服务协作的基础，也是所有协作工作的基础。信息资源的交换不是简单的构架网络、传输数据，而是要使分布的信息资源系统发生数据和应用关联，以使彼此之间高效、协同地工作。在具体操作上，应通过信息资源交换，实现知识信息资源的整合与共享。

信息资源交换的困难主要是组织困难。我国大部分知识信息服务系统，都是按照行政机构的组织要求建设的。跨地域、跨部门的知识信息资源交换，往往由

---

① 陈朋. 基于机构合作的信息集成服务——传统文献信息服务走出困境的突破口[J]. 情报理论与实践，2004（2）：166-169.

于部门条块分割管理而难以有效实施。从宏观上看，我国知识信息资源处于离散分布状态，只限于在系统内进行信息交换和共享，总体上还没有统一的交换制度机制，缺乏非常有效的信息资源交换标准和平台。事实上，知识信息资源交换机制的确立是一项跨系统、跨部门的工作，是存在着逐步建立、延伸和完善的过程。

知识信息资源交换管理包括目标确立、组织协调、资源整合、数据规划、方案选择、风险对策和实施等环节管理。系统是参与信息资源交换的主体，通常有两方面要求：一是信息内容要求；二是体系功能要求。在信息内容上，应根据需求确定详细的内容清单和信息分类分级清单；在功能上应明确信息转换格式、展现形式、交换方式等。在信息资源交换的过程中要做到交换内容的明晰化、交换日程的制度化和交换行为的规范化。为了使交换内容明晰和易于理解，协作系统在信息交换中应对所拥有的信息资源进行相应的处理。

信息资源交换基本架构包括数据连接与访问、应用服务支撑以及数据转换与交换构架等内容。信息资源交换的支撑环境是信息网络和基础软、硬件，它必须保证参与信息资源交换的网络互通，这是交换的前提。传统的信息资源交换技术主要有专门开发交换接口技术、总线和适配器技术、数据仓库技术、基于元计算的信息资源交换等[1]。由于应用传统技术构建的信息资源交换系统没有统一的表示标准，且可扩展性和可复用性不强，因而越来越难以满足信息交换的需要。技术上，信息资源交换需要解决如下问题：

屏蔽数据层数据结构和表示方式的异构，实现信息的统一表示；

确认数据格式、语法描述信息的有效性，保证协作系统传递、读取、解析和使用信息的单义性；

数据格式便于信息传递，能够实现消息的同步和异步传输，且能兼容网络系统和通讯协议；

具有数据格式、数据内容、网络传输和权限控制等不同层面上的安全防护机制。

标准化是信息资源系统实现连通共享、业务协作和安全保障的前提，因此信息资源交换中需要制定相应的标准，用以规范知识信息资源建设、交换、共享与服务。技术标准包括两类：一是与信息资源相关的信息编码、分类标准；另一类是与技术平台互连与互操作有关的技术标准。与信息资源交互相关的标准包括信息编码标准、数据标准等，与技术平台相关的标准包括各种通信协议、业务格

---

[1] 牛德雄，武友新. 基于统一信息交换模型的信息交换研究 [J]. 计算机工程与应用，2005，41 (21)：195 - 197，226.

式、业务表示方法等。

在交换体系标准的制定过程中，应遵循两方面原则：

采用基于互联网的开放标准，在开放性标准的总体技术框架下，对应用中需要规范的各种属性等细节部分给出定义和要求；

实现共性服务平台化，在各种需求中提取信息交换与共享的共性需求，以满足各种应用系统调用的需要。

目前存在着的各种不同的信息资源交换系统，由于有可能涉及国家秘密、工作秘密和内部敏感的权益分配问题，因此信息资源交换需要严格划分信息安全域，实施不同安全级别的信息资源保护。这就需要根据不同密级的信息资源交换要求，构建知识信息资源交换的内网和外网。

加强和规范网络安全保护和信任体系建设是知识信息资源交换和共享的安全基础。建立基于公钥基础设施（PKI）的身份认证、授权管理和责任认定机制，完善密钥管理基础设施，利用密码、隔离交换等技术建设信息安全保护体系，对于建立跨部门、跨地区的知识信息资源共享和业务协作关系，是十分必要的。同时，还需要建立安全风险评估机制，进行按需防护和适度保护，建立健全信息安全监测系统，以提高对网络攻击、病毒入侵的防范能力。

（2）基于数据共享的协作服务机制

通过知识信息资源的交换和传输，协作服务中可以建立联合仓储系统，对各信息服务系统的资源进行重组、集成、链接，形成一个异构的资源联体，以便实现跨库检索服务和原文获取协作服务。根据数据共享的形式，联合体的协作服务方式大致可分为数据联合方式和数据整合方式。

数据联合的协作服务采用处理分布式数据的同步实时集成方法，数据联合服务器提供有效联接和处理异构的信息。联合服务器定向接收各种来源的集成查询，使用优化算法对其进行转换，从而将查询拆分为一系列子操作，然后组装集成结果，并将集成结果返回到原始查询中。此处理序列以同步的方式实时完成服务协作。

数据整合是对分布信息资源所进行的集成，旨在将空间与时间上有关联的信息资源集成为具有立体网状结构的整体。不同媒体、不同结构、不同类别、不同加工级别、不同物理存储位置的信息资源在重复与冗余剔出后，可以实现无缝链接，此后通过知识单元的有序化和关联知识的网络化，使之构成一个统一的整体，以发挥信息服务机构所拥有资源的整体功能与效益。系统资源整合的关键是将资源对象的元数据导入本地数据库，经处理后，在统一平台中发布并提供浏览。

数据整合的服务方式在各系统数据交换和共享的基础上,需要完成数据抽取、转换和装载(Extraction,Transformation,Load,ETL),即通过 ETL 的抽取和转换,实现对异构资源(如关系型数据库、文件数据库等)的整合与重组,从而屏蔽资源的异构性,最大程度地提高现有资源的利用率。数据整合包括三个阶段:第一阶段,通过整合服务器收集来自不同数据源的数据;第二阶段,对源数据进行集成并将其转换为新的集合,这需要多步操作来完成;第三阶段,整合服务器将经过转换的数据应用于目标数据存储,这一过程可以按时间计划运行,或者由业务流程重复调用。

(3) 基于标准应用接口的服务调用机制

目前,联合体协作服务主要以文献检索和文献传递服务为主,包括统一检索、本地知识库检索以及全文传递、代查等。

统一的标准规范和统一的基础信息是跨系统协作服务联合体服务调用的基础,协作服务联合体所遵循的标准规范包括项目建设规范、门户建设规范、数据规范、接口和集成规范等。元数据标准规范和应用接口标准规范是其中的关键。统一的基础信息可有效提高协作服务和互操作的动态适应性,使有新的系统加入时,不至于对原系统进行大幅度调整。统一的基础信息包括统一文献信息和统一用户信息,用户信息的统一有助于实现跨系统用户的统一认证。统一的基础信息保证服务系统采用标准化的数据协议和规范统一的元数据质检标准与存储标准,通过严格的数据发布与同步管理实现对信息的存储与管理,以支持外部信息服务与数据交换。

基于规范的服务接口(包括检索接口、全文传递接口、代查接口、嵌入式服务接口等)是进行跨系统的嵌入和链接协作服务实现的有效途径[①]。例如,NSTL 在协作服务中,根据国家科技发展需要,按照"统一采购、规范加工、联合上网、资源共享"的原则,通过规范系统服务接口,采集、收藏和开发理、工、农、医各学科领域的文献资源,面向全国开展多系统协作。NSTL 开发的应用系统接口规范包括 OAI-PMH、OpenURL、NISO Metasearch XML Gateway 等。OAI-PMH 主要用于数据仓储、联合编目和数据加工系统之间的数据交互。对于 OpenURL 标准而言,NSTL 网络服务系统中所有开放的服务组件均提供符合 OpenURL 1.0 标准的接口,允许已授权的协作方系统调用。NSTL 的统一检索服务则遵循 NISO Metasearch XML Gateway,建立了一套基于 MXG XML 格式的资源

---

① 张智雄. NSTL 三期建设:面向开放模式的国家 STM 期刊保障和服务体系 [EB/OL]. [2009 - 02 - 12]. http://www.nlc.gov.cn/old2008/service/jiangzuozhanlan/zhanlan/gjqk/yjjb.htm.

与服务发现机制,允许第三方检索系统采用单一搜索方式在众多服务资源中查找所需内容。NSTL 统一检索服务支持第三级别的 URL 访问请求,同时,允许已授权的系统以内嵌方式整合 NSTL 的检索服务。

基于标准接口规范,NSTL 网络服务系统在原有的主站、镜像站、服务站三种服务模式的基础上增加了"嵌入第三方检索系统"、"检索结果链接第三方"、"NSTL 传递"等协作服务方式。NSTL 不仅面对传统的用户,还面向国内信息服务机构,同时全面支持第三方信息服务机构对文献资源的共享。协作服务方可以将信息直接嵌入本地系统,将服务与其本地文献检索、文献传递和咨询服务有机链接,使其成为其本地文献服务的组成部分。NSTL 的方式具有典型意义。因此,有协作机构的协同服务实现中,可以进行进一步拓展应用。

4.3 知识信息服务的系统协同组织

具有协作关系的知识信息服务,协同是多层面的,可以分解成不同的层次水平[1]。米勒(Paul Miller)将协同分成技术协同、语义协同、人员协同和不同范围内的协同,认为协同要从系统和用户两个方面来认识:从系统方面,是指系统或部件之间的信息互换和使用互换;从用户的角度,协同是用户以有意义的方式所进行的跨系统搜索和信息检索[2]。从实现上看,协同对象可以概括为技术协同、数据协同和组织协同,实现协作系统互操作应从组织协调和技术协调入手。

4.3.1 跨系统协作信息服务的组织协调

目前,信息服务系统协同时更多的是侧重在技术层面上的协调,而忽视组织协调。由于缺乏组织统一的规划和部署,跨系统的协同信息服务仍然会陷入困境。事实上,要实现协同,组织应该积极参与技术协同过程,以便在组织内或组织间进行最大程度的信息互换和重用。由此,除了兼容的软、硬件外,协同服务还有许多工作要做,如组织方式变革等。协作与机构团体之间的共性程度密切相

---

① 张道顺,白庆华. 公共信息整合策略研究综述 [J]. 计算机科学,2004,31 (8):8-12,15.
② Miller P. Interoperability what is it and why should I wanted it? [EB/OL]. [2008-11-20]. http://www.ariadne.ac.uk/issue24/interoperability/.

关，根据机构共同性和异质性，可以进行机构的特征分析。组织共同特征越少，协同的难度就越大。弗里森（Friesen N.）从协作角度提出了协同互操作金字塔架构，给出了实现跨系统协同服务的体系①。

从图4-6可以看出，要实现跨系统的协作信息服务，信息服务机构之间不仅需要在数据/编码、服务/功能、网络组织等方面达成协议并协同安排，同时也要综合考虑协同目的、时间、人员，以根据合作伙伴之间的协议，统筹安排服务流程和进行服务规范。可见，跨系统的协作信息服务需要组织之间的分工协作和协调安排来实现。

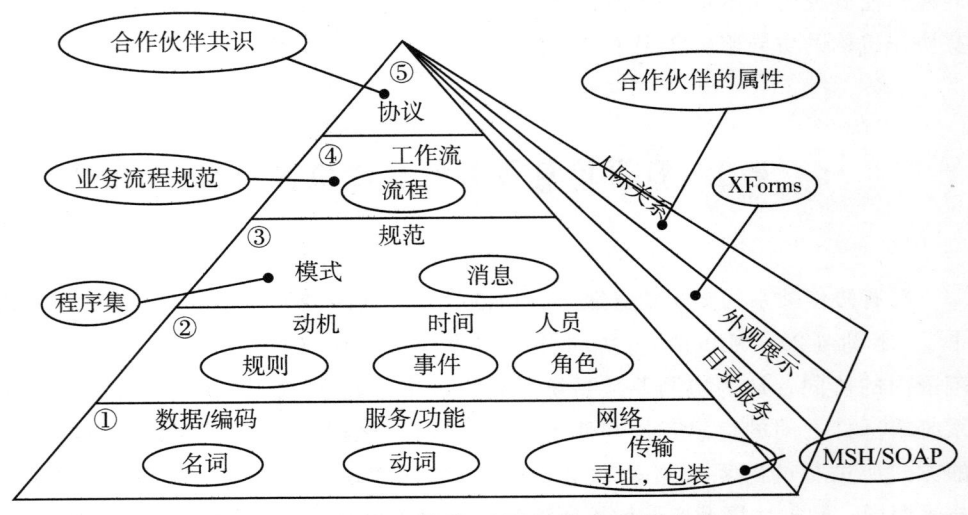

图4-6 跨系统协同服务的金字塔架构

英国电子政务实施中，在跨系统协作信息服务方面进行了成功的实践，其互操作政务建设核心框架，是英国电子政务中不同组织、不同信息系统间的协作服务的保证。英国电子政务互操作框架建设从一个侧面反映了跨系统协作信息服务的组织协调内容②：

确立协同建设的原则，如以基于XML的数据集成和互联网技术为标准，通过政策的强制作用在各系统推广应用；

通过技术标准体系的建立，实现系统连接、数据集成、内容管理和服务访问的互操作；

---

① Friesen N. Semantic Interoperability and Communities of Practice [EB/OL]. [2008-12-15]. http://www.cancore.ca/documents/semantic.html.

② 贺炜，邢春晓等. 电子政务的标准化建设是一个系统工程——英国电子政务互操作框架分析[J]. 电子政务，2006（4）：8-11.

通过建立以 XML Schema 为核心的服务开发框架，统一建设具体技术规范，实现与互联网技术的同步发展；

通过核心联盟组织执行互操作框架中所需的标准规范；

通过网站实施支持手段保证整个框架制定过程中能够吸取各方面的意见，以在实施过程中不断得到反馈；

为了保证协同战略和相应标准的落实，建立协作管理机构以保证工作的展开是必要的。

从英国电子政务互操作协调可以看出，跨系统的协作服务不仅需要相应的组织机构保障，同时还要与相关的部门、组织和人员保持联系和沟通。跨系统的协作信息服务在专门机构协调下进行，信息系统建设中的信息资源组织、加工和存储技术应采用已制定的规范和标准。

系统协作的服务架构如图 4-7 所示。不同系统的信息服务机构在已有数字资源基础上，通过统一的标准规范，可以将多种信息资源和服务进行多种方式的整合和协同。开放的数字化信息服务环境，可以向用户提供多层次无缝链接和个性化内容服务（包括统一检索、全文传递、参考咨询等）。

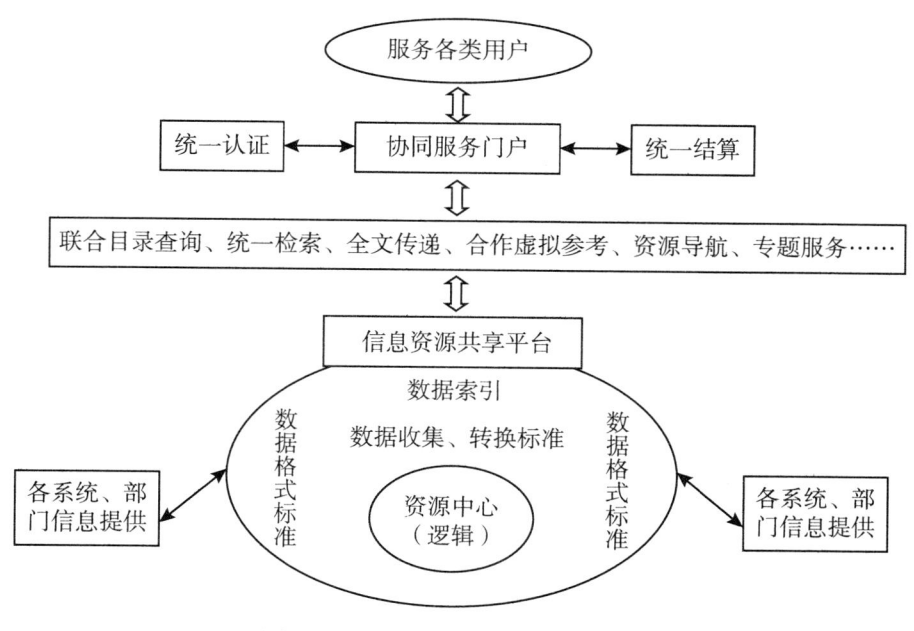

图 4-7 跨系统协作服务的结构

由于各系统的信息资源分散存储于各自的系统中，这就需要资源中心利用分布式数据库技术进行一体化集成，为用户存取信息提供入口和提供远程联机存取和传递服务。在服务中，信息服务机构与人员共享一个逻辑上的公共资源库

（物理上可以是分布在不同地理位置的多个数据库集合），分别实现与数据库的信息交换和通过资源共享中心入口达成互联。

4.3.2 系统协作信息服务的平台建设

成功的跨系统的协作信息服务，需要各方信息服务机构做好以下规划：

以任务为驱动（Task-driven）建立共同目标，合作订立具有协议的任务说明书，就协同技术要素达成共识；

按统一流程和标准，就协作服务平台建设的知识产权分配、保密协定、风险分担、责任界定、预算分配、角色定位等达成一致；

及时进行问题协调，就合作工作调度进行协商，强化协作服务平台的过程管理；

共同组建专家队伍，对协同服务工作任务与过程进行协调；

通过跨系统协作优化合作机制和服务流程。

跨系统协作信息服务的实现涉及要素很多，需要从系统的组织出发，综合考虑与之相关的影响因素，进行整体架构。

面向知识创新的跨系统协作信息服务的理想模式是建设协同服务平台。平台构建的目的是支持用户对知识内容的发现、分析、解释、交流和获取，从而实现协作构架下的知识利用、传播和创造。在协作服务推进中需要解决的关键问题包括：协调不同服务系统的不兼容服务业务流程；协调不同系统的不兼容数据和差别服务；协调不同系统所使用的不同交互模式等。协调目的是屏蔽信息服务系统之间的异构性，实现资源集成和服务互用。另外，如何实现服务提供者之间、服务提供者与用户之间的交流互动，强化用户的体验，也是需要解决的问题。针对这两方面的问题，协同信息服务的平台构建应有相应的解决方案。

利用信息构建方法进行协同服务平台的建设，由于考虑了系统结构转化和功能架构，因而可以解决平台建设组织问题。平台构建关心完成任务的步骤以及完成任务的方法，在面向服务中，平台构建关注服务的交互组织和协同利用。基于这一构想，可以搭建平台设计层次模型（见图4-8）。

基于信息构建的协同服务平台设计从宏观要求出发，组合微观构成要素，以此建立综合协作服务系统。如图4-8所示，战略层既要考虑自身目标，又要界定用户群及服务内容和协同对象目标；范围层将战略层的目标进行细分，确定协同服务平台的功能，以此出发对信息的特征进行详细描述，对交互平台功能进行说明，以有效地组织信息内容，利于不同用户的信息获取；结构层通过互动设计，定义系统的用户响应，实现信息资源在平台中的布局安排；框架层通过界面设计和导航设计，安排接口要素，以易于理解的方式表达信息，使用户能够与系统进行交互；表面层充分考虑用户的不同偏好、不同的工作环境和操作能力，应用合适的技术表现平台，吸引访问者。

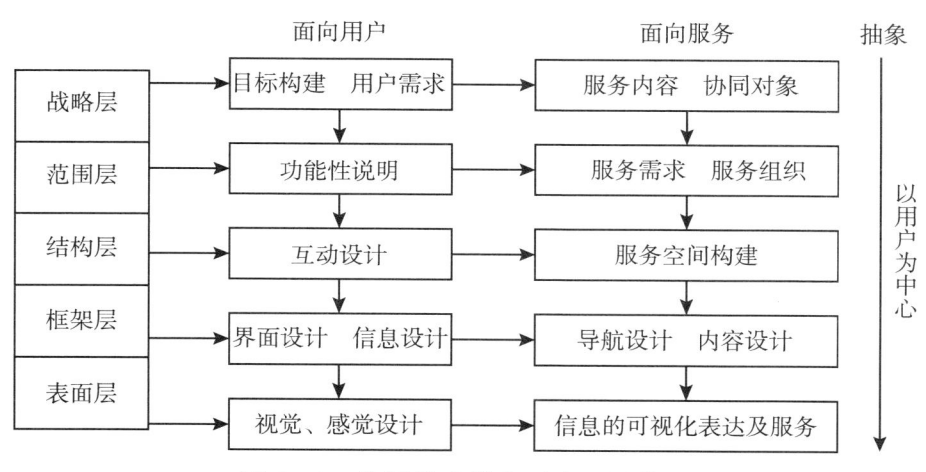

图 4-8　协同信息服务平台设计模型

基于以上设计思想，可以构建面向知识创新的跨系统协同服务平台。如图 4-9 所示，跨系统协同服务平台的实现涉及 5 个方面的内容，从下到上依次是支持环境层、数据层、服务层、交互层和用户层。

①支持环境层。支持环境层是支撑协同服务平台存在和运行的基本条件，包括网络基础设施、技术支持环境和管理环境等。首先，平台的建设是基于计算机通信网络的，没有网络基础设施，原来分散分布的信息系统不可能互联互通，协同也不可能实现；其次，平台的建设是基于现代信息技术和网络技术的，如管理技术、网络数据安全技术、数据库技术、知识发现技术等；最后，管理环境确保服务平台有效运行，其他支撑环境还包括服务系统建设的政策导向等。

②数据层。数字信息资源是开展协同信息服务的内容基础。数据层应构建一个信息内容覆盖齐全、资源结构合理，各种类型的数字资源相互依存、优势互补的资源体系。协同服务中的数字信息资源建设，应明确共享范围。数据层负责提供分布式信息资源的实际存储和相应数据库的访问接口。访问接口可选择相应的互操作标准协议，通过封装成为 Web 服务，从而实现全局范围内的数据集成，为整个协同服务提供数据基础。

③服务层。服务层负责提供各种内容服务和业务管理服务，同时负责协调管理流程。服务层封装各个信息服务系统的异构服务功能模块，通过流程重组对不同服务进行组合，以快速响应变化的业务。通过服务层整合，用户不再与多个孤立的系统进行交互，而是通过有协作关系的任何一个系统利用整体服务。

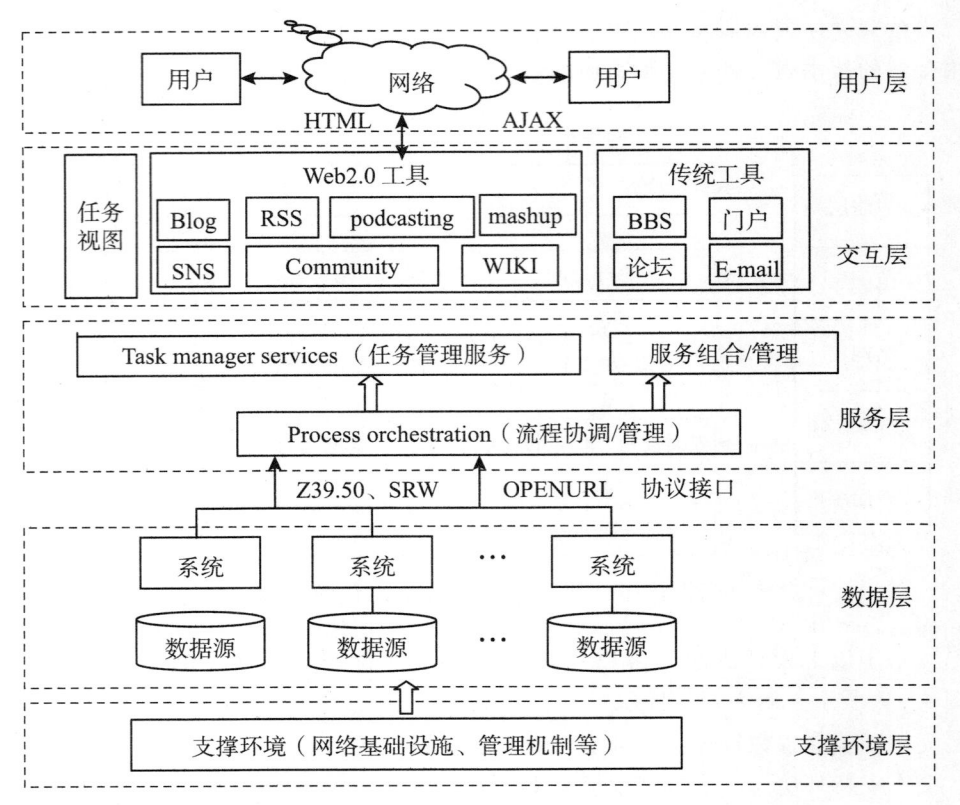

图 4-9 跨系统协同信息服务平台体系结构

④交互层。交互层为用户提供一个统一的交互门户和交互平台,利用 Web2.0 和其他交流工具可以为不同实体的交互与协作提供保障(如即时通讯、评论反馈、在线咨询等),支持服务提供者之间、服务提供者与用户之间以及用户与用户之间的交流和合作,在实体间建立社区型关系结构;通过创建服务视图快速响应各种动态变化的需求,使整个应用更富个性化。

⑤用户层。用户是信息服务的对象,跨系统协同信息服务的实现,就是为了给用户提供便捷高效的服务。用户层是跨系统协同信息服务中不可或缺的要素,当前的技术条件下,用户层应提供符合 Web2.0 特征的服务功能,同时提升用户的体验度。

面向知识创新的跨系统协同信息服务平台围绕以下功能进行构建:

协作支持服务功能。用户通过协同服务平台实现交流互动,因此平台应支持人—人交互(Human-Human interactions)和人—系统—人交互(Human-System-Human Interactions)的协同工作环境,为用户发现信息、加入群体以及实现与他人交往提供支持。

信息资源的集成揭示与服务封装。实现对参与协同服务的系统资源和服务进行统一规范的封装和元数据映射，进行服务注册登记，提供资源发现服务和集成检索系统调用服务。

信息集成检索功能。平台通过数据集成和聚合技术提供对分布式异构数据的透明访问，通过检索，用户可以获取自己所需要的一体化信息资源。

信息导航功能。通过相关信息和服务集成，围绕用户创新活动提供动态导航服务，实现协作系统对用户的透明服务。

信息发布/订阅功能。通过各信息服务系统向协同服务平台提交资源描述元数据信息，用户可以发布或订阅他们感兴趣的信息，系统通知内容属性和访问地址。

资源的适应性配送功能。通过基于用户需求与信息资源特征描述的匹配，进行资源的适应性配送。在适应性配送的过程中，按照个性化的服务流程和业务逻辑将多个服务灵活组织起来构成新的服务。

参与协同服务的系统之间存在很强的异构性和分布性，在庞大而复杂的资源和服务体系中，实现服务的协同和互操作，关键的环节包括异构服务互操作、过程管理协调和访问控制等[1]。另外，由于语义互操作技术的实现有待于 Ontology 的成熟，因此可在 SOA 框架下，将 Web 服务作为封装信息服务系统业务的基本单位，实现跨系统的协同。

4.4 知识信息服务动态联盟建设与虚拟联盟服务的发展

知识创新中的某一个创新项目可能会由多个组织共同完成，因此存在着知识创新联盟组织问题。与知识创新联盟相对应，知识信息服务中也存在着服务联盟的构建与服务组织问题。应该说，网络环境下服务联盟的出现不仅是知识信息服务的需要，而且是服务机构的一种新的协作形式，其目标在于使绩效最大化。

4.4.1 动态信息服务联盟的构建

面向知识创新的跨系统协同信息服务是开放式服务系统，参与协同服务的组

---

[1] 郑志蕴，宋瀚涛等. 基于网格技术的数字图书馆互操作关键技术 [J]. 北京理工大学学报，2005，25 (12)：1066 - 1070.

织既要维持各自原有的稳定运行状态，又要在共享系统平台上，通过合理的联盟组织形式进行协同运作，从而将分布式信息资源动态集成起来，向跨地区、跨系统的用户提供快捷而有效的信息服务。

动态联盟是以分布、协调的方式实现服务的一种新的组织模式。动态联盟组织的实质是不同服务系统之间基于合作关系的联合，它是服务组织的动态重组形式。动态联盟可以是虚拟联盟和网络联盟的合作组织，其目的在于快速整合资源，实现联合体的协同知识服务，使成员单位的服务在时间、质量和成本上具有优势。它的特点可归纳为：组成动态联盟的成员机构在各自领域具备服务能力；各联盟机构具有相互信任和依赖关系；利用信息网络保证联盟机构的协同运作；具有针对服务项目、机会或任务结合的需求；联盟成员处于变化之中，符合联盟成员条件的服务机构可随时加入。可见，动态信息服务联盟具有灵活性和反应快速的特点，因而能适应对用户信息需求的快速响应。

如图4-10所示，知识信息服务动态联盟组织结构可分为战略层和战术层，战略层由核心团队（Core Team）和外围团队通过协调机构（Alliance Steering Committee，ASC）组建。联盟中，核心成员在整个动态联盟的生命周期内是稳定的，在联盟的不同阶段可能改变联盟关系的外围成员，可以是一种比较松散的合作，但核心成员却是相对稳定的。因此在核心成员围绕某一项目组织服务时，可以以动态联盟的形式在不同阶段吸收外围成员，来实现协作服务。在战术层，动态联盟服务可以按照服务要求，建立面向横向工作流的集成工作团队（Integrated Work Team）。集成工作团队的成员来自不同的专业系统，为了完成某一具体服务项目而在同一协同工作环境中工作。动态联盟是以任务为导向组织的。动态联盟跨系统协同服务的开展，需要来自不同系统的多种人才，如对于知识服务，不仅需要从事信息咨询的人员，而且还需要相关领域的专家。只有通过多种知识背景人员的合作，才能协同进行知识性很强的服务。因此，动态联盟协同信息服务是基于智力资源组合的服务，它的知识化和专业化特性决定了服务人员的专家化与团队化。

在专门服务中，服务团队的组建以特定服务任务为导向，要求能及时提供诸如领域数据挖掘和知识发现服务，且能有效开发、监控和匹配知识管理和服务市场需求。团队采取柔性组织管理机制，适时根据任务重心的转移和更替，进行成员的调配。服务团队依据用户的差异化需求，灵活配置人员，通过跨系统的组合实施面向用户的服务。

目前的信息服务机构采用的是直线型组织结构和相对稳定的岗位管理，强调组织内部关系的规范化和服务的明晰化。这种直线型结构符合传统的信息服务要求，对重复性的服务工作是有效的，但是对于快节奏变化的动态协同服务来说，直线制结构则缺乏活力。

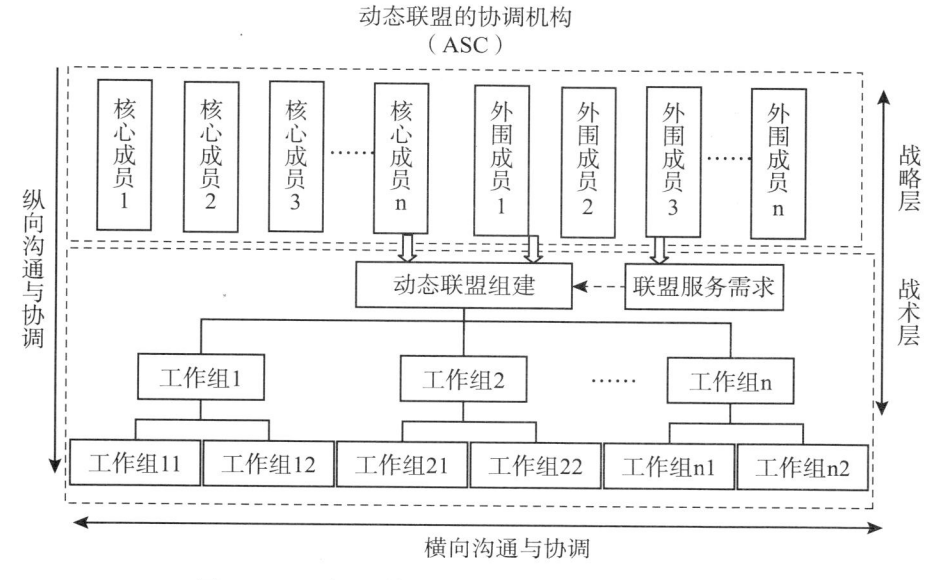

图 4-10 知识信息服务动态联盟的组织结构

面向问题和用户的跨系统协同服务必须依靠团队的组合，只有跨系统的团队才能创造一种系统优势互补的环境，形成开放服务氛围。服务团队中知识结合包括正式的、非正式的知识交流和知识学习与知识共享。因此，在管理上，必须具有明确的、完备的团队组合组织设计思路，使服务机构具有充分的灵活性和弹性，以便在管理环境和服务需求发生变化时，根据需要不断进行动态团队的组织。

面向知识创新的跨系统的协同信息服务系统是一种联合的、分布的、开放型的资源和服务体系。以机构虚拟联盟和业务紧密合作为特点，动态服务联盟服务的开展，需要成员单位协同建设服务团队，以跨系统的资源交换共享为基础，在标准化的业务规范基础上，共同完成系统服务任务。在动态联盟活动中，以下三方面问题值得关注：

①信任关系。跨系统的协同信息服务首先必须统一认识。当前，面向知识创新的信息资源共享与协同服务中，存在着条块分割、垄断封闭的现象，各单位之间缺乏合作与协调，往往竞相求全。这种传统的理念阻碍着跨系统动态联盟的发展。因此，必须突破系统的限制，以便在开放、互信的环境中开展协同服务业务。

动态协同服务信任关系是参建各方在面向不确定的未来所表现出的彼此间信赖。相互信任关系贯穿在动态协同全过程中，需要努力培养。同时，在动态联盟组织中，还需要通过一套经常性的、持续的信任评估机制，以对成员单位的信度进行综合评估。可靠的相互信任关系的建立，应做到与协同服务的目标相吻合，以利于整个信息服务系统协同效应的形成。在信任关系建立中，需要通过协作培训，鼓励正式合作、提高协同行为的透明度，同时，还需要建立有效的沟通平台，确保协同信息在成员间的无障碍传播。协同中，应促进相互学习环境建设，使联盟成员在平等协调的基础上制定服务计划，要遵守协同规则，遵守契约规定，实现相互监督，努力消除彼此的隔阂。在协同服务推进中，应协议规定组织面向用户的服务，使联盟成员之间互相理解，对于协议未作规定而出现的新问题，要进行协调解决。

②管理制度。跨系统动态联盟协同信息服务的有序运行，最重要的是形成体制化和制度化的基础保证。其中，联盟服务章程则是一系列规章制度中的重要制度，是规范其他规章制度的基本制度。联盟服务章程的内容应该包括协同服务系统的目标、组建方式、组织结构、成员单位加入退出办法以及各方责权利约定等。

在跨行业、跨部门动态联盟服务中，严格的管理制度是维系联盟、协调共建共管、保证成员单位各司其职，顺利实现业务发展目标的有效手段。动态联盟服务需要在联合共建原则基础上，制订完备的理事章程、资源共享章程、联合服务章程以及服务沟通条例，应对跨系统的信息收集、加工、服务流程做出规定。其中，联盟服务规则包括服务层次、服务对象与服务功能和服务产权等方面的制度等保证。

动态服务联盟采取设立联盟中心的方式进行管理，成员单位的信息资源服务受本单位和协同服务中心的调度，在服务业务上可采取相对有序的理事方式，以协议形式进行程序化组织，将动态联盟协同服务纳入组织化、结构化的轨道。

③经费支持机制。跨系统的协同信息服务既是一种跨系统服务，也是参与单位服务业务的组成部分，因此需要建立一种利益平衡机制，使参与成员，能够依据资源的投入和贡献，获得相应的利益。协同服务系统共享各成员单位原有的信息资源、人力资源和基础设施，必然会对原有相关业务造成一定影响，因此需要各方进行持续稳定的经费补充投入。动态联盟协同服务系统和成员单位的经费支持和投入，由机构支持和联盟服务收益投入两部分组成。对于两部分费用，可按统筹支配的方式解决。对于政府支持的动态联盟服务还可从政府部门获取专项支持经费，通过项目合作和业务合作渠道分配给成员单位，以形成有效的经费补充机制。动态联盟服务业务收入分配可依据成员单位联合服务的支持和绩效进行安排。以上多元化的经费支持是跨协同动态协同服务的基本保障。

4.4.2 虚拟服务联盟发展

动态服务联盟是一种松散的服务组织形式，一般而言，参与动态联盟的成员比较多，而且期间还会发生成员变动。这说明，动态联盟成员的关系在联盟活动中的变化是必须面对的问题。动态联盟组织中的关系与层级组织中的关系不同，层级组织中的关系是任务导向，动态联盟组织中的关系则是互动导向。信息服务的网络化发展，使得服务机构的联系日益增强，互动合作关系的变化决定了基于网络的联盟服务发展。

网络环境下，在动态联盟的基础上，为了推进面向用户的信息整合与服务，知识信息服务机构进行了动态联盟服务的拓展，形成了相对稳定的网络联合体，开展基于虚拟联盟的协同服务。虚拟组织的形式最先出现在企业，是两个或两个以上的企业，在运作某一项目或开展某方面业务时，为了实现共同目标，利用各自的优势，所建立的依托于网络的企业联盟组织。虚拟企业具有异地分布结构特征，其管理协调通过网络进行。然而，在运作上，虚拟企业并不"虚拟"，而是实体企业的"网络化"跨地域联合。企业运行中，可以组建多元化的"虚拟"联合体，即某一企业可以实现与多个企业的虚拟联盟。显然，这种网络化运作方式，对于知识信息服务机构而言，更具现实性。因此，知识信息服务动态联盟关系，可以演化为虚拟组织的服务协同关系。在虚拟联盟发展中，基于同治的虚拟服务组织建设是重要的。

信息服务跨系统、地域的适时联盟组织形式，可视为基于网络的虚拟服务形式，它是动态联盟的进一步发展，在于使服务协同动态化、网络化。虚拟服务联盟运行中的一个关键问题是实现联盟成员的同治[①]。

虚拟联盟服务同治的实质是，将联盟作为一个整体对待，按业务运行关系实现加盟成员的整体化管理。虚拟联盟的同治，将联盟成员作为虚拟服务整体中的一部分对待，将虚拟联盟作为网络化的服务组织对待。这就要求将联盟成员纳入一体化服务管理的轨道。

就实现而论，虚拟服务联盟是由若干知识信息服务机构组成的实体联盟，"虚拟"只是联盟组织手段的网络化和异地化。参与虚拟联盟的机构在有限资源条件下，为取得最大的合作优势，可以经过网络资源整合，向用户提供全方位的互补性知识信息服务。利用虚拟组织形式可以实现知识信息服务机构之间的知识信息资源共享，不仅使各联盟成员充分利用核心优势快速发展，而且使其放弃低

[①] 胡昌平等. 网络化企业管理 [M]. 武汉：武汉大学出版社，2007：56.

附加值的业务或高成本的资源储备，从而集中有限资源获取倍增效率。

英国大英图书馆文献供应中心（BLDSC）与 Index to Theses 系统之间就是以虚拟联盟的形式进行知识信息服务协同运作的。BLDSC 收录了1970年至今英国和爱尔兰大学的170 000多篇博士学位论文，此外还有部分美国、加拿大等国家的学位论文资源。以这些丰富的资源为基础，联盟开展面向用户的公益性学位论文原文传递服务[①]。在 BLDSC 与 Expert Information Ltd 建立的 Index to Theses 系统中，BLDSC 收录的学位论文资源和 Index to Theses 收录的1716年以来英国和爱尔兰大学的50多万篇学位论文资源，实现了"虚拟"化的资源共享和联合服务，允许注册用户跨系统下载、浏览、打印论文文摘和全文[②]。目前，这种虚拟联盟的服务形式，在我国 CALIS 等系统中正得到应用。虚拟联盟服务共享平台是虚拟服务实现的基本形式，平台实现依靠网络支持和元数据协议，其技术实现框架见图4-11。

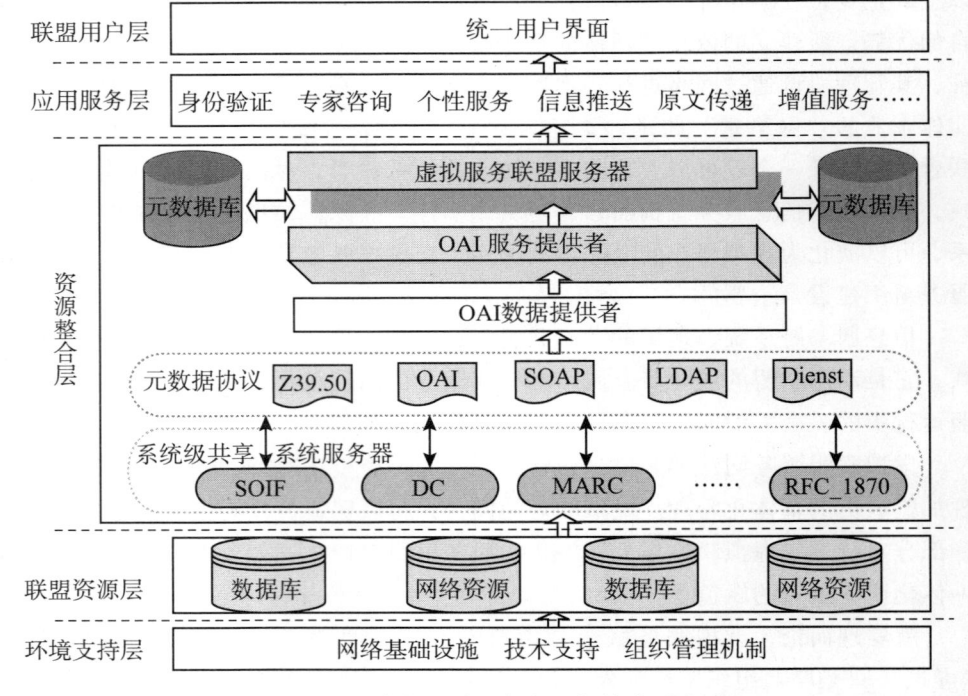

图 4-11　虚拟服务联盟平台的实现框架

图 4-11 归纳了当前技术发展水平条件下的虚拟服务联盟平台的实现框架。

---

① British library theses service [EB/OL]. [2009-09-26]. http://www.bl.uk/britishthesis.
② Index to theses [EB/OL]. [2009-09-26]. http://www.hw.ac.uk/library/theses.html.

框架结构层次如下：

联盟用户层。它是虚拟服务联盟服务器与用户进行交互的接口，为用户提供统一的知识信息资源利用和知识信息服务环境。用户可以注册登录或以 Guest 身份访问系统门户站点。

应用服务层。由一些不同类型的应用软件所组成，可以面向用户提供身份验证、专家咨询、个性化定制服务、信息推送、原文传递以及各类增值服务。

资源整合层。资源整合层的目的是将不同知识信息服务机构系统内的数据资源按照统一的标准转换为格式一致的元数据。目前我国知识信息服务系统常使用的元数据标准主要有 DC、RFC_1807、MARC、SOIF 等。用于元数据采集和处理的常见协议有 Z39.50、OAI、SOAP、LADP、Dienst 等，同时，在元数据的转换上采用国际通用的 OAI 协议进行转换。

OAI 提出了基于元数据的电子文献互操作框架，形成了 OAI 元数据收获协议（OAI—PMH）。OAI 协议使用 HTTP 协议进行通信，利用 HTTP 的 POST 和 GET 方法实现元数据的采集。基于 OAI 协议的集成检索通过 OAI-PMH，进行元数据获取、存储、检索与全文链接。OAI-PMH 具有很好的开放性和适用性，因而不管各数据库内部如何，都可以将它们灵活的无缝链接，实现资源描述的一致性、合理性和有序性[①]。

联盟资源层。联盟资源层中的资源包含终端服务机构联盟成员的所有数据库和网络资源，其数据格式因而是多种形式的。为了实现数据共享，同样需要通过元数据互操作协议进行数据采集和处理。

环境支持层。环境支持层是支撑平台存在和运行的基本条件，包括网络设施环境、技术支持环境和其他支持环境。我国当前的网络支撑主要是中国计算机共用互联网（ChinaNet）、中国教育和科研计算机网（CERNET）、中国科技网（CSTNet）等。

---

① Cole T. W., Foulonneau M.. Using the Open Archives Initiative Protocol for Metadata Harvesting [J]. The Journal of Academic Librarianship, 2008 (1): 80 – 81.

5

知识信息资源的社会化配置体系建设与资源配置组织

知识信息资源配置很大程度上取决于国家创新系统中各类配置主体对环境变化的动态适应能力。因此，对影响知识信息资源社会化配置的系统内外部环境进行分析是促进配置主体调整自身行为、实现自组织协作配置的先决条件，也是制定知识信息资源配置目标构建配置框架的依据。

5.1 知识信息资源配置的社会环境与社会化目标选择

国家知识信息资源系统是一个开放的复杂系统，不断与环境进行交互影响和关联，其社会化配置目标在环境与系统的相互作用中形成。科学、客观的目标选择不仅决定着知识信息资源配置效率，而且关系到资源的有效开发和合理利用。

5.1.1 知识信息资源社会化配置环境及其影响

国家创新系统中知识信息资源社会配置环境从宏观上影响着信息资源配置的实施和效益的产生，包括国家宏观经济发展环境、国家创新政策制度环境、信息市场环境与技术环境。

①宏观经济发展环境。宏观经济发展环境是指国家经济体制、产业发展、消费结构等环境。一国的知识信息资源分布格局与国家经济发展形态相对应，国家经济发展形态影响着创新主体的信息资源需求，决定了知识信息资源的分布格局和流动方向，不断推动着知识信息资源配置方式的优化与完善。首先，经济快速发展作用于国家经济结构、人口就业和资产组织，决定了信息服务组织的知识信息资源投入和业务拓展，影响着知识信息资源产出，这直接关系到知识信息资源在其他行业的分布。对于知识信息资源配置，一个国家或地区为了经济发展的需要，通常要求知识信息资源向经济效益高、潜力大的行业或部门流动，形成知识信息资源富集；其次，经济快速发展使各个层次的知识信息资源管理者可以运用价格经济杠杆，引导知识信息资源生产、传播和利用，以通过资源配置体系的相互合作向社会化配置方向发展。

②创新政策、制度环境。知识信息资源社会化配置的产生是国家创新系统建设战略的现实要求，因此，配置必然由国家创新政策、制度所决定。国家创新政策、制度不仅是保障国家创新发展战略目标顺利实现的依托，也是国家规范资源配置主体行为、引导知识信息资源配置社会化发展的重要手段。创新政策的颁布直接影响着国家创新系统的运行方向，进而对与国家创新发展息息相关的知识信息资源建设提出变革要求。随着国际创新竞争的日趋激烈，各国政府都致力于本国创新实力的提高，往往通过制定各项创新政策塑造国家核心竞争优势。2006年以来，各国纷纷颁布了新环境下创新发展中的中长期发展规划。如：美国白宫科技政策办公室（OSTP）国内政策委员会发布的《美国竞争力计划——在创新中领导世界》（American Competitiveness Initiative：Leading the World in Lnnovation，ACI）的政策计划。这是一份旨在通过促进创新提高国家实力的中长期计划，对今后10年乃至更长时间内美国的科技发展都将产生重大影响[①]。日本内阁会议通过的第三期《科学技术基本计划（2006~2010年）》，将国家创新战略重点转移到前瞻性较强的高科技领域[②]。我国政府则颁布的《国家中长期科学和技术发展规划纲要》，以建设创新型国家为目标，对我国未来15年科学和技术发展做出了全面规划与部署，这是新时期指导我国科学和技术发展的纲领性文件。这些创新政策不仅对各国未来的创新发展进行了全面规划，也对面向国家创新发展的知识信息资源配置进行了相应部署，尤其强调了基于产学研结合的知识信息资源社会化开发。

---

① American Competitiveness Initiative：Leading the World in Lnnovation，ACI［EB/OL］.［2009 - 08 - 20］. http：//www. innovationtaskforce. org/docs/ACI%20booklet. pdf.

② 第3期科学技术基本计划概要［EB/OL］.［2009 - 08 - 20］. http：//crds. jst. go. jp/CRC/chinese/law/law3. html.

③信息市场环境。从国家创新的角度而言，市场规模是指在一定时期内整个国家创新活动对信息市场商品和资源的需求总量。它关系着市场结构、市场行为和市场绩效的变动，直接影响着知识信息资源的建设。在知识信息资源配置过程中，创新主体的核心竞争优势很大程度上取决于其利用信息市场规模的能力和所占有的市场份额。随着信息资源市场的不断延伸，创新主体所面对的信息市场规模也不断扩大，从而进一步促进了创新主体间信息资源配置战略联盟的组建。与此同时，市场规模的扩大也导致了主体间的知识信息资源配置竞争的加剧。据《世界电子数据年鉴》(*The Year book of World Electronics Data* 2009) 统计：2009年，美国信息市场总规模为 282 376 万美元，日本为 184 137 万美元，处于第三位的中国的信息市场规模为 157 596 万元。① 然而，我国创新建设水平和知识信息资源配置能力却落后于世界许多创新型国家。由此可见，我国的信息市场存在巨大的潜在需求，知识信息资源配置的市场机制可以进一步完善。信息市场运行机制促使创新主体进行合作，从而要求建立支持国家创新的知识信息资源社会化配置的长效机制。

④社会化配置技术环境。信息技术的发展为创新主体间的创新合作与信息资源共建共享提供了技术支撑，特别是信息技术的集成化应用以及社会化配置技术的研发更进一步推动了信息资源配置的社会化转型。自计算机支持的社会化工作（CSCW）产生以来，各种社会化软件、社会化技术层出不穷，以角色社会化、流程社会化和计算社会化为核心的信息技术逐渐应用到知识信息资源配置的各个环节。特别是以 BPEL 为标准的 SOA 架构的出现，为知识信息资源配置操作的社会化提供了新的契机，对于以前需要复杂专有架构、难于实施的应用集成，可以通过一个标准的、柔性的、可扩展的、低成本的、易于部署和实施的技术框架来实现。Web2.0 应用的迅速普及为创新主体间的信息沟通、行为交互提供了更加便捷的社会化渠道，以博客、维基、社交网络、内容社区为代表的一批社会化媒体工具，可以通过正越来越多地应用于人们的网络信息沟通之中。随着功能不断拓展，这些社会化工具正逐渐向"企业级应用"延伸，为企业、高校、科技机构之间的信息沟通提供了新的交流手段②。一些创新合作联盟也开始应用维基软件进行知识资源共享配置和社会化作用；更多的创新主体可以通过加入网络社区的方式跨系统利用信息资源，实现资源互补。这些新的变化反映了信息技术对信息资源社会化配置的促进。

---

① The Year book of World Electronics Data 2009 [EB/OL]. [2009 – 08 – 22]. http：//www.docstoc.com/docs/6530689/Yearbook-Of-World-Electronics-Data.

② 2009 Social Media Marketing & PR [R/OL]. [2009 – 08 – 20]. http：//www.chrisg.com/social-media-marketing-survey-results-free-pdf/.

值得指出的是，信息技术的发展，在为创新主体间的信息资源交流提供了更加有效的手段和途径的同时，也进一步加强了主体间的联系①。因此，在知识信息资源配置中，不仅需要综合利用多元化的信息沟通工具，而且需要确保主体在知识信息资源配置中的安全。

安索夫（H. I. Ansoff）认为，战略性行动是组织改变内部资源配置和环境相互作用关系的过程，只有"组织、战略、环境"三者协调一致才会实现组织的既定目标②。由此可见，环境因素对知识信息资源配置的战略制定和实现方式都具有十分重要的影响。国家创新中的信息资源需求决定了信息资源交换、传递和共享方式，关系到信息资源配置的社会化发展进程。因此，知识信息资源社会化配置过程实质上是配置行为与环境之间的作用演化过程，两者的内在关联关系如图5-1所示。

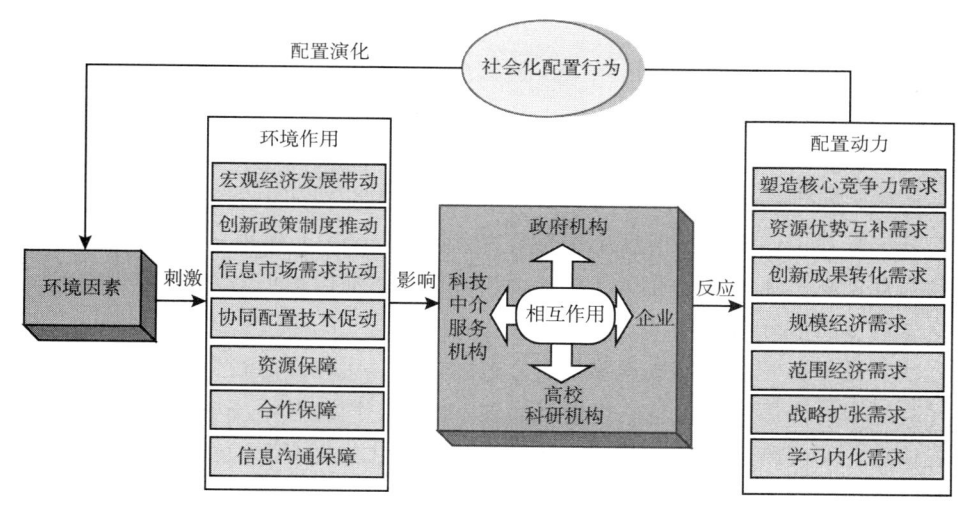

图5-1 环境因素对知识信息资源社会化配置的影响

对国家创新系统而言，环境因素是推动系统持续运转的动力，也是保障系统内部所有活动稳步开展的基础。在环境动力刺激下，创新主体能够主动调整自身的行为规则，将环境动力转化为内在的需求。在国家宏观经济、创新政策、市场需求、信息技术的共同作用下，创新系统可以根据自身发展需要对环境刺激做出反应，进而在相互适应过程中进行信息资源的联动配置。在这一过程中，创新系统中的知识信息资源配置与环境之间通过双向作用形成反馈机制。一方面，组织

---

① Lichtenthaller U., Ernst H.. Developing Reputation to Overcome the Imperfections in the Markets for Knowledge [J]. Research Policy, 2006, 36 (1): 1-19.
② Ansoff H. I.. Corporate Strategy [M]. New York: McGraw-Hill, 1965: 97.

环境制约国家创新战略和知识信息资源配置的方式选择；另一方面，国家创新战略和资源配置结果又影响着环境结构。由此可见，环境与国家创新系统中的资源配置是相互依存、共同变化的，两者之间的作用决定了知识信息资源社会化配置的实现。

5.1.2 知识信息资源社会化配置的目标选择

国家创新发展中的信息资源需求形态演变体现在国家创新主体的信息资源需求分布结构和基于分布结构的资源配置目标选择上。国家创新主体是国家创新系统中的知识信息资源生产者与利用者，他们的信息资源需求结构决定着创新系统中的信息资源分配与供给关系，影响着信息流动的方向与资源投入结构，因而是信息资源社会化配置目标定位的依据。

（1）目标选择

随着国家创新活动的日益复杂化，创新主体的信息资源需求不断增长，且更加多元化，其创新活动的开展不仅需要来自组织内部的知识信息资源供给，还需要与其他创新主体间进行信息交互与资源共享。表5-1根据对企业、高校和科研机构等创新主体的信息资源需求调研，分析了当前国家创新系统中各创新主体的信息资源需求分布结构。

从各类创新主体的信息资源需求分布结构看，主体信息资源需求的满足需要通过跨系统的资源流动与整体规划来实现。因此，应将各系统资源纳入国家创新发展轨道，实现跨系统的社会化配置是必要的。从信息资源配置规划上看，社会化的资源配置应遵循面向国家创新发展的原则、跨系统优化组织原则、资源建设多元投入原则、资源体系重构原则和配置技术融合原则，以此进行合理的目标选择（如图5-2所示）。

①面向国家创新发展目标。在国家创新发展中，信息资源社会化配置不仅为科技创新与经济发展提供支撑，而且对国家自主创新战略的实施具有基本的保障作用。信息资源社会化配置的根本目标是，服务于国家创新系统建设与国家创新发展，因此，资源配置发展规划应纳入国家总体创新发展战略轨道，使之与国家创新保持目标上的一致，围绕国家创新主体的信息资源需求进行的社会化资源配置，应致力于国家信息化水平和自主创新能力的提升，进而实现自身的可持续发展。

表 5-1　创新主体的信息资源需求分布结构

创新主体	对组织内部的信息资源需求 组织内部的基层职能部门	对组织外部的信息资源需求				
^	^	各类企业	高校与科研机构	科技中介与信息服务机构	政府部门	国内外市场
各类企业	● R&D 成果 ● 技术创新成果 ● 市场销售数据 ● 企业财务报表 ● 历史档案资料 ● 资源结构信息	● 技术创新成果 ● 生产销售数据 ● 创新生产信息 ● 人才信息 ● 资源结构信息 ● 发展战略信息	● 学术科研成果 ● 发明专利成果 ● 人才培养信息 ● 合作需求信息 ● 研发实力信息 ● 科研项目信息	● 专利数据资源 ● 行业发展报告 ● 市场供求信息 ● 成果转化信息 ● 知识信息资源类型、内容、数量等	● 相关政策法规 ● 行业统计数据 ● 国民经济统计数据 ● 其他公共信息 ● 国家创新发展规划信息	● 产品销售数据 ● 最新产品信息 ● 技术市场信息 ● 国外市场动态 ● 市场需求信息 ● 市场调研报告
高校与科研机构	● 科研创新成果 ● 发明专利信息 ● 人才培养信息 ● 资源结构信息 ● 历史档案资料 ● 学科发展数据	● 企业 R&D 成果 ● 创新生产信息 ● 发明专利成果 ● 技术人才信息 ● 企业创新发展需求信息	● 学术科研成果 ● 人才培养信息 ● 资源结构信息 ● 合作需求信息 ● 研发实力信息 ● 学术发展数据	● 专利数据资源 ● 各类文献数据库 ● 成果转化信息 ● 服务能力信息 ● 知识信息资源类型、内容、数量等	● 相关政策法规 ● 学术成果统计 ● 各类统计年鉴 ● 其他公共信息 ● 国家创新发展规划信息	● 技术市场信息 ● 国外市场动态 ● 市场需求信息 ● 市场调研报告 ● 知识信息资源供求信息
科技中介服务机构	● 资源结构信息 ● 服务项目信息 ● 服务人员信息 ● 服务技术信息	● 企业 R&D 成果 ● 发明专利成果 ● 合作需求信息 ● 信息服务需求	● 学术科研成果 ● 创新合作信息 ● 资源结构信息 ● 信息服务需求	● 服务能力信息 ● 服务对象信息 ● 成果转化信息 ● 知识信息资源类型、内容、数量等 ● 合作需求信息	● 相关政策法规 ● 创新统计数据 ● 各类统计年鉴 ● 公共知识信息资源	● 市场需求信息 ● 技术转让信息 ● 资源供求信息 ● 市场调研报告
政府部门	● 各部门统计数据 ● 国家创新情况 ● 国家知识信息资源配置现状信息	● 市场销售数据 ● 企业财务报表 ● 创新生产情况 ● R&D 信息	● 学科发展动态 ● 知识创新情况 ● 人才培养信息 ● R&D 信息	● 本行业发展报告 ● 服务统计数据 ● 发展规划报告 ● 资源建设情况	● 发达国家政府机构制定的创新发展战略及其实施情况报告	● 市场运行情况 ● 国内外市场发展动向 ● 市场需求信息

```
               ┌─────────────────────────┐      ┌─────────────────────────┐
               │      社会化配置原则      │      │    社会化配置目标选择    │
               │      ┌──────────┐       │      │      ┌──────────┐       │
  ╭──────╮     │      │创新发展原则│      │      │      │面向创新的发展目标│  │
  │社会化│     │      └──────────┘       │      │      └──────────┘       │
  │信息资│     │    ┌────────────┐       │      │    ┌────────────┐       │
  │源需求│ ⇒   │    │跨系统优化组织原则│    │  ⇒  │    │跨系统优化组织目标│    │
  │ 导向 │     │    └────────────┘       │      │    └────────────┘       │
  ╰──────╯     │      ┌──────────┐       │      │    ┌────────────┐       │
               │      │多元投入原则│      │      │    │多元投入与配置产出目标│ │
               │      └──────────┘       │      │    └────────────┘       │
               │    ┌────────────┐       │      │    ┌────────────┐       │
               │    │资源体系重构原则│    │      │    │体系重构中的运行目标│  │
               │    └────────────┘       │      │    └────────────┘       │
               │      ┌──────────┐       │      │    ┌────────────┐       │
               │      │技术融合原则│      │      │    │技术融合中的互用目标│  │
               │      └──────────┘       │      │    └────────────┘       │
               └─────────────────────────┘      └─────────────────────────┘
```

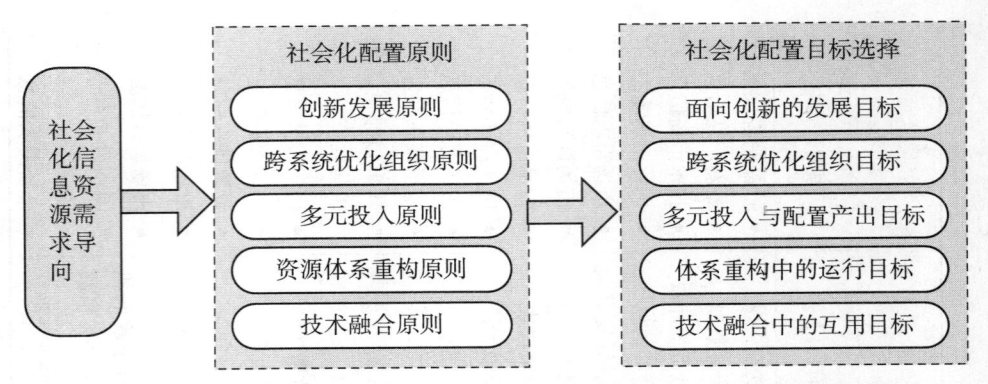

图 5-2　创新主体需求导向下的信息资源社会化协同配置目标原则

②跨系统优化组织目标。信息资源社会化配置的实现不是依赖某个子系统的独立运行就能完成的，而是不同创新主体资源系统间相互联系、相互作用的协同行动。开放式知识创新的实现，要求广泛分布的资源系统合作开展跨系统的资源优化组织，为产学研联合创新提供资源共享环境和协作空间。因此，信息资源社会化配置应面向创新主体信息资源需求结构，通过系统互操作整合分布环境中的知识信息资源，从而推动信息资源共建共享的开展，实现信息资源的社会化开发与利用。

③多元投入与配置产出目标。面向国家创新的信息资源社会化配置，强调各类创新主体的共同参与和密切合作。创新活动的顺利开展除了依赖政府的公共资源与 R&D 投入外，还需要创新主体的支持。因此，政府应积极调动各方力量，建立产、学、研一体的社会化多元投入体制，引导社会资源加大对创新活动的投入，逐步形成财政支持、主体投入、社会参与的社会化配置格局。因此，在拓展资源配置与经费投入的同时，还应提高社会化配置的产出，即通过国家创新系统中的信息资源有效利用提高新技术产值，寻求知识经济的规模效益。

④信息资源体系重构运行目标。知识信息资源社会化配置的目标在于，集成各类知识信息资源、系统和服务，以构建支持国家创新发展的知识信息资源系统。在配置中，需要对传统的庞杂分散的信息资源体系进行重构。面对创新主体多元化的信息资源需求，应实现分布式资源系统间的互联互通，建立一个覆盖全国的多层次、社会化资源网络保障体系。在体系建设过程中充分发挥政府的统筹规划作用，设立合理的运行机制协调国家层面、地区层面、行业层面和组织层面的机构分工与协作，发挥整体优势，共同推进国家创新系统中的信息资源分布结构优化，从而提高信息资源的综合利用水平和保障水平。

⑤技术融合中的互用目标。信息资源社会化配置离不开信息技术的支撑。在技术实现中，如何实现资源组织技术、服务技术、信息处理技术的融合是知识信

息资源配置中需要解决的关键问题。因此，在技术融合中，应致力于技术标准规范的统一，采用国际通用的、可扩展的信息技术标准，实现配置技术的优化组合与技术平台的无缝衔接，使社会化技术应用，深入到资源配置环节，进而推动知识信息资源的融合与创新主体间的协调互动。

（2）目标定位

国家创新系统中的知识信息资源社会化配置是国家总体创新发展战略的重要组成部分，也是国家创新系统建设和国家创新主体信息资源需求的有机融合。根据社会化配置的目标选择原则，信息资源社会化配置应定位于优化国家创新系统中的知识信息资源配置方式，实现创新主体、创新要素、创新环境之间的整体化效应，以提高国家创新系统中的知识信息资源投入—产出效益。在总目标引导下，社会化协同配置应围绕分目标进行（如图 5-3 所示）。

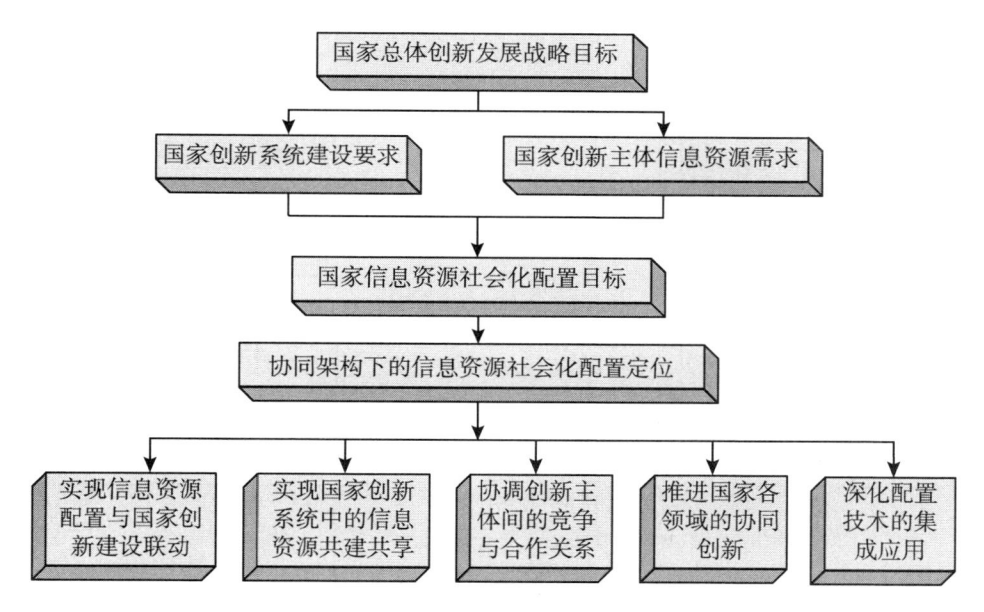

图 5-3　国家创新系统中的信息资源社会化配置目标体系

如图 5-3 所示，国家创新系统中的信息资源社会化配置目标体系中的目标定位依据如下：

①实现信息资源配置与国家创新发展的整体联动。信息资源社会化配置应始终与国家创新发展要求保持一致。在配置过程中，一方面应通过持续性的资源布局优化和动态调配，满足国家创新活动中的各种信息资源需求；另一方面，根据国家创新发展基础与条件，将信息资源配置与创新建设作为一个有机联系的系统

工程对待。因此，应根据创新的推进与创新格局演化，进行相应的配置方式变革与机制转型，使之与国家创新系统协调，以实现与国家创新发展的整体联动。

②促进国家创新系统中的信息资源共建共享。在开放式创新环境下，知识信息资源共建共享是提高知识信息资源利用效益的途径。知识信息资源社会化配置的目标之一就是通过创新主体间的相互合作，促进彼此间的信息资源共享。这一目标的顺利实现有赖于资源配置平台的构建。在社会化配置平台构建中，需要对各区域、行业创新系统进行时、空结构和功能结构的重组，通过有效的合作—协调机制实现包括科技、经济、文化、教育创新领域在内的信息系统互通（如图5-4所示）。知识信息资源共享平台突破了各领域信息资源配置的独立运作的限制，有利于实现信息资源无障碍共享。

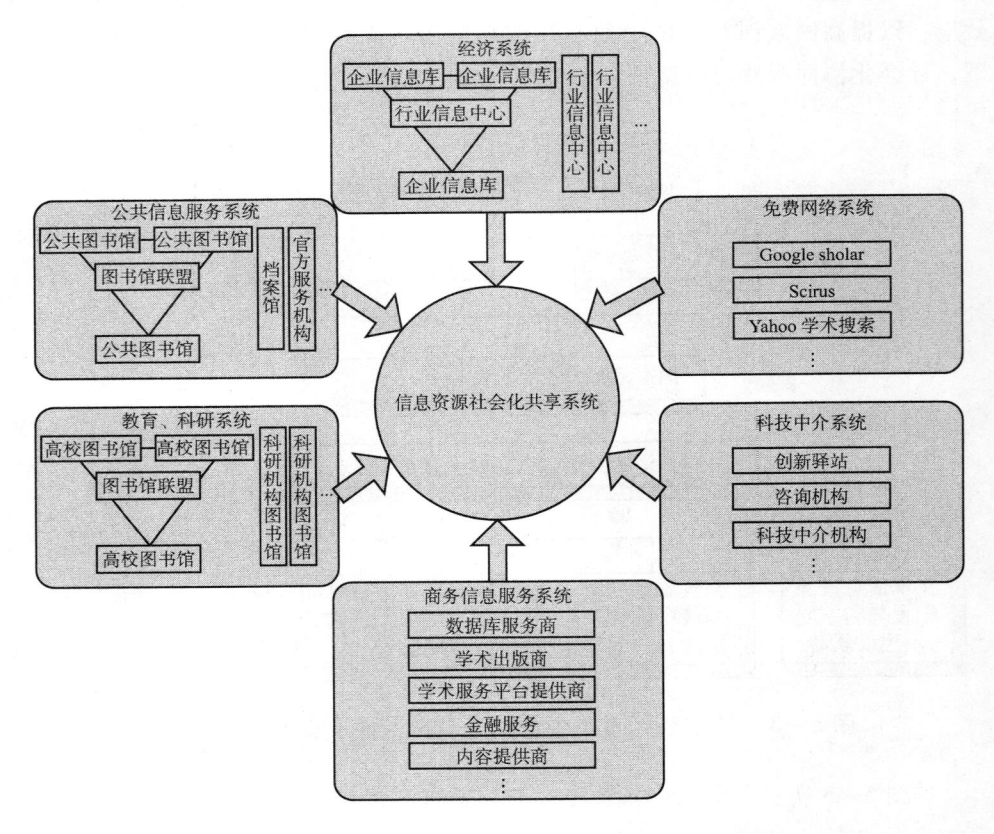

图5-4　国家创新系统中的知识信息资源共建共享体系

③协调创新主体间的竞争与合作关系。实现创新主体间的知识信息资源供求均衡是资源有效配置的核心所在。各类创新主体在资源供求中存在着多元化的竞争与合作关系。对于知识信息资源供给者，存在着各自的系统目标和投入问题。

对于需求者，存在着社会化的跨系统资源和利用问题。对于供需双方而言，既有共同发展的需要和供求合作需要，又有协同配置中的各方面权益保障要求。主体间这种复杂的关系影响着资源配置的协同效果。因此，应充分发挥各配置主体的自组织作用，通过合理的机制协调主体间的利益关系，调整知识信息资源在不同主体间的流向和数量，使信息资源开发、生产与国家创新需求相平衡。

④推进各领域的社会化创新。信息资源社会化协同配置的最终目的，是通过创新主体在知识信息资源配置过程中的彼此渗透、相互融合，推进主体间的社会化创新。当前，社会化创新已成为国际上创新合作的必然趋势，它使协作方共享创新价值，使创新成果可以更快地转化为市场竞争力，因而有利于加强技术创新的学习效应和扩散效应。在知识信息资源的协同配置过程中，应鼓励创新主体将自己拥有的知识信息资源进行扩散、组织、融合和转化，形成有序的知识集合。同时以长期的合作契约为保障，在优势互补、利益共享、风险共担的基础上进行协同创新。

⑤深化配置技术的集成应用。以技术融合为基础，设计可操作性的知识信息资源协同配置技术实现方案，构建基于开放式架构的社会化配置系统，拓展配置集成技术的应用，提高配置流程管理效率。在此基础上进一步实现资源配置与创新主体的工作协同。同时，还应注重新技术的开发与应用，通过配置技术手段的优化促进社会化配置流程改进，以不断提高国家创新系统中的知识信息资源配置效益。

5.2 知识信息资源的社会化配置关系

知识信息资源社会化配置关系，从宏观上决定了配置的实现机制。从系统关联性上看，这种协同关系引发了系统要素作用下的配置方式演化。因此，从分析协同配置体系内各组成要素之间的内在关联出发，进行协同效应和协同配置机制研究是必要的。

5.2.1 知识信息资源社会化协同配置的系统动力学模型

因果关系分析是构建系统动力学模型的基础。在系统动力学中，研究对象组成要素间的因果关系通过"反馈环"来表示，如图5-5所示。对系统而言，"反馈"是指系统内某一单元输出与输入之间的回馈关联，即该单元的输出在经过多次转换以后又反过来作用于输入,从而影响再输出过程。系统内部的反馈机制是推动系统发展演化、增强系统社会稳定性的动力。一个"反馈环"是由若干个具有因果关系的变量通过因果链相互连接而组成的一条闭合回路。因果链都有正(+)、负(-)极性之分,其极性反映了因果链所连接的两个变量之间的作用关系。

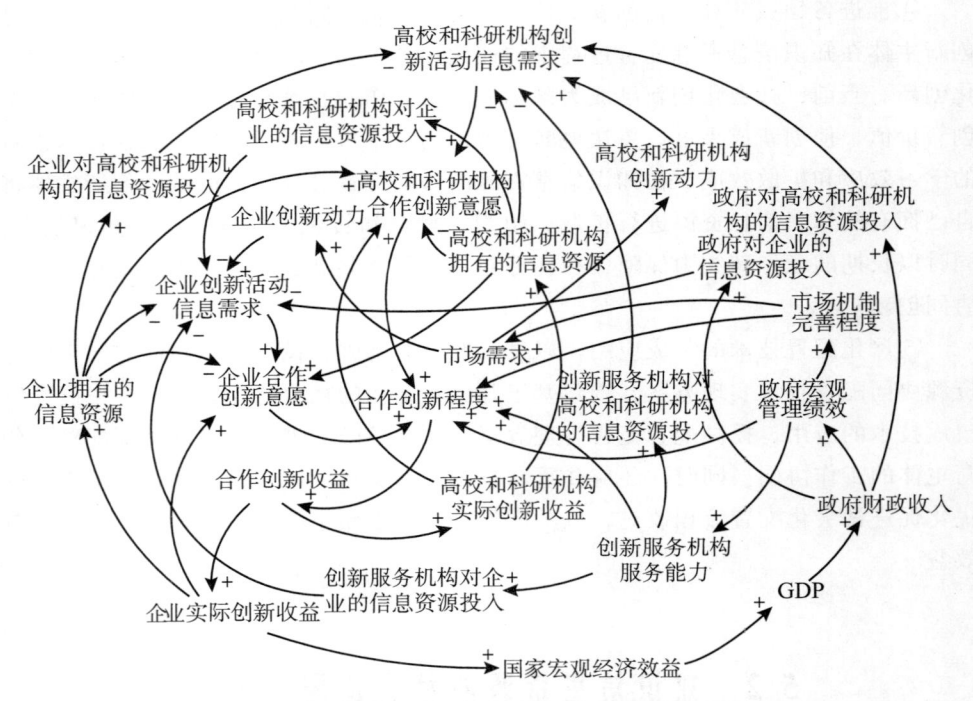

图 5-5 知识信息资源协同配置的因果关系

在因果链中,正极性表示在其他条件相同的情况下,如果变量 X 增加(减少),那么有(Y)增加(减少)到高于(低于)它原先所应有的量,在累加情况下,X 加入 Y;负极性表示在其他条件相同的情况下,如果变量 X 增加(减少),那么有(Y)减少(增加)到低于(高于)它原先所应有的量,在累加的情况下,X 从 Y 中扣除。一个反馈环中正、负因果链的数目决定着该反馈环的极性:若该反馈环包含偶数个负因果链,则其极性为正;若该反馈环包含奇数个负因果链,则其极性为负。正反馈环表示,如果反馈环中有某个变量的属性发生变化,那么,由于其中一系列变量的属性递推作用,将使该变量的属性沿着原先变化的方向继续变化下去。所以,正反馈环具有自我强化(或弱化)的作用,是促进系统发展(或衰退)的动力。负反馈环表示,当其中某个变量发生变化时,在反馈环中一系列变量属性递推作用下,将使该变量的属性沿着与原来变化相反的方向而变化，因此，负反馈环具有调节器（稳定器）的效果，能够抑制（或促进）系统的发展（或衰退）速度，是促进系统进行自我调节的动力[①]。

系统内部所有反馈环的组合构成了系统内部各要素之间的因果关系图，关系图是系统结构功能、运行状态、内部机理的直观展现。

根据知识信息资源社会化配置体系的基本结构和运行机制，社会化信息资源的协同配置关系可以通过相关要素之间的因果关系图来表示（见图5－5）。图中显示了政府、企业、高校、科研机构和创新服务机构在知识信息资源配置中的相互关系，以及政府调控和市场导向机制对知识信息资源社会化配置的影响。鉴于高校和科研机构在国家创新系统中具有相似的创新功能，故将其视为一个类型的进行研究。

如图5－5所示，政府、企业、高校、科研机构和创新服务机构之间构成了因果关系链。依托于知识信息资源配置的创新信息服务，显然与政府、企业、高校和科研机构之间存在着关联，其协同关系反映在系统要素的因果关系作用上。图中箭头所示的正、负作用，显示了要素之间的反馈。其中，正向因果关系是增量的，负的因果关系是减量的。如果反馈环节某个要素发生变化，通过正、负作用反馈，必然影响到相关的其他要素。从系统动力学原理看，反馈中一系列变量的递推作用形成了系统自我调节的动力。

因果关系图描述了知识信息资源社会化协同配置过程中各相关变量之间的相互作用关系，以及国家创新系统内部的基本反馈结构，从而揭示了国家创新系统中知识信息资源社会化协同配置的内在关系。在此基础上，我们可以利用系统动力学流图进一步区分配置体系内各要素的性质与特点，以明确国家创新系统中各主体间知识信息资源流动的基本规律和反馈形式，从定量的角度构建具体模型，用以对知识信息资源社会化配置的整体实现进行仿真。

系统动力学流图是在因果关系图的基础上，进一步区分变量性质，用更加直观的符号刻画系统要素之间的逻辑关系，明确系统的反馈机理和控制规律的图形表示，是构建模型的基础。流图中包括以下特征变量[②]：

状态变量（Level Variable）。状态变量又称水平变量，用来描述系统的累积效应，反映系统内物质、能量、信息等对时间的积累，它的取值是系统从初始时刻到特定时刻的物质流动或信息流动的积累，可以在任何时点观测。

速率变量（Rate Variable）。速率变量又称决策变量，用来描述状态变量的时间变化，反映系统累积效应变化的快慢，因此可在时间段内取值。

---

① 谢英亮. 系统动力学在财务管理中的应用［M］. 北京：冶金工业出版社，2008：156.
② 钟永光，贾晓菁等. 系统动力学［M］. 北京：科学出版社，2009：89-92.

辅助变量（Auxiliary Variable）。辅助变量用来描述决策过程的中间变量，即状态变量和速率变量之间传递和转换过程的中间变量。

常量（Constant）。常量一般为系统中的局部目标量或标准量，是在所考虑的时间范围内变化甚微或者相对不变化的系统参数。

以上最重要的两个变量是状态变量和速率变量，分别用图 5 - 6 中的方框和箭头符号表示。它们之间的关系如下：

$$L = L_0 + \Delta L = L_0 + (Inflow - Outflow) \times DT$$

其中，L_0 为状态变量的前次观测值，$Inflow$ 为状态变量的流入速度，$Outflow$ 为流出速度，DT 为观测的时间间隔，ΔL 为 DT 时间内的状态变量增量。

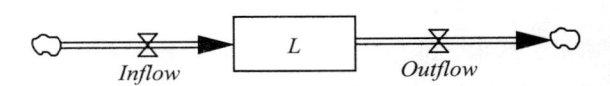

图 5 - 6　系统动力学流图的一般结构

在因果关系图的基础上，根据系统动力学流图的基本原理，可以绘制知识信息资源协同配置的动力学流图（见图 5 - 7）。

图 5 - 7 中涉及的量值如表 5 - 2 所示。

表 5 - 2 中所列的量值反映了知识信息资源配置中各要素的定量关联关系，根据系统动力学模型，可以进行知识信息资源配置的协同规划。值得指出的是，协同配置规划可以按分层方式进行，即从国家、区域、行业层面进行关联规划，以获得最佳的协同效果。

5.2.2　知识信息资源社会化协同配置的实现机制

在国家创新发展需求导向下，信息资源社会化配置的目标定位是国家创新系统中的信息资源投入、供给、分配的依据。为了促进创新主体间社会化效应的产生，更好地实现总体配置目标，应首先按照社会学原理，识别国家创新系统中信息资源社会化配置序参量。以便依据参量，选择合适的社会化配置组织方式、确定社会化配置实施路径和安排社会化配置实现层次。

对信息资源社会化配置起着决定性作用的是序参量。序参量在复杂系统的演化过程中影响系统由一种状态转化为另一种状态。序参量具有三个基本特征[①]：

---

① 齐秀辉，张铁男，王维．基于生命周期企业协同能力形成的序参量分析 [J]．现代管理科学，2009（11）：81 - 82．

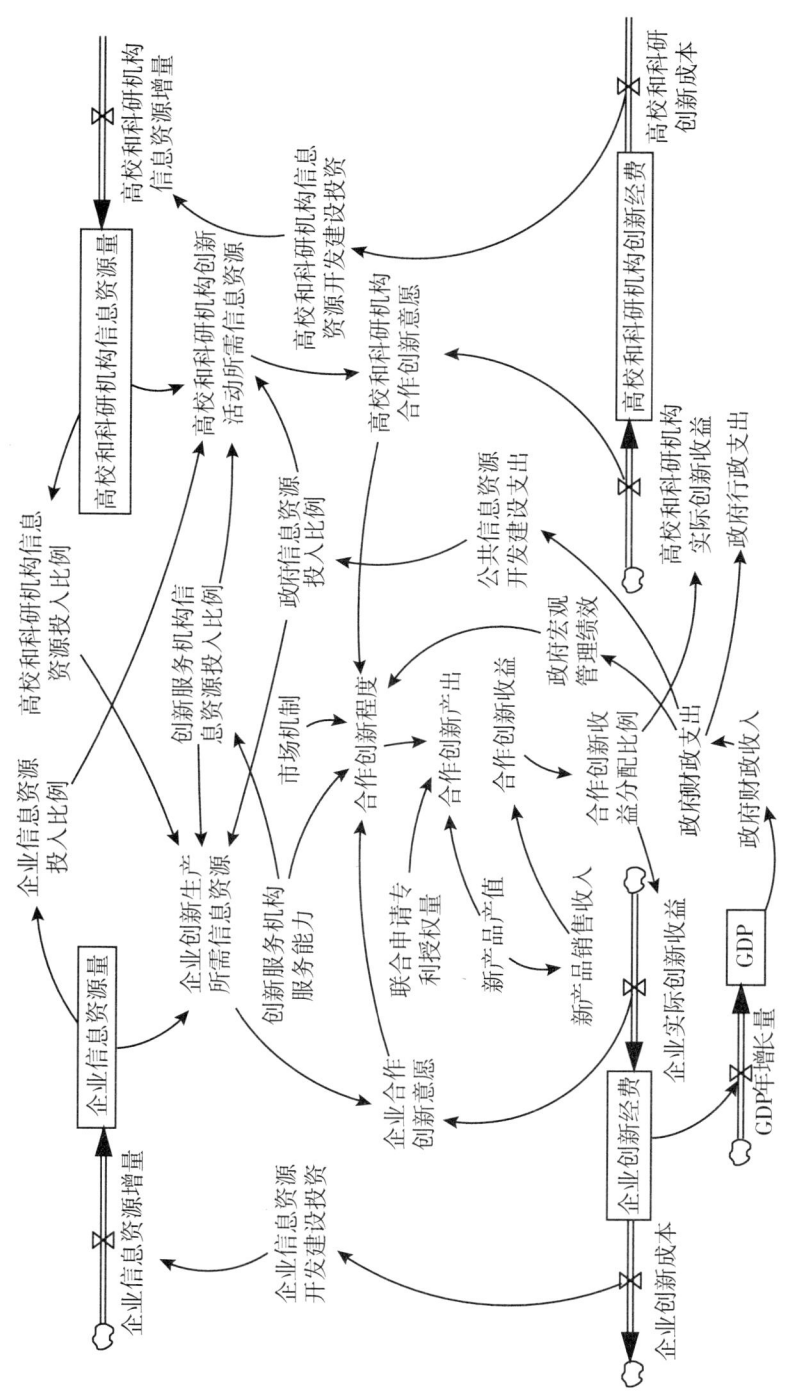

图 5-7 知识信息资源协同配置的系统动力学流图

表 5-2　　　　知识信息资源社会化配置动力学流图中的变量

序号	量值名	类型	序号	量值名	类型
1	企业知识信息资源量	L	19	合作创新程度	A
2	企业知识信息资源增量	R	20	合作创新成果数	A
3	企业知识信息资源开发建设投资	A	21	联合申请专利授权量	C
4	企业知识信息资源投入比例	C	22	新产品数量	C
5	企业创新生产所需知识信息资源量	A	23	新产品销售收入	A
6	企业合作创新意愿	A	24	合作创新收益	A
7	企业实际创新收益	R	25	合作创新收益分配比例	C
8	企业创新经费	L	26	GDP	L
9	企业创新成本	R	27	GDP 年增长量	R
10	高校和科研机构知识信息资源量	L	28	政府财政收入	A
11	高校和科研机构知识信息资源增量	R	29	政府财政支出	A
12	高校和科研机构知识信息资源开发建设投资	A	30	政府行政支出	A
13	高校和科研机构知识信息资源投入比例	C	31	政府宏观管理绩效	A
14	高校和科研机构创新经费	L	32	公共知识信息资源开发建设支出	A
15	高校和科研机构合作创新意愿	A	33	政府知识信息资源投入比例	C
16	高校和科研机构实际创新收益	R	34	创新服务机构服务能力水平	C
17	高校和科研机构创新活动所需知识信息资源量	A	35	创新服务机构知识信息资源投入比例	C
18	高校和科研机构创新成本	R			

注：L 为状态变量；R 为速率变量；A 为辅助变量；C 为常量。

首先，序参量是为描述系统整体行为而引入的宏观参量，协同效应的形成不是国家创新系统中各主体要素加迭的结果，而是通过它们之间的关联作用结果；

其次，在国家创新系统中，只有配置主体、流程、技术、资源都达到可能发生合作关系的临界状态时，才会形成协调统一的运作，而序参量正是反映出这一过程的参量；

最后，序参量是通过各个要素的社会化作用产生的，它一旦形成，便可以据此支配各子系统的行为和决定整个系统的有序结构和功能行为。如果知识信息资源社会化配置中的序参量一旦确立，便可用于配置过程的调控。

知识信息资源协同配置组成要素之间的相互作用是形成社会化效应的关键。从外部机制看，国家创新系统的运行环境是促使社会化效应产生的外在条件。根据内外因素的共同影响关系，可以将知识信息资源协同配置能力确定为序参量，它既能表征各要素间的社会化运作程度，又能反映国家创新系统中的信息资源配置状况。协同配置能力的作用如图 5-8 所示。

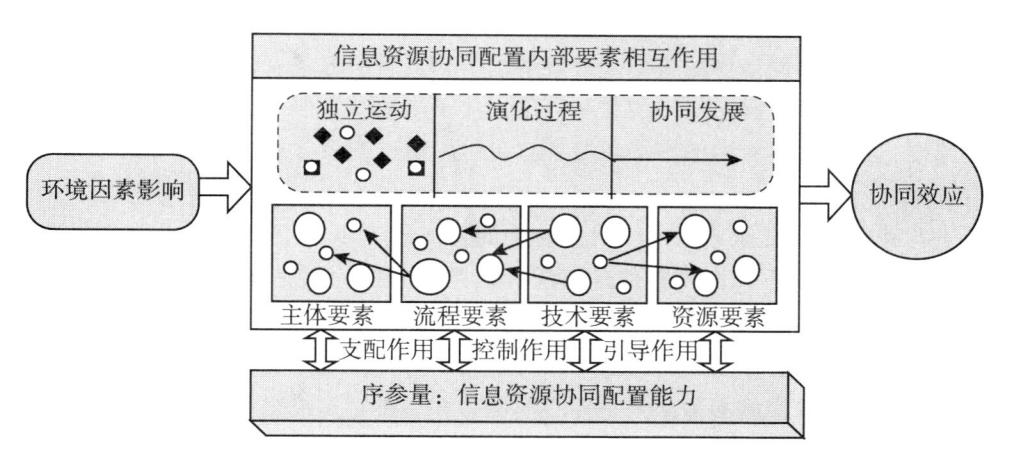

图 5-8 信息资源协同配置序参量的作用机理

从图 5-8 可知，协同配置的作用包括：

知识信息资源协同配置能力决定各要素的配置状态，使配置体系协调有序，最终形成平衡稳态结构，可达到最优配置状态；

知识信息资源协同配置能力控制着最终配置效率，协同配置能力越强，要素间的联系互动就越紧密，从而产生较高的经济绩效；

知识信息资源协同配置能力决定配置机构跨越组织的界限，可以据此进行目标控制下的知识信息资源动态配置，使系统向有序状态演化。

在国家创新系统中，政府配置和市场配置仍然是最主要的两种资源配置方式。这两种方式分别对应着复杂系统科学理论中的他组织和自组织方式。

①政府主导的他组织协同配置方式。利用他组织协同配置方式，政府通过计划和政策导向对知识信息资源配置进行管理，推动配置系统的协同演化，使系统由无序转向有序。政府作为国家创新发展战略的制定者，利用其制度优势可以从国家整体利益出发对知识信息资源配置进行宏观规划，通过计划指令协调各机构的配置行为。这在一定程度上避免了单纯市场配置的盲目性和无序性。然而，在创新日益复杂化、多元化的情况下，他组织协同配置方式无法充分兼顾每一类主体的实际需求，因而不利于调动所有创新主体参与协同配置的积极性。

②创新主体自组织协同配置方式。知识信息资源协同配置本身就具备很强的自组织特性，其自组织协同的主要动力在系统内部，是系统内部主体间的相互作用推动了知识信息资源配置过程的协同演化，由此形成的协同配置关系具有很强的活力，能够使系统发挥出原来所没有的特性、结构和功能。自组织方式作为知识信息资源配置的主要方式，可以通过市场供求机制和竞争机制来协调创新主体系统间的相互作用关系，使之相互适应、有机融合，从而建立长期、稳固的合作关系，以达到协同运作的目标。一般情况下，自组织方式有效调动了各资源系统的积极性，促进了国家经济实力和竞争力的不断提高。但是，这种方式也存在一定弊端，在信息不对称的市场环境中，自组织协同配置方式显然无法发挥出积极的效用。

③有效制度安排下的自组织社会化配置方式。事实上，在知识信息资源实际配置过程中并不存在纯粹的他组织和自组织方式，而是两者的综合应用。一方面，政府作为国家创新活动的规划者，必须在知识信息资源社会化配置过程中发挥积极的主导作用，进行统筹安排；另一方面，企业、高校、科研机构等创新主体作为配置实施者也必须发挥主观能动性，进行自组织协调。为了建立更加灵活、稳固的知识信息资源协同配置关系，政府应从宏观上进行调控，为知识信息资源协同配置创造良好的政策环境，即进行有效制度安排下的自组织信息资源协同配置。这里的制度安排，不仅包括政府的政策制度，也包括创新发展的体制。

有效制度安排下的自组织信息资源配置方式，通过不同层面的制度安排使主体间形成一个相互协调配合、联动开放的社会化资源配置体系（见图5-9）。这种社会化配置体系，既能体现政府的管理协调职能，又能充分发挥产学研等创新主体的自适应优势，使其在自组织作用下产生整体协同效应，凸显了知识信息资源配置的可持续性和动态发展性。

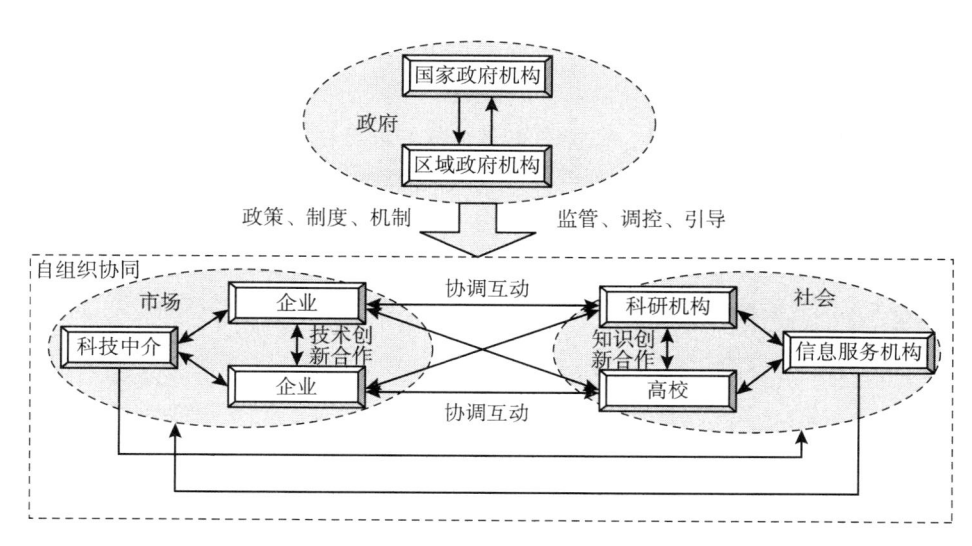

图 5-9 有效制度安排下的知识信息资源自组织协同配置

5.3 知识信息资源社会化配置体系建设

在面向 21 世纪的国家建设中，我国政府于 2006 年 1 月在全国科技大会上明确提出了将我国建设成创新型国家的战略任务，科学地展示了信息时代基于自主创新的国家可持续发展蓝图，进一步推动了我国国家创新发展战略的演进。自主创新能力的提高和创新型国家的建设，离不开信息化环境，需要有充分而完善的信息资源社会化配置作保障。

5.3.1 总体建设规划

我国在推进国家创新系统建设的同时，也对信息资源配置进行了相应的规划部署，从而促进了我国信息资源配置模式的优化转型。我国知识信息资源社会化配置工作部署与我国创新型国家建设战略目标紧密相连。在社会化配置战略制定上，既要顺应全球化创新发展趋势，也要符合我国具体国情。结合我国《国家中长期科学和技术发展规划纲要》中提出的"全面推进中国特色国家创新体系建设"要求以及我国信息化发展目标，面向国家创新发展的知识信息资源社会化配置总体目标应定位于：以科学发展观为指导，通过国家统筹协调改善我国当前信息资源地区、行业分布不均的格局，通过各类创新机构间的信息资源共建共享，形成覆盖全国的信息资源共享网络，努力整合全球高质信息资源为我所用；大力提高我国国家创新系统中的信息资源投入—产出效益，充分发挥信息资源在促进国家经济、政治、文化、社会和军事等领域发展的重要战略作用，以此推动国家信息化水平和自主创新能力的提升，为我国2020年建成创新型国家这一战略的实施提供有效的信息保障。

在总体目标引导下，我国知识信息资源社会化配置体系建设应随着国家创新发展战略的推进逐步落实，在不同发展阶段设立相应的阶段配置目标，如图5-10所示。

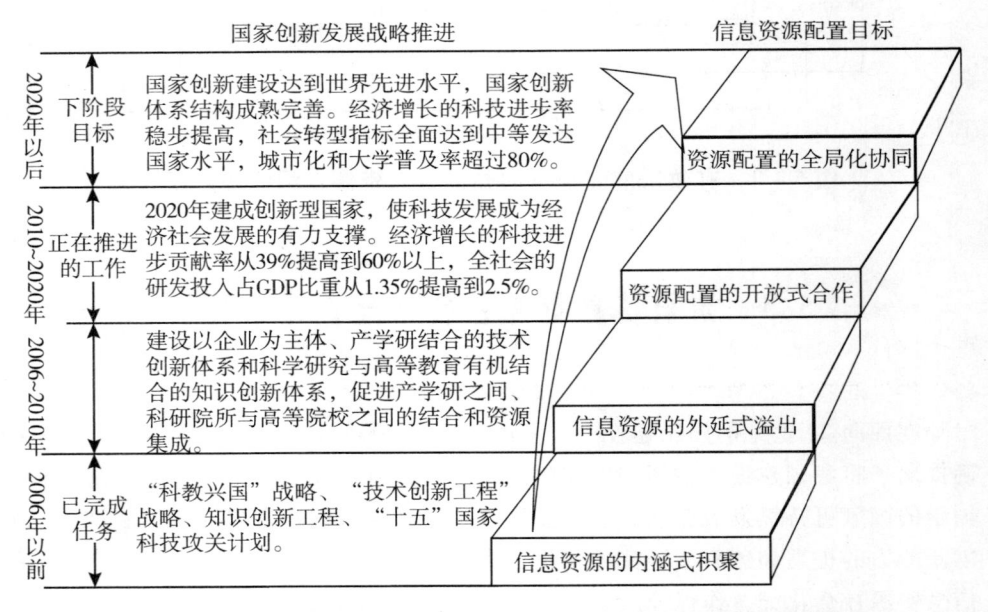

图5-10 我国创新发展战略演进与信息资源配置阶段目标制定

① 信息资源的内涵式积聚（2006年前）。在我国创新型国家建设战略任务正式提出以前，国家创新体系的运行主要以政府计划控制为主，全面推进各方面主体的知识创新。这一时期，政府按照国家发展战略规划，对公有信息资源实行计划分配。各创新主体主要专注于自己领域的信息资源开发建设和配置工作，由此实现信息资源的原始积累。

② 信息资源的外延式溢出（2006~2010年）。随着创新型国家建设战略目标的提出，产学研合作创新逐渐成为促进国家创新发展的主要途径。各创新主体间的信息交流与传递日益紧密，信息资源共建共享程度不断提高。在配置模式上，政府逐渐由计划控制转为合理引导，使创新主体的自组织配置功能得以充分发挥。

③信息资源配置的开放式合作（2010~2020年）。为了实现我国2020年迈入创新型国家行列的宏伟目标，应树立开放意识，鼓励各创新主体在信息资源有效共享、集成整合的基础上进一步开展跨系统的信息资源联合配置，以此促进国家创新系统内的信息资源快速流动和充分利用，从而带动创新成果的转化与市场应用。

④信息资源配置的全局化协同（2020年以后）。按照中国科学院中国现代化研究中心2006年报告中提出的中国未来50年创新发展规划路径[①]，到2020年后，我国的创新建设工作应达到世界中等发达国家水平。因此，在信息资源配置上，我国应逐步建成与世界先进的创新型国家相匹配的运作体系，不仅在本国领域内实现信息资源的优化配置，还要积极参与全球化的信息资源开发共建，对全球重要的创新资源进行凝聚汇集，以不断扩大自身资源优势，形成国内外信息资源配置融合的社会体系。

5.3.2 社会化配置协同管理体系

知识信息资源配置管理层面的协同需要建立专门的协同管理机构。社会信息化推进和创新型国家建设中，在国家信息化领导小组的管理协调下，我国信息化建设与信息资源共建共享的社会化协同体制已初步确立。各省市建立了专门的管理机构与各行业中心协同，从地区和行业两个层面推进我国的信息化建设，取得了显著成效。国家信息资源配置作为信息化中至关重要的一项内容，其整体配置已和各领域的创新活动融为一体。为了更好地协调各管理部门间的权责关系、整合各部门的配置管理职能，需要在大部制基础上，强化国家信息化中的信息资源配置统筹管理。建议在国务院统一部署下，由国家信息化领导小组进行国家科技部、文化部、教育部、发改委、国资委等中央政府职能部门的资源管理职能协同，在实施中，以委员会形式推进工作。在地区层面上，我国华南、华东、华中等八个大区可设立地区信息资源配置管理协调委员会，实现地区分布管理；各行业的信息资源配置应由各行业协会负责。此外，为了加强政府对信息资源配置的监督管理，还应对知识信息资源社会化配置进行监督评估，以保证配置目标的实现。我国信息资源配置协同管理体系的基本结构如图5-11所示。

---

① 中国科学院中国现代化研究中心.中国现代化报告2006——社会现代化研究[R].北京大学出版社，2006：172-173.

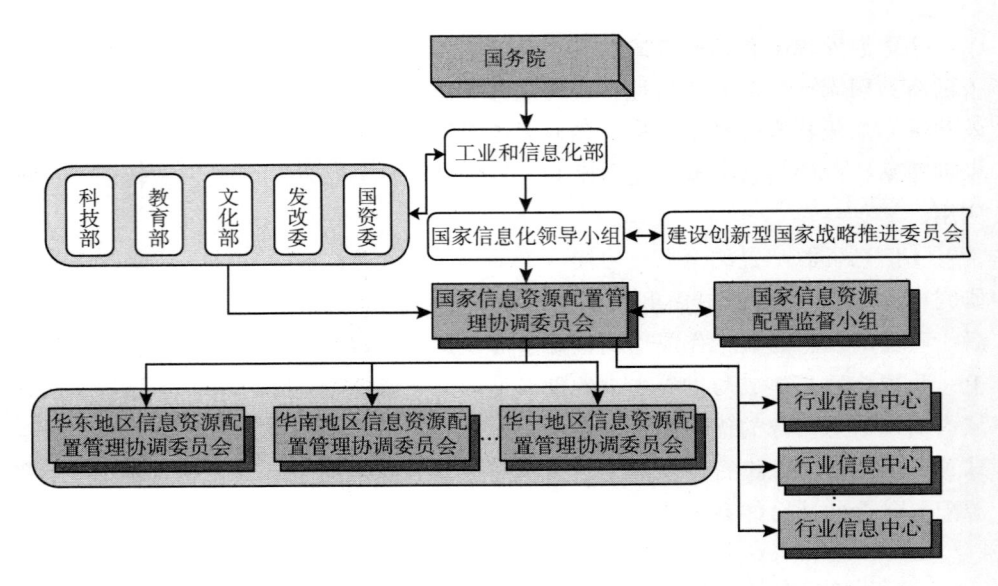

图 5-11　我国知识信息资源社会化配置管理体系结构

我国信息资源配置管理协调委员会的职责在于：对我国信息资源配置工作进行统筹规划、宏观调控，根据我国创新发展现状制订适应于我国国情的信息资源配置专项制度和政策法规，为产学研创新合作创造良好的信息资源制度环境；在全面协调我国信息资源分布格局与配置的基础上，确立我国信息资源配置总体战略，确定科学合理的知识信息资源社会化配置管理机制，制定具体的国家信息资源配置实施方案；同时，还要协调参与配置活动的各方利益关系，促进我国信息资源配置的协同转型，使之更好地服务于我国国家创新系统的建设。

5.3.3　知识信息资源配置体系框架

知识信息资源社会化配置体系在知识信息资源社会化配置战略实施基础上构建，包含了配置管理机构、配置主体、协同运行机制以及各类资源要素的安排。从功能而言，知识信息资源社会化配置体系通过改变系统内的信息资源流动方向调整创新主体间的关系，使创新主体间产生整体联动效应，同时通过调整系统内的资源分布提高资源利用效益，不断维系和推动国家知识创新信息系统的稳定运行。在知识信息资源社会化配置过程中，我国地区和行业以区域创新和行业创新为目标，构建了区域、行业信息资源共建共享系统，如各地信息资源共享平台和全国文化信息共享平台等，为我国地区间、行业间的信息资源共建共享和联合配置提供了有效渠道。从宏观上来看，现有的信息共享系统只是初步实现了跨地区、跨行业的信息资源集成开发与利用，真正面向我国创新全局的信息资源整体社会化配置体系尚未建立。鉴于此，迫切需要在政府统筹规划下，立足于我国创新型国家建设全局，通过现有信息共享系统间的互联互通，整合各地区、各行业的优势信息资源，构建一个全国性的综合知识信息资源社会化配置基础平台，从总体上实现信息资源在国家层面的集中共享与利用，地区、行业层面的分布开发与建设。

我国知识信息资源社会化配置体系的建设管理应由国家信息资源配置管理协调委员会负责，结合国家颁布实施的《国家科技基础条件平台计划》进行部署。我国知识信息资源社会化配置体系应具备两项重要功能：其一，是通过协调管理实现国家信息资源的优化配置；其二，推进各领域信息资源整合基础上的综合性资源服务。因此，在体系结构设计上，应从两个方面着手。

①国家信息资源优化配置。依托网络环境，以社会化配置基础平台为中心结点，在各省、市设立分中心，由对应的地区信息资源配置管理协调委员会负责相应的建设和运行管理。中心结点是国家信息资源传递、交换和共享的枢纽，负责国家层面的信息资源规划与调度，根据各地区的信息资源利用效益以及创新需求调整国家对各地区的资源投入数量和类型。各省市级分中心负责整合本地区的信息资源，对地区信息资源进行统一规划与配置，同时向中心结点提出信息资源需求。

②各领域信息资源整合共享。将我国已经建成的信息资源共享系统纳入知识信息资源社会化配置体系，按其所属领域划分为科技、文化、教育、经济四大板块，不断对各板块的资源内容进行补充、建设；同时，专门设立"政府信息公开"管理中心，与我国各级电子政务平台进行对接，为用户提供政府公共信息服务。

在此基础上，我国知识信息资源社会化配置体系总体架构，如图5-12所示。

5.3.4 知识信息资源体系建设技术路线

在知识信息资源社会化配置体系框架下，我国知识信息资源社会化配置工作需要遵循分步建设的原则，在总体战略目标下，通过网络基础设施建设、标准规范制定、信息资源建设与社会化配置组织，全面实施知识信息资源社会化配置工程，加快我国创新型国家建设进程，实现各领域的资源配置协同，如图5-13所示。

（1）网络基础设施建设

我国知识信息资源社会化配置的开展需要以国家现有的骨干网络为依托，实

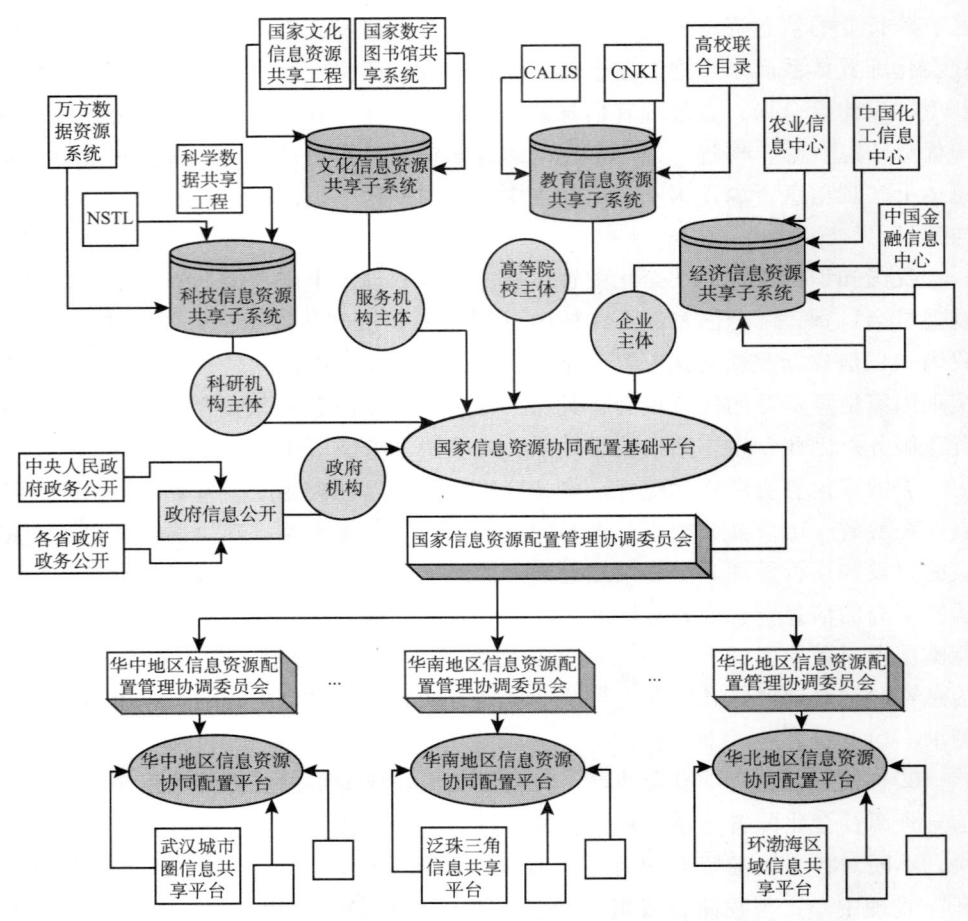

图 5-12 我国知识信息资源社会化配置体系框架

现多系统的知识信息联网，实现包括科技、经济、文化、教育信息网络服务在内的各类信息资源共享系统的互联互通，进行面向国家知识创新的多网融合。因此，网络基础建设是社会化配置活动顺利开展的前提。我国应以国家骨干网络为基础，充分利用技术手段，建立一个国家级信息资源交换中心（即社会化配置体系中的国家知识信息资源社会化配置平台）和若干个地区中心、省级分中心，扩大数字信息资源的存储、传播和利用范围。国家中心负责将所有资源进行数据整合和中心存贮，以便对外提供网络资源服务。地区中心和省级分中心保持与国家中心的资源建设同步，并为本地区的网络用户提供资源服务。随着我国"三网融合"的推进，国家信息资源将通过网络融合渠道得到整合。

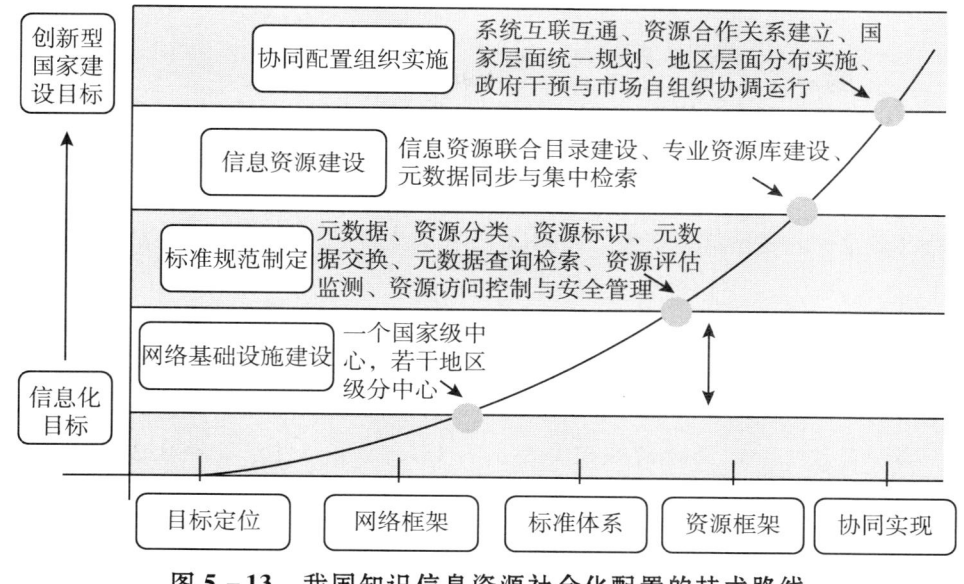

图 5-13 我国知识信息资源社会化配置的技术路线

（2）标准规范制定

国家层面的知识信息资源社会化配置是一项实现各领域信息资源的跨部门、跨平台整合、共享、交换和应用的系统工程，其网络基础平台是一个"逻辑上高度集中，物理上高度分布"的大系统。要实现基于异构系统的信息资源实时交换，实现开放的跨平台资源共享和利用，就必须制定一整套完善的标准规范，以协调和统一有关技术和管理规则。尽管目前各领域的共享系统都有着各自的相关标准，但专门针对国家基础平台建设的标准体系还未形成，这在一定程度上制约了我国知识信息资源社会化配置的开展。特别是在元数据方面，由于各系统的元数据规范、资源分类、资源标识存在技术差别，元数据描述规则、核心元数据与资源分类标识规则的不统一，导致了实现跨平台的元数据整合的困难。由此可见，统一规则、协调各系统现有标准规范，特别是协调现有的各种元数据标准和资源分类标识标准，在此基础上建立科学、完善的标准体系是推进我国知识信息资源社会化配置有效实现的基本保障。具体而言，标准体系的建立应着眼国家知识信息资源社会化配置的长远发展和整体规划，体现一体化的建设思路，从元数据、资源分类、资源标识、数据查询检索、资源评估监测、资源访问控制与安全管理等方面需要出发，形成满足社会化配置体系建设需求的共性化标准规范[①]。

---

① 刘颖，王志强等.国家科技基础条件平台标准化体系研究[J].信息技术与标准化，2007（11）：49-56.

（3）信息资源建设的协同实现

信息资源建设的目的是按照统一的数据描述、采集、检索标准，实现跨系统的资源整合与共享，在国家知识信息资源社会化配置基础平台上建成信息资源联合目录和多个专业共用资源库，实现资源的动态化索取与发送，为国家创新活动提供多元化的网络信息服务。从总体上看，信息资源建设的协同实现包括如下工作：

①信息资源联合目录建设。联结全国科技、文化、教育、经济领域的信息共享平台，应具备对原有数据的整合功能，搭建起一个公益性的元数据交换平台，旨在揭示平台系统信息资源收藏的基础上，逐步实现全国数字资源的协调调度。为了实现综合性信息资源的共建共享，有必要从联合目录编制出发推进整体工作。

②专业资源库建设。根据国家创新发展需求，在已有数字资源整合基础上的各领域资源库协调建设是重要的。在数字网络发展前提下，建设包括政府信息资源、文化资源、科技资源、教育资源、经济资源等在内的全方位数字资源库，目的是为各领域的用户提供特色化信息服务，这是专业资源库建设的基本出发点。

③元数据同步与集中检索。系统采用元数据同步技术，国家中心应建设资源门户网站，提供所有资源的统一查询入口。其他中心可以在上级中心或国家中心中选择部分或全部元数据，通过互联网方式进行元数据同步。在服务中，提供本地存放元数据的查询入口，条件允许的可以通过互联网的方式访问国家中心或上级中心的门户网站，对相应中心的元数据进行查询。平台建立开放、免费的元数据统一检索服务机制，以方便用户对信息资源的发现和辨析，通过引导用户的资源获取，提高资源的利用率。

在社会化配置推进中，应依托搭建好的网络平台实现各领域机构信息系统的互联互通，为信息资源需求者、提供者提供良好的交互渠道，以资源互补、协同创新为目的建立资源合作关系，通过社会化配置基础平台进行资源的交换与传递，形成覆盖全国范围的资源流动网络。在建设中，应将经过整合、加工的丰富数字资源传递到有相应需求的各个创新环节。在信息资源配置中，国家管理层负责统筹规划，实现公共信息资源的统一调度和分配，地区管理层负责各区域创新系统内部的信息资源供给、分配；行业管理层负责协调各创新主体在市场化信息商品交易中的利益关系，以实现政府干预与市场自组织配置的协调运行。

5.4 社会化知识信息资源配置的协同战略推进

随着创新型国家建设的推进,"协同"已成为促进创新系统有序运行的动力。知识信息资源协同配置在国家创新发展中涉及配置战略实施和技术实现。其中,宏观层面的战略管理是必须面对的全局性问题。

5.4.1 知识信息资源配置中的战略协同关系

知识信息资源配置战略是配置的根本指导,是对长远配置目标、实施方案和运行机制所作的整体安排,旨在配置环境、目标体系和业务流程之间建立战略协同关系,从而为知识信息资源协同配置进行有效引导和规划。随着创新型国家建设战略的提出,知识信息资源配置已纳入国家创新发展战略框架,配置战略的提升与配置方式的协同转型要求各级管理部门、各类创新合作组织之间在国家总体发展规划下,实现配置战略层面的协同,以此促进知识信息资源配置各层面的协作。

知识创新活动的开展离不开信息化环境,从国家宏观创新发展战略的制定到微观层面的创新战略实施,都将信息化战略融入其中。作为创新战略体系的重要支撑,知识信息资源配置战略已成为创新发展战略的有机组成部分,与各层次的创新战略之间存在着必然的协调互动关系。

对于国家创新战略而言,知识信息资源配置战略是重要的依托。随着知识信息资源战略地位的提升,知识信息资源配置将成为推动国家经济增长、知识传播和产业创新的引擎。在战略管理过程中,知识信息资源配置战略以国家创新战略目标为导向,其战略要求是重新调整国家的知识信息资源分配结构和分布格局,实现对创新战略重点支持领域的全面保障,以此促进知识创新对产业发展的带动。一方面,通过知识信息资源的社会化配置,为实现经济增长方式的战略转变创造条件;另一方面,国家创新的战略推进又为知识信息资源配置创造了良好的社会环境。由此可见,国家创新战略与知识信息资源配置社会化战略之间是相互促进的,两者都具有战略上的开放性和全局性特征。因此,知识信息资源配置战略的实现必须建立在国家创新战略基础之上。

对于组织创新而言,知识信息资源配置战略是为了实现知识信息资源优化配置所制定的知识信息资源规划,其实质是一种助推战略。组织的知识信息资源配置战略在与组织创新发展战略交互中形成。从静态角度来看，组织创新发展战略决定知识信息资源配置战略，即配置战略服从于创新战略。知识信息资源配置战略通过提高知识信息资源的效用，来提高创新资源的利用水平和效率。知识信息资源配置战略的制定，一方面受创新发展目标和其他战略目标的约束，另一方面又构成其他战略的协同条件。事实上，只有当知识信息资源得到合理配置时，组织才能获得长期的竞争优势[①]。由此可见，创新战略和知识信息资源战略具有一致性和协调性，以最大化的信息资源效益回报为最终目的。

从国家创新战略与组织创新战略的互动关系看，知识信息资源配置在其中起着重要的关联作用。组织创新战略制定不能脱离国家整体创新环境，必须在国家总体创新战略导向下开展组织创新活动，要求通过组织内部和组织间的知识信息资源合理配置来推动组织创新发展。一方面，国家创新战略的有效实施旨在优化知识信息资源的分布格局，进而为组织创新战略的实现提供必要的信息保障支撑。另一方面，不同组织之间的战略合作，反映在知识信息资源的配置和利用上，便是知识信息有效沟通与资源的互补性开发。由此可见，通过组织将内外的信息资源进行整合，有利于促进组织间整体创新战略的协同推进，这一基本关系如图 5-14 所示。

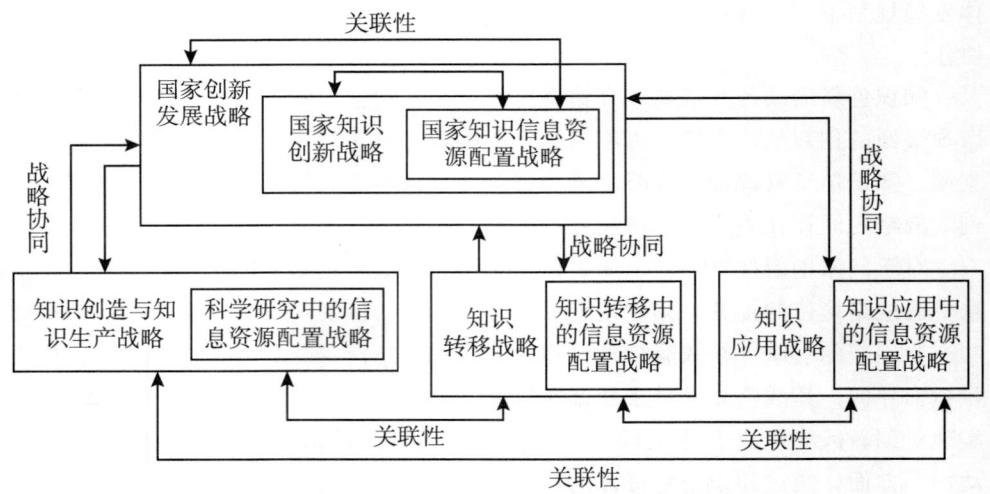

图 5-14　知识信息资源配置战略与创新战略的互动关系

从图 5-13 可见，知识信息资源配置战略与各层次创新战略的多元互动关系构成了资源配置战略的多维协同。从横向关系看，应实现知识信息资源配置战略

---

① Avisona D., Jonesb J., et al.. Using and validating the strategic alignmentmodel [J]. Journal of Strategic Information Systems, 2004 (13): 223-246.

与创新战略的协同,以及合作创新组织之间的配置战略协同;从纵向关系看,应实现国家层面知识信息资源配置战略与创新组织层面的知识信息资源配置战略协同。此外,从动态发展角度看,还应实现现有配置战略与后续配置战略的协同,以保证信息资源配置战略的不断完善与持续。

5.4.2 知识信息资源协同配置战略要点

美国战略理论研究专家安索夫（H. I. Ansoff）在《公司战略》一书中,从战略管理角度对"协同"进行了阐释,指出战略协同是相对于组织各部分而形成的总体协调安排,其目的是使组织的整体业绩大于各部分业绩的总和。安索夫之后,战略协同理念便成为大公司制定多元化发展战略、策划并购重组、组建跨国联盟或建立合资企业所遵循的重要的战略原则。对于国家创新系统中的信息资源配置战略而言,协同的意义在于通过整合彼此的资源,获得大于各系统主体创新绩效简单叠加的效益,从而使所有成员在统一的战略目标引导下配置好社会化的知识信息资源。

战略活动作为各类组织中最高层次的管理决策活动,反映了组织与环境之间的互动,从战略形成到实施,实质上是组织不断主动适应外界环境的战略过程。依据这一原理,可以从战略上实现知识信息资源配置体系的优化。

如图 5-15 所示,战略的形成是管理者在全面分析内外环境影响的基础上,对愿景与使命所作的目标选择。国家创新战略和知识信息资源配置战略是国家总体战略的延伸,是为适应创新环境和信息化环境所进行的部署。为了应对开放式创新的挑战,适应知识信息资源配置结构的变化,各系统之间进行创新合作和协同是重要的。因此,进行跨系统、跨地区、跨行业的创新合作,是为了适应发展环境所进行的战略调整。通过科学配置战略协同的关键因素,整合信息资源配置能力,调整知识信息资源结构,实现资源共建共享,是战略协同的基本动因。战略要素协调基础上的战略协同,使面向科学研究与发展的知识信息资源配置能够在高度统一的战略规划下有序进行,最终实现资源效益的最大化。

知识信息资源配置战略协同的实现需要相应的保障机制。按知识信息资源配置战略协同流程,应以国家总体发展战略为导向,从机会识别、要素选择、关系调整、流程控制和价值创造等方面出发构建有效的战略协同体系,从而实现国家层面和组织层面的知识信息资源配置战略的多维协同,其要点如下:

①国家战略导向。各类创新组织的运行、发展不能脱离国家宏观创新环境,其创新战略、知识信息资源配置战略的制定与创新活动的开展都必须围绕国家总体战略进行。因此,实现国家战略与组织战略的协同运行是确保上、下层机构间

以及创新合作组织间协调互动的前提。具体而言，国家管理决策部门根据国际创新发展态势，从全局把握知识创新的发展方向，制定适应于本国国情的创新型国家建设规划和宏观战略，以此出发，对知识信息资源配置进行部署，继而向各区域、行业、系统组织下达战略实施任务，使其共同参与国家创新与知识信息资源协同配置工作。各类组织则根据国家的战略要求，以国家创新战略和知识信息资源配置战略为导向，形成符合组织自身发展的战略目标，实现与国家战略的上、下层联动。

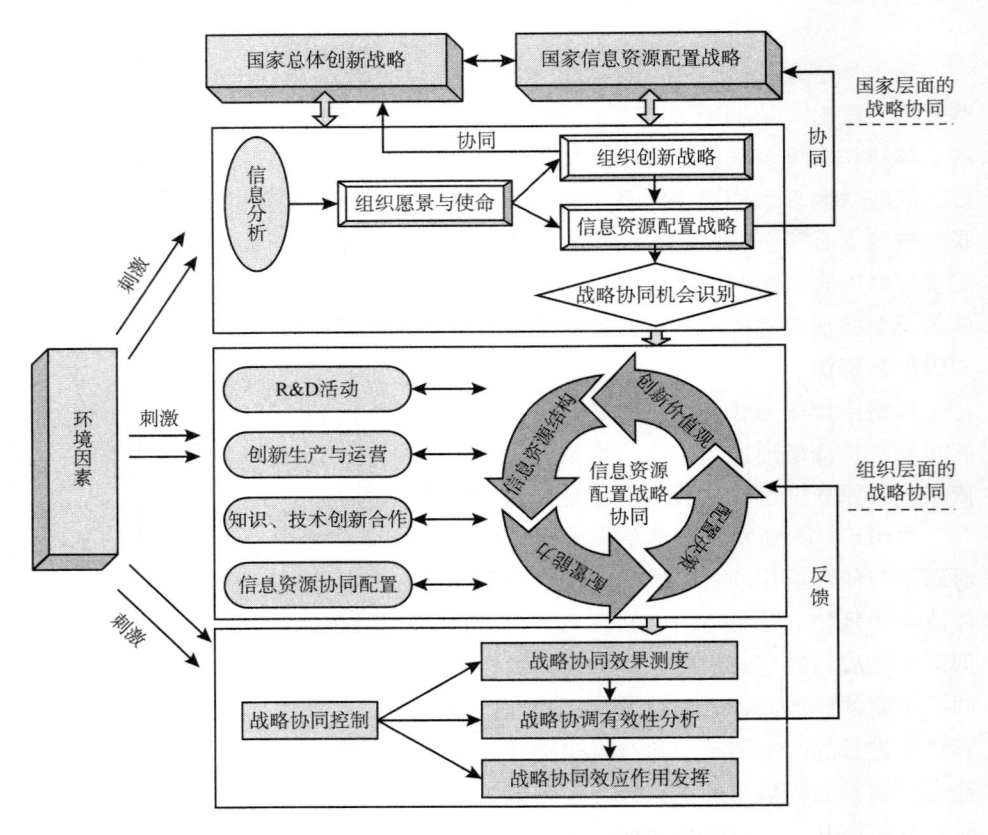

图 5–15　知识信息资源协同配置战略体系

②协同机会识别。识别协同机会是实现战略协同的关键所在，主要任务是依据科学的识别原则，寻找能够产生协同效应的条件，准确、清晰地识别出哪些地方需要进行协同、可以进行协同。只有正确识别战略协同机会，才能围绕协同目标采取相应的决策，从而使创新合作主体之间、主体内部各部门之间通过协同实现知识信息资源的优化配置。值得指出的是，识别战略协同机会往往是在不稳定状态或远离平衡状态下进行的，这时创新主体在内外环境影响下面临着结构调整、资源重组、管理变革等一系列挑战，十分需要实现组织内外的战略协同。因

此，识别战略协同机会应遵循适应性、互补性、一致性和相容性原则，对于创新组织，可以根据自身发展需求寻找最适合的战略合作伙伴，结成稳固持久的战略联盟关系，实现协作共赢。

③协同要素安排。战略协同关键是实现战略体系中核心要素的有序运作。构成知识信息资源配置战略体系的要素，是指对配置战略起重要影响和作用的对象集合。知识信息资源协同配置中，对配置战略协同起关键作用的要素包括信息资源配置决策体制、配置能力结构、资源分布结构和创新价值结构。战略协同正是组织间要素耦合和相互作用的过程。各要素结构如表5-3所示。

表5-3　　　　　　　知识信息资源协同配置战略要素

要素构成	要素作用	协同目标
配置决策体系	为了实现可持续发展，创新主体根据对发展环境和资源利用现状的分析，对发展方向进行科学判断与战略决策。确定知识信息资源配置总体目标，拟定实施方案。	合作各方决策者从共同利益出发，对创新合作预期进行科学判断，共同拟定有利于各方创新发展的知识信息资源配置战略目标。
资源配置能力结构	创新主体利用管理、制度、技术、经济手段调整知识信息资源布局，提高知识信息资源利用效率和整合内外资源的能力。	结合合作各方的能力优势，共同投入人力、财力、技术，对共享的知识信息资源进行管理、分配、利用。
资源分布结构	创新主体拥有的知识信息资源数量、类型、质量，以及组织内部的知识信息资源分布格局。	整合合作各方的优势资源，调整资源投入结构，实现资源互补。
创新价值结构	创新主体及其内部成员以共同认可的创新价值观念准则，组织创新活动中的知识信息资源配置，进行资源优化配置的基础建设。	树立共同的创新价值观，以整体利益最大化为目标，提高共享彼此的资源、能力和整体竞争实力，创造更大的经济效益。

④战略协同推进。知识信息资源配置战略协同是典型的自组织战略过程，需要通过核心战略要素之间的协同来实现。对于创新系统而言，战略协同推进是组织之间战略形态在转换进程中相互协调的作用过程。经过配合而形成的协同效应表现为战略层面的资源、人力和知识等要素的相互协调配合[1]。因此，需要采取

---

[1] Beer M., Voelpel S. C., et al.. Strategic Management as Organizational Learning：Developing Fit and Alignment through a Disciplined process [J]. Long Range Planning，2005，38（5）：445-465.

必要的措施促进各要素之间的自组织实现,以形成更科学的协同战略体系构架;同时,根据外部环境变化动态调整配置战略,以实现配置战略的持续优化。

⑤战略协同控制。战略协同具有非线性和复杂性的特点,需要对协同流程进行合理控制,使之按组织既定目标达到最优的协同效果。其一,根据环境变化调整协同方式;其二,以协同效益最大化为目标,进行协同流程的优化。在流程控制中,应将知识信息资源配置战略纳入创新战略轨道,使其成为知识信息资源配置行为的约束限制条件。

⑥协同价值创造。知识信息资源配置战略协同效应一旦产生,便会对创新主体的资源配置起引导、支配作用,由此创造出协同战略价值。战略协同价值体现在合作主体间的战略目标实现上和知识信息资源配置效益提升上。与此同时,系统配置价值还体现在对其他资源的优化利用和主体创新能力整合上。从综合角度看,表现为知识信息资源配置成本的降低和创新价值链功能的发挥。协同价值的创造,存在着知识信息资源的深层合作开发问题,因此,应在价值导向下,实现资源配置、开发和利用的一体化。

知识信息资源协同配置战略,有一个制定、发展、演化和完善的过程,即知识信息资源配置协同战略呈阶梯式上升模式,是连续性和阶段性的统一。每一阶段对应一个战略协同演化周期。每个演化周期内的配置因素和资源约束条件各不相同,当意识到某一战略不再适合创新发展时,便进行主动变革,即在战略层面上调整知识信息资源协同配置方式,以提高创新合作效益。

5.4.3 知识信息资源社会化配置的协同战略管理

有序的管理是知识信息资源协同配置顺利开展的前提,随着协同创新时代的到来,分系统、分行业的知识信息配置管理方式开始向协同化管理方向发展,由此提出了知识信息资源配置协同战略管理问题。

从当前的管理格局上看,大多数创新型国家的知识信息资源配置战略管理都是在政府主导下进行的。我国在创新型国家建设中,也逐渐形成了由中央政府统筹规划,各区域创新系统、行业创新系统和社会化管理机构协调的多元化配置战略管理格局。不同管理主体在职能上既有侧重,又有交叉,共同影响着知识信息资源协同配置战略的实现。

鉴于国家创新网络系统的多元结构和创新价值网络系统的交互作用,在社会化的知识信息资源配置中,可以采用中央政府主导下的多元主体协同的战略管理模式。以此出发,进行协同战略管理定位。

信息资源协同配置的实现关系到国家创新发展战略全局,必须在中央政府的统筹规划下有序进行。中央政府是国家创新发展战略的制定者，决定国家创新建设和信息化建设的总方向，在信息资源配置中起着核心主导作用。政府配置管理职能的有效发挥对协同配置效应的实现至关重要，其具体职能主要表现在以下几个方面：

对国家信息资源配置的统筹规划。实施知识信息资源优化配置是国家提高知识信息资源利用效益，促进国民经济快速增长的重要途径，必须体现国家宏观战略目标。中央政府对国家知识信息资源配置的统筹规划主要体现为：一是对公共知识信息资源配置的宏观调控，政府通过科学规划决策控制公共知识信息资源的总体流向，制定和实施合理的财政、金融、税收以及信息市场扶持、人才培养政策，实现公共知识信息资源的合理配置和结构平衡；二是对市场化的知识信息资源配置的监管协调，政府应努力完善市场秩序、为各配置主体创造公平有序的市场竞争环境，采用有效的政策手段协调不同主体间的知识信息资源供求、共享行为，使知识信息资源的市场化开发利用沿着健康规范的方向发展；三是对社会化的知识信息资源配置的调动，面向国家创新的信息资源配置是一项协同工程，必须积极调动各方力量共同参与，政府职能决定了它的社会资源调配能力，因而应采取相应的措施引导和鼓励各类组织机构积极参与知识信息资源的共建共享。

对国家重要知识信息资源的组织管理。信息时代，核心知识信息资源的拥有是一个国家的竞争优势所在。中央政府作为国家最高权力机关不仅掌握着大量重要的知识信息资源，而且具备对资源的统一安排调度能力。根据国家创新发展现状和战略目标要求，政府应将最有价值的知识信息资源投入到国家创新的重要领域，使其发挥最大效用。对知识信息资源进行组织并不只是依靠行政命令，而是要建立一种长效的、动态的资源统筹和国家知识信息资源平台组织机制。这一工作可以在国家科学技术条件平台、数字图书馆工程平台项目基础上进一步拓展。

对不同配置主体的责、权进行管控。在国家知识信息资源配置中，各类管理主体间也存在着类似的责权均衡问题。在中央和地方、行业的"博弈协同"中，理想的均衡结果是，既要使国家知识信息资源协同配置总体目标得以实现，又要使各地区和行业的利益在知识信息资源配置中不至于失衡。中央政府作为知识信息资源配置工作的主导者，必须采取有效的协调机制进行主体间的责权分配，促进知识信息资源配置协同战略管理的全面实现。

区域创新系统是国家创新系统的有机组成部分，是一定区域范围内各创新主体（企业、大学、研究机构等）相互作用下的创新网络，是推动区域内新知识生产、流动、更新和转化的地方系统。我国区域创新系统中的知识信息资源配置管理一般是由各级地方政府承担。地方政府既要执行中央政府制定的法律、法规、决议和决定，又有权依法自主决策并处理关系到本地区创新利益的公共事务。

　　在知识信息资源配置战略管理上，区域创新系统管理部门的主要协同职能是对本地区的知识信息资源开发建设进行管理，同时负责落实、安排中央政府下达、分配的知识信息资源配置任务。与中央政府的配置管理职能相比，区域管理部门的职能更加具体、更有针对性，集中体现在以下几个方面：一是建立有效的知识信息资源配置区域运作系统，引导区域配置主体进行合作；二是组织地方的公共知识信息资源服务，为区域创新和信息化发展创造条件；三是在国家总体战略目标引导下，制定地方知识信息资源配置规划，实现地区内的知识信息资源配置优化；四是加强区域间的创新合作与信息资源交流，在不同区域间组建区际创新网络，实现知识信息资源的自由流动，为国家知识信息资源协同配置的实现奠定地区基础。

　　行业创新系统是以企业技术创新活动为核心的创新网络，行业创新系统的管理工作主要由中央政府有关部委承担，由行业协会推进。从相互关系上看，行业协会是政府与企业之间的桥梁和纽带，发挥着联系政府、服务企业、促进行业自律的作用。

　　行业协会主导着行业创新系统的知识信息资源配置，与中央政府和区域管理部门不同，行业协会并不具备行政职权，其管理职能主要表现为对知识信息资源配置的协调管理。在知识信息资源的协调配置上，行业协会承担着配置组织任务，按全国协会和地方协会的分工，可以进行自组织资源配置定位，以实现国家主导下的市场协同配置目标的最大化，从而为企业创新发展提供行业性信息资源保障。

　　社会化信息资源机构是在政府支持下由一些民营机构组建的、具有一定社会公信力的信息资源服务组织，如上海市互联网信息服务业协会等。随着国家信息化的推进，社会化的信息资源管理的推进已成为值得关注的重要问题。

　　从管理范围而言，社会化部门主要是对各级政府、行业创新系统部门没有涉及的知识信息资源配置领域进行协调管理。社会化管理机构既能将政府的宏观知识信息资源政策落实到社会基层信息资源协同配置上，又能站在公众角度参与知识信息资源的开发。社会化信息资源机构既注入了民营机构的灵活性，又带来了市场化的效率与效益。

　　我国中央政府主导下的多元化信息资源配置战略管理体系，在一定程度上适应了社会化配置的需要，然而随着信息资源配置的协同化发展，这种分系统、分行业的管理方式也存在诸多问题。首先，在中央政府管理层面，不同创新主体子系统中的信息资源配置分别由对应的政府职能部门进行规划管理，因此，各政府职能部门在信息资源配置管理上存在职能交叉、重复管理的问题。其次，对于区域创新系统和行业创新系统中的信息资源配置而言，同样也存在多头管理的问题，一些机构既受到地方政府管理部门的监管，同时也受到行业协会的管辖，而且中央政府与地方政府、行业协会间也面临着职能协调、责权分配的问题。另外，社会化信息管理机构的加入，使得管理主体间的冲突趋于明显。由此可见，有效整合、协调各类管理主体的信息资源配置管理职能，推进科学化的协同管理战略是重要的。

5.5 知识信息资源社会化配置的组织

在许多创新型国家，知识信息资源和服务是由有关政府部门、行业协会和社会信息服务机构共同提供的。在经济运行中，每一级政府都有一套不同的支出责任和征税能力，而各行业协会和社会管理机构也存在一定的管理成本、收益。值得指出的是，在新的环境下，知识信息资源社会化配置组织处于不断变革之中，因而有必要分析其中的组织机制。

5.5.1 知识信息资源协同管理体系构建

对于创新型国家建设而言，协同管理是开展知识信息资源社会化配置的基础，管理层面的协同不仅在于协调管理主体间的责权关系和分配责权利益，更重要的是建立稳定的协同管理机制。因此，在整合与协调各方管理职能的基础上，构建有效的信息资源配置协同管理体系是必要的。

面对全球化发展趋势，2009 年，日本政府在国家信息化发展战略（i-Japan 2015）执行中设立了副首相级的首席信息官（CIO），负责日本信息管理委员会的工作。英国首相专门任命了电子大臣（e-Minister），负责领导和协调英国的信息资源开发建设工作；美国国会信息联合委员会、英国下院信息委员会、澳大利亚联邦政府信息管理战略委员会（IMSC）等专门机构在完善本国的信息资源管理法案和推进国家信息化建设战略中，都发挥了积极的作用[①]。这些国家的做法值得借鉴。

纵观国外创新型国家的信息资源管理机构的职能设置，既有对国家信息资源建设规划负有全面领导和管理监督职责的一体化国家级行政机构，也有对各地

---

① 夏义堃. 公共信息资源的多元化管理 [M]. 武汉：武汉大学出版社，2008：252.

区、各行业信息资源建设负有监管领导职责的地区、行业管理机构。如美国国会信息联合委员会主要致力于全社会的知识信息资源共建共享，而政府之外的信息委员会、行业协会等组织则承担信息联合委员会主导下的信息资源建设协调任务，由此形成了联邦政府统筹下的一体化管理体系[1]。

由于信息资源配置建设管理涉及信息经济管理、信息网络技术、信息系统开发规划等多个方面，一些国家还组建了信息化建设顾问委员会。如美国的总统科学与技术顾问委员会、总统信息技术顾问委员会，法国的政府信息化建设咨询委员会等。这些委员会在信息资源配置协同推进中，发挥着重要作用。

我国的创新型国家建设，拟在信息化推进框架下实现管理层的协同，在国务院大部制管理基础上，建立跨部委的信息资源协同建设体系，实现知识信息资源配置上的协调。可考虑在国家信息化委员会统筹规划下，推进工业和信息化部、科技部、文化部、教育部和行业部门的知识信息资源协同配置工作，将各系统内协调变革为跨系统协调。以此出发，进一步顺纵向配置系统与社会化横向配置系统的关系。另一方面，在国家层面配置的基础上，充分发挥社会化知识联盟的作用，形成有效的协同管理体系。

在协同管理体系运行中，拟采用多级分层协同管理的方法。一方面要适应国家知识信息资源总体规划与发展的需要，由专门机构进行统一的宏观领导与调控管理；另一方面，要考虑不同地区、不同知识领域间的信息资源分布、开发、利用和环境差异，而采取多样化管理方式。

在国家层面，由国家信息化委员会负责制定包括知识信息在内的国家信息资源配置总体规划，协调推进区域、领域、社会机构间的知识信息资源配置，使之服从国家创新发展战略。

在地区和知识层面，采取纵横结合方式，按国家的知识信息资源配置规划对各区域和行业的信息资源配置进行协同，实现区域和行业的资源互补和互融。目前，这一管理模式在广东佛山等地已成雏形。这些地区在发展产业经济中，着重于行业信息服务的发展，在地方行业协会为主体的行业信息资源配置中，逐步突破了纵横交错的系统和部门界限，实现了协同化的资源配置与利用。这一发展着的协同组织方式，可以在推广中不断完善。

知识信息资源配置协同管理功能的发挥离不开行之有效的运行机制。因此，应根据国家创新系统中的信息资源配置现状与协同发展要求，有效整合各级管理部门的责、权，形成管理协同效应，如图5-16所示。

---

[1] Wilson W.. Constitutional government in the United States [M]. Transaction Publishers, 2001: 56.

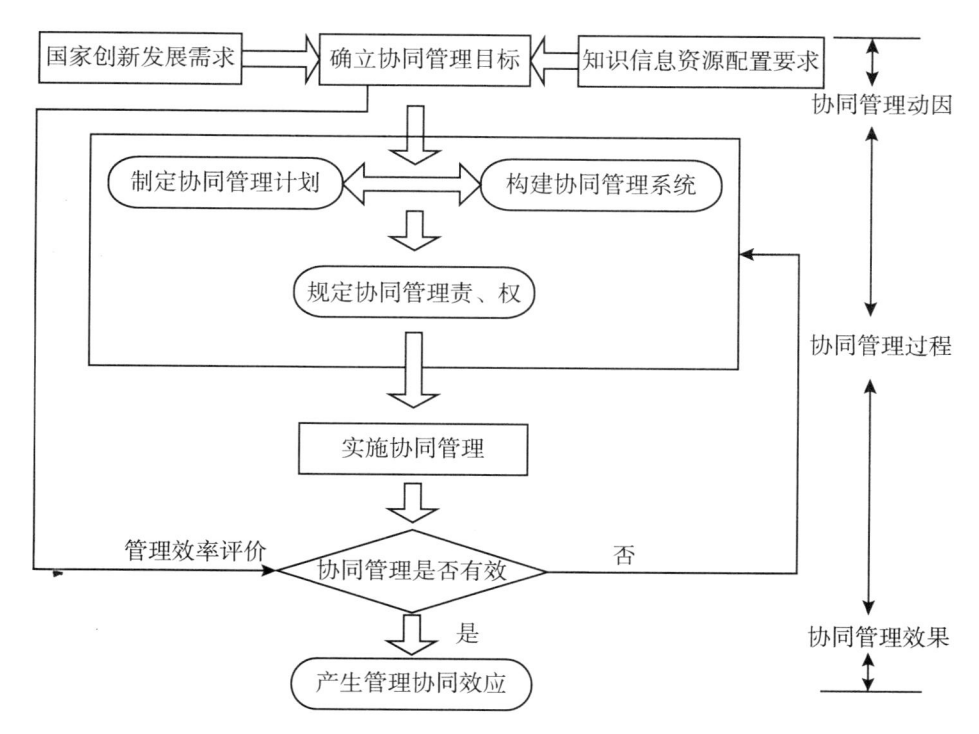

图 5-16　知识信息资源协同配置管理

如图 5-16 所示，在协同管理中，应着手以下几个方面的工作：

确立协同管理目标。国家知识信息资源配置协同管理在于规定一定时期的具体任务，根据国家创新发展要求和信息资源配置中存在的具体问题，进行全国、区域和行业的规划引导，确立发展目标导向下的协同管理关系。

构建协同管理系统。协同管理的目标实现需要完善的资源协同管理系统支撑，协同管理系统的构建在于，根据企业、地区和行业的知识信息资源配置需要，在科学规划基础上调整各层次管理运作关系，建立和完善相应的组织管理机构，使之与信息资源配置、开发和利用需求相适应，与知识创新发展环境相适应。

制定协同管理计划。在协同管理目标要求下，需要制定切实可行的管理计划。管理计划的制定要充分考虑各类主体的职能权限与工作效能，力求做到职能互补、上下联动。管理计划的基点是使知识信息资源配置协同与国家科技、经济、文化发展相协调。

明确协同管理责权。根据知识信息资源配置的目标要求与组织要求，明确管理主体的责任和权限范围。关系国家创新发展全局的资源配置应在全国委员会协调、规划下进行，可以通过上下层关系，提出配置要求；对于地区、行业的知识信息资源配置管理，则由地区、行业中心自主管理。国家层面的管理一般限于宏观规划和协同保障。

实施协同管理。按照国家总体计划部署，各层次管理部门依据相关制度法规，进行信息资源配置的组织监管；通过行政、经济、技术等手段完善管理体制，规范主体行为，为实现知识信息资源协同配置提供全方位的管理保证。

5.5.2 知识信息资源协同配置关系调整

在知识信息资源的协同配置中，管理层面不仅提出了规划，而且规范了资源主体的配置行为，使之从分散独立配置，走向合作和协调。这意味着，知识信息资源协同配置体制与体系的确立，使各层面的配置主体形成了新的竞争与合作关系。如何在知识信息资源社会化配置中进一步规范系统配置行为，调整好各方面关系便成为协同配置推进的关键。

在国家创新系统中，信息资源配置的实现过程也是政府、企业、高等学校、科研单位、服务机构等配置主体相互作用的过程，包括主体间的知识信息资源传递、交换、供给、分配和共享等一系列配置行为。从本质上看，这些交互行为无不体现在主体间的竞争与合作上。

竞争与合作是配置主体受到国家创新系统内部动力和外部约束力作用所表现出来的相互作用形态，是主体间各种行为关系演化的体现。配置主体间的竞争与合作也是维系国家创新系统中知识信息资源协同配置关系的必要条件。竞争反映了配置主体保持个性的状态和趋势，合作则反映了配置主体保持整体性的状态和趋势。配置主体间的竞争与合作是相互依存、不可分割的，良性竞争能激发配置主体的创新潜能，促进配置主体不断提高知识信息资源建设与服务水平；相互合作能实现配置主体间的资源共享、优势互补，形成规模效应。因此，配置主体行为协同的实质就是实现主体间竞争与合作行为的协调，以此提高知识信息资源整体配置效率，最终推动整体协同配置效应的产生。

具体而言，配置主体在知识信息资源配置过程中存在着多种形式的竞争与合作行为，基本关系如图 5-16 所示。

在图 5-17 中，以下几方面的竞争与合作关系值得重视：

①信息资源供给主体间的竞争与合作。在国家创新发展中，对于提供同质或类似知识信息资源的供给主体，存在着相互竞争关系。市场化运作中，知识信息资源供给主体之间的竞争涉及信息资源服务的类型、质量、价格和组织等。信息资源供给主体竞争的目的在于确立资源供给的优势地位，通过获得更大的效益，实现自身的可持续发展。

```
                  知识信息资源的
              传递、交换、供给、分配、共享和服务…

                          实质表现
                             ▼
    ┌──────────────┐  ┌──────────────┐  ┌──────────────┐
    │信息资源供给主体 │  │信息资源需求主体 │  │信息资源供需双方│
    │  间的竞争与合作 │  │  间的竞争与合作 │  │  的竞争与合作 │
    └──────────────┘  └──────────────┘  └──────────────┘
```

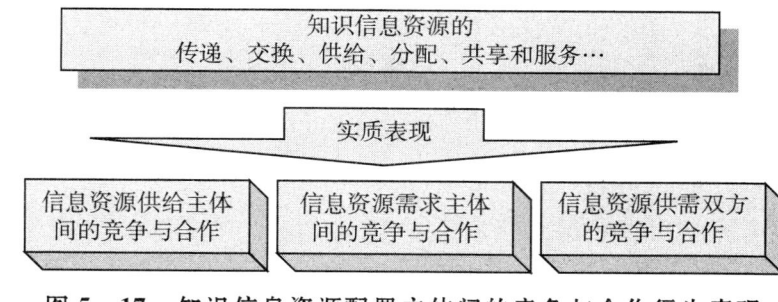

图 5-17　知识信息资源配置主体间的竞争与合作行为表现

当知识信息资源供给主体间拥有互补性资源，或某一主体能够提供的信息资源无法满足用户信息资源需求时，供给者间则存在着相互合作的机会。随着国家创新难度的加大，创新主体间的知识信息需求逐渐向着多元化、综合化方向发展，从而促使信息资源供给主体不得不通过各种形式进行跨系统、跨行业、跨地区的合作和互补，以满足不同类型、不同层次创新主体的个性化及综合化集成信息资源需求。

知识信息资源供给主体间的竞争与合作，发生在创新服务主体之间。由于创新服务主体之间拥有各自的专业化知识信息资源和特定的服务对象，随着市场竞争程度的提高，往往需要进一步的合作。市场的不确定性和需求的专业性，提出了信息资源的联合供给的要求，从而促进了主体竞争与合作的纵深发展[1]。

②信息资源需求主体间的竞争与合作。当前，知识信息资源已成为重要的战略性资源，作为知识创新主体，谁能掌握关键性知识信息资源，谁就会拥有核心竞争优势。于是众多知识信息资源需求主体也围绕稀缺性知识信息资源，展开需求竞争。需求者之间竞争的积极作用是使信息资源供给者更加了解需求，从而完善其市场化配置机制。除竞争外，知识信息资源需求主体间同样存在着相互合作的关系。当某一需求者无法单独购买自己所需的信息资源商品时，便会谋求与其有共同需求的主体合作。例如，中国高等教育文献保障系统（CALIS）就推进了成员高校的全文数据库联合采购工作，一些高新技术企业也经常联合购买高等学校或科研院所的知识创新成果服务。

随着信息市场竞争日益激烈、核心信息资源价值不断提升，信息资源需求者间的竞争与合作行为也变得更加普遍。良性竞争与合作能够促进信息资源市场的不断完善，有利于增强创新主体共同应对创新风险的能力；然而恶性竞争则会加剧资源争夺和垄断，进而导致市场失灵。由此可见，如何处理好需求者之间的竞争与合作关系，做好信息资源商品联合采购协调是促进知识信息资源需求主体间

---

[1]　苏海潮. 图书馆合作竞争的分歧与统一 [J]. 文献信息论坛，2006（1）：1-5.

协同的关键所在。

③信息资源供需双方间的竞争与合作。知识信息资源供给主体的愿望是通过提供信息资源获得经济效益和社会效益，而信息资源需求主体则希望付出最小的成本换回最优价值的资源。因此，供需双方在信息市场中以实现商品价值和满足需求为前提的博弈随之产生。

如果从促进知识信息资源供求均衡的角度来看，知识信息资源供给者与需求者之间又是一种合作关系。在国家创新系统中，这种供需合作十分重要。一方面，拥有知识、技术创新成果的创新主体迫切需要实现成果转移和商品化，使之产生实际经济效益和社会效益；另一方面，知识创新主体处于更新知识和增强自身的竞争实力的需要，而产生信息资源的供给需求。因此，促进供需双方的合作不仅能加快知识信息资源在国家创新主体间的流动与转化，还能更好地促进资源供求均衡，实现知识信息资源配置的优化。

知识信息资源供需双方的竞争与合作是决定信息资源协同配置能否顺利实现的关键因素之一。供需双方的竞争与合作行为存在于创新主体的创新活动和服务主体的信息提供活动之中。在国家创新价值链上，产学研之间的相互合作既是共同发挥创新功能的过程，也是彼此间进行知识信息资源交换和共享的过程，必然涉及各方在信息资源供需上的竞争与合作。国家创新系统的高效运转有赖于产学研间的合作，需要更快更好地实现产学研间的知识信息资源供求均衡。因此，促进信息资源供需双方的协同合作目的在于，健全合作保障机制和法规，使双方确立长期稳固的合作关系。

综上所述，知识信息资源配置主体间广泛存在着的多元化竞争与合作关系，影响着整个知识信息资源配置的实现。只有采取科学合理的运作模式才能实现协同配置的优化。

5.5.3 知识信息资源协同配置的组织实施

知识信息资源的协同配置，旨在实现信息资源在国家创新系统中的均衡分布与充分利用，从而达到整体最佳的配置效果。配置主体间的协同可以从多角度、多层面加以实现，其中包括创新战略联盟、知识供应链和创新合作网络形式等。

（1）基于创新战略联盟的主体协同

创新战略联盟一般是由企业、高等学校、科研机构或其他组织机构，以国家创新发展需求和各方的共同利益为基础，以提升知识、技术创新能力为目标，以具有法律约束力的协议、合同为保障，形成的联合开发、优势互补、利益共享、风险共担的合作组织。从组织形式上来看，创新战略联盟方式又可以划分为技术协作方式、契约合作方式和一体化方式，如表5-4所示。

表5-4　　　　　　　　　　创新战略联盟的组织形式

方式	组织形式
技术协作方式	创新主体之间由技术流通领域进入生产领域的协作。如高等学校、科研院所的科技创新成果有偿转让给企业后，帮助企业将技术应用于生产之中。技术协作方式又分为工程承包型和技术生产联合型两种
契约合作方式	合作各方依靠契约和经济利益纽带联系起来，共同投资（包括技术入股），合同期内共同经营，共担风险、共享利润，契约型合作方式也有两种具体类型，即技术入股型和联合经营型
一体化方式	研究机构、生产机构和经济机构之间紧密结合形成一个统一的整体，分为内部一体化和外部一体化。以产学研合作为例，内部一体化指高等学校、科研院所和企业的创新一体化；外部一体化是指企业与高等院校、科研机构共同进行创新的组织形式

创新战略联盟是各国创新系统中最主要的创新合作形式，也是知识信息资源配置主体密切配合、协同发展的主要形式。目前，在技术研发、创新生产、信息服务的综合化发展趋势下，各类知识创新战略联盟、技术创新战略联盟、服务创新战略联盟相继出现和发展。我国在创新型国家建设中，也一直积极推动创新联盟的发展，产生了一批以企业为主体、市场为导向、产学研相结合的创新战略联盟，在我国的创新发展中起到了积极的作用。例如，我国科技部组织构建的"火炬IT服务创新战略联盟"就是如此。

"火炬IT服务创新战略联盟"是由国家科技部火炬计划中心在组织实施"中国软件出口工程（COSEP）"的基础上，以用友软件工程公司、北航国家大学科技园等18家国家火炬计划软件产业基地骨干企业和中国软件出口工程示范企业为核心，吸收其他优秀软件企业、服务机构、研发机构、投资机构以及其他联合体，共同发起建立的产学研用相结合的创新战略联盟，旨在支持联合开展技术创新、业务创新和服务创新，其体系结构如图5-18所示[①]。

---

① 火炬IT服务创新联盟：协同创新力促产业升级［EB/OL］.［2009-09-30］. http：//finance. sina. com. cn/roll/200905 19/14336245960. shtml.

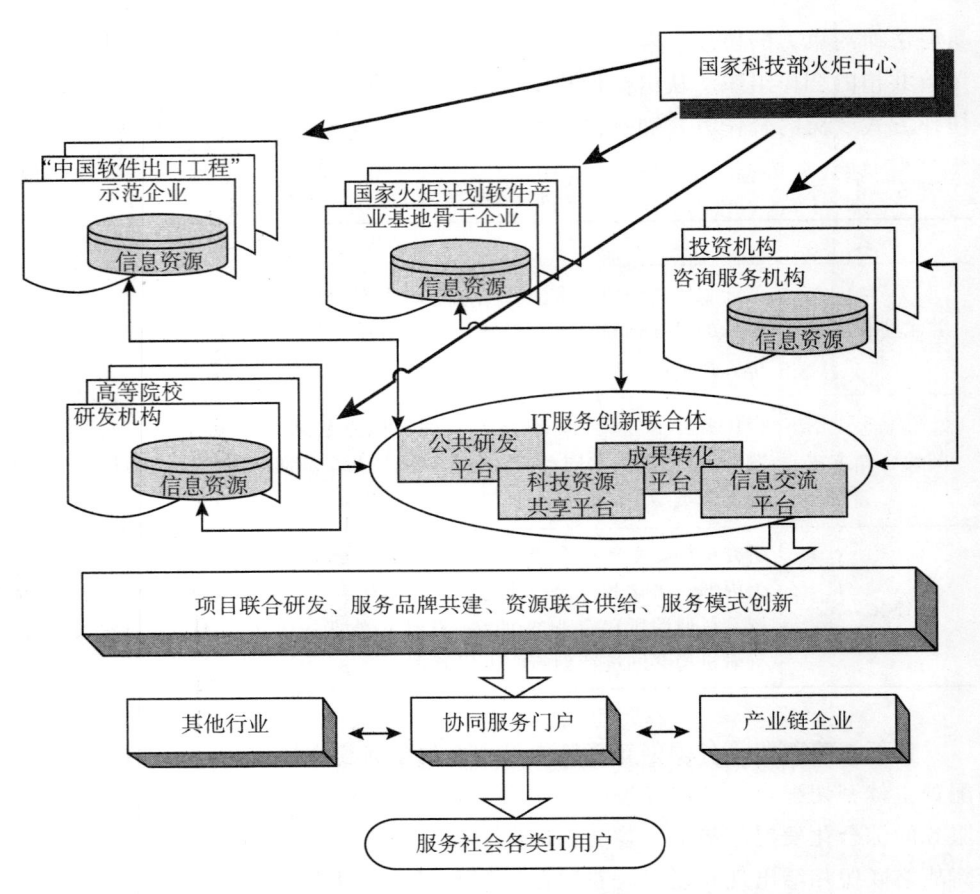

图 5-18　火炬 IT 服务创新战略联盟体系结构

　　在国家科技部火炬中心的引导、支持和推动下，联盟成员本着平等、合作、互助、互惠的原则，以国家火炬计划软件产业基地为依托，在共同目标驱使下，充分利用各类成员的创新优势和国家投入的科技资源联合开展具有应用前景、符合市场需求的创新活动，构建核心竞争力，提高应对各种危机的能力。通过联盟成员共同组建的公共研发平台、科技资源共享平台、成果转化平台和信息交流平台，各成员单位能够在统一的标准规范下将各自的知识信息资源以及服务进行多种方式的整合，以加强技术、成果、人才等资源的共享。联盟按照不同成员的创新能力和实际信息资源需求，有效引导知识信息资源向优势企业聚集，由此提高知识信息资源的整体利用效益。由于受到联盟条款的约束和联盟理事会的约束，成员间的知识信息资源供求有序，竞争规范，也已形成有利于成员信息资源供求均衡配置体系。信息资源的优化配置促进了联盟成员间的创新协作发展，进而使其在不断的交互学习、相互适应过程中达成行为上的一致。在协同效应作用下，

IT 服务创新战略联盟有效地提高了产业创新能力和共同发展能力，加强了与产业链企业的业务交互，推动了产业结构的优化升级。

基于创新战略联盟的信息资源协同配置优势在于：

创新战略联盟各成员可以实现彼此间的优势资源互补，以外延方式扩大、丰富各自的信息资源和智力资源，从而有效提高自身获取和利用知识信息的能力[1]；

创新战略联盟能够通过建立公共研发平台、资源共享平台的途径实现信息资源的有效分配与合理利用；

创新战略联盟契约具有法律效力，能够对联盟成员的创新活动和信息资源配置活动进行有效约束和利益保护，能够有效激励合作各方扩大资源共享范围；

创新战略联盟具有较强的产业带动作用，有利于集聚和整合联盟成员的核心信息资源，使之服务于具有自主知识产权核心技术的研发；

创新战略联盟能够将业务创新、服务创新、体制创新和信息资源配置有机结合起来，更好地促进产业结构优化升级，在国家创新系统中形成产学研紧密结合的长效机制。

（2） 基于知识供应链的配置主体协同

知识创新是创新主体对知识进行选择、吸收、整理、转化和再创造的过程，在这一过程中，从知识供给者到知识需求者构成了一条完整的知识供应链。知识信息资源作为知识创新的"生产要素"，按知识链关系在创新主体间流动，以此满足创新主体间的知识资源需求。因此，以知识供应链为基础的创新合作方式是促进配置主体行为协同的有效途径。

在国家创新系统中，知识供应链组织方式可视为国家动态配置资源，寻求知识信息共享的联动方式。从功能结构上看，知识供应链包含了各创新主体间的知识资源交互作用关系，是国家创新价值链的构建基础，也是产学研之间进行创新合作的纽带。

与创新战略联盟组建一样，知识供应链的构建遵循战略社会化、知识互补、成长相容等基本原则。由于知识供应链融合了知识管理和供应链管理的思想，更强调主体间的知识流动与应用，因而更有利于创新主体通过相互间的知识补充、转化和交互学习，形成紧密协作信任的关系。知识供应链通过相互交叉和不断延伸构成了庞大的国家知识创新供应链网络。以美国硅谷为例，经过

---

[1] 刘旭东，赵娟. 产学研战略联盟可持续发展的运行机制研究[J]. 太原科技，2009（4）：88-91.

多年发展，已经形成一个发达完善的知识供应链体系，其结构如图 5-19 所示。

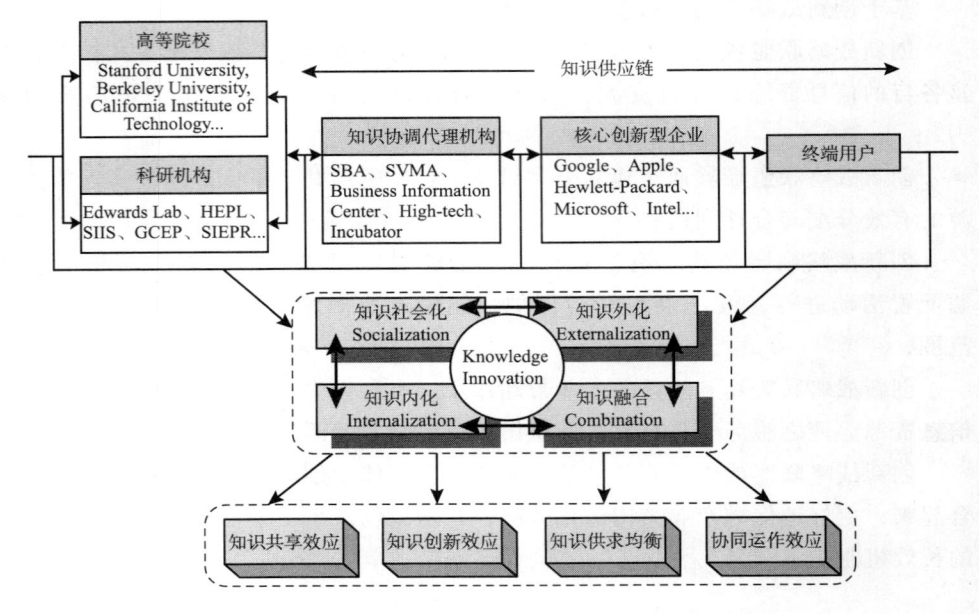

图 5-19 美国硅谷的知识供应链体系结构

硅谷知识供应链以斯坦福大学、伯克利大学、加州理工大学等一批国际知名的高等学校和爱德华森（Edwards）实验室等科研力量雄厚的研究机构为知识供应源，不断向谷歌（Google）、苹果（Apple）、微软（Microsoft）等一批核心创新企业输送知识资源、科技成果和信息，这些企业再将吸收的知识转化为创新产品提供给终端用户。其间，硅谷发达的科研中介服务体系充当着知识协调代理中心的角色：一方面负责联系和协调知识供应源和企业之间的知识供给关系；另一方面是对知识供应源提供的知识进行跟踪、综合和分类，将经过处理的知识提供给合适的企业。例如，硅谷的制造协会（SVMA）就为当地制造业与高等学校、研究机构的知识供求合作发挥着重要的支撑作用[①]。

知识供应链也是一条知识双向流动的链条，企业是链条中连接高等院校、科研院所和终端用户的纽带。同时，企业的研发和合作意向，则构成了供应链的末端，在创新需求驱动下，促进研究机构创新活动的开展。知识链中每一个结点上的知识接收者都不断循环进行着知识协同、外化、融合和内化的知识转化过程，

---

① Ferrary M.，Granovetter M..The role of venture capital firms in Silicon Valley's complex innovation network [J]. Economy and Society，2009，38（2）：326-359.

利用接收的新知识和自身的知识积累实现知识创新,然后将新的知识成果传递到下一个需求者。这种有序的知识融合、转化、创新与应用过程无形中带动了知识信息资源的流动与供给,也使创新主体间的知识信息资源配置行为更加紧密相连,更易于形成资源共享效应、供求均衡效应和协同运作效应。

基于知识供应链的配置主体协同方式的优势在于:

知识供应链通过知识供给促进成员间的交互学习和相互作用,能够将分散的知识信息资源进行集成,实现对创新系统中的知识信息资源的充分利用;

知识供应链上的知识流动包含了知识信息资源的流动,能够使信息资源更快转化为创新所需的知识资源;

知识供应链形成的分工协作关系也是各成员长期交往基础上的协同关系,这种关系有利于各主体在持续合作中形成整体协同效应;

知识供应链上的知识相互传递将扩大知识共享范围,有利于整体核心竞争力的整合。

(3) 基于合作创新网络的配置主体协同

创新国际化背景下,主体间的创新合作关系逐渐由纵向合作、横向合作向着网络化合作方向发展。创新合作网络是为了进行系统性创新的一种制度安排,网络架构的链接机制是成员间的创新合作关系认定。这种网络组织结构表现出如下特征:网络由若干相互依赖、相互作用的节点(成员)构成,通过各节点之间的相互协调和互动进行整体性运作;构成网络的各节点具有自律、自适应和自我调节功能;各节点既能独立运作又能相互结合,因此全局化协同效应体现在成员间的耦合与同步上[1]。

欧盟组建的"创新驿站(IRC)"就是一个典型的创新合作网络,它由欧盟研发信息服务委员会(CORDIS)根据欧盟"创新和中小企业计划"创建,旨在促进欧盟跨国的企业技术转移与技术创新合作,目前已遍布全球 30 多个国家,包含 80 余个创新节点。创新驿站作为国际创新合作的推动者,已经成为欧洲最重要的技术创新合作和技术转移的网络之一,在帮助创新主体实现技术需求与供给匹配的过程中起着重要的作用;同时也为创新主体间的知识信息资源交换共享提供了功能强大的网络平台,其主要功能包括专家咨询、资源配置、技术支持、创新合作、项目融资和流程创新等,如图 5-20 所示[2]。

---

[1] Xi Y. M., Tang F. C.. Multiplex Muti-core Pattern of Network Organization: An Exploratory Study [J]. Computational and Mathematical Organization Theory, 2004 (2): 179-195.

[2] An overview of the Innovation Relay Centre (IRC) Network [EB/OL]. [2009-09-30]. http://www.responsible-partnering.org/library/sc2007/13-dantas.pdf.

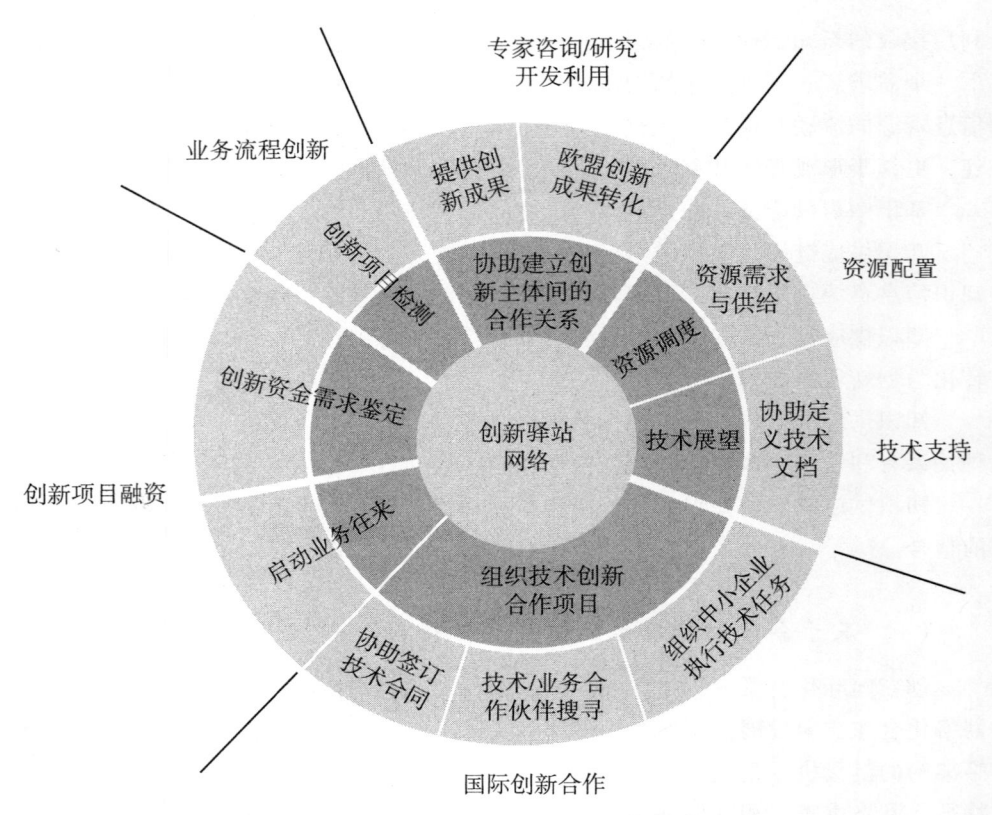

图 5-20　欧盟创新驿站及其运作

　　为了有效推动创新驿站的运作，欧盟相关国家设有相应的协调机构（National Coordinators），负责本国创新驿站项目的实施，其主要任务是帮助欧盟评价本国的创新驿站的运作情况，根据本国创新发展需求寻找合适的国际创新合作伙伴，同时保证本国创新驿站的工作与该国已有的研究、技术开发与示范活动项目相协调。各国的创新驿站一般设在大学的技术中心、区域发展机构、商会和官方创新机构中，各站点通过统一的项目建设规范、各级门户建设规范、数据规范、接口和集成规范等接入创新合作网络系统，通过网络与其他成员传递、共享知识信息资源和创新成果。在创新网络中，各创新驿站节点密切联系，它们既是信息的接收者，又是信息的发出者，实现了"多对多"式的知识信息资源传递与共享功能，从而保证了各个节点的信息对称，降低了节点间的信息搜索成本，更易于创新主体间实现知识信息资源供求均衡。与此同时，网络中心协调机构 IRE-CU（Innovating Regions in Europe Central Unit）还能及时根据各节点需求变化有效调用网络资源，以支持驿站的创新项目。

　　基于合作创新网络的配置主体协同方式的优势在于：

创新网络是一个资源整合的网络系统，可以通过集成企业、高校、科研院所、中介组织等相关机构的创新力量，将信息资源的需求方和供给方有效连接，解决创新成果转移中的信息不对称问题；

统一的标准规范可以有效提高配置主体间的行为协同效率和互操作效益，当有新的网络节点加入时，不需要对原有网络系统进行大幅度调整，就可以支持外部信息服务与数据交换；

创新合作网络建立的多层次、多渠道的交流合作关系，能够最大程度地整合信息资源，可以根据各节点的创新优势和信息资源需求，实现资源的动态分配和优化配置。

综上所述，在创新主体竞争与合作过程中，各类协同方式都对主体间的知识信息资源交换、共享、分配起着正向的引导协调作用，都在一定程度上促进了主体间的信息资源供求均衡、合理分配。但在社会化机制上，各种方式又有着自身的特点。对于创新主体而言，可以根据自身的创新发展需求和信息资源状况进行选择、利用。

6

知识信息服务的技术支持体系与服务技术保障

提升面向知识创新的服务水准，实现基于现代技术和网络的服务业务拓展，意味着技术创新与推进必须与服务发展同步。在知识信息资源管理技术推进中，如何组织技术研发和应用是必须解决的重要问题。以下从信息服务技术来源、构建和应用层面分析出发，针对其中的关键问题，进行技术推进探索。

6.1 信息资源管理技术发展与服务技术支持体系

信息资源管理技术是信息产品生产和信息服务所依赖的技术，涉及信息搜集、加工、存贮、转换、交流、组织、提供和利用等基本业务环节，包括计算机技术和通信技术在内的信息科学技术为其基本的技术来源，而信息资源管理与服务实践的发展确定了基本的信息资源管理技术框架，这两方面构成了信息资源管理技术基础。

6.1.1 信息资源管理技术来源与发展

知识信息资源管理以信息技术的发展为基础，信息技术的进步不仅改变着信息载体的状况，而且决定着信息流的组织、信息资源的开发和服务机制。从技术推进的角度看，其技术来源如图 6-1 所示。

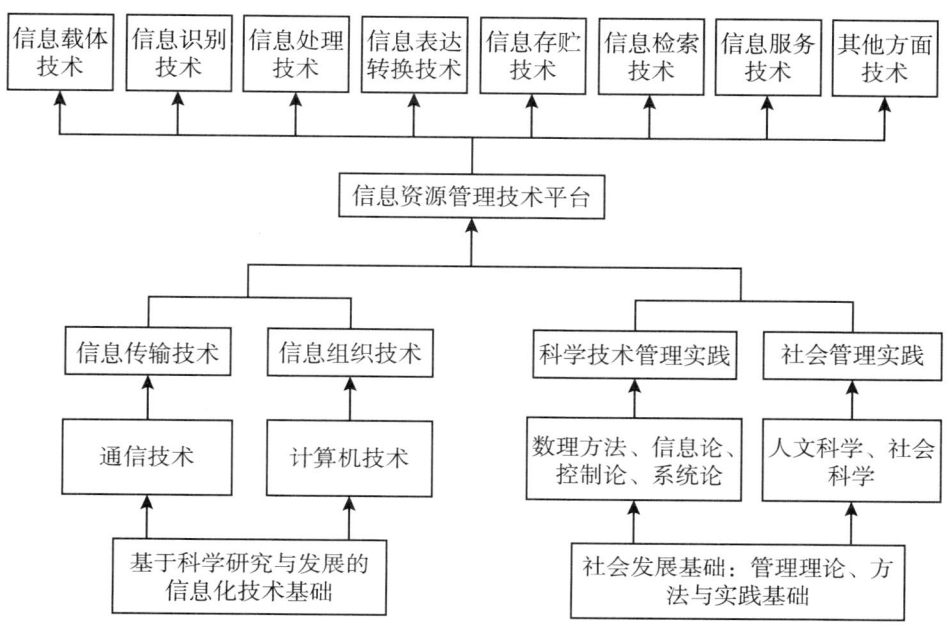

图 6-1　信息管理技术构成

科学技术的进步为信息资源管理技术平台的构建奠定了基本的技术基础。在社会的信息化发展中，信息技术的进步，使依赖于信息网络的企业业务得以迅速发展，从而导致了全球经济一体化发展中新的信息机制的形成和完善。在这一背景下，各国无一例外地构建具有自己特色的、适应于信息化环境的信息资源管理技术平台，实施信息基础设施建设计划。信息技术在信息资源管理中的应用是一个重要方面，但一项新技术的产生往往并不一定首先应用于信息资源管理领域。然而从信息化发展上看，信息技术在信息资源管理与服务中的应用已成为科技、经济和社会发展的不可缺少的基础性工作[①]。

信息资源管理技术实践包括两个方面的基础：一是基于科学研究与发展（R&D）的信息化技术基础；二是管理理论、方法与实践的发展，为信息化技术在信息资源管理中的应用奠定了管理基础。

从技术实践的内容上看，信息资源管理平台技术由信息传输技术和信息处理

---

① Kim C., Jahng J., Lee J.. An Empirical Investigation into the Utilization-based Information Technology Success Model：Integrating Task-performance and Social Influence Perspective [J]. Journal of Information Technology. Vol：22，2007（2）：152-160.

技术构成。其中,信息传输技术来源于通信技术和控制技术,信息处理技术来源于计算机技术。从技术推进的组织上看,科学技术管理和社会其他方面的管理不仅对信息资源管理技术平台构建提出了基本的要求,而且为以信息传输和处理技术为核心的信息资源管理技术的推进奠定了管理基础。这说明,社会实践是实现信息管理技术研究与发展的又一条件。信息资源管理技术的推进需要数理方法、信息论、控制论和系统论的理论支持。同时也需要对信息资源管理技术推进进行人文层面、社会科学层面的研究,以实现信息资源管理技术的社会化应用与发展。这一切都是以社会发展以及管理理论、方法与实践为前提的。

信息资源管理技术以计算机和通信技术为核心,是近二三十年来迅速发展起来的科学技术领域,通常是指在计算机与通信技术支持下用以采集、存储、处理、传递、显示各种介质信息的技术总合。信息资源管理技术是在信息技术和信息资源管理技术的基础上发展而来的。

在社会信息化发展中,发达国家和发展中国家都十分重视国家信息组织与开发技术推进工作。自 20 世纪 70 年代以来,一些国家和国际组织的信息计划纷纷推出并实施,如法国以诺拉和孟克(Nora and Minc)1978 年报告为起点的计划,英国发展信息技术的埃尔维(Alvey)计划,欧洲高级通讯研究计划(RACE),欧洲信息技术战略研究计划(ESPRIT),欧洲信息市场计划(IMPACT)等。其中,最引人注目的是美国政府 1993 年 9 月制定的国家信息基础结构(NII)行动计划的制定与实施。这些计划的推出和实现既是信息社会的发展需要,又是社会信息化阶段性发展的结果。它标志着信息管理技术发展时期的到来。

在新的技术发展时期,技术推进与信息基础建设有机结合。随着技术发展,信息基础设施不断改善和更新,发达国家相继启动了新的信息技术发展计划。2003 年由美国国家科学基金会(NSF)完成的《网络信息基础设施:21 世纪发展展望》(Cyberinfrastructure Vision for 21st century Discovery)研究报告已被联邦政府采纳。欧盟执委会在第 7 框架研究与发展计划(2007~2013)中,不断强化信息技术与信息资源管理技术的研究和应用。包括中国、日本和韩国在内的亚洲国家也不断加强基础技术投入和网络建设。由此可见,信息管理技术的发展已经走上了一个新的技术台阶。

在信息管理技术发展中,网络信息技术处于核心位置,目前,信息网络组织技术正向智能化网格技术发展。信息网格的实用性,已引起了业界极大关注。许多大公司对网格进行相关的研究开发。在中国,由于各行业、各地区的系统在技术上往往各自为政,彼此间如隔离的信息孤岛,很难实现系统间的互联互通。如果利用信息网格,建立统一的信息应用平台,各系统完全可以在此基础上运行各自的应用网络,实现知识信息资源的深层共享。

信息网格可将互联网中各站点上零散分布的信息资源，进行统一管理和使用，用户可以通过网格门户（Portal），得到自己所需的信息资源，而不必在无数个网站中大海捞针般地搜索信息，这样可大大降低网站创建及提供服务的成本。

网格作为一种新的技术，在世界各国引起了普遍关注和重视，一些大公司竞相推出了网格技术基础平台和相关的协议标准。

微软的 .net 技术是超越浏览器、超越网站的新技术，其基本理念是：不再关注单个网站和与互联网连接的单个设备，而是让所有的计算机、相关设备和服务商协同工作，提供更广泛和丰富的解决方案，使人们能够控制信息并让它在指定的时间以指定的方式进行传送。

IBM 公司倡导的 Web Services 是一种较成熟的商业计算服务共享解决方案，它可以使全球范围内的采购商、供应商和交易市场以低廉的价格共享商业服务。Sun 公司利用其在跨平台语言方面的优势，以 Java 为核心推出了相应的平台规范。Oracle 在其最新版本的应用服务器 Oracle 9iAS 中推出了新的 Oracle Portal 技术。这些都是新一代技术和解决方案。同时，支持信息网格的关键协议如 XML、SOAP、UDDI、WSDL，正逐渐成熟并成为各种平台支持的基本协议。

我国在这方面也做了大量基础性工作，从 1995 年起开始网格相关技术开发，成功构建了多个类型的信息一体化平台。目前条件下，信息网络技术推进中的网格技术发展要点在于：在体系结构上，从 C/S 向 B/S 发展，着重于信息存储、表示、发布、提供的变革和基于新机制的技术实现；在信息表示上，使界面表示与数据存储统一；将具有一定关系的数据从逻辑上加以连接，使信息源之间可以连通；实现信息输入、存储、组织、索取的智能化；在实现信息服务站点连接和分散信息处理与集中信息利用结合的条件下，推进信息安全技术。

6.1.2 知识信息服务中信息管理技术的行业化推进

1984 年，邓小平同志在国家信息中心作了"开发信息资源，服务四化建设"的题词，科学地提出了信息资源建设必须以信息化建设为核心地位。2004 年 10 月召开的国家信息化领导小组第 4 次会议审议通过了"加强信息资源开发利用工作的若干意见"，指出加强信息资源开发利用是今后一段时间信息化建设的重点工作，确立了"统筹协调、需求导向、创新开发和确保安全"的新时期信息资源开发利用的基本原则。2005 年 11 月国家信息化领导小组在温家宝总理主持下的第 5 次会议审议原则通过了《国家信息化发展战略（2006~2020 年）》，从而将网络环境下信息服务的推进和信息资源的深层开发利用提高到国家信息化的战略高度。《国家信息化发展战略（2006~2020 年）》确立了我国信息资源开发利用的战略方向。当前，中国信息化建设正处于重要的结构转型期，即从信息技术推广应用阶段转向信息资源的开发利用阶段和知识资源的开发利用阶段。①

在新的发展阶段，围绕信息资源组织、开发与利用的信息资源管理技术推进，已成为各行业普遍关注的问题。知识信息资源管理技术首先应具有通用性，要求采用同步发展的技术平台，同时，在行业特殊问题的解决中也具有特定要求。然而，从信息化环境下知识经济发展全局看，这种要求必然体现在通用信息管理技术的研发和应用上。基于此，我们完全可以在信息资源管理技术的全局层面考虑问题，根据技术的应用确立技术推进的总体框架。图6-2反映了框架的基本结构。

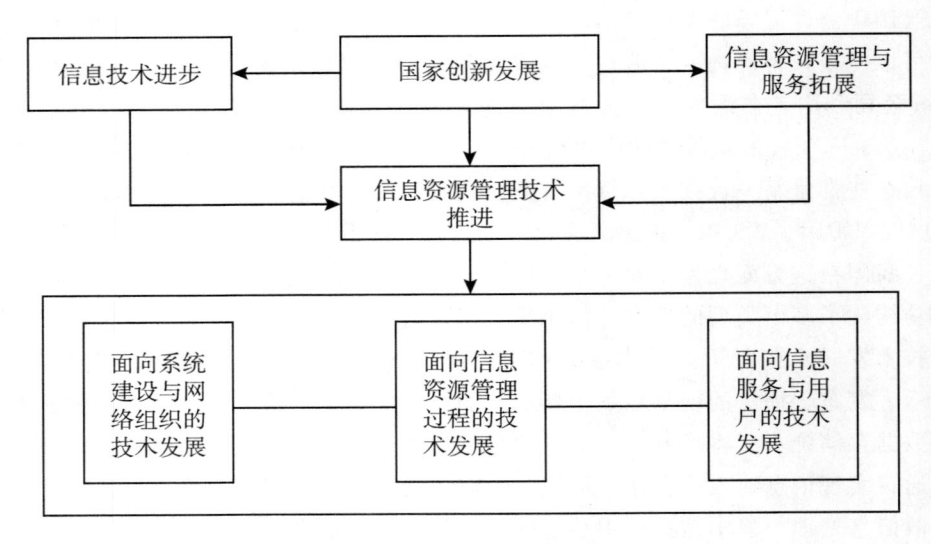

图6-2 信息资源管理技术发展

图6-2表明，社会发展与知识创新对信息资源开发与服务提出了新的要求，这些要求的满足必然依赖于信息资源管理技术的进步，而信息资源管理技术推进又源于科学技术进步。与此同时，信息资源管理、行业服务的拓展与信息技术之间相互依赖，从而决定了新的信息资源管理技术推进体系的形成。

从知识信息重组的角度分析，信息资源管理技术推进中最迫切的问题是系统与网络建设技术问题、信息资源管理环节的技术保障问题和面向用户的信息服务技术支撑问题。

①面向系统建设的网络组织技术发展。信息资源系统与网络的技术水准决定

---

① 胡小明. 谈谈信息资源开发的机制问题 [EB/OL]. [2006-10-15]. http://www.wchinagov.com/echinagov/radian/2006-4-8/4495, shtml.

了发展和应用水平，其中网络技术水平的提高和网络升级，已纳入国家信息基础设施建设和信息化规划。对于知识信息服务重组而言，现实问题是在现行的网络水平上实现系统的互操作。从发展上看，系统的互操作必然随着计算机、通信和网络技术的更新而发展。

②面向信息资源管理过程的技术发展。面向信息资源管理过程的信息技术发展体现在资源管理的流程上，在面向信息资源管理过程的技术推进中，对信息资源管理有全局影响的是信息组织、开发与利用的技术发展。当前，新一代网络组织技术如网格技术、信息内容开发技术、知识识别技术、信息单元检索技术、信息构建与安全等方面的技术构成了完整的技术体系。

③面向信息用户与服务的技术发展。知识信息资源管理最终的目的是提供服务，如何根据用户的深层需求提供高质量的服务是其中心环节，由此提出了用户潜在需求的发掘和面向用户的服务要求，这就需要在服务上实现个性化、互动化、人本化和全程化。对于知识信息服务重组而言，更重要的是提升服务的价值和水平，以此决定服务技术发展的基本内容和模式。

以上三方面问题构成了知识信息资源管理技术推进的基本面。在这些基本问题的解决上，应有全面规划和系统的实现方式。

6.2　知识信息服务技术研发与应用组织

知识信息服务技术具有综合性，既包括信息存储技术、传输技术、处理加工技术和组织服务技术，也涉及知识层面的智能化计算技术、网络连接技术和云计算技术等。然而，从知识信息服务组织和推进上看，可以从知识信息管理业务环节，面向用户的服务环节和知识信息管理与服务平台构建的角度，进行技术研发和应用组织。

6.2.1　面向知识信息业务环节的技术推进

源于信息技术的信息管理技术是开拓知识信息服务业务和实现信息资源社会化开发与服务组织的基础，与此同时，知识信息服务的发展对信息管理技术推进提出了新的要求。二者相互依托、促进和发展，从而决定了信息组织与服务技术推进的基本模式。

在信息资源管理技术实践发展分析中，我们强调基于业务的信息管理技术构建。从宏观上明确基于科学研究与发展的信息化技术推进以及知识信息资源管理技术的研发思路。①

知识信息资源管理技术推进存在着三个层面的基本问题：其一，从技术构建基础层面组织通用的技术研发；其二，从信息管理应用层面进行信息管理专门化技术推进；其三，从信息管理业务层面拓展技术的应用。在三个层面的基础上，技术推进社会化发展的实质还在于实现信息资源组织与开发技术推进的规范化，推动技术的标准化进程。

当前，知识创新与社会发展对网络信息管理与服务实践提出了新的要求，产生了新的需求，从而推动着信息技术进步；而基于信息资源组织与服务实践的信息管理创新与应用技术开发相结合，构成了面向网络信息资源管理环节的技术开发体系②。显然，知识信息资源管理业务技术是综合性的，它不仅包括关键技术研发（如数字图书馆关键技术、知识信息转化的数字化技术等），而且包括信息技术在信息管理层面的组合（如网络信息组织技术、信息安全技术等）。与此同时，在网络信息资源管理发展中，基于信息技术进步的信息管理业务的不断拓展，以及包括网络环境下数字化信息推送服务、知识信息控制服务和流程服务等在内的新型业务的开展，对技术开发提出了新的要求，最终促进了社会的不断进步和网络、经济与文化的不断繁荣。这是一个良性循环的发展过程。在社会化网络信息资源管理构建中，理应确立一个有机管理的技术推进体系。

基于网络的知识信息资源管理与网络信息管理技术的发展和应用息息相关，由于新技术的采用，同一信息可以从任何一个地方向另一个地方传递。离开了信息管理技术，现代信息资源服务也就不复存在。就目前情况而论，传统的知识信息服务部门逐渐吸收和融合了信息处理、信息系统、网络服务技术和方法，继而构建了基于网络的知识信息资源组织的技术体系。

在网络知识信息资源管理中，作为管理对象的知识信息资源的主体是数字化信息，知识信息服务必须具备管理和处理由各种信息载体组成的信息资源能力。这种能力集中表现在网络化技术和数字化技术的具体应用上，涉及知识信息采集、处理、存储、传递、共享与交流等技术。

概括来说，知识信息资源管理技术推进主要包括以下几方面：

①信息传输技术推进。信息传输技术在知识信息组织、传递与服务中具有关

---

① Smith R., Bush A. J.. Information Technology and Resource Use by Using the Incomplete Information Framework to Develop Service Provider Communication Guidelines [J]. Journal of Services Marketing, 2002 (1): 35 – 42.

② 汤代禄，韩建俊，朱友芹. 基于 IP 的数字媒体信息服务网络系统 [J]. 计算机工程与应用, 2006 (22): 174 – 175, 185.

键性的作用，其技术推进背景是现代通信技术和控制技术的发展。技术推进包括：实现信息传输技术与通信技术的同步发展；将信息传输技术推进纳入国家规划管理和国际合作的轨道；实现音、视频信息识别、传输的结合，以适应包括数据、文字、图形、语言和其他信号在内的多种信息传输的整合，达到多网合一的目的，以此出发进行传输技术推进；强化信息传输处理与交换技术，推动多路复合技术和互联技术的发展；将最新信息技术应用于信息传输工程，研究信息基础设施中的关键技术问题，不断拓展带宽，提高多路传输速度。

②信息资源数字化技术推进。信息资源的数字化是指将非数字信息资源转化为数字信息资源，以进行信息资源的全数字化管理。非数字信息资源的数字化转化，最初是通过人工识别和人工录入方式进行的，显然这种方式已远远不能适应行业信息化发展要求，因而国内外不断致力于利用数字化技术实现信息资源的有效转化。按知识信息载体区分，数字化转化技术包括文字型信息的数字化和音频、视频资料的数字化。例如，对于纸质记录的信息的数字化，目前一般利用扫描仪扫描复制，然后利用光学字符识别技术进行识别处理，将其转化为点阵图像文件，最后通过识别软件将图像中的文字转换成文本模式，以使文字处理软件进一步编辑加工。显然这种技术与网络信息的适时组织与处理不相适应，应从技术上不断拓展其研发思路。

③信息组织、揭示与检索技术推进。知识信息组织的核心技术是信息存储与数据库技术，其技术推进是建立在信息存储硬件技术开发基础上的信息存取组织和数据库技术推进。信息存储技术推进在于决策数字信息资源的分布管理、组织、保存和索取问题，其研究具有极强的针对性。例如，一个规模庞大的知识信息系统和数字图书馆可以说是一个有效管理的、分布式的数字对象集和服务集，包括了大量的文本、图像、音频、视频等信息内容，要求具备信息的发现、存储、检索、保存等相关的服务功能。这些服务功能的实现与分布式多媒体数据库管理系统功能拓展密切相关，这些功能的实现，应立足于多媒体对象数据库服务器、索引数据库服务器和数据库管理技术的开发。

④信息资源网络组织技术推进。知识信息资源网络组织技术经历了一个不断更新的发展历程，目前正处于新的变化之中。互联网使用的普及和发展，导致网上的 Web 信息服务器数目众多，但它们却如同分布在网络世界上一个个孤立的小岛。大量的信息被"锁"在各个小岛的中央数据库里，而要寻找它们往往只能通过搜索程序或固定的渠道进行，如何使用户不必关心信息的实际存储位置，跨时空地享用信息资源，较理想地解决办法就是通过建立跨越 Web 的信息分布。利用集成应用程序逻辑，也就是信息网格技术来实现。知识信息网格利用网络基础设施、协议规范、Web 和数据库技术，为用户提供一体化的智能信息平台，

其目标是创建一种架构在操作系统和 Web 之上的，新一代信息平台软硬件基础设施。当前的重点是，在这个平台上实现信息处理的分布化、协作化和智能化，使用户可以通过单一入口访问所有信息，其最终目标是能够做到服务点播和一步到位。

⑤信息安全技术推进。信息安全是现代数字化信息管理中的一个重要技术，其技术推进在信息管理技术中占有十分重要的地位。知识信息安全技术是综合性技术，涉及信息传输、处理、揭示与控制的各个方面，从总体上看主要包括：信息设施安全技术；信息资源安全技术；信息软件及其他信息技术产品安全技术；有关信息利用主体权益保护的安全技术等。在知识信息资源管理中，安全控制技术的重点在于多用户的安全识别、认证和系统信息资源的安全保存与使用，同时还涉及网络数据安全问题和数据的安全保存与调用问题。

6.2.2 面向用户的知识信息服务技术推进

随着知识信息资源服务的拓展，网络信息资源的业务重点不再由技术发展因素主导，而是来自网络信息资源用户的促动。这两方面相互结合，逐渐形成一个整体，而在整体发展中，客观上形成了面向用户的技术主导发展格局①。

实现面向用户的信息服务和以用户需求为导向的知识信息资源管理已成为知识信息管理理论与技术发展中的一个重大课题。其技术推进，旨在突出现实问题的解决，寻求基于知识信息资源深层开发和个性化服务的基本技术。其中，以下问题构成了近十余年来技术推进的重点取向：

①数据挖掘技术与知识组织技术推进。数据挖掘是面向用户的一项信息服务技术，在获取网络信息资源时，数据挖掘技术是处理网络上动态数据的一个极好方法，其目的是分布式、专业性、集成化地搜集高质量信息资源。在网上进行数据挖掘需考虑的重要问题是不确定性处理、丢失数据处理、垃圾数据处理、有效算法、与专业相关的分类处理、知识处理、数据复杂性处理等。在线挖掘的相关问题是安全性、可执行性与灵活性问题。同时，基于数据挖掘的知识组织与管理技术是技术发展的核心取向。

②信息推送技术推进。信息推送（Push）技术为用户高效地获取信息提供了有效保证，可广泛应用于互联网和企业网络中，推送技术突破了传统的信息获取方式，减少了用户上网搜寻信息的工作量，可以将个性化的信息直接传送

---

① Calia R. C., Guerrini F. M., Mourac G. L.. Innovation Networks: From Technological Development to Business Model Reconfiguration [J]. Technovation. 2007, 27 (8): 426 - 432.

给用户，从而提高了用户获取知识信息的效率。根据应用环境的变化，在不断更新技术的同时，规划未来的个性化推送技术发展框架已成为技术推进的重点。

③信息过滤技术推进。网络信息的急剧增长使用户在查找所需信息的过程中，不得不面对大量不相关的信息，这就造成了信息"过载"。要解决好信息增长与信息利用之间的矛盾，就必须发挥信息过滤技术的作用，即将信息进行过滤以满足用户的客观需求。关于信息过滤，已形成了新的面向用户的技术发展热点，同时带动着网络信息重组和集成技术的发展。

④面向用户的代理技术推进。知识信息服务发展较快的业务之一是"代理"，由此促进了应用技术的开发[①]。对用户而言，可以将自己的信息需求提交给智能代理程序，智能代理程序通过自动学习功能，理解用户的信息需求并自动在互联网上检索、分析和处理 Web 页面；对于检索出的结果则按信息用户的需求和思维方式进行处理和优化，将最终的结果反馈给用户。智能代理可以满足用户的个性化信息需求，因而是基于个性化服务的新的技术发展方向。

除上述面向用户的服务技术推进外，其技术推进还包括搜索引擎的改进技术，ROBOT 技术、虚拟数据库组织技术和集成服务技术等。这些技术源于用户需求，是基于现代工具的技术应用拓展，从而构成了面向用户服务技术推进的重要课题。

6.2.3 面向知识信息管理与服务平台的技术推进

当前，以用户需求为导向的网络信息资源组织与开发已成为网络信息管理发展的必然趋势。从技术层面上看，它不仅要求从面向资源管理环节向面向用户环节的技术发展转向中，将二者结合起来，进行综合性的技术开发，更重要的是使其与现代技术同步和社会发展同步，以此构建新的技术基础和环境。这种结合和对环境的适应，可以概括为"平台技术"综合发展模式[②]。

基于网络的知识信息资源管理技术平台构建如图 6-3 所示。从总体上看，平台技术源于信息技术，即 IT 技术面向网络资源组织与开发的应用发展决定了网络信息资源管理平台核心技术的构建。目前，IT 开发商致力于技术转化以及各类信息资源网的信息资源服务业务的研究，而且，这种研发有着鲜明的针

---

① Nahl D.. Social-biological Information Technology: An Integrated Conceptual Framework [J]. Journal of the American Society for Information Science and Technology, 2007, 58 (13): 2021–2046.

② Fairbank J. E., Labianca G., et al.. Information processing design choices, strategy, and risk management performance [J]. Journal of Management Information Systems 2006, 23 (1): 293–319.

性。一方面，从网络信息资源管理业务需求出发，进行 IT 应用于网络的技术创新，其中包括知识管理业务在内的知识识别与组织技术创新，由此形成了 IT 原发性技术开发思路；另一方面，就网络资源核心技术本身发展而言，需要适应新的硬件环境，组织 IT 应用基础平台研发项目。

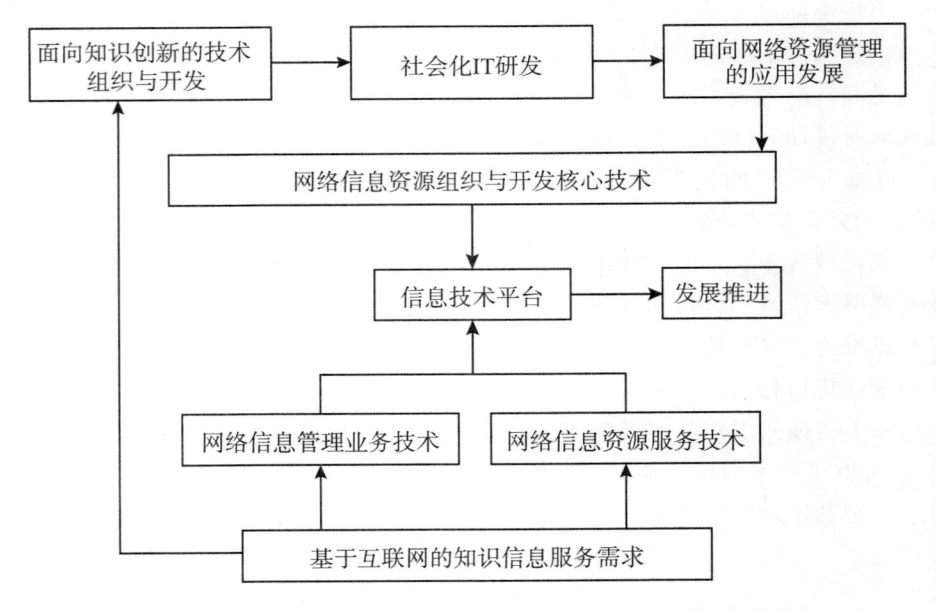

图 6-3　基于互联网的知识信息资源平台技术的形成

从宏观上看，网络信息资源管理业务技术在面向用户的网络服务技术发展中，逐步与服务结合，从而提出了基于业务管理与服务整合的集成技术平台构建要求。另一方面，这种构建又以面向用户的服务业务拓展为基础，这一客观实践决定了知识信息资源技术平台的建设思路。

基于网络的知识信息资源管理平台技术发展离不开现实的技术需求，因此必须在解决具体问题中，确定发展策略。从总体的战略目标看，其平台策略又必须面向未来的网络发展与用户需求的变化，在立足于现实的发展中，关注以下问题：

将知识信息资源共建共享与面向用户的个性化资源开发和服务结合起来，构建既适应共享环境，又满足用户个性化需求的平台；

强调基于用户体验的信息构建技术推进，将用户知识空间置于网络知识空间中加以组织，以此推进分布式多用户使用的多维平台技术的发展；

在技术平台构建中，强调平台与行业技术同步，重点发展面向用户的知识管理与服务工具平台，促进一体化的业务及用户工具开发机制的形成；

将知识信息资源管理与服务技术平台纳入国家信息化工程轨道，实现各机构的基于公用平台的业务整合和服务集成，为多网合作和整合提供技术支撑；

实现技术平台管理的规范化，强调知识平台建设和使用中的知识产权保护及各方面利益的维护；

以知识信息资源平台技术为基础，推进知识网络和数字化服务的发展，推进平台的使用；

推进基于网络知识信息资源管理技术的标准化建设，建立科学的标准化体系，强调整体最优、统一使用、协商一致和面向未来的发展原则。

6.3 知识信息跨系统协同服务的技术保障

知识创新的发展，使得社会主体对信息服务提出了深层次的需求，渴望一站式的透明服务，然而不同技术环境下建立的信息服务系统，却难以满足集成化知识服务的需要，从而提出了跨系统协同服务的技术保障问题。

6.3.1 跨系统协同服务的基本技术问题

在分布和开放的网络环境中，跨系统协同信息服务的目标是连接分布的信息服务系统，实现应用程序间的数据和功能的共享，而这种共享是以不对应用程序本身做大的修改为前提条件的。由于连接的是独立信息服务系统，而各个信息服务系统往往针对特定的领域问题，因此所采用的软件体系结构、实现语言、对外提供的服务接口及交互协议各不相同，这些问题的出现必然导致协同服务的复杂性。

跨系统的协同信息服务需要解决异构信息服务系统间的交互问题。跨系统协同信息服务中的困难是信息服务系统间的不匹配，这种不匹配表现为数据服务的多样性、信息服务系统间的通信障碍和异构服务系统间的访问控制等。

(1) 数据和服务的多样性和异构性

跨系统的协同信息服务需集成多个异构的服务系统，最基本的问题就是屏蔽分布在多个信息服务系统之间的差别，以达到数据和服务共享[①]。要跨越分布异

---

① 张晓林. 开放元数据机制：理念与原则 [J]. 中国图书馆学报，2003（3）：9-14.

构的资源集合和服务体系，实现一站式服务，实际上包括两个层面的协调：一是实现数据级别的共享，从实现上看，数据共享意味着能够在数据格式、句法及语义三方面达成一致，具体包括交换格式、标记格式、元素内容结构、元素语义、编码规范和数据内容的互访操作。二是服务级别的协调，包括信息服务系统中的各种集成定制服务系统以及知识组织、使用管理和使用支付机制的形成，服务可以被接入、调用、配置和修改，从而支持这些服务模块的共享、定制和嵌套，以便灵活地构建集成系统和服务流程。由于不同信息服务系统中的资源组织机制（如资源集合的物理组织、标识与体系）、过程机制（如面向应用的描述内容和资源利用）、管理机制（如使用控制、产权管理、长期保存等）存在差异，在跨系统服务中必然随着内容对象的动态组合和迁移而变化。可见，跨系统协同服务是在一个复杂的动态环境中将分布、异构的资源整合成一个对用户透明的、统一的服务资源的过程。在服务利用中，用户只需提出自己的需求，协同系统便能够自动进行分布式信息资源处理。

（2）跨系统的通信连接与跨系统访问介入

跨系统的协同信息服务是一种交互行为，其中存在协同系统之间的信息资源交互利用过程。从实现上看，不同的信息服务系统需要相互配合，实现数据交换、资源共享和服务互用，因此需要在基础设施、信息传递、服务调用等方面达成一致，同时克服底层硬件异构、操作系统及通讯模块异构、应用系统功能逻辑异构等方面的障碍，以满足系统分布式共享的需求。这一实现过程反映了系统对耦合性、实时性、多对多、点对点空间、时间的拓扑要求。

信息服务系统采用的软件体系不尽一致，而不同的软件对应着系统不同的对外交互机制，即提供访问系统的机制也存在差异。对于跨系统的协同服务来说，应用系统交互的多样性是导致协同服务的又一困难。

跨系统协同信息服务要完成对分布的资源和服务系统的调用、集成和重组，实现支持互操作和整合处理相应的管理项（包括身份认证、使用授权、权益管理、审计与支付等）。这种事实上的逻辑服务体系，需要解决信息服务系统的自治性和开放性问题。协同服务在跨越独立自治信息服务系统的同时，需要面对信息资源和服务的系统独立维护和管理的保障，其访问原则、支付方式和认证也必须满足互联要求。这说明，协同服务在支持各信息服务系统局部自治性的同时，应保证整个系统的开放性。既要容纳现有的信息系统，持续支持系统的自主建设与发展，也需要在信息服务系统相对稳定的情况下，实现资源的共享和服务的跨系统组织。在技术上保证跨系统访问介入的有效性。

（3）动态的业务协同与服务协调

在跨系统协同信息服务中，信息服务系统应在访问原则、支付方式和认证等方面达成合作和协调，同时，满足服务系统的动态变化要求，实现业务处理的自动化。由于成员系统自身的变化，如业务规则和流程的变化，用户需求的变化等原因，协同服务系统一方面要有适应变化的能力；另一方面要将这些变化迅速反映到现实系统中，以达到对分布式数字资源和服务有效组合和整理的目的。

作为一种行为，信息服务系统之间的协同可以分为设计时间（Design-time）协同和进行时间（Run-time）协同。设计时间协同是指系统之间的协同在系统建立阶段已经根据明确的需求进行了统筹设计，而进行时间协同需要等异构的系统提出交互需求时才进行协调处理。从使用上看，设计时间协同比较适用于封闭的、成熟的和集中式信息系统或领域，其在数据格式、语法、语义、服务质量等方面都是可控的，而运行时间协同更加适合于开放系统，如互联网环境下的数字图书馆协同服务。

以上各类型的协同都需要建立在标准规范的基础上，进行时间协同除与设计时间协同一样要求有关数据结构、格式、语法、通信协议等标准规范外，还需要更多的服务过程、组合、注册、发现等方面的体系规范。目前，协同服务系统在不同资源库整合基础上，一般都进行了现有资源站点的系统层面的整合；整合结束之后，如果有新的系统加入，又要对原有整合系统进行调整，如增加索引或修改服务器设置等。如果要实现"事后的"、"动态的"运行时间协同，则须在体系架构和解决方案的模块设计上进行整合（Integrated Solutions），而不能停留于系统层次（Integrated Systems）。这两个方面的问题，也是技术实施中需要解决的实际问题。

6.3.2 跨系统服务的技术协调层次安排

信息服务系统所采用的软件体系结构、实现语言、对外提供的集成点以及交互协议的不同，决定了跨系统协同服务的复杂性。一般的解决方法是将协同问题划分为多个层次，在不同层次上采用不同的技术协调方法。

依据信息服务体系的层次结构，通常将协同层次从低层到高层分为网络/传输层、数据/语义层、功能/服务层、过程层和表示层，如图6-4所示。

在图6-4所示的层次结构中，各层次的技术要求与规范如下：

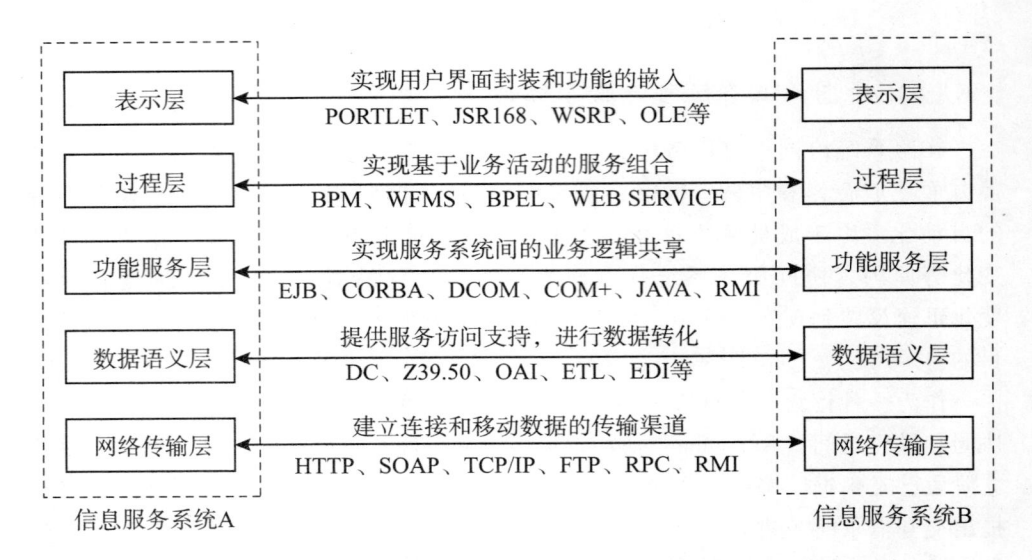

```
信息服务系统A                                           信息服务系统B
┌─────────────────┐   实现用户界面封装和功能的嵌入      ┌─────────────────┐
│     表示层      │◄──PORTLET、JSR168、WSRP、OLE等──►│     表示层      │
│                 │                                     │                 │
│     过程层      │◄──实现基于业务活动的服务组合──────►│     过程层      │
│                 │   BPM、WFMS、BPEL、WEB SERVICE      │                 │
│                 │                                     │                 │
│   功能服务层    │◄──实现服务系统间的业务逻辑共享────►│   功能服务层    │
│                 │   EJB、CORBA、DCOM、COM+、JAVA、RMI │                 │
│                 │                                     │                 │
│   数据语义层    │◄──提供服务访问支持，进行数据转化──►│   数据语义层    │
│                 │   DC、Z39.50、OAI、ETL、EDI等       │                 │
│                 │                                     │                 │
│   网络传输层    │◄──建立连接和移动数据的传输渠道────►│   网络传输层    │
│                 │   HTTP、SOAP、TCP/IP、FTP、RPC、RMI │                 │
└─────────────────┘                                     └─────────────────┘
```

图 6-4　跨系统协同服务的技术协调层次

①网络/传输机制层协调。网络/传输层是协同服务系统的底层，为了利用其他系统的数据资源和服务资源，需要提供相应的网络传输能力，即要求提供服务的系统请求，使系统之间能够协作解决问题。异构环境下跨系统协同服务的基本前提是实现无障碍互联，网络/传输机制层提供网络通讯和互联及其跨平台的技术支持，在异构分布式跨系统协同服务中，既可以利用 TCP/IP 等通信协议，也可以直接在模块中调用 TCP/IP 协议的 API 实现网络间的通信互联。

网络/传输机制层提供在两个或多个服务系统间连接和移动数据的传输渠道，在网络/传输层上连接多个系统，有同步和异步两种。同步传输要求通信进行前建立和维护通信渠道，这种模式下，数据传输是与之相适应的请求/应答模式，在网络/传输机制层，使用同步通信的典型技术包括中间件、HTTP、SOAP、TCP/IP、FTP、RPC、RMI；异步传输机制允许信息发送者和接收者松耦合，发送者可以不间断地发送消息而没有堵塞，接收者在另一端间断地接收消息，这种模式适用于发送者与接收者间断的连接。典型的异步传输机制是消息中间件，消息队列作为集成系统的中介，与同步传输机制不同的是消息队列更适合多对多的集成，并且能够管理会话、路由、审核数据流等，而同步传输多是实现点对点的集成。

②数据/语义层协调。数据/语义层建立在网络/传输机制层之上，不仅需要解决数据传输、转化、交换和整合等问题，还必须解决应用系统访问、应用语法和应用语义等方面的问题①。应用系统访问是指能够从应用系统的资源存储库中

---

① 徐罡，黄涛等．分布式应用集成核心技术研究综述［J］．计算机学报，2005（4）：433-444．

抽取和插入数据的过程，同时也包括抽取元数据的过程。采用的技术可以归纳为数据集成适配器、批传输、数据合并、数据复制以及析取、转换、加载等。数据集成适配器的功能是完成对应用系统的访问，适配器可以利用多种方式来实现访问，包括直接访问数据库、应用系统 API 及其他非传统方式，数据转换框架实现数据句法的转换，包括数据类型的转换和文本文档转换。

对于不同信息服务系统之间的信息与服务的交换，语法与语义分析是不可少的。数据层通过建立统一的资源描述标准，解决信息交换中语法层次的问题。语义层通过知识体系（概念术语、约束、关系的表达）的参照、映射或其他方法，实现多个领域的知识表达，使信息服务系统具有语义交互的功能。语义对于复杂的跨系统协同服务是必要的，意味着当服务资源从一个信息系统到另一个信息系统转换和传递时，必须考虑服务应用的上下文内容环境。

③功能/服务层协调。功能/服务层是业务逻辑的实现层，允许信息服务系统间的业务逻辑共享；其核心是使用分布组件封装服务系统的业务逻辑，且通过远程方式调用业务逻辑。现在主要有 EJB、CORBA 和 COM +、DCOM 等协同功能实现技术。

EJB 是 SUN 公司的服务器端的组件模型，它允许开发、部署分布对象，EJB 运行在应用服务器的 EJB 容器中，有丰富的支持服务功能，如事务管理、队列组件。公共对象请求代理体系结构（Common Object Request Broker Architecture，CORBA）是 OMG 组织制定的分布对象说明，提供 Object Bus 允许组件动态方法调用。CORBA 的独特优点在于跨语言的支持，不同检索处理器、不同语言平台都可以利用 CORBA 框架来实现跨平台的互联互通。DCOM（Distributed Component Object Model，分布式组件对象模型）是微软公司定义的一整套计算规范和程序接口，利用这个接口，客户端程序对象能够请求来自网络中的另一台计算机的服务器程序对象，DOCM 的特点在于对微软平台的无缝连接（支持 VC. NET、VB. NET 和 C#. NET 等语言）。随着 Web Service 技术的发展，信息系统中的服务被封装成组件，使提供符合 Web Service 技术的 API 调用变得越来越流行。

④过程层协调。过程层协调是协同的较高层次，过程协调的对象不是物理实体（如数据和组件）而是服务过程实体，通常表示为逻辑实体。更具体地说，过程协同的是由活动驱动的业务过程，而不是由应用数据传输和转换来驱动的，被连接的逻辑实体不是依据信息定义，而是依据活动或工作流定义的。业务流程管理系统（Business Process Management，BPM）是一种过程集成管理工具，由多个组件构成，每个组件执行过程集成的不同方面，通常包括过程建模、过程管理和过程流引擎。其中，过程建模是建立图形化的业务过程表示；过程管理监控过程流、过程事件及业务规则；过程流引擎管理过程的运行。过程协同是以服务协

同、数据协同为基础的,通过综合运用这些低层的集成技术,如支持 Web Service 相关的协议、组件客户端的 Stub 及数据集成适配器等和工作流管理系统(Workflow Management System,WFMS)等实现流程化的服务组合。

⑤表示层协调。表示层协调为用户提供统一的调用界面,使其通过门户方式访问不同的应用程序,从而在不同的集成应用程序上,提供统一的界面。表示层协调功能在于为用户提供一个统一的信息服务功能入口,通过将各种相对分散独立的信息服务系统组成一个统一的整体,保证了用户既能够从统一的渠道访问其所需的信息,也可提供个性化的服务。实际上用户的每一个交互行为最终都会被映射和显示。

表示层协调所提供的界面是浏览器,用以代替原来应用系统的不同的图形界面,从而隐藏不同应用程序的后台实现细节。根据用户对界面的操作要求,可以自动调用原来不同的应用系统,从而避免不同应用程序界面之间的切换。目前采用的技术包括 PORTLET、JSR168、WSRP、OLE 对象连接与嵌入技术等。

6.3.3 跨系统协同信息服务的技术实现

根据技术协调层次,通常采用联邦、收割、调用和集成方法实现跨系统的协同信息服务。

联邦(Federation)是通过制定一系列的协议和服务规范,在共同的协议标准基础上实现的协同服务。如 Z39.50 就实现了这一层次的协同服务,通常信息服务机构之间通过建立服务联盟来实现。

收割(Harvesting)是面向数据的协同服务常用方法。收割通过元数据收割协议(The Open Archives Initiatives Protocol for Metadata Harvesting,OAI-PMH)实现不同系统数据间的交换。OAI-PMH 提供了一个基于元数据的互操作框架,通过元数据的采集和整合,以统一格式为用户提供增值服务。收割方法通过数据层集成来实现协同服务,对于成员来说,不需要遵守太多复杂的协议,因此是一种"低门槛"(Low-barrier)的操作方法。成员之间的关系比较松散,容易形成较大规模的联盟,但这种层次的协同服务仅能提供一些基本的互操作功能。

调用(Invocation)指通过开发开放的系统接口提供远程系统的呼叫,变孤立的系统为能够被相互调用的服务系统,其技术要点是从其他新的或现有的服务系统中调用已有的功能,通过不同应用程序的连接共享和利用信息。调用要求系统间的集成点存在于应用程序代码之内,集成处可能只需要简单使用公开的 API 就可以访问,因此这种集成可以通过软件接口来实现。远程过程调用、面向消息的中间件、分布式对象技术以及 Web services 技术等实现基于服务系统之间的请求响应交互(见图 6-5)。

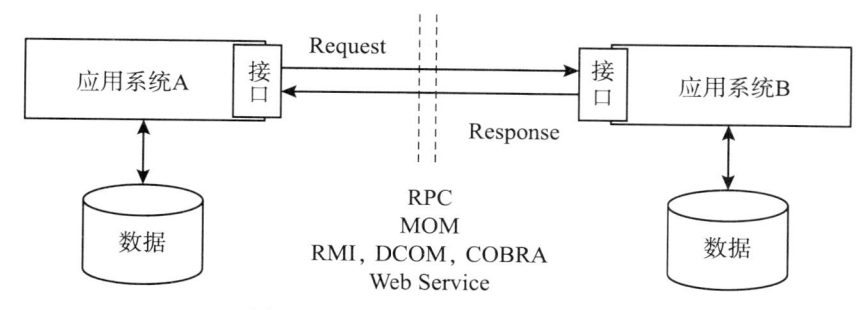

```
         Request
应用系统A  接口 ←————→ 接口  应用系统B
              Response
                RPC
                MOM
         RMI, DCOM, COBRA
            Web Service
   数据                        数据
```

图 6-5　基于 API 的远程调用

集成（Integration）以信息源、信息内容、知识单元等不同层次的资源整合为基础，整合查询、检索、导航和获取等服务，形成协同服务门户，实现对其他各类资源和服务的个性化展示和交互式重组。"集成"提供统一服务窗口，包括统一资源导航、统一资源检索、各类服务调用、个性化服务等。它支持跨系统的单点登录，采用统一授权方式运作。

跨系统协同服务体系设计中的重要问题之一是系统间接口的设计，在对 N 个信息系统进行集成时，通常采用两种构建方法，即通过直接的接口实现互联和使用桥接方式处理（如图6-6、图6-7所示）。就这两种方法需要的接口数而言，前者需要 $N \times (N-1)$ 个专用接口，而如果使用桥接的处理方式，则只需要建立各个信息系统与桥接部件的接口，即总共开发 2N 个接口就可以实现要求。由于跨系统协同服务系统的复杂性，难以通过 P2P 的方式直接集成，因而在设计中引入了中间层次。

协同服务的基本要求是使用户感觉他们所需要的所有数据具有统一的来源。事实上，信息可能在不同地方以不同形式存储分布，需要不同方式的访问，体系结构设计的关键就是将用户屏蔽在这个复杂过程之外，由此产生了数据合并或数据安排。这两种技术都是以元数据定义为基础的。元数据当然应该保证一致性，从协同服务项目的发现和定义阶段，直到联合查询操作的整个过程都必须生效。一套全面而具有逻辑一致性的元数据集，无论是物化在单个物理存储器中，还是分布于多个存储器中，对协同服务体系来说都是可行的，因此进行多层体系的信息基础建模的首要任务就是元数据建模，包括原有系统的元数据建模和拟建系统的元数据建模。

由于跨系统协同服务系统构建的特殊性，一般的系统分析设计过程并不是非常适用，因而需要综合考虑网络环境以及数字化和集成化的要求。进行新的模块构建，首先可进行原有系统的元数据模型提取和新系统的分析，然后参考原有的元数据模型进行新系统的设计，再进行整体元数据模型的建模和中间层次的设计。这三个步骤往往需要互相补充和协作，最后实现中间层基础上的新的业务体系构建。

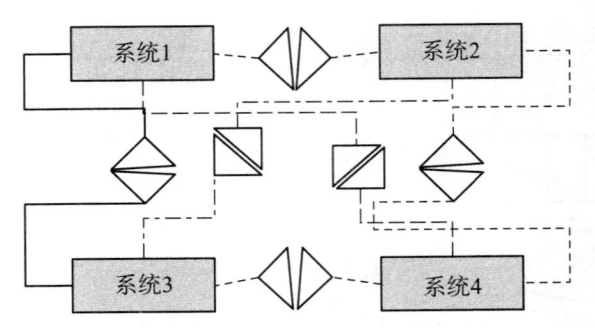

图6-6　系统直接互联接口设计

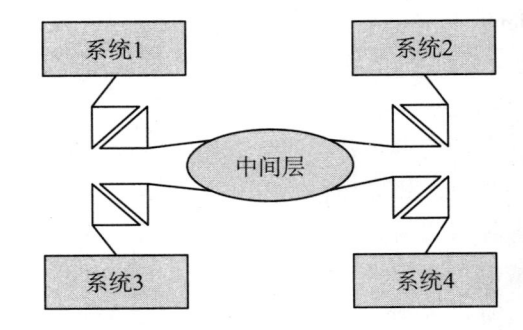

图6-7　系统桥接接口设计

　　从体系结构的演化看，跨系统协同服务系统之间正由紧耦合向松散耦合方向发展。点到点的集成方案的基础架构较为脆弱，每一个连接都需要单独开发相应的接口程序，缺少灵活性，较难保证数据的及时传递和一致性，这种解决方案只能构建在各自系统中，其应用之间的耦合度较高，实际应用范围较狭。基于中间件的应用集成具有灵活性和可扩展性，不仅较好地实现分布式计算，而且取得了相当的收益。但由于不同厂商提供的组件各自有一套独立的体系结构和协议，不同的组件之间无法进行直接的数据交换和数据共享，因而组件之间互操作不便，实施起来通常会涉及使用集成适配器问题，这必将导致更高的费用和复杂的连接，从而限制了它的应用。

　　Web Service 技术和面向服务的技术进步，推动服务体系结构由紧耦合向松散耦合发展。Web Service 是一种分布式的计算技术，通过 URI 识别的软件系统，其公共接口和绑定是利用 XML 来定义和描述的，能够被其他软件系统发现，这些系统可以在互联网协议上使用基于 XML 消息，同时与 Web Service 按照其描述的方式进行交互。位于 Web 上的松散耦合、动态定位的软件组件，可以将大的软件系统分为更小的逻辑模块或共享服务，这些服务可以位于不同的系统，可以通过各种技术来实现。目前，Web Service 已经成为互联网世界中面向服务的关键技术，因为它能与未知的、不相关的应用进行交互。

Web Service 不同于传统的端到端以及硬编码的开发接口方法，它使松散耦合具体化、服务集成动态化。Web Service 的另一优势是，可以在传统的集成解决方案之上进行改进，通过 XML 等技术将原有的服务封装成 Web 服务组件，从而促进了系统升级，保护了原有投资，降低了成本和风险。

6.4 知识信息跨系统协同服务的技术支持

知识信息跨系统协同服务呈多元复杂关系，因此需从多角度、多层次挖掘内在关系，采用链接、集成、嵌入、组合等多种方法实现服务的协同。目前实际应用的信息协同服务技术主要分为三类：一是基于标准协议的协同服务技术，核心是解决系统间数据交换与互操作问题；二是采用中间件技术，构建协同保障与服务环境；三是采用语义互操作技术，包括元数据和本体技术。

6.4.1 基于标准协议的协同服务技术保障

跨系统的协同服务是向用户提供无障碍的一致性服务，其服务建立在跨系统信息资源共享基础之上，因此采用标准协议是实现协同服务的需要。在跨系统协同信息服务中，协议有 Z39.50/ZING、OAI-PMH/ORE、OPENURL 等。

Z39.50 是信息检索应用服务定义和协议规范（Information Retrieval Application Service Definition and Protocol Specification）的简称，起源于图书馆界，最初是针对图书馆机读目录（Machine-Readable Catalog）数据库共享而开发的标准，其主要应用领域是图书馆的联机书目检索服务。Z39.50 规定了数据库管理系统的客户端和服务器端的对话规则，通过编码方式和内容语义的标准化来实现不同系统间的操作。Z39.50 是一个模块化标准，描述了初始化（Initiation）、搜索（Search）、检索（Retrieval）、结果删除（Result-set-Delete）等 11 种机制，每一机制可包含一个或多个服务。因此，Z39.50 协议具有复杂性，多数系统在应用时可选择采用其中某些功能、检索式格式、检索参数和语义定义等。为了满足不同的 Z39.50 应用程序之间的相互操作，不同的应用领域就某些检索和查询的细节达成一致，可通过"Profile（大纲）"进行。

由于 Z39.50 协议本身的复杂性，基于协议的服务具有客观上的难度。检索 Z39.50 服务器需要专门的客户端软件，为了简化 Z39.50 操作，扩展它在网络协议中的应用功能，ZING（Z39.50-International：Next Generation）随之而产生。ZING 定义了简单的 WEB 查询/获取协议（SRW/SRU）、检索语言（CQL）、实现模型（ZOOM），Z39.50 系统基于 SOAP 的转化（ez3959），以及检索 Z 资源信息（ZeeRex）等五个部分（见图 6-8）。

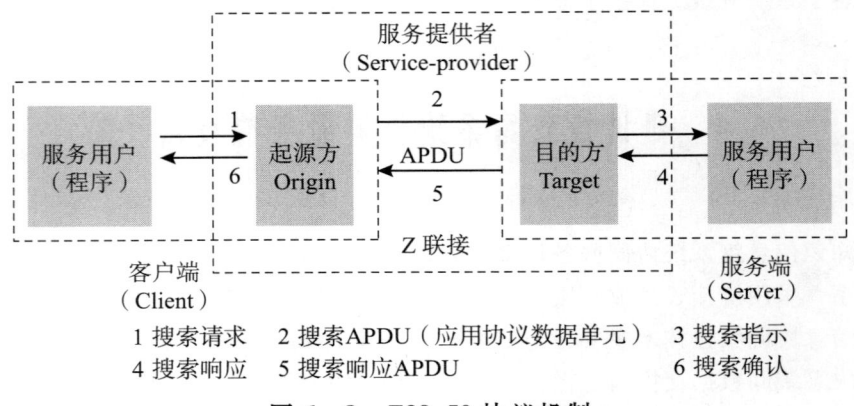

图 6-8　Z39.50 协议机制

SRW（Search/Retrieve for the web）/SRU（Search/Retrieve URL Service）即"查询/获取网络服务"协议，它提供通用框架，支持对各种网络资源的整合访问，支持分布式数据库间的协同工作。SRW/SRU 使用 CQL（Common Query Language）作为检索语法，支持 XML、XML Schema、Xpath 和 SOAP，提供基于元数据、文本与非文本的对象数据的查询。SRW/SRU 提炼 Z39.50 标准中的重要操作，定义检索服务（Searching）、浏览服务（Browsing）和解释服务（Explaining）。以 SRW 为代表的 ZING 协议降低了 Z39.50 的复杂性，为跨系统的整合检索和服务共享提出了一种实现模式。目前，国外不少大型图书馆都采用了 SRW 支持服务，如 OCLC Research 开发了 SRW 服务器对外书目检索服务，欧洲数字图书馆利用 SRW 协议实现跨国资源检索等。

在如图 6-9 所示的欧洲数字图书馆基于 SRU 的检索服务中，OAI 起到了关键作用。开放文档先导（Open Archive Initiative，OAI）最初起源于电子出版界（E-print Community），随着 OAI 的发展，它的应用远远超出了这一范围。原则上对任何数字对象都可以适用，因为 OAI 协议的简单性、灵活性和平台独立性，在知识信息服务中，图书情报机构、出版商及科研人员越来越多地关注 OAI，许多数字图书馆项目都提供了 OAI 接口，如"美国的记忆"、我国的 CSDL 项目等。OAI-PMH（Open Archive Initiative Protocol for Metadata Harvesting）协议是一个元数据采集标准，即从数据提供方采集元数据信息，而不包括内容。

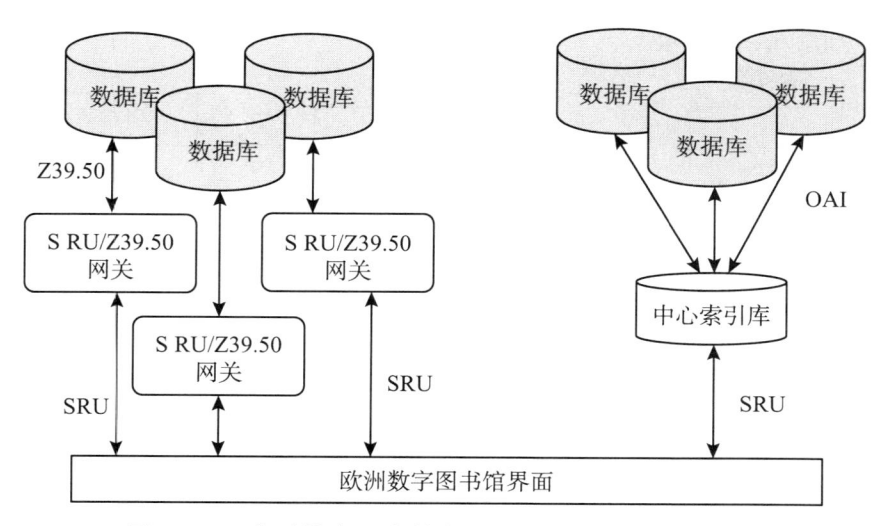

图 6-9 欧洲数字图书馆基于 SRU 的统一检索界面

OAI 定义了两种类型的参与者：数据提供者与服务提供者。数据提供者负责元数据的生成和发布，通过结构化组织使之符合 OAI 协议；服务提供者通过元数据采集机从数据提供者和其他服务提供者那里采集数据。服务提供者采集到元数据后，通过向用户提供统一的查询界面，实现增值服务。它提供的最基本的增值服务是对所有元数据根据同一分类体系进行分类。

开放档案计划－对象重用与交换（OAI-ORE）的发布，为用户通过网络交互获取聚合资源提供了支持。其资源如多页面网络文档、多格式机构库文档和学术数据集等，它可以保存、转换、摘要和优化存取。

OpenURL 是一种开放链接框架，在框架中通过链接服务器提供链接服务。服务具有公共的 OpenURL 语法，允许"信息源"公开自己的链接接口，实现链接信息源和链接服务器之间的信息的传输，从而实现异质数据库之间的相互操作。因此，OpenURL 又可以看作异质系统之间操作详细规范。唯一标识符是 OpenURL 语法定义中的一个重要组成部分，在链接源和链接目的数据库之间传递元数据的过程中，唯一标识符在链接的本地化上发挥着关键作用（见图 6-10）。

跨系统协同信息服务需要相关协议的一致应用。由于每一种协议都有自己的应用范围和功能特点，因此，需要综合考虑和权衡。Z39.50 协议、OAI 和 OPENURL 协议都可用于提供跨系统的整合信息查寻与链接服务，Z39.50 主要用于 MARC 数据库，是一种分布式查询协议；OpenURL 利用链接信息源和链接服务器之间的信息传输来实现系统开放互连；OAI 协议主要用于元数据的采集和交换，建立的是联合目录。对使用者而言，OAI 为集中式的目录，具有较快的查寻速度，如图 6-11 所示[①]。

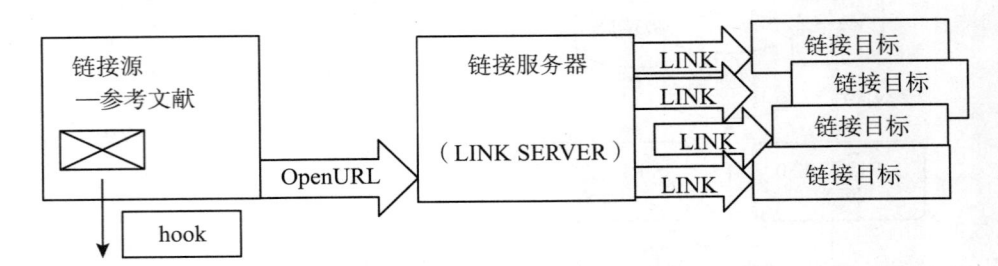

图 6-10 OpenURL 链接方式

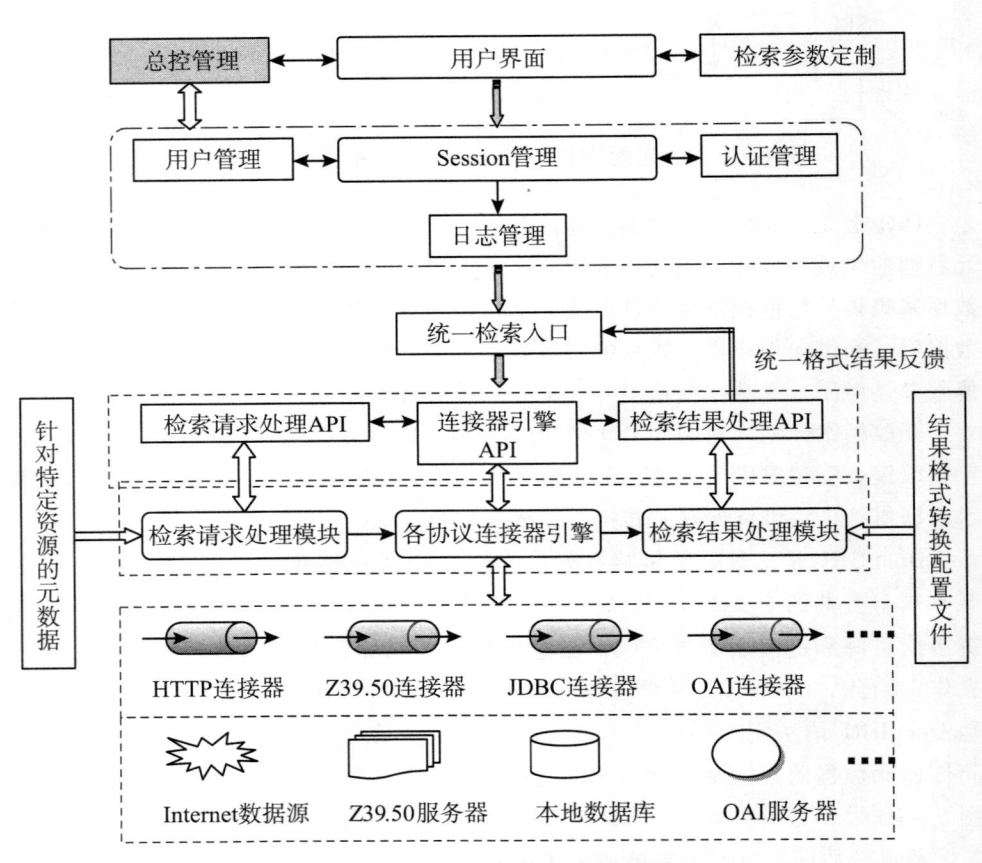

图 6-11 跨系统整合检索框架

---

① 刘炜．元数据与互操作［EB/OL］．［2009-02-11］．http：//www.libnet.sh.cn/sztsg/ko/ch3 元数据概述.ppt.

6.4.2 软件协同服务技术保障

软件协同服务技术的核心是针对不同系统构件所采用的实现语言、运行环境和基本模式的差异，实现信息服务系统相互通信和协作，以完成某一特定任务。比较常用的集中协同模型有中间件技术、网格技术及 SOA 技术等。中间件技术有良好的系统性能；网格技术的目标是协同多种资源，解决差异问题；SOA 作为一种新的集成模型，在协同方面更注重协同服务组合。

（1）外部协调（Mediator）或中间件（Middleware）技术

外部协调或中间件技术，是通过网关、封装件、中介系统、全局模式转换等，在各个系统的外部进行转换和协调，从而实现信息交换与服务共享。中间件是处于客户机和服务器之间的一层具有特别功能的系统软件，对执行细节的封装是中间件的主要功能。它把应用程序与系统所依附软件的低层细节和复杂性隔离开，使应用程序开发者只处理某种类型的单个应用程序接口，而其他细节则由中间件来处理。它使最终用户和开发人员无须再去了解服务端的具体位置和执行细节。它定义了异构环境下的对象透明发送请求和接收响应机制，是构造分布式对象的具体应用。在不同层次的异构环境下，外部协调或中间件具有很好的自治性，缺点是一旦增添服务，必须重建相应的包装层。

目前，通过外部协调或中间件技术解决系统异构是比较常见的技术方案，业已形成了中间件的规范或产品，如 CORBA、DCOM、J2EE 等。实现系统操作和协同服务时，将应用程序封装成一个个对象，从而使远程分布应用程序可以通过代理请求实现这些对象上的操作服务。如通过 CORBA 可实现多语言、分布式数字环境、异构硬件平台、异构操作系统和异构网络条件下的基于封装的跨系统协同服务。尽管 CORBA 在对象实现层上提供了服务实现的抽象，但来自多个对象响应的多种数据源的集成任务仍然在客户端应用程序中完成，从而使得客户端应用程序更为复杂。同时，其共享是基于静态的，通常只是关注组织内的资源共享，未能提供多组织之间的资源共享通用框架，不便于实现大规模的信息共享，于是提出了开发构架下的服务实现问题。

基于开放网格服务架构的数据访问和集成件（Open Grid Service Architecture Data Access and Integration，OGSA-DAI）是网格环境中数据的访问和集成中间件，旨在通过一个通用的、基于服务的数据库接口，提供异构数据库系统一致的访问规范和数据库系统的协同支持。实现以统一的方式访问差异性数据资源，可将这些异构的数据资源整合为逻辑上的单一资源。

OGSA-DAI 为广域环境下信息服务系统实现协同服务提供了新方法。实现信息系统的协同服务，必须解决对异构数据源的集成和一致化处理问题。OGSA-DAI 通过网格服务的形式为用户提供不同数据源的访问和集成，例如利用关系数据库、XML 数据库和网格上的文件系统，允许这些资源在 OGSA 的框架内进行集成，以支持数据资源注册与发现以及不同数据系统之间互访。OGSA-DAI 定义了在网格上进行数据访问和集成所需要的服务和接口，通过 OGSA-DAI 的接口，可以以统一的方式访问异构数据资源[①]。在 OGSA-DAI 中的网格服务称为网格数据服务（Grid Data Service）。OGSA-DAI 运行在 Web 服务中，它定义了下列三种主要的接口类型：网格数据服务（GDS）、网格数据服务工厂（GDSF）和服务组注册器（DAISGR）。OGSA-DAI 以服务为中心，将资源、数据、信息统一起来，将系统相互操作的问题转化为定义服务接口和识别接口协议问题。其实质是将网格中的资源按服务的形式封装起来，对外提供统一的服务接口，通过屏蔽底层信息，实现跨分布式异构平台的统一访问。

OGSA-DAI 在 AstroGrid、BioDA、Biogrid、BioSimGrid Bridges、GEON、InteliGrid 等众多项目中得到了成功应用[②]。SIMDAT 是一个数据网格项目，在 SIMDAT 的气象与环境信息系统中，建立虚拟全球信息系统中心（V-GISC），用以构建欧洲环境监测（见图 6-12）。V-GISC 部署了一个共用系统，通过元数据、数据发现、传输和在线浏览等标准和协议使用，OGSA-DAI 在 SIMDAT 中被视为一个共同的接口，通过连接分布式数据库抽取数据。OGSA-DAI 工具包是 V-GISC 数据基础设施的核心，具有供信息系统开发的扩展功能。基于 OGSA-DAI 技术支持，V-GISC 可为分布数据建立统一的平台，从而使数据被安全、稳定、方便地访问和使用。同时，它为用户提供了一个统一的外部接口，以便于查找、获取和共享各种形式的分布式气象数据资源[③]。基于 OGSA-DAI，V-GISC 推动了跨系统的数据资源交换和整合，向用户屏蔽分布信息系统之间的差别，在统一界面上进行的跨仓储服务，推进了广域环境下的信息资源交换与共享。由于 OGSA-DAI 仍然是发展中的规范，还存在较大的局限性，解决方案还有待于进一步完善。

[①] Li M. Z., Baker M. 著，王相林，张善卿等译. 网格计算核心技术 [M]. 北京：清华大学出版社，2006：126.

[②] Antonioletti M., Atkinson M., et al. The Design and Implementation of Grid Database Services in OGSA-DAI [EB/OL]. [2008-10-20]. http：//www.nesc.ac.uk/events/ahm2003/AHMCD/pdf/156.pdf.

[③] SIMDAT-Data Grids for Process and Product Development using Numerical Simulation and Knowledge Discovery [EB/OL]. [2008-12-21]. http：//www.hlrs.de/news-events/events/2006/metacomputing/TALKS/simdat_clemens_august_thole.pdf.

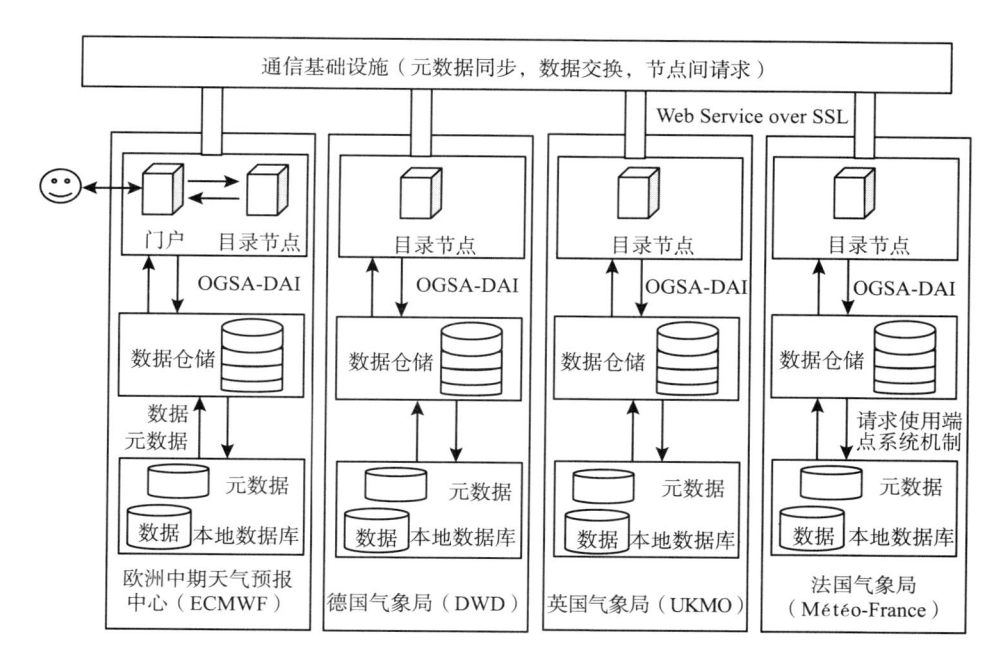

图 6-12 V-GISC 跨系统协同服务构架

(2) 面向服务的架构技术

面向服务的架构是一种松散耦合的应用程序体系结构，它的基本框架由三个参与者和三类基本操作构成。三个参与者分别为服务提供者、服务请求者和服务代理；三个基本操作分别为发布、查找和绑定。服务提供者将其服务发布到服务代理的目录上，当服务请求者需要调用服务时，首先利用服务代理提供的目录去搜索服务，获取如何调用服务的信息，然后根据这些信息调用服务。当服务请求者从服务代理得到调用所需服务的信息之后，通信直接在服务请求者和提供者之间进行，而无须经过服务代理。其中，Web 服务是面向服务体系的一种实现方式，Web 服务体系使用一系列标准和协议实现相关的功能，如使用 WSDL 描述服务、使用 UDDI 发布和查找服务。这些服务需要使用 SOAP 协议来执行服务调用。

在 SOA 范式中，服务（Service）是指完成系统任务的功能单元，这些单元被封转成组件（可分布在网络中的不同位置，且可相互通信），任何服务请求都可以通过标准的方式去访问一个或多个服务，并将它们联接起来，从而按需形成有完整功能的系统。

在跨系统的协同信息服务中，SOA 应用于服务组合、服务协同和服务管理。在服务组合和协同中，有多个标准协议，如 BPEL、BPEL4WS、WS-Coordination 等。目前，服务协同主要通过业务流程来实现，因此需要扩展多种协同方法。在管理方面，还存在着服务协同中的可靠性保障问题。当外界环境发生变化时，组合服务如何进化，对开放动态的网络计算环境和不断演化的用户个性化需求来说，需要进行适应。图6-13展示了基于SOA的Web服务组合的技术框架。

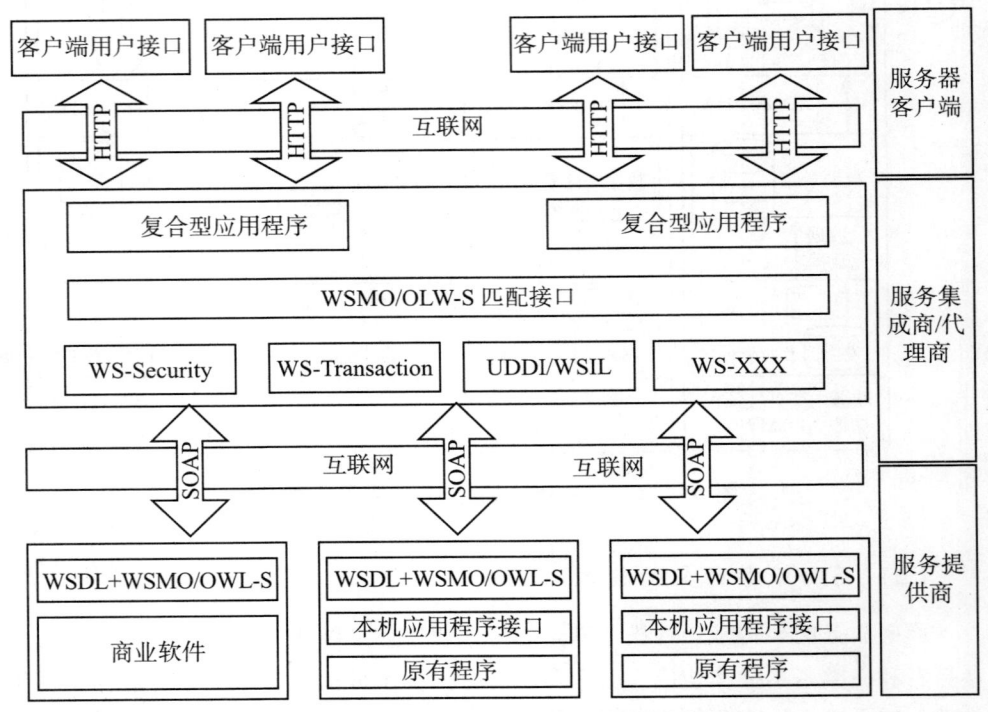

图 6-13 基于 SOA 的 Web 服务组合框架

资料来源：Papazoglou M. P. . Servcie-oriented Computing: State of the Art and Research Challenge [J]. IEEE computer society, 2007 (12): 64-71.

SOA协同服务组合具有很好的伸缩性和可用性。SOA采用的架构模型，可以实现延伸服务；同时SOA可以看作B/S模型和XML/Web Service技术的自然延伸，通过使用信息服务系统架构中的各种组件可以更迅速、更可靠地整合多种服务。在SOA中，服务提供者和服务使用者的松散耦合关系和开放标准的采用，确保了系统的可维护性[①]。

6.4.3 语义协同技术保障

语义上的异构是实现跨系统协同信息服务面临的又一挑战，也是难点所在。

---

① 方清华. 面向知识服务的信息传递机制研究 [D]. 武汉大学博士论文，2008：33.

语义协同问题是要解决一个信息服务系统"读懂"另一个信息服务系统内容的问题，是信息服务系统之间共享内容和进行交流的基本要求和目的。实现信息系统的语义协同主要通过元数据和共享本体。

（1）元数据互操作技术

元数据（Metadata）是数据的数据，是对数据进行组织和处理的基础，是互联网上组织信息的资源发现的工具。元数据功能包括对资源的描述、管理和定义，以及对资源的评估。对终端用户而言，元数据意味着全面描述和识别每一个信息内容片段，从而能够高效发现、选择、查找、组合和重利用知识信息资源。

元数据描述对象可以是任意层次的数据对象，如传统的内容对象（图书、期刊内容等），也可以是内容对象组合（例如由若干文本、图像和音像的组合）、内容对象资源集合（如知识网站）和集合而成的组织对象（分类、语义网络）等。根据信息资源及其集合的抽象程度不同，可以有不同的元数据描述规范。当在不同元数据格式描述的信息资源之间进行检索时，就存在元数据的相互操作问题。

基于元数据的跨系统检索是指多个不同元数据格式的释读、转换和由多个元数据格式描述的数字化信息资源之间的透明检索。针对元数据操作有多种解决方案，其中包括元数据映射转换、开放描述、注册登记等。

元数据映射（Metadata Mapping），又称元数据转换（Metadata Cross Walking），指两个元数据格式间元素的直接转换，其实质是为一种元数据格式的元素和修饰词在另一种元数据格式里找到相同功能或含义的元素和修饰词。元数据映射从语义角度提供元数据的互操作，从而实现跨资源库的统一检索。目前已有大量的映射程序存在，供若干流行元数据格式之间进行相互映射，例如 DC 与 USMARC、DC 与 EDA、DC 与 GILS、GILS 与 USMARC 等。

元数据映射的基本技术有两种：第一种是一对一的映射，如 DC 与 USMARC 的映射，其技术优点在于其能较好地保证映射的准确性，不足之处是在元数据格式较多时，转换模板的数量呈指数增长，所以这种技术一般适用于使用面较窄的检索范围；第二种是通过中介格式进行转换，即选择一种格式作为映射中心，其他格式都向这一格式映射，从而降低了复杂性，参与映射的格式越多，这种技术的好处就越明显，然而其效率受中介格式精细程度的影响，即转换格式中的许多特殊元素可能难以归入中介格式中。图 6-14 显示了元数据转换的框架[①]。

---

① 张晓林. 元数据研究与应用 [M]. 北京：北京图书馆出版社，2002：243.

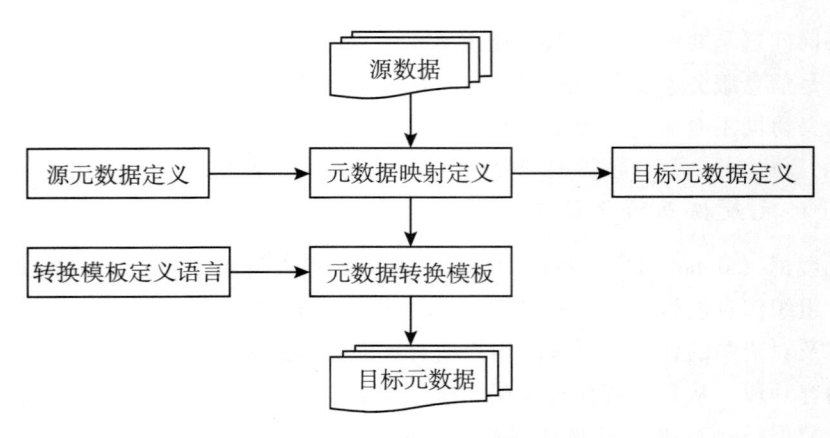

图 6-14　元数据转换框架

开发一种能够满足各方面需要的标准元数据格式是解决元数据操作的方法之一，但在各种信息资源和应用环境之间存在差异的情况下难以真正适应变化的多样性。基于 DC 扩展的元数据格式，不仅建立了与其他多种元数据格式间的映射关系，而且由于它的简单和通用，已成为实现各种元数据格式映射操作的有效"工具"。目前，美国 NSDL、加拿大 CCOP、英国 e-GMF、澳大利亚 AGLS、欧盟 MIReG 等数字图书馆项目通过 DC 扩展建立了自己的专门格式。

基于 DC 扩展的各种元数据格式，不仅可以满足复杂的特殊需求，而且在核心元素上具有一致的语义和编码方式，因而具有灵活性高的优势。

解决元数据互操作性的另一种思路是建立一个标准的资源描述框架（Resource Description Framework），用这个框架来描述所有元数据格式，那么只要一个系统能够解析这个标准描述框架，就能解读相应的 Metadata 格式。实际上，XML 和 RDF 从不同角度起着类似的作用。

在跨系统信息服务中，常常需要对信息资源对象集合作为一个整体描述，对信息资源集合进行描述的元数据方案，便是资源集合元数据方案。相对于对单个数字对象的元数据描述而言，基于信息资源集合的元数据描述方案对跨系统的协同服务更有意义，因为资源集合元数据方案描述的是资源集合的共同属性，这些共同属性在分布式环境中频繁地被调用，这是因为每一个单独的资源站点、数据集等，必须符合基本的要求才能被集成到更广泛的服务中。基于资源集合的描述为协同服务提供了一个基于语义的自动导航（语义路由）工具，可应用于解决多个不同资源库的跨库检索，或异构系统的互操作。目前国际上已经有一些比较成熟的资源和服务描述规范，如 DC Collection、RSLP Collection Description、IESR 等。

元数据注册登记（Metadata Registry，MR）是建立一个公开网站，提供各种元数据格式的权威定义和用法，用户可以申请注册新的元数据格式，增加或修改元素的定义，注册新的规范词表、编码方案等，从而使元数据格式更加规范和成熟。这里登记的每一种元数据格式、规范词表和编码方案都可以称为一个命名空间（Namespace）。各实施单位可以使用 Registry 里登记的一个或多个 Namespace，可以根据本地需要增减。因此，Registry 是元数据共建共享的一种重要机制，目前已经建立开放登记机制有英国 JISC 支持的 DESIRE MR 和 ROADS MR 和哥廷根大学图书馆建立的 MetaForm 等。

利用元数据的开放描述和注册登记方法实现信息系统协同服务，既不要求修改现有信息系统的体系结构，也不要求各信息系统遵从某种操作协议，只要求使用开放描述语言描述各自的元数据、访问方法和服务，然后将这些描述信息登记到一个中心注册服务器中即可①。

我国科技信息资源与服务集成揭示系统是基于开放描述和注册登记，实现跨系统资源共享和协同服务的成功案例。集成揭示系统是以国家科技图书文献中心（NSTL）、国家图书馆、中国高等教育文献保障系统（CALLS）和国家科学数字图书馆（CSDL）等系统现有的资源与服务为基础，通过部署跨系统、跨地域的访问接口，所建立的基于元数据登记注册的分布式系统。集成揭示系统按分布式的模式进行建设，由多个独立的子系统互相合作，共同实现资源从提供到发布，直到获取的完整流程，每个子系统都按照通用规范提供访问接口，从而使子系统之间能够跨平台地进行交互，同时也能够为其他任何符合相应规范的外部系统提供服务②。

（2）基于知识本体的操作技术

基于本体（Ontology）的信息服务的协同方法，着重解决不同部门、不同个人之间对信息理解差异问题。解决的手段是通过在不同部门、不同个人之间建立共识的本体，使部门与部门、个人与个人之间对异构信息达到一定程度的共同理解。由于元数据方案只能提供资源的平面描述，不能提供与其反映的对象之间的联系，更不能表达资源与资源、人与人和事物之间的复杂关系，因此需要在元数据之上建立共享机制。知识本体正是领域知识的共享和重用，标准化和形式化的知识本体为信息系统之间的语义操作提供了很好的工具。

知识本体是共享概念模型的形式化规范说明。如果把每一个知识领域抽象成

---

① 张付志，刘明业等. 数字图书馆互操作综述 [J]. 情报学报，2004（4）：191-197.
② 孙坦. 基于开源软件构建数字图书馆开放式资源与服务登记系统 [EB/OL]. [2009-02-10]. http: //oss2006. las. ac. cn/infoglueDeliverWorking/digitalAssets/131_6-. pdf.

一套概念体系,再具体化为一个词表来表示,包括每一个词的明确定义、词与词之间的关系(例如代、属、分、参关系)以及该领域的一些公理性知识的陈述,陈述即通过在知识领域专家之间达成共识,最终形成共享本体词表。所有这些构成了知识领域的"知识本体"。最后,为了便于计算机理解和处理,需要用一定的编码语言(例如 RDF/OWL)表达本体体系(词表、词表关系、关系约束、推理规则等)。在这个意义上,知识本体已成为一种提取、理解和处理领域知识的工具,可以应用于不同的学科和专业领域。实际上,图书馆很早就开始了类似的工作,主题词表、分面分类的思想即是初始萌芽,目前已能够借助计算机的信息处理能力,为实现信息系统的语义操作提供核心支持。

图 6-15 展示了基于知识本体的语义协同过程[1]。信息服务系统 B、E 的资源数据库通过 XML、RDF 文件的描述封装,集成为本地词表,然后通过映射转换到一个通用词表上,最后将通用词表映射到知识本体上,通过知识本体的全局视图提供信息查询和展示检索结果。基于本体的语义操作过程中,RDF、XML 的描述封装,可在不同资源库中嵌入语义信息,然后通过本体技术在集成的资源中建立抽象的语义层,以实现在不同组织、系统之间知识的共享和重用。

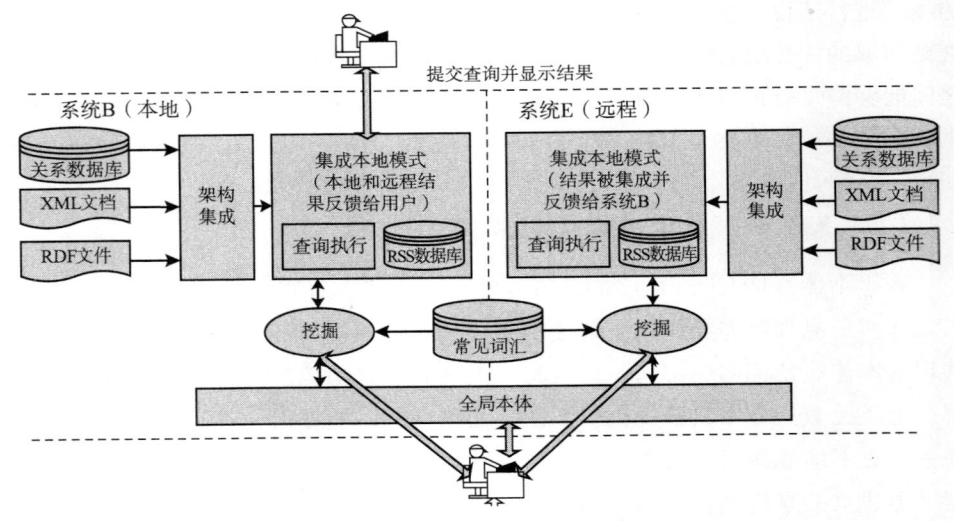

图 6-15 基于本体的语义互操作框架

---

[1] Cruz I. F, Xiao H. Y.. Using a Layered Approach for Interoperability on the Semantic Web [C]. IEEE Proceedings of the Fourth International Conference on Web Information Systems Engineering (WISE'03), 2003: 221-231.

6.5 知识信息服务中的系统互操作技术保障

知识信息服务重组不仅是基于制度变革的服务重组和业务重组，而且是新技术环境下的信息共享与面向相关主体的整体化服务拓展。其中，基于知识信息共享的系统互操作技术发展，直接关系到重组服务的实现。

6.5.1 知识信息共享中的系统互操作

在知识信息服务组织中，存在着协调分布框架下的面向知识创新需求的系统间信息共享问题。解决这一问题，除制度与管理上的改革外，在技术上解决分布、异构环境下的信息互用问题至关重要。

基于信息共享的系统互操作的研究始于美、英等国。在电子政务信息共享的互操作实现中，美国、欧盟、新西兰等先后制定了电子政务互操作战略，其中英国电子政务的互操作已经推出了第 6 版①。英国 UK e-GIF 是系统化的电子政务互操作框架，它针对电子政务需要考虑的互操作，将相应的标准规范为系统互联（Interconnection）、数据整合（Date Integration）和信息获取（Information Access），包括通信协议、安全机制、数据编码、数据标记、元数据、数据交换等层面的互操作准则。

2006 年 10 月我国发布的《国家中长期科学和技术发展规划纲要（2006~2020）》进行了强化资源共享机制，建设科技基础设施与条件平台的安排。在科技信息资源共建和跨系统共享中，以资源整合、优化配置为主线，以共享为核心，将共享平台建设纳入国家创新发展计划加以实施。其实施要点是，根据各类创新活动的需要，按照不同类型基础条件和资源保障特点，采取多样化的共享模式，实现信息资源的高效利用，为推进创新活动提供稳定支撑②。对于知识信息服务而言，由于信息来源的多系统分布现实，面向知识的服务组织必然以系统间的无障碍信息资源共享为前提，系统的异构障碍必须克服。只有克服系统之间的信息交流障碍，才可能保证知识信息资源的有效整合和利用。其中，系统间的互

---

① UK GovTalk：e-Government interoperability Framework Version 6.1 [EB/OL]. http：//www.govetalk.gov.uk/schemasstandards/egif_document.asp? docnum = 949，2006/12/15.
② 国家中长期科学和技术发展规划纲要（2006~2020）. [EB/OL]. [2008-01-17]. http：//www.gov.cn/ivzg/2006-0209/content.183787.htm.

操作无疑是必须解决的关键技术问题。

互操作（Interoperability），是指分布信息系统间无缝交换、共享信息资源和服务，在不损害各分布系统自主性的同时，构成一个集成系统的逻辑操作。

在知识信息服务中，由于运行和数据安全等方面的原因，系统大都有着自己的运行环境和支撑环境，它们各自独立，相对而言，沟通度不高。实现知识信息服务的重构，在于强调系统安全、独立的同时，需要不断推进系统间的共享服务，因而对系统间的互操作提出了新的技术要求。

2007年国家科技图书文献中心（NSTL）推进了学位论文公益服务的系统工程，旨在对分布在高等学校系统、中国科技信息研究所系统、中国科学院和中国社会科学院等部门的学位论文库资源实现联合共享，通过集中搜寻、分布获取、分级保障的国家学位论文服务网络，满足社会发展对学位论文的多层面需求。在项目推进中，构建共享平台，实现各系统之间的互操作服务是必要的[①]。在其他知识信息资源的跨系统共享中，同样也会涉及系统间的共享操作问题。对此我们在湖北省科技信息资源条件平台的互联信息资源集成提供、农业信息服务的多系统资源整合和广东省纺织行业的信息系统互联服务的技术实现中，进行了实践。

从国内外研究实践上看，基于信息共享的系统互操作技术着重于以下基本问题的解决：

支持多样化的信息资源处理形式和功能，使多系统之间能够进行信息资源的交换、转化和服务；

在实现信息交换和交互转化的同时，支持各分布系统的自主性，保证各系统的自主建设、数据管理和技术更新的独立性；

保证分布式信息资源系统在信息资源共享、交换与管理上的低成本，在相应的元数据格式和系统协议基础上，保证有效的操作运行；

提供互操作的可伸缩性和机动性，要求容纳动态组织的信息资源，能够适应异构的信息服务组织平台。

这里所说的独立性，是指各系统的在运行上是独立的，同时在与其他系统的互联中实现操作上的独立。服务是协同操作的构建基础，要求执行一个或一组活动操作，要求操作性能应可靠、数据安全。互操作是在一定的物理环境中实现，其物理环境是指网络中系统的位置和硬件条件，要求与互操作环境和软件相适应。以此为基础，实现协议上的开放，可适时进入或退出系统。

---

① 胡潜，张敏. 学位论文资源的跨系统共享与集成服务的推进 [J]. 图书情报知识，2008 (6): 82.

6.5.2 知识信息系统互操作的技术实现

知识信息共享是在分布式资源环境和系统异构技术环境下展开的，这意味着，应在不同地域、不同技术平台和不同信息结构条件下，实现信息系统间的互操作。系统异构可概括为信息资源层面的异构和信息技术层面的异构。

信息资源层面的异构包括：在信息资源收录上的主题异构，信息资源命名上有着不同的标准是其根本原因；在信息资源存贮中，标引格式的不同所导致的不一致；在信息资源内容描述上，采用不同概念体系的表达，所产生的差异。

信息技术层面的异构，系指因系统所采用的应用系统、数据库管理系统，乃至操作平台技术的不同，而形成的异构技术环境。不同的信息系统硬件设施和软件的区别，使各系统运行在非一致的操作环境中，从而系统难以交换和共享信息。

分布和开放的知识信息资源网络环境，使知识信息共享的内容、格式存在系统间的差异。同时，随着系统更新和时空差别的扩大，系统间的共享和互操作已不是一个静态问题，而是一个开放性、动态性和全局性技术问题。从总体上看，知识信息资源共享和整合，必须解决资源和系统分布结构的异构集成问题，在自然环境中实现资源的通用性和技术的对接。在技术不断进步、技术标准同步更新的环境下，各系统的统一难以实现，这就要求在系统操作上实现相互兼容。事实上，知识信息体系结构的重组变化，改变了原有的结构和资源状态，因此必须从整体化体系建设角度来考虑问题，同时要求适应新的体系结构，即创建自适应的技术更新互操作环境。

从实现上看，知识信息资源共享、整合和集成服务，需要跨越分布异构和资源体系障碍，实现服务的一体化。因此，互操作必然涉及对不同数字资源对象、系统结构和服务功能上的互通，以此决定了不同的技术层面的互操作要求。另一方面，互操作还包括不同的资源组织过程、管理过程等方面的操作问题。随着内容对象的动态组合、迁移、重组的变化，对其操作技术的适应性要求愈来愈高。

基于此，互操作关键技术的推进在于，实现对多个知识信息系统的信息交叉浏览、交互检索和共享获取，提供一个通用的操作入口和平台。为了保证互操作的实现，需要相互支持的技术、方法和系统，在技术推进上包括应用层互操作和资源层互操作。互操作具体推进内容如表6-1所示。

表6-1对基于信息共享的系统互操作实施方案作了分析。从表中可以看出，知识信息系统互操作在应用层和资源层上已形成固定的技术模式。对于基于传输协议和元数据格式的信息共享和服务集成，中国科技信息研究所在学位论文共享

体系构建中，利用已有技术，进行了模型构建和应用实践。同时，我们在构建区域性农业信息集成平台上和广东省纺织知识信息资源共享服务平台中，实现了基本的互操作功能。从国内应用推进上看，基于知识信息共享的系统互操作技术推进，拟采用图 6-16 所示的技术推进路线。

表 6-1　　　　　　　　知识信息系统互操作的技术构架结构

互操作层面		互操作内容	互操作技术进展
应用层	应用系统	在硬件协调的情况下，信息系统软件互操作技术的使用在于，克服不同软件构建的差异	发展外部中介或中间件技术、基于软件代理的互操作技术、分布式对象请求技术等
	传输协议	解决不同机构的不同技术管理手段、背景下的一致性服务问题，实现基于协议的互通	信息共享和信息资源集成服务的协议包括 Z39.50、LDAP、WHOIS+、OAI、openVRI 等
资源层	知识组织	知识组织的互操作在于，从知识层面上进行系统间知识无障碍获取和重组	知识组织上的互操作处于初期发展阶段，在知识管理和知识服务中，各国以项目方式推动应用发展
	元数据格式	元数据是对数据进行组织和处理的基础，元数据包括资源描述、管理和推进资源的交互检索	在元数据描述和互操作上，解决元数据映射问题，在开发环境下实现开发描述和元数据共享
	数据编码、知识本体等	数据编码在于通过编码转化方式，利用对应关系实现信息共享，知识本体在共享概念模型的前提下进行抽象规范，实现知识信息转化	数据编码技术从表层向深层不断取得新的发展，基于知识本体的语义互操作已成为一种提取、理解和处理信息内容的共享工具

注：根据所列的 10 余篇参考文献所作的分析，在表中作了归纳。

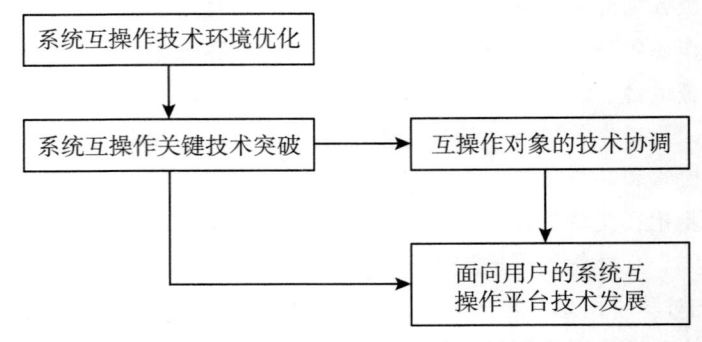

图 6-16　基于信息共享的系统互操作技术推进

如图 6-16 所示，在技术推进中，拟强调以下几方面的工作：

系统互操作技术环境优化。系统互操作技术环境，是指信息网络环境以及网络条件下各系统的技术环境。在环境优化中：一是根据网络技术向网格技术的发展趋势，利用数据网格将不同地域、不同接口的分布式信息系统的各种资源进行有效连接。在技术规范上推进知识信息服务重组中的技术升级，促进知识共享的技术发展。二是根据硬、软件环境的变化和信息处理能力的提升，避免目前类似的技术差异情况出现，以在环境改善和技术升级中解决资源命名问题、格式和内容提炼问题，同时进行环境建设的联动。

系统互操作构建技术的进一步突破，要求在系统互操作关键技术上注重应用系统与传输协议技术研究上的互动。在传输协议优化的情况下，重点突破应用系统技术。对知识信息系统互操作来说，可以在关键技术成果的应用中提升目前系统的元数据应用水准，在基于本体的信息组织和服务中，开发适用的共享技术，突破系统之间存在的技术应用障碍。

系统互操作对象的技术协调。在多种可能的技术方案中，按信息系统的互操作实现路线，存在着基于标准的方法和基于非标准的方法。在实践应用中，"标准"与"非标准"各具优、缺点，目前已逐渐发展为一种混合方法，这种混合方法于 2005 年在清华大学建筑数字图书馆中已得到应用①。通过几年的应用发展，日益显示了其技术优势。因此在技术协调中，拟进行"标准"与"非标准"的有效结合；在技术应用的组织协调上，拟进一步优化互操作技术保障体系，推进技术的无障碍应用。

面向用户的系统互操作平台技术发展。任何互操作的实现，最终目的是使用户跨系统获取所需的信息资源。对于知识信息服务而言，用户愈来愈迫切需要将科技信息、经济信息、市场信息和管理信息进行整合，这就涉及不同内容系统的互操作。在解决这一难题的过程中，拟采用信息表层向深层拓展的平台构建技术模式，即根据技术发展，从信息线索提供入手，构建结构相对简单的互操作平台，然后逐渐向知识集成互操作发展。因此，拟在动态技术环境下，实现平台技术的不断突破。

6.5.3 基于系统互操作的信息资源管理技术的标准化

知识信息资源管理技术标准是指，在信息组织与服务中为获取最大效益而制

---

① 郑志蕴，宋翰涛等. 基于网络技术的数字图书馆互操作关键技术 [J]. 北京理工大学学报，2005 (12)：25.

定的资源管理的指导原则和技术法规。标准文件的执行与实施是各领域信息管理与服务的共同问题，因此应在开放环境下推进技术的标准化。基于此，技术标准化推进应有普遍的原则、任务和推行措施。

知识信息资源组织与服务技术标准建立在信息管理实践基础之上，其实践发展决定了标准在推进的任务、体系和原则。

知识信息资源组织与服务技术标准化推进的原则可以概括为以下几个方面：

整体优化。知识信息资源组织与服务技术标准是信息系统建设和运行管理的技术准则，知识信息资源组织与服务技术不可能只涵盖一个技术标准的内容，而需要同时使用多个技术标准的组合，这些标准应当形成一个有机整体。在处理各种标准的关系时，要以整体最优为出发点。

协调一致。知识信息资源组织与服务技术的标准化协调是重要的，这是因为，标准的统一性越好，其适用范围就越广，实施标准所获得的社会和经济效益也就越大。因此，要优先考虑制定和采用那些适用范围广泛的标准。

实验推广。有关制订、修订、选择和贯彻实施的标准，只有经过一段时间的试运行才能最终确定。特别是对于那些重要的知识信息资源组织与服务技术标准实验验证尤为重要。对于我国，为了有利于面向未来的技术发展，目前拟采用的国际标准也需要进行面向未来发展的技术变革实践验证。

适时扩充。由于知识信息资源组织与服务技术发展迅速，信息资源组织与服务技术产品更新换代加速，市场需求日趋多样化，在制订或采用各种网络信息资源组织与服务技术标准时，必须留有充分的修改或扩充空间。只有这样，才能使标准化适应网络信息资源组织与服务技术发展的需要。

相对稳定。知识信息资源组织与服务技术标准贯彻实行以后，在一定的使用期限内，应尽可能保持相对稳定，这样才有利于知识信息资源关系和合作服务的发展。

由于不同的知识信息服务系统中使用的信息资源组织与服务技术标准不但种类多，而且数量大。因此，在网络化信息资源组织与服务技术标准化推进中，应明确其基本任务。从综合角度看，知识信息资源组织与服务技术标准化的主要任务包括以下几方面的内容：

国际标准的采用。为了实现世界范围内的信息交流和信息资源共享，积极采用国际标准是知识信息资源组织与开发服务标准化的重要任务[1]。采用国际标准要有三个条件：一是要坚持国际标准的统一和协调；二是要坚持结合我国具体

---

[1] Kim Y., Kim H. S., et al.. Economic Evaluation Model for International Standardization of Technology [J]. IEEE Transactions on Instrumentation and Measurement, 2009, 58 (3): 657–665.

情况进行试行验证；三是要坚持有利于促进知识信息资源组织与服务技术进步的原则。

国家相关标准的贯彻。知识信息资源组织与服务技术标准由国家标准化部门批准、发布，在全国范围内适用。信息技术国家标准范围非常广泛，包括信息系统、网络使用的各种标准。到目前为止，在我国已发布的信息管理技术国家标准中，通信方面的占多数，直接和信息组织与开发有关的有限。因此，应针对网络信息资源组织与开发技术应用的发展，在关键的技术环节上扩充内容，为现实问题的解决提供完善的技术依据和准则。

标准体系的确立和完善。建立和健全标准体系的最根本目的是在信息资源组织与服务的各个环节上将有关技术标准，进行有序组织和整合，并使之形成有机体系，以利于规范组织与开发技术平台建设。值得指出的是，在知识信息服务组织中，可结合具体情况，逐步形成行业化的信息资源组织与服务标准，以提升信息服务的支持水平。

标准的科学化管理。推进知识信息资源组织与服务技术标准化，应注重标准的贯彻实施，好的标准如果得不到认真的贯彻实施，也是不会获得任何效益的。要做到真正贯彻实施好标准，就要加强对标准的管理维护，也就是说，要对各种信息组织与开发技术标准的贯彻实施情况，进行督促检查，以便发现问题，采取措施。

知识信息资源组织与服务技术标准化推进中标准体系的构建，应考虑技术的形成和来源，按技术应用环节来组织。知识信息资源组织与服务技术标准化推进中，信息技术的进步决定了基本技术的应用标准，信息用户的需求决定了服务技术平台的标准，信息网络综合发展决定了网络信息技术标准的构成。在技术实施上，其内容有：信息资源载体组织技术标准化，包括资源载体的数字化技术所包含的所有方面；信息资源开发与服务过程标准化，包括面向过程的技术研发标准、组织和实施标准；信息资源服务技术标准化，包括个性化服务技术、数字挖掘技术以及各方面新技术推进标准。这几方面的内容有机结合成为一体，在技术标准化推进中应全面考虑。

知识信息资源组织与服务技术标准化推进，应保证它在全国被广泛接受。知识信息资源组织与服务技术，随着互联网的迅速发展，正在成为信息管理与服务的一项基本技术内容。随着网络信息服务的发展，网络化的知识信息组织与服务出现了一些新的特点：手段现代化、方式便捷化、环境虚拟化、对象社会化、内容务实化、发展适时化等。基于以上情况，信息资源组织与开发技术标准化推进的基本内容应包括信息载体技术标准化、信息内容技术标准化、信息组织与开发技术过程标准化和信息服务业务技术标准化。

信息载体技术标准化。信息载体技术是指所有与计算机和通信设备的设计、制造和网上信息传输、交换、存取等有关的技术。在技术研发和应用中都应遵循通用标准，其目的是使用户正确地应用共同的信息技术，保证知识信息资源开发利用的质量和效率。

信息内容技术标准化。信息技术标准化不一定带来信息技术的内容格式的标准化。信息内容格式标准化对于提高知识信息资源的共享水平，降低格式转换成本，有着重要作用。当前，虽然难以实现完全的信息内容格式标准化，或者说难度很大。然而，这又是必须解决的问题，因此应尽快加以解决。

信息组织与开发技术过程标准化。信息组织与开发过程标准化与信息内容格式标准化相联系，信息内容是对信息产品而言的，信息组织与开发强调的是对象。信息组织与开发过程标准化有助于减少信息冗余和系统互操作难度。

信息服务业务技术标准化。知识信息资源与开发服务业务标准化，旨在为信息资源的开发，包括信息的采集、分类、识别、存贮、检索、传递与应用提供通用的标准，为知识信息业务的开展方法、程序、安全等方面提供通用的技术依据，以利于信息资源的社会化组织和管理的推进。

7

面向用户的知识信息服务业务体系变革与服务拓展

创新型国家建设中，应注重面向用户的知识信息服务业务体系变革与服务拓展。这一问题的解决应坚持用户导向原则，实现业务体系变革，同时在服务体系重构中注重业务拓展。在集成化、交互式创新服务需求驱动下，知识信息服务处于不断创新和业务拓展之中，其中学科门户服务、知识信息集成服务、跨系统定制服务、一体化虚拟学习服务、基于网格的知识管理与数据挖掘以及协同数字咨询服务是需要解决的重要问题。

7.1 面向用户的知识信息服务发展与业务体系变革

随着知识信息服务的发展，用户的个性化需求、多样化需求日益凸显，传统的服务模式已难以适应用户的实际需要。因此，坚持知识信息服务实施与业务推进中的用户需求导向是实现服务协调运作的基本前提。

7.1.1 知识信息服务的用户导向原则

"用户导向"要求在信息资源整合与服务集成管理中，体现用户需求的核心作用。事实上，信息资源整合的最终目的在于使信息资源实现面向用户的集中，从而保证围绕用户需求的个性化信息服务的开展。这一基本原则体现在用户需求的认识与转化，以及以需求为基础的信息资源组织的技术实现。

坚持用户导向原则，就是要在组织资源提供服务时，重视用户因素，通过定量和定性的方法，进行用户需求的全方位调查，研究用户的信息需求、信息行为以及信息资源的利用规律，据此设计信息资源整合与集成服务模型。在资源组织与服务中的"用户中心"论和"用户导向"原则，虽然已为人们所普遍认可，然而在实践中并非能很好地体现。因此，进行信息资源的整合建设，应有具体的面向用户的信息资源整合方案，以此配合相应的技术和管理措施。在信息资源组织中充分保障用户参与，严格按照用户需求进行。

以用户为导向进行信息资源整合与服务集成的用户导向，应强调信息资源对用户的易用性、满足需求的系统性、有利于资源共享的标准化、用户信息利用的安全性和有利于用户业务拓展的发展性。

易用性原则。使用方便是任何类型的信息资源组织系统中都必须遵守的一条通则，也是知识信息资源集成管理与服务追求的目标之一。以用户为导向的知识信息资源集成管理的目的是为了更好地满足用户的信息需求。在信息资源组织过程中，一方面要考虑普通用户的需要，尽量简单易用，让普通用户花少量时间就能获取所需信息；另一方面也要考虑信息能力较强的用户的需要，提供较为复杂的功能，来满足用户深层次信息需求。

系统性原则。用户需求的多层次，要求信息资源应按多类型、多层次、多方式进行整合。事实上，对用户提供的信息资源应该具有完整性，无论是传统的文献型信息资源还是网络数字信息资源，就其内容而言，应该全面系统，以覆盖用户信息需求的整个范围为原则。因此，必须客观、全面地掌握信息来源，采用切实可行的方法对信息资源进行合理整合，以发挥信息资源整合的优势。

标准化原则。制订信息资源集成与服务标准，旨在保证信息揭示的统一性，从而方便用户集成与共享来源不同的信息。信息资源集成中的标准化主要包括数据格式的标准化、标引与描述语言的标准化、通讯协议的标准化、安全保障技术的标准化，以及数据管理软件、硬件的标准化。信息服务中的标准化主要包括服务内容、提供形式、保证方式和业务推进的标准化。

安全性原则。计算机病毒、黑客、信息垃圾、存储设备故障等对面向用户的信息资源整合与服务产生了极大的影响。非安全的信息传递和不实的信息提供不仅无益，而且有害，因此，知识信息资源安全是面向用户集成服务的基本保障，信息资源整合与服务的安全要求包括信息资源来源可靠、内容无误、渠道畅通以及用户利用信息资源与服务的权益得到正当保障。

发展性原则。用户需求随时间的推移，社会的发展和实践的需要不断变化，这就要求在信息资源整合与集成服务中随时掌握用户需求的变化，保证信息服务以信息资源组织技术的发展同步，强调资源系统与服务系统的互动，在互动中使资源管理和服务内容、手段、方法、工具兼容，即实现信息资源与用户的动态整合，推动集成信息服务的发展，提高信息资源的利用效益。

7.1.2 面向用户的知识信息服务业务组织与发展

国家知识创新网络环境下，知识信息服务正处于新的变革之中，我国以往相对独立、封闭的部门、系统信息服务正向开放化、社会化方向发展，各部门、系统正致力于新环境下的知识信息服务变革，开拓新的服务业务。

（1）我国知识信息服务的业务组织状况

目前，大部分信息服务机构都把发展的重心转移到提高资源保障能力上，我国的主要信息服务机构已经初步完成数字化资源建设任务，与之相对应的是，信息服务业务模式应与用户的数字化信息需求相匹配。解决这个问题必须首先对我国信息服务业务进行比较（见表7-1）。

表7-1　　　　　　我国6大知识信息服务系统业务比较

服务机构	相关支撑单位	服务业务
国家图书馆（NLC）	文化部、科技部高科技产业司	新闻热点、到馆阅览、图书外借、馆藏检索、数据库资源、参考咨询、查新服务、翻译服务等
国家科技图书文献中心（NSTL）	中国科学院文献情报中心、中国科技信息研究所、机械工业信息研究院、冶金工业信息研究院、中国化工信息中心、中国农科院农业信息研究所、中国医科院医学信息研究所、中国标准化研究所标准馆、中国计量科学研究院文献馆	文献检索、目录查询、目次浏览、原文传递、代查代借、全文文献、特色文献、预印本服务、参考咨询、帮助中心、网络导航、热点门户、我的NSTL个性化服务等
中国科学院国家科学数字图书馆（CSDL）	中国科学院及其各学科分院	中国科学文献服务系统Science China、集成检索服务、随意通服务、CSDL学科门户服务、我的数字图书馆服务、参考咨询服务、馆际互借和原文传递服务等

续表

服务机构	相关支撑单位	服务业务
中国社会科学院文献信息中心	中国社会科学院及其各分院	将文献服务与文献信息研究开发职能融为一体,负责规划、协调院内各研究所图书馆工作;采集科研所需的国内外各类出版物,搜集、加工、研究和报道国内外社科信息;通过社会科学书目数据库和研究数据库及社会科学信息网络向全院、社会乃至高层领导提供较系统、全面的文献信息服务或定题服务
中国高等教育文献保障系统（CALIS）	北京大学、浙江大学、清华大学、中国农业大学等高等学校	CALIS 高校学位论文全文获取数据库服务、全国高校特色数据库门户服务、重点学科网络资源导航服务、分布式联合虚拟参考咨询服务、高校教学参考信息管理与服务系统服务等
知识信息服务实体（以万方为代表）	万方数据股份有限公司	在线期刊服务、跨库检索、文献全文提供、光盘数据库服务、个性化服务、企业门户服务、行业系统资源服务、互联网增值业务平台等

从表 7-1 中可知,当前我国知识信息服务机构在文献资源服务业务方面具有如下的特点：

基本服务功能健全。知识信息服务的功能如文献浏览、检索、目录、全文传递或直接获取、查新查证等功能服务,基本上各信息服务机构都已经全面实现,在服务组织上,只是限于提供知识信息资源总量、信息提供方式、信息提供内容和类别上的区别。

深层次的服务正在形成深层次信息服务,如网络环境下的知识、学科资源导航服务,特色数据库服务,参考咨询服务,知识门户服务等,各信息服务机构都进行了多方面的拓展,然而从总体上看,还不能适应用户创新发展需求。

以用户为中心的个性化服务开展。在"以用户为中心"的服务中,各信息服务机构非常重视用户个性化服务和用户服务定制服务的组织与实现,部分机构以用户需求为依据,开展代理,体现了用户需求驱动下的服务拓展要求。

(2) 基于创新网络的知识信息服务内容深化

综合考察我国知识信息服务业务的组织和国家自主创新主体需求关系，可以发现，为更好地开展自主创新信息服务，满足自主创新用户的个性化、多元化和全程化的信息需求是必需的。因此，在业务内容的深化组织中，应围绕知识服务的整合、个性化集成、核心业务深化和网络虚拟服务组织等问题展开[①]。

知识信息服务流程重组已经超越了组织或地区的界限，由此扩展到国家自主创新整个体系之中，形成了面向用户的信息服务组织格局。因此，知识信息服务流程重组强调集成服务内容的深化和服务功能的集成，强调利用现代信息技术和管理手段，改革现有的不符合自主创新需求的信息服务结构。根据自主创新的发展，对知识信息服务应进行重新定位和分工，以提高知识信息服务的效率，降低服务成本，追求创新服务效益的最大化。

①知识信息服务的内容集成。自主创新导向下的知识信息服务的对象是从事自主创新的组织和个人，包括创新开发人员、决策管理人员等。在知识创新中，创新用户的服务需求不同于一般用户，需要进行针对信息需求的服务内容深层化整合。从服务组织形式上看，包括网络环境下针对自主创新主体的全方位信息保障服务和针对自主创新项目与创新活动过程的知识信息保障服务[②]；从服务业务组织上看，包括知识发现、数据挖掘、信息参考咨询和决策支持服务。这些具体的服务业务在自主创新的社会发展环境下，可以进行优化重组，从而将整个知识信息服务业务作为一个整体来对待。为此，应构建自主创新的知识信息服务系统与资源保障的分层体系。在应用层组织信息咨询、参考服务；在功能层组织数据挖掘、知识发现与组织业务；在平台管理层推进信息收集、开发；在组织层，实现管理一体化。总之，以自主创新需求为导向构建自主创新的知识信息服务业务发展体系[③]。

②面向用户的个性化知识信息服务。面向用户的个性化知识信息服务业务是，在网络化、知识化、数字化的知识信息服务平台上，构建主动式、定制的、满足自主创新主体特定信息需求的服务业务，其基点是面向创新主体客观需求的信息服务知识化。当前，从战略管理上推进的要点是在知识信息资源共建共享的

---

① 胡昌平，向菲.面向自主创新的图书馆信息服务业务重组［J］.图书馆论坛，2008，28（1）：9-12.
② 漆贤军，张李义.基于国家知识创新网络的知识信息服务业务拓展［J］.图书情报知识，2009（2）：32-36.
③ 胡昌平，谷斌，贾君枝.组织管理创新战略——国家可持续发展中的图书情报事业战略分析（5）［J］.中国图书馆学报，2005（6）：68-62.

基础上，开展面向自主创新主体的灵活性、组合化知识处理服务，包括服务内容、服务功能、信息资源的知识化重组。更重要的是根据创新主体所从事创新活动的类型、环境和任务，以及创新主体的信息服务利用习惯，开展针对个性特征的专门服务，在服务内容，通过主动推送满足用户个性化的知识信息资源与服务需要。在个性化集成服务中，需要重点解决知识信息资源的集中管理与分散利用之间的矛盾以及用户潜在需求的显性化等问题。

③基于信息技术的核心业务的开展。信息技术发展为知识信息服务业务深化提供信息处理条件，推动着信息服务业务的深化发展。例如，当前的智能代理服务、网络搜索技术、信息构建服务等就是基于现代信息技术的服务业务的新发展。在核心业务的拓展方面，应该基于全国范围内知识信息资源跨系统、跨部门的整合，将信息服务发展成为知识服务，将知识服务深化为知识处理服务。在服务技术的应用上，应拓展云计算技术、网络知识技术等前沿技术在知识信息服务中的应用，完善以知识信息服务为目标的关键技术转化机制，进行知识信息服务的技术化改进，推动知识信息服务核心业务发展①。

④强调全程化的垂直服务发展。对于不同自主创新的主体，其创新过程中所产生的信息需求往往具有其独立特征，鉴于此，知识信息服务机构应进行垂直服务，通过抽取出某一特定领域的显性和隐性知识信息，根据特定自主创新领域主体的信息需求进行，形成相关领域的新知识。以此为基础，将这些知识依照元数据标准建库，形成专业领域门户，以针对性地向自主创新主体提供知识保障。这样的服务方式具备了创新特征，同时具备全程化、知识化和个性化的优势。

⑤网络化虚拟服务的组织。当前，自主创新信息服务的技术突破和知识信息资源共享工程的实施，提供了开展深层数字化知识信息服务的必要条件，同时，纷纷建成的知识信息服务平台具有集成性、综合性、共享性、便捷性和服务多样性特征②。所有一切，为知识信息服务的深化创造了条件。基于互联网环境，虚拟信息服务得以发展。当前的关系问题是，在虚拟环境下，进行信息服务的业务重组，在重组中推进知识网格服务和知识服务与知识创新的全程融合，实现信息服务与创新基础建设的融合。从另一方面看，基于网络系统结构和跨系统的信息资源共享条件，需要积极拓展基于网络的虚拟服务业务重组，以便在一定规则下实现信息服务内容、形式和功能的虚拟化、用户之间以及用户与服务主体之间网络化交互沟通，构建面向用户的虚拟服务运作体系与服务业务体系③。

---

① 胡昌平，向菲. 面向自主创新需求的信息服务业务推进［J］. 中国图书馆学报，2008（3）：45 - 49.
② 王伟军，孙晶. 我国公共信息服务平台建设初探［J］. 中国图书馆学报，2007（2）：33 - 37.
③ 胡昌平，向菲. 面向自主创新的图书馆信息服务业务重组［J］. 图书馆论坛，2008（1）：9 - 12.

（3）基于创新网络的知识信息服务业务拓展

知识信息服务是面向知识创造与创新知识转移和利用，其服务业务与内容随着环境的变化而变化。在创新型国家建设过程中，我国已建立面向国家的开放式、多元化的知识创新服务平台，在全面改善知识信息服务的环境中，进行知识信息服务业务的拓展。基于国家知识创新网络，知识信息服务应从国家创新需求出发，将知识信息服务纳入国家知识创新系统加以组织，探索与国际接轨、顺应时代需求的知识信息服务业务体系。

国家知识创新网络环境为知识信息服务提供了不同于以往的环境，从而大大丰富了服务内容。基于国家知识创新网络，包括各类图书馆、科技信息部门在内的传统信息服务机构正进行新的服务定位，积极开拓基于知识创新网络的服务业务，形成了知识信息服务的网络化、数字化、集成化转型。我国知识信息服务的正逐步克服各部门、系统的分散局限，在国家层面和行业层面的规划协调和控制中，正拓展新的服务服务业务，在业务拓展中，行业间、地区间的差异和服务产品的限制正在被打破。知识信息服务基于创新网络的拓展既体现在内容服务、功能服务、语音服务、网络接入服务、网络加盟服务等方向的业务发展上，这些服务在沿袭传统知识信息服务功能基础上，借鉴知识网络平台而发展。此外，在服务组织上，公益性服务和网络信息服务提供商的合作，也是传统知识信息服务机构业务拓展的有益尝试。目前，知识创新与知识信息服务结合，通过国家知识创新网络实现服务业务拓展已成为服务的发展主流。知识信息服务不再是单纯的知识信息共享，而是更高层次的知识共享，目前正转向更高的创新共享。这一发展，预示着根据创新知识网络的智能发现创新需求的服务出现。为了推动知识信息服务业务的全面拓展，应从组织上、技术上、资源上进行服务模式创新，以不断推进服务面向知识创新的持续发展。

7.1.3 基于用户交互的服务体系构建

用户是信息资源及其服务的使用者。用户作为信息服务的对象始终处于中心位置，作为资源组织与服务环境构成要素，用户的基本状况和要求不仅决定了资源组织的方式和信息服务的内容，而且决定了信息服务的体系构建。在交互式服务体系构建中，应明确以下问题。

（1）识别用户的认知机制

现代技术环境为用户获取信息创造了无比宽广的空间。然而，信息的查找和利用从根本上是一项认知行为，而不是一种物理或机械的运动。信息获取过程的主体是用户，是用户的知识能力及认知结构。用户能够进行自适应学习，能够依据环境条件的变化及时调整策略，适应新的情况，从而产生新的认知行为。技术能改变人们需要思考的问题，改变人们用来辅助思考的工具，甚至改变思考的行为与表现，但难以改变语言和交流的基本形式和规则。

认知科学是研究人类感知和思维信息处理过程的科学。其目标就是揭示智能和认知行为的原理，不仅包括现实的，还包括抽象的、机器的。从20世纪50年代开始，人们已经认识到人工智能研究与认知科学研究之间具有密切关联。由于人们所处的外部环境，具备的认知能力，以及通过学习和经验构造的知识结构各方面都存在不容忽视的差异，因此人们用来接受外界信息所营造的"认知语境"必然存在差异。任何一个人的认知环境中都包含大量信息，包括从外部世界可以感知的信息，从短期记忆和长期记忆中可提取的信息，以及从以上两种信息中推导新的信息等。这些信息便构成了一个潜在而庞大的认知语境。用户认知语境知识中包容用户认知体系中各方面的知识，包括用户的领域背景知识、交互知识、经验知识等。用户的认知语境最大的特点就是它的模糊性和不完全确定性，这使得用户认知语境甚至可以根据其思维的跳跃不断发生改变，因而具有很强的动态性。

我们可以通过Web2.0的各种应用来分析用户认知行为规律。Web2.0所产生的各种应用，起因于两个方面条件，即个别人物法则、附着力因素法则和环境效力法则，其中任何一个条件的变化都可能引发认知变化。按个别人物法则，用户的个性差异决定了不同的认知状态和信息需求状态，形成了个性化交互机制。附着力和环境效力，是指事物本身的引动力，不仅取决于事物本身，而且取决于环境，这说明用户的交互行为受其自身和环境的影响，体现出一定环境下的个性行为。因此，在面向用户的服务中，应进行用户认知交互和环境交互体系的构建。

（2）挖掘用户需求的沟通机制

网络的发展带来了更为有效的沟通方式，为用户增加了很多可选择的空间。用户不仅可以在网络上发布信息和与其他用户讨论专业问题，还可以通过即时通信工具进行交流。基于网络的新型沟通渠道，使得信息的上传下达更为准确、及时，它不仅提高了用户之间面对面交流的机会，而且使得不同地点的用户可以成功地创设各种交流模式。这种交流极大地改变着用户的思维方式和行为模式，为用户创造了一种新的学习方式。

网络环境中的信息沟通以平等为基础，用户可以开放、自由地参与信息交互。一方面，用户所提供的信息可以得到其他用户的回应，可以通过网络沟通和互动展现自己和分享知识；另一方面，在参与信息交流与分享中，用户可以从其他用户那里获取更多的有用知识。正是这种平等沟通调动了用户的积极性，激发和唤起了用户的潜在需求。

在推进交互式服务沟通时，也应该肯定传统沟通渠道的有效性。目前，传统沟通渠道仍然是信息服务机构获取用户信息需求的重要渠道，针对不同情况在服务中可以采取不同的沟通方式，这是沟通的关键所在。只有将创新的沟通渠道和传统的沟通渠道有效地结合起来，才能发挥各自的优势，才能充分发挥沟通在互动中的作用。因此，沟通机制确立的意义在于建立一种长效机制，在沟通中挖掘用户的潜在需求。

网络时代沟通模式的变革对信息服务的作用巨大，因此，构建一个信息沟通互动平台，可以从技术上完善信息沟通机制和展示潜在需求。信息沟通平台应该具有信息需求发布功能和交互作用功能。用户进入这个平台可以了解最新服务信息，可以通过网络与其他用户沟通交流或者直接和服务人员进行同步互动。使用户不仅获取所需求的信息，同时实现与服务机构或服务人员快捷交互，实现深层的知识分享与互动。

(3) 提升服务质量的反馈机制

网络环境中的信息服务机构能否有效地应用反馈，不仅取决于控制系统能否及时准确地接收和处理用户需求信息，而且有利于建立高效的信息反馈服务机制。

从表层看，为用户提供了直接的需求服务，并不意味着该服务已经结束，类似于商品售后的"售后后服务"，用户仍需与服务者沟通，以反馈信息服务的利用绩效和问题。在知识信息服务中，服务后服务主要体现在服务的用户评价和用户跟踪两个方面。对于交互式信息服务中的数字参考咨询服务，只有与用户加强各种形式的反馈，才能根据用户的需要变化改善服务。

构建信息反馈机制的目的是保证与用户建立良好的关系，充分提升用户参与服务监督与评价的愿望。反馈可以采用两种方式来实现，即用户反馈和用户跟踪服务。

用户反馈是为了掌握用户对服务的感受和要求，这是改善服务的必不可少的环节。只有尽可能充分地掌握反馈信息，才有可能保证服务长期持续的质量。

用户跟踪在于借助于网络手段支持，从服务过程记录中，挖掘用户的相关信息，建立完整的用户档案，并在此基础上分析用户及需求变化，预测需求方向，以便向其推荐可能需要的最新信息，提供更为个性化的不断拓展和深化的增值服务。

(4) 促进网络交互的信任机制

信息服务中的信任包括对用户信息服务机构的信任、对服务系统环境的信任和对其用户的信任。由于信息服务环境的非主观性，加之网络沟通技术的广泛应用和开放的技术带来的安全风险，使得制度信任变得尤为重要。制度信任即指对整个互联网环境的信任，包括两种情况：如果用户怀疑互联网技术，担心自己的隐私不能得到保护以及自身需求得不到满足，他们就不会借助于网络进行信息获取和交互利用。如果个人早先的网络信息服务经历不是很安全，他们便不会再选择网络信息服务方式。人际信任则是用户对信息服务机构可信度的一个评价。信息服务本身就是一个人际交互的过程，不同普通的人际交往，用户在信息服务过程中处于劣势地位，只有充分了解信息机构的服务内容、服务水平以及竞争力等信息，才能做出能否信任信息服务机构的判断。随着服务的发展，个人信任愈来愈倾向对信息服务信任。通过理论和实证探索，可以归纳制度—人际—个人三维信任模型（见图7-1）。

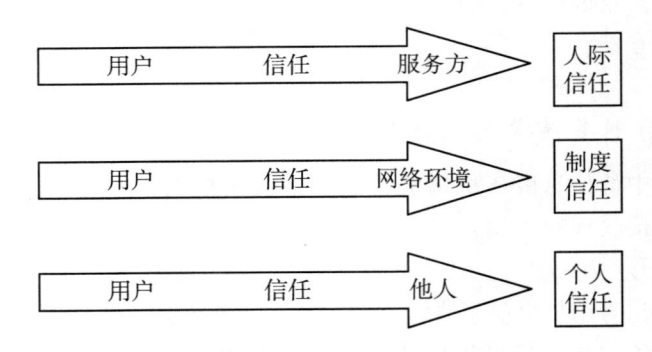

图 7-1　制度—人际—个人三维信任模型

图7-1显示了电子商务B2C环境下的信任关系[①]。从理论上看，它是一种网络商业信任的多维关系，该模型对交互式信息服务的组织有着借鉴作用。交互式信息服务的信任问题也可以把用户信任看成是三维的，包括个人信任倾向（用户维度）、人际信任（信息服务机构维度）和制度信任（互联网环境维度）。

用户维度包括用户自身影响其信任倾向的个性特征及行为特征；信息服务机构维度包括信息服务机构提供信息内容的特点、显示方式和服务方式，它是用户在信息服务时先后经历的环节，也是用户利用信息服务的信度反映；互联网环境

---

① Tan F. B., Sutherland P.. Online Consumer Trust: A Multi-Dimensional Model [J]. Journal of Electronic ommerce in Organizations, 2004, 2 (3): 40-59.

维度涉及网络信息服务环境,包括内容、技术和制度保障对用户信度的影响。这三个维度之间相互影响,共同作用于用户的信息选择。

7.1.4 个性化服务中的用户体验设计

用户体验发生在一定的环境中,而且被各种环境的内在作用和作用下的用户反应。其中,内在环境由用户不同的动机、已有体验、气质和各种隐含因素所决定。信息服务的提供者不可能去设计用户对系统或服务的体验,但可以根据用户体验来设计信息服务。

(1) 基于三维的用户体验设计模型

以往对个性化信息服务的用户体验设计更多的专注于形式,如在信息展示方面使用图片、动画等来增强显示效果,目前则更侧重于内容和方式。用户体验设计首先寻求设计和描述用户寻求信息的过程,然后,再描述最为有效的表达这些行为方式,如图 7-2 所示。

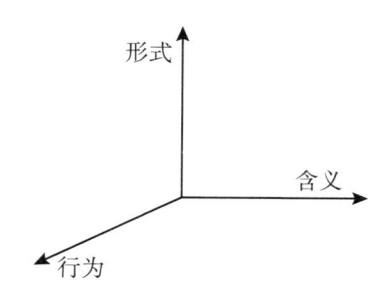

图 7-2 用户体验设计的维度

图 7-2 显示了用户体验设计的三个维度。传统设计关注形式,随后转而关注含义和内容。

从心理学角度看,人对外界刺激产生的反应包括三个层次,即本能(Visceral Level)、行为(Behaviour Level)和反思(Reflective Level)。因此,用户体验设计,应要从这三个层次综合分析出发。

本能水平的设计是指外形设计。就个性化信息服务而言,本能水平的设计主要是通过信息页面给用户带来视觉等方面的感受,通过美观的界面来吸引用户。行为水平的设计关注的是操作,讲求的是效用。在行为水平的设计中,最为重要是明确用户需求,只有了解用户真正的需要才能设计出真正符合用户需要的系统,并提供相应的服务。如何去理解最终用户的真正需求,甚至包括一些用户自己都没有明确和意识到的需求,是行为水平设计的第一步,而要做到这一点,必须真正理解用户的服务使用流程和使用感受,只有服务人员对信息的理解和最终用户对信息的理解一致时,才有可能提供用户满意的信息服务。在 Google 的发展和 Web2.0 的形成过程中,网站开始注意到网页不仅是视角的反映,也致力于方便用户操作。如何更快捷地为用户提供价值服务,是重要的。反思水平的设计所关注的则是形象和内容,强调给用户带来的情感、意识、理解和经历体验。一个成功的站点和服务,不但要给用户本能层次的冲击,还要让用户有归属感和服务的利用价值感。

(2) 用户体验设计的综合模型

信息服务技术手段的日益丰富,把用户置入一个发展着的技术空间中,用户体验设计由此超越了过去对人与系统关系的局限性认知,向关怀和满足人的心理需求方向发展,即在用户与技术之间寻找一个平衡点,它缓解了用户对高科技的压力,使用户更容易地获取信息服务,并从中满足了自己的需求。

用户体验设计中包括两个不可或缺的目标,即易用与情感。易用与情感是相互影响与促进的关系。在高科技社会中,人们必然去追求一种高科技与高情感的平衡。技术越进步,这种平衡愿望就越强烈。所以奈斯比特认为:"无论何处都需要有补偿性的高情感,我们的社会里高技术越多,我们就越希望创造高情感的环境,希望用技术的软件一面来平衡硬性的一面"[①]。交互式信息服务中用户体验设计的本质是,满足用户的信息需求,改变用户的信息环境,提高信息服务质量,因此是以用户为根本任务目标的设计。基于以上目标,可以构建用户体验设计的综合模型,如图 7-3 所示。

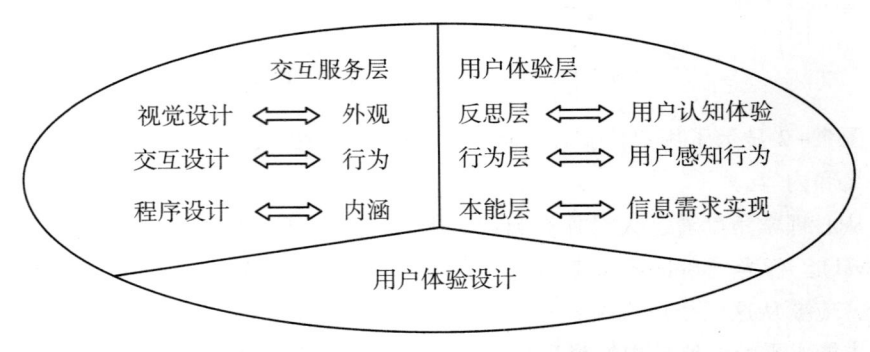

图 7-3 用户体验设计的综合模型

---

① 诺曼著,付秋芳,程进三译. 情感化设计:Why We Love (or Hate) Everyday Things. 北京:电子工业出版社,2005:40.

如图 7-3 所示，用户体验设计的中心环节如下：

①服务层。根据交互设计的定义，可以把交互服务分为三个层次：外观（Appearance）、行为（Behavior）和内涵（Idea/connotation）。最外层的是外观，接着是行为，最后是内涵。应该说，任何交互服务都包含这三个层次，但根据信息需求的不同各种交互服务在这三个层次上又有所侧重。

②体验。体验设计也可以分为三个层次，分别是：本能的（Visceral）、行为的（Behavioral）和反思的（Reflective）。用户的交互体验是递进的，首先是感官体验，其次是行为体验，最后是对服务过程的认知。这里所隐含的意思是，如果交互界面第一感觉看上去不能满足用户的期望，很可能他就不再打算去使用这种服务，更不会去尝试交互服务的使用。因此，交互界面设计对交互体验起着重要作用。

对应于体验的三个层次，可以把交互服务的用户分为浏览者（Visitor）、参与者（Player）和探索者（Explorer）。交互式服务同时具有三个层面的用户，这种划分一方面可以反映用户的使用水平，另一方面可以从这三个层面用户的群反映交互服务对用户的吸引。对交互服务的同一用户来说，随着体验的递进，服务界面对用户的效用是递减的，服务内涵对用户的效用是递增的。因此对有内涵的服务，用户将从初次用户演变为经常用户，然后成为新服务利用的探索者。

对应于交互式服务的三个层次，可以将交互式服务的设计分为三种类型，即视觉设计（Visual Designer）、交互设计（Interaction Designer）和程序设计（Program Designer）。如果按工作内容排序，这三方面设计由浅入深进行。视觉设计师负责的是服务界面的设计，即服务界面看起来如何，要传达给用户何种感受；交互设计师负责的是交互行为的设计和创意，即用户如何与系统交互，以及系统如何响应用户的操作；程序设计师负责的是服务功能的实现和创意，即交互服务的运行机制是怎样的，如何使服务运行更有效率。

（3）用户体验的设计流程

成功的用户体验设计包括信息构建、用户界面设计、人力因素配置设计和可用性测试。为了完成这些设计，必须按用户体验设计的要求，分阶段进行，即按基于用户体验的信息需求的发现、面向用户的基于资源整合的服务业务构建和基于信息整合与服务集成的反馈控制三方面进行设计[1]。这三个过程都可以进行细分，其细分内容如表 7-2 所示。

---

[1] Channel Integration Solutions —Creating a Single View for Singular Customer Relationships [EB/OL]. [2005-12-20]. http://www.roundarch.com/brochures/RA_Integration.pdf.

表7-2　　　　　　　　　　用户体验的设计过程

需求发现	体验构建	反馈控制
背景分析	概念与原型	设计说明
用户采访	站点地图	过程反馈
用户角色及情节设定	互动模型	绩效控制
需求分析	要点提炼	认知反应
需求挖掘	用户界面的可视化设计	体验交互
需求体现	可用性测试	操作互动

　　基于用户体验的信息资源整合直接面对用户，突出需求与服务，以将有限的资源配置在用户最关心的服务业务上，以此保证资源的利用效率。要做到这一点，需要分析用户的信息需求。需求发现的过程在于从多个角度了解和分析用户的信息需求。采取的措施包括对当前面临的环境进行分析，通过调查或采访等方式了解用户的实际需求，对获取的用户信息需求进行深度挖掘，进行用户需求与服务机构和环境的协调，然后转入用户体验构建设计。

　　构建设计是用户体验设计的主要部分，包括信息构建、用户界面设计、人力因素研究和可用性测试。信息构建是一种高水平的信息设计，注重信息的组织与展现，其目的在于提供给用户清晰化和可理解的信息。用户界面设计要求在信息构建的基础上，合理安排界面要素，区分信息的重要程度，以易于理解的方式表达信息，使用户能够与系统功能进行交互。人力因素和可用性测试应结合在一起，包括测试用户，与用户交流，把结果传递给信息服务设计者，以形成整合系统的总体框架。

　　反馈控制设计要求对设计过程和面向用户的服务业务加以规范和说明，在多方面听取意见的基础上，设计面向用户的整合服务反馈控制系统，以最终完善用户体验的设计。

7.2　面向国家创新的学科门户建设与服务系统构建

　　学科信息门户（Subject Information Gateway，SIG），也称为基于学科的信息门户（Subject-Based Information Gateway，SBIG），是将特定学科领域的信息资源、工具和服务集成为一个整体，为用户提供方便和统一的信息检索和服务入口的系统。作为一个新型的信息服务平台，它通过灵活的整合、可靠的组织，将一个纷杂的信息空间组织成一个方便用户使用的信息系统,以满足用户多方面的信息需求。在知识创新中,如何构建学科门户和开展基于门户的服务,是值得专门重视和解决的问题。

7.2.1 基于知识创新的学科信息门户建设要求

学科信息门户针对专业研究用户需要,所建立的学科信息资源的集成导航系统,旨在让用户方便地检索与查找相关信息和实现网站链接。专业人员首先利用 SIG 了解学科发展动态和学科领域内的研究成果,然后查找可能存储所需信息网站,继而获取所需的专业信息资源。学科信息门户建设具有以下基本要求:

联机服务要求。一般的检索结果只是对学科领域的相关文献作简单标引,或者只是提供对相关的站点和文档的直接链接,而学科信息门户要求实现数据库层面的知识共享,从而使用户方便地查阅其他网络的知识信息,为检索提供通往该学科"隐蔽"资源的捷径。

展示的信息来源要求。学科信息门户的信息来源应具有权威性和可靠性,因此在资源建设中应有学科专家参与,以选择和标引好数据,这样才可以保证信息质量和门户服务的可信性。

构建分类浏览结构的要求。学科信息门户要求方便用户及时检索所需信息,这就需要构建分类浏览系统和特定主题的导航系统,以帮助用户对特定学科进行分类检索。

提供多功能检索工具的要求。在检索工具提供中,要求既支持传统的基于数据库的字段检索、截词检索等,还支持在主题词表、后控词表下的智能检索等。

知识信息服务结构要求。学科信息门户要求利用开放的数据描述格式(XML、DC、RDF)和数据通信协议(HTTP、OAI、SOAP 等),实现不同的门户之间的横向合作以及门户同其他应用系统之间的纵向合作。学科信息门户提供信息检索和传送服务如图 7-4 所示。

在知识信息检索和传递服务基础上,学科信息门户提供的拓展服务包括个性化的交互服务、集成推送服务和参考链接服务等[1]。鉴于知识信息组织技术的发展,门户服务的知识化、智能化和全方位已成为必然趋势。

基于学科门户的知识服务以知识信息搜寻、组织、分析、重组为基础,根据

---

[1] Murray R.. Information Portals: Casting a New Light on Learning for Universities. Campus-Wide Information Systems. Bradford; 2003, 20 (4): 146.

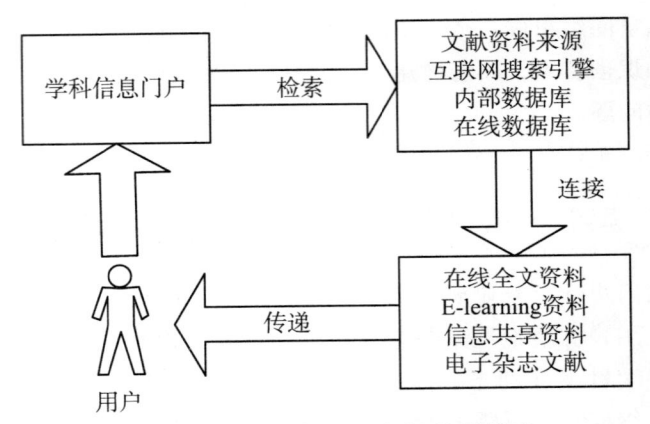

图 7-4　学科信息门户提供的服务

用户的需求和环境，将服务融入用户解决问题的过程，提供能够有效支持知识应用和知识创新的服务，其特点有：服务理念上，知识服务作为信息机构的重要服务；在服务内容上，更注重文献信息深层次的开发，注重服务内容的个性化、专业化；在服务手段上，知识服务更加追求多元化、自动化、网络化；开展知识服务，更加注重服务的效益，体现了效益主导的原则[①]。

7.2.2　学科信息门户的组织

学科信息门户将特定学科领域的信息资源、工具和服务集成到一个整体之中，为用户提供一个方便的信息检索和服务入口，按服务取向和资源组织的区别，学科信息门户主要有以下四种：

以网络学科信息导航为主的学科信息门户。学科信息导航门户为用户提供权威、可靠、规范和可持续的网络信息资源选择、描述和检索，如 SOSIG（http://www.sosig.ac.uk）、The WWW Virtual Library（http://www.vlib.org）、GeoGuide（http://www.geoguide.de）、MathGuide（http://www.mathguide.de）等。

专业信息服务机构是以自己所有的资源和共享资源为来源的信息共享服务门户。内外信息资源共享服务门户在于进行信息集成，实现面向用户的信息推动，如图书馆和信息中心的资源服务门户，在内、外部资源整合基础上可为用户提供多种服务。

基于跨学科检索的学科信息门户。跨学科检索的信息用户在于为用户提供全面的交叉学科服务，一般按领域和主题组织资源，以支持多个学科信息的整合检

---

① 靳红. 图书馆知识服务研究综述［J］. 情报杂志，2004（8）：8-10.

索,如 CrossRoads(http://www.ukoln.ac.cn/metadata/roads/crossroads)、Issac Network(http://scout.cs.wisc.edu/research/ossac)、Imesh Toolkit(http://www.imesh.org/toolkit/)、European Link Treasury(http://mother.lub.lu.se/ELT/index.html.en)等。

开放数字信息服务门户。开放数字信息门户不仅支持学科信息门户的资源与服务集成,还支持个性化定制服务,如 Open Digital Library、Open Linking 和 Open Metadata 等。

无论何种类型的门户,都存在资源组织和服务安排的问题。门户资源组织过程也是一个资源的有序化过程,即将处于无序状态的特定资源,按照一定的原则和方法,使其成为有序状态,以方便用户对信息的利用。资源组织所包含的要素有资源集合、描述集合和组织方法。

学科信息门户资源组织针对学科信息需求,将有关某一学科或某些学科的无序资源,按照特定的描述和组织方法,使其成为有序,在资源集成化组织中向相关用户提供针对性服务。从图 7-5 可以看出整个流程①。

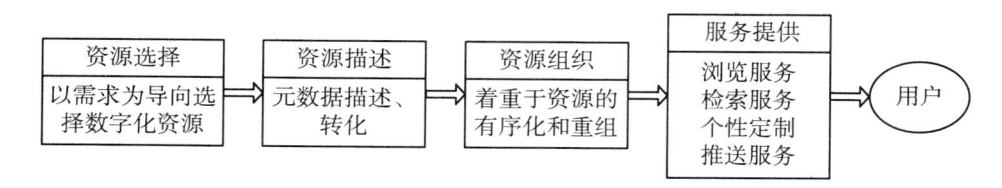

图 7-5 学科信息门户资源组织模式

学科信息门户组织方式是一种基于网络的信息资源组织方式,门户组织中融合了多种网络资源处理方式和方法,如按分类组织,按主题组织,按类型组织,按地区组织等。

对具有价值的学科信息资源进行选择是学科信息门户建设的基本内容,随着科学技术的发展,知识信息的内容日益复杂。所以需要对信息进行科学的筛选。在门户建设中,应选择相关信息,忽略不相关的信息,其关键在于识别信息的形式,释读信息的内容,保证信息的合理性。在学科信息门户的建设过程中,信息选择应该遵循需求导向、内容真实、数据合理和产权明晰的原则。

有效的信息抽取是门户信息资源组织的必要前提,信息抽取方法主要有Web 信息抽取和信息结构的抽取。

Web 信息抽取。互联网上的信息抽取和利用数据库进行的信息抽取具有质

---

① 陈丽萍. 学科门户资源组织模式研究 [D]. 北京:中国科学院文献情报中心,2005:20-23.

的区别①。互联网信息量之巨大是任何机构信息库无法相提并论的，它使得互联网上的信息不可能完全被处理。虽然 Web 上的信息量如此巨大，但其中绝大部分应视为冗余信息，为了方便查找，应采用科学方法进行信息搜索和筛选。网上常用的检索系统，如搜索引擎、目录树等，可以解决一些针对性问题。目前的 Web 检索可以分为搜索引擎目录、元搜索引擎和智能化信息检索。无论何种检索，也不可能遍历互联网上的所有信息。据劳伦斯（Lawrence）等人在自然杂志上发表的一份研究报告表明，任何一种搜索引擎对 Web 的覆盖度都不会超过 20%。同时，利用现有抽取手段所抽取的信息并非都满足需要。因此，Web 信息抽取，一是解决抽取范围控制问题，二是实现精准抽取，即按需在一定范围内精准化地抽取信息。

信息的结构化抽取。结构化信息抽取可采用聚类分配和机器学习方式。抽取中，对于第一步得到的粗放型的信息，可进行进一步细化。步骤为将抽取结果集合 S 划分为若干个簇（S_1, S_2, …, S_i, …, S_m），并以簇 S_i 的质心 d_i（i = 1, 2, …, m）对簇 S_i 进行描述；这样，用户只需浏览与其相关度较高的簇 S_i 即可。在聚类抽取技术中，有效识别质心的距离和正确描述需要的信息是重要的。利用机器学习抽取信息，应使机器具备智能化自我学习的能力，对于经常被抽到的信息源，可以优先进行抽取，而对于不可能抽到的信息源，应作永久性的删除；对于未作更新的网站应避免重复性抽取；对于抽取的 Web 页面，应作相关度分析，相关度的依据是知识库中的存在信息结构。在结构抽取中，由于抽取是基于知识进行的，所以要求有知识自然衍生和扩张的抽取功能②。信息结构的扩张不仅要求依赖于已有知识，同时也要在实践中得到证明抽取的正确性，因而经验规则的制定尤为重要。随着规则的加入，对于系统信息结构的描述也日趋完美。

学科信息门户的资源描述以采用都柏林元数据描述为主。元数据适用于描述任何网络数据和资源，有利于网络信息资源组织的有序化，因此可方便地用于标识、描述和定位。

学科信息门户是都柏林核心元数据应用最多的一个领域，这是因为学科信息门户需要管理数字化的信息资源，同时还要对各种资源进行有效整合，以实现不同系统间的操作。

都柏林核心元数据格式的主要功能侧重于信息资源的著录或描述，而不是信息资源的评介，所以将 15 个元素依据描述类别和范围分为三组：对资源内容的描述；对知识产权的描述；对外部属性的描述集，如表 7 - 3 所示。

---

① 荫蒙著，王志海，王琨，王继奎等译. 数据仓库（第 2 版）[M]. 北京：机械工业出版社，2000：156.

② 哈格等著，严建援等译. 信息时代的管理信息系统（第 2 版）[M]. 北京：机械工业出版社，2000：233.

表 7-3　　　　　　　　　柏林核心元数据元素

资源内容描述类元素	知识产权描述类元素	外部属性描述类元素
Title（题名）	Creator（创建者）	Date（日期）
Subject（主题）	Publisher（出版者）	Type（类型）
Description（描述）	Contributor（其他责任者）	Identifier（标识符）
Source（来源）	Rights（权限）	Format（格式）
Language（语言）		
Relation（关联）		
Coverage（覆盖范围）		

7.2.3　学科信息门户服务的知识信息描述与导航服务安排

对于学科信息门户而言，服务的重点在于学科导航、主题检索、分类浏览、知识发现、可视化以及与其他资源系统的检索或浏览等[①]。

与服务相对应，学科信息门户应有完整的知识信息体系，其体系描述分为四个层次：元数据描述，分类体系描述，主题地图描述，概念集描述。描述框架如图 7-6 所示。

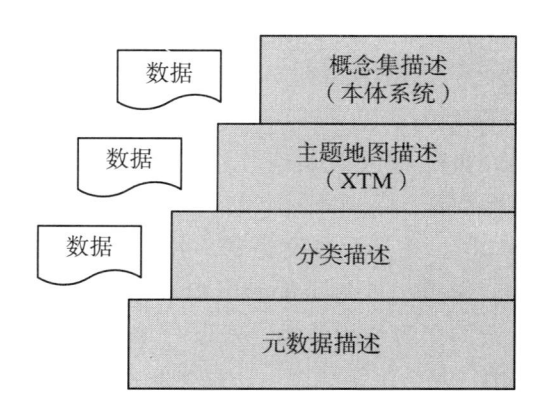

图 7-6　知识组织层次与数据描述

图 7-6 展示了知识信息描述的层次和层次关系。其中，元数据描述是基础，在此基础上的分类描述为用户提供学科框架下的分类查询服务；主题描述不仅包

---

① 张晓林. 分布式学科信息门户中网络信息导航系统的规范建设[J]. 大学图书馆学报, 2002(5): 28-33.

括主题本身，而且包括主题关系地图描述，提供主题及相关的关联查询服务；基于概念集的描述则是知识处理层次上的描述，是知识服务所需要的本体描述。图中还展示了从数据、信息到知识的服务关系。知识信息组织体系中的描述内容如下：

元数据描述。元数据描述也称为说明性描述，即在各层元数据中对所采用的知识组织体系进行说明，并通过标准 URL 链接相应的知识组织体系定义文件，以便用户了解学科信息导航系统的知识组织体系。数据描述的要点是，按照元数据标准规范对知识组织体系进行说明性描述，然后以 XTM 方式深入描述分类浏览结构，进行嵌入词表定义描述和嵌入基于概念集的语义门户功能描述，以实现基于语义的智能检索和浏览需要。

分类体系描述。分类体系描述对知识组织体系结构、构成元素、元素间关系、构造规则进行定义和说明，以便利用知识组织体系进行扩展检索。分类体系是一种逻辑的组织法，反映概念间内在的本质联系。学科信息门户中目录树型结构浏览功能通常是基于学科分类的，因此在具体选择本学科信息门户分类体系时，应根据门户的学科特点、覆盖资源范围及目标用户群的实际情况，利用现有的"分类"创建门户的学科分类体系。这种方式的优点是可以面向门户的需求，在描述中进行符合用户浏览习惯的内容揭示，同时容易吸收新领域的知识。学科信息门户中应用学科分类体系，一方面是提供按学科体系的分类浏览入口，尤其适用于对本学科体系了解、对查找信息范围有比较明确的用户；另一方面是通过对资源的整合和组织，使其形成层层细分的目录树状体系，便于对门户资源进行管理。

主题地图描述。20 世纪 90 年代后期，主题地图被作为描述索引结构的方法而发展，其目的是直观处理不同来源的多个索引关系。此后，ISO/IEC 13250 主题导航地图已被广泛应用。在其后的发展中，主题地图的核心为 TAO 三要素组合，即主题（Topics）、关联（Associations）和事件（Occurrences）组合。由于 TAO 可建构出错综复杂的知识结构体系，所以三维描述可以有效展现主题地图的整体架构。在描述中，一个主题地图由一系列的主题组成，每一个主题都描述了相应的概念；主题之间可以用关联度来显示其语义关系，而这些联系可以形成主题的关联组合。同时，主题也可以通过事件联结至一个或者是多个在某种层面上的相关信息资源集合。在具体构建学科主题地图过程中，可以首先构建本学科领域本体，再将构建好的本体采用 XTM 格式转换为主题地图。在学科信息门户的知识组织中应用主题地图，可以进行学科信息门户信息导航，也可以根据需求给用户提供不同的知识浏览与知识检索服务。

概念集描述。概念集是建立符合学科领域要求、用开放语言描述的概念集本体系（Ontology System）。因此，概念集是学科知识集成化描述和组织的结果，它反映了知识主题的概念关系和核心内容，有利于展示知识创新的主题发展和演化。利用概念集体系对知识信息资源内容进行语义标注或语义挖掘，便形成了基于语义的资源数据。概念集是一整套对某一领域知识进行表述的词和术语，编制者可以根据该知识领域的结构将这些词和术语组成等级类目，同时规定类目的特性及其之间的关系。对于一些隐性主题的不确定知识，概念集还可以通过标记语言使之成为显性知识，可在信息系统中表征和交换，可以被代理系统自动解析和识别。在此基础上，利用概念集中的语义定义、关系定义和推理规则，可以实现基于语义的智能检索和浏览。

学科信息门户提供的服务主要有学科导航、浏览、检索、推送和个性定制服务等，其中以学科导航是其典型的服务方式。

学科导航是以知识为单元，对相关的学术资源进行搜集、评价、分类、组织和有序化引导的过程，在学科导航中，要求对搜索的信息进行简要的内容揭示，以此建立分类目录式资源组织体系、动态链接体系、学科资源数据库和检索平台，从而为用户提供学科信息资源导引和检索线索。"导航"使某一学科的网络学术资源由分散变为集中，由无序变为有序，导航系统的建立为各学科信息用户查询学科网络信息资源提供了极大的方便。

学科导航主要有两方面的功能：

集成导航服务功能。集成导航服务功能是学科导航库最基本的服务功能，其功能主要体现在两方面：一是学科专业信息资源的集成，将分散在网上各种载体、各种类型的数字化专业信息集成为一个有机的相联系的知识整体，为用户提供基于专业集成的信息资源保障；二是学科专业人力资源的集成，将相关学科专业的专家、学者、机构等集成在一起，用户可以采用多种方式实现超时空的学术交流。

知识服务功能。一是导航内容的知识性服务，是经过搜集、鉴别、选择、分析、重组之后的知识提供服务；二是导航人员的知识性服务，导航人员具备一定的学科专业知识，具有善于利用检索工具、鉴别分析综合信息能力，由于学科导航利用了专业人员的知识，因而可进行学科知识信息的系统化、专业化、集成化重组，有利于以此开展检索导向的深层服务。

学科导航服务的核心工作主要包括以下几个方面：

确定学科范围。学科范围定得过宽，会增加许多不必要的工作量，浪费人力、财力；而定得过窄，则文献覆盖量不足，起不到保障作用。因而，科学地确定范围是首先要面对的问题。

确定文献类型。确定文献类型是决定导航库规模和具体工作的依据，可以据此确定哪些文献类型的资料从哪里去找,哪些文献资料可以利用其他已经数字化的文献,哪些需要自己进行数据化的处理等。

确定分类体系。一个好的学科导航库必须拥有一个科学合理的知识分类体系,这不仅对于合理储存文献具有重要意义,而且对于方便用户使用也是重要的。目前,学科的分类体系正在发生新的变化。因此应对于不同分类中的知识信息源进行同一化处理,以提供分类导航平台。

确定更新维护方式。学科导航库建成以后,更新维护工作是保证学科导航库质量的最重要的后续工作。维护要从信息源更新和用户跟踪两个方面进行。由于互联网信息资源具有动态性,导航库保持其生命力的关键是及时进行更新,以增加新出现的站点,修改更换地址的站点,取消已消失的站点等。

学科导航服务中已注重以下问题的解决:

网上自动跟踪和搜索的完善。利用和开发网络搜索软件,自动搜索指定站点的网页和多媒体数据,从主页和任一页面开始搜索,遍历所有网页。因此,应自动跟踪网页资源变化,自动删除重复网页和无效联接的网页,同时通过分析页与页的链接顺序,做到实时优化。

网络信息组织手段的改进。利用网络信息资源自动分类标引、自动文摘技术,拷贝各种网站有关资源和内容,尤其是大型或专业门户导航网站相应学科分类目录下的站点条目的内容是重要的。在技术变革的动态环境下,学科导航的实现应关注技术进步带来的信息关联组织方式的变化,使资源重组与技术发展同步。

网络信息检索的技智能化发展。在智能化发展中,检索工具功能日益强大,目前已具有全方位检索手段。新技术的应用极大地提高了检索的准确度,缩短了响应时间,可以支持多语种,检索界面友好,检索结果所提供的网页链接可靠。因此在服务组织中,应适时进行检索系统更新。

7.3 面向国家创新的知识信息集成服务组织

在国家创新发展中,信息集成服务一定要面向用户、面向任务、面向服务对象,应有明确的目标或主题。虽然组成国家创新体系的各系统用户的信息需求存在差别,然而对跨系统的信息需求和集成服务的要求却具有共性。以此出发,在面向知识创新的信息集成服务推进中,服务的组织方式和信息集成服务的具体实施,是必须面对的现实问题。

7.3.1 信息集成服务的组织形式

信息集成服务的类型有多种划分方法，如按集成的程度，可划分为协作层次的、协调层次的和协同层次的信息集成服务；按服务的范围，可划分为局部层次的和全局层次的信息集成服务；按服务的类别，可划分为针对信息用户共性需求的集成服务和个性化需求的集成服务等。

根据信息集成服务的出发点和侧重点不同，在面向知识创新的信息集成服务组织中，以资源为中心的信息集成服务、以技术为中心的信息集成服务、以机构合作为中心的信息集成服务和以用户为中心的信息集成服务是各机构所要选择的主体形式。

（1）以资源为中心的知识信息集成服务

以资源为中心的知识信息集成服务，是一种面向知识信息资源的，以知识信息资源的发现、采集、加工与集成作为服务中心的知识信息集成服务类型。以资源为中心的知识信息集成的组织如图7-7所示。

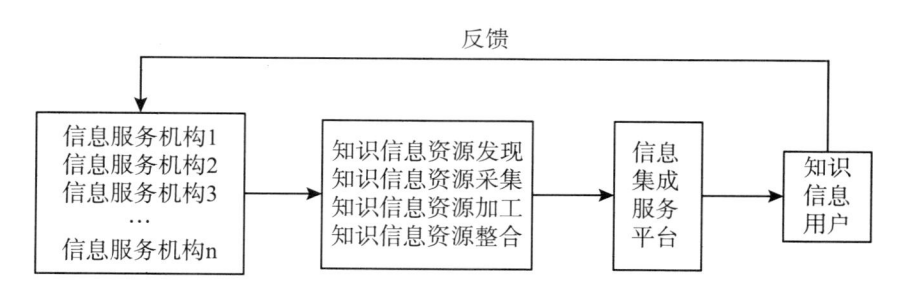

图7-7 以资源为中心的信息集成服务

从图7-7可以看出，在这种服务模式中，服务活动的中心是知识信息资源，关注的是知识信息资源的建设与管理，服务人员较少去考虑信息用户的需要。资源中心的服务方式特别强调知识信息资源的完整性和重要作用，因而最大优点是信息来源全面，收集完整。然而，这一方式的缺点是，用户作为客体，很少参与信息资源组织活动，只是被动地接受信息服务机构提供的资源和服务[1]，因而服务的针对性不强。传统的知识信息服务机构的发展理念基本上是以资源为中心的，受这种发展理念的制约，当前许多机构所提供的知识信息集成服务基本上属于这一类型。

---

[1] 郭海明，邓灵斌. 数字图书馆信息服务模式研究. 中国图书馆学报，2005（2）：47-49，53.

（2）以技术为中心的知识信息集成服务

以技术为中心的知识信息集成服务，是一种以信息集成技术的研发和应用为中心的知识信息集成服务方式，它所关心的不是资源本身，而是基于技术的服务功能整合。以技术为中心的知识信息集成服务构架如图7－8所示。

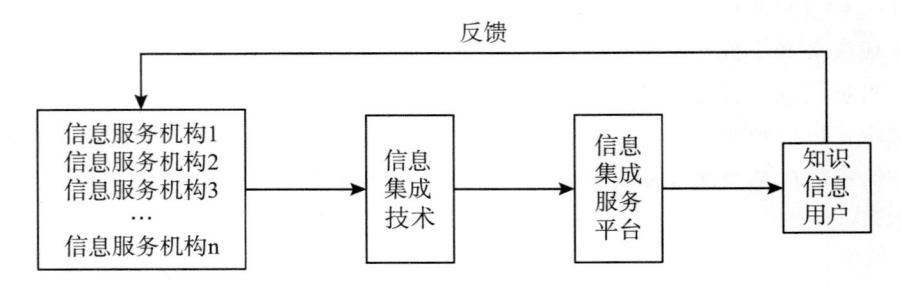

图7－8 以技术为中心的知识信息集成服务

从图7－8可以看出，在这种服务模式中，服务活动的中心是信息技术，重点在于信息系统、平台、软件、工具以及数字化与分布式的网络存取和异构系统的互操作、统一查询等，服务人员较少去考虑信息用户的需要。

在技术中心的信息集成服务中，特别强调信息技术集成的重要作用。由于服务采用了各种技术的综合，有助于知识信息资源的跨系统深加工和系统之间的技术共享，但是用户仍然被排除在信息集成服务的组织之外，只是被动地接受信息服务机构提供的技术支持和服务产品。如一些系统集成服务商所提供的知识信息集成服务，往往是技术方面的服务，但在开发过程中，由于用户没有直接参与，没有完全了解用户的真实需求，集成服务缺乏针对性和对所有用户的可用性。另一方面以技术为中心的集成服务还要求用户掌握不同系统所采用的各种技术，由此造成了用户对技术环境的不适应。

（3）以机构合作为中心的知识信息集成服务

知识信息集成服务可能是某一信息服务机构单独开展的，也有可能是不同信息服务机构之间通过合作开展的。以机构合作为中心的知识信息集成服务，是以信息服务机构之间的各种形式的合作为基础，通过合作达到机构之间知识信息资源的共建、服务技术共享、服务人员的互补的目的，从而增强了各个服务机构的服务能力[①]

[①] 陈朋. 基于机构合作的信息集成服务——传统文献信息服务走出困境的突破口 [J]. 情报理论与实践，2004（2）：165－169.

(见图7-9)。

```
                              反馈
         ┌──────────────────────────────────────────┐
         ↓                                          │
┌─────────────┐   ┌─────────────┐   ┌──────┐   ┌──────┐
│信息服务机构1 │   │信息资源集成 │   │信息  │   │知识  │
│信息服务机构2 │→ │服务技术集成 │→ │集成  │→ │信息  │
│信息服务机构3 │   │服务人员集成 │   │服务  │   │用户  │
│   …         │   │             │   │平台  │   │      │
│信息服务机构n │   │             │   │      │   │      │
└─────────────┘   └─────────────┘   └──────┘   └──────┘
```

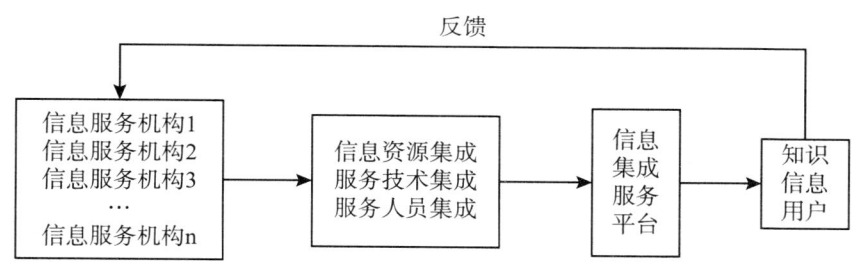

图7-9 以机构合作为中心的知识信息集成服务

如中国高等教育文献保障系统（CALIS）就是以机构合作为中心的信息集成服务。CALIS 可以通过服务平台开展高等学校图书馆公共目录集成化查询、集成信息检索、文献传递和网络导航等数字化信息服务。目前 CALIS 正广泛开展与国外高等学校信息共享机构的合作。机构合作的知识信息集成服务是知识信息资源共建共享的发展，然而其服务仍然缺乏用户需求的导向性，对于个性化的集成服务需求，则需要在机构合作基础上通过面向用户的拓展来解决。

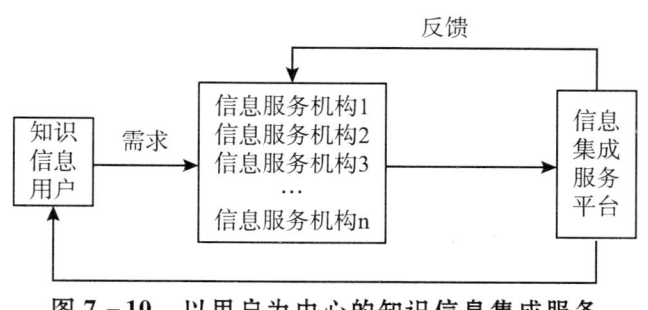

(4) 以用户为中心的知识信息集成服务

以用户为中心的知识信息集成服务，是以用户个性化需求为导向的信息服务要素的动态集成①。以用户为中心的信息集成服务强调用户的个性化体验，通过信息资源面向用户的集中，可以向用户提供集成化的多方面信息。服务以用户满意为目标，因此信息服务机构在提供知识信息集成服务时，由于一切从用户创新活动与行为出发，因而特别强调信息用户在信息服务活动中的主观能动性与参与作用(见图7-10)。

```
                              反馈
         ┌──────────────────────────────────────────┐
         ↓                                          │
┌──────┐        ┌─────────────┐              ┌──────┐
│知识  │  需求  │信息服务机构1 │              │信息  │
│信息  │ ────→ │信息服务机构2 │  ─────────→ │集成  │
│用户  │        │信息服务机构3 │              │服务  │
│      │        │    …        │              │平台  │
│      │        │信息服务机构n │              │      │
└──────┘        └─────────────┘              └──────┘
   ↑                                              │
   └──────────────────────────────────────────────┘
```

图7-10 以用户为中心的知识信息集成服务

---

① Vredenburg K., et al.. User-Centered Design: An Integrated Approach (影印本) [M]. 北京：高等教育出版社, 2003: 2.

当前，信息集成服务与个性化服务相结合，形成了个性化的信息集成服务。例如，图书馆的 MyLibrary 个性化服务系统就致力于为用户提供信息集成服务功能，它在一定程度上适应了以用户为中心的知识信息集成服务的个性化需求。在知识创新中，用户信息需求的范围已经扩展到创新价值链中的各有关系统，因而提出了跨系统的面向创新的个性化信息集成服务的要求。基于此，国内外从多角度进行了探索、实践，形成了多元化的用户中心信息集成服务模型。图 7-10 还显示了用户中心的信息集成服务与个性化服务的关系。这种服务源于用户的个性化集成信息需求，通过机构合作和协同，实现基于集成平台的服务，用户在利用服务中，又将激发新的需求，同时产生对机构的反馈。这一完整的闭环作用过程，有助于知识信息资源的激活应用。

从以上分析比较可以看出，以资源为中心的、以技术为中心的、以机构合作为中心的和以用户为中心的集成服务都能在一定程度上实现以小的成本，满足用户的服务需求。当然，以上关于知识信息集成服务的划分并不是绝对的，以资源为中心、以技术为中心、以机构合作为中心和以用户为中心的知识信息集成服务模式之间存在着事实上的交叉，如以用户为中心的知识信息集成服务也会涉及资源集成与技术集成，同时也可能提出机构合作的服务集成要求。从知识信息集成服务的发展趋势来看，知识信息集成服务正朝着以用户为中心的全方位信息集成服务方向发展。

7.3.2 知识信息集成服务业务组织

当前条件下，国内外的信息集成服务除了具备信息发布、用户反馈处理、专家系统、资源检索、资源推荐、资源导航等基本功能外，介入新的集成服务观念和知识信息资源集成技术，在知识神经网络和信息推送服务等方面已产生了积极的作用。这些方面构成了目前知识信息集成服务的基本内容。

(1) 集成化知识信息动态发布

当前的知识信息服务正朝向集成化、主动化方向发展，因而知识信息服务系统在信息集成化处理后，存在针对性的定向发布问题，而且这个过程是可以自动的，即集成化信息发布应能自动根据数据库中信息的变化和深层开发的结果，动态发布相关信息并及时提供相关资源服务（见图 7-11）。

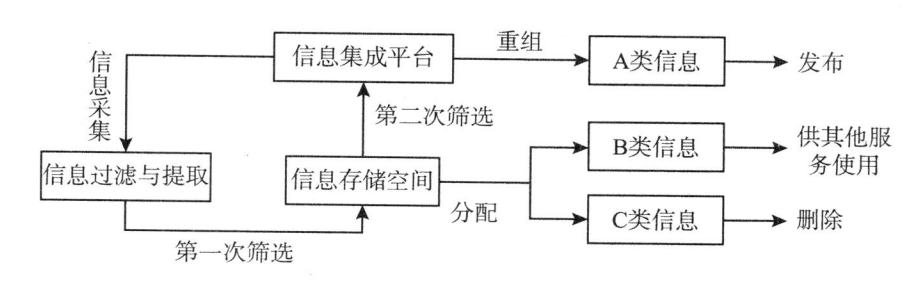

图 7 - 11 　信息集成化发布模型

如图 7 - 11 所示，信息集成发布的流程为：首先，利用信息采集技术自动搜集和获取分布于相关网络及本地系统的信息，经内容过滤与提取，筛选出符合主题范围的信息，将其存储于动态化的存储空间，然后进行进一步筛选，将符合集成发布需求的信息汇入信息集成平台，经重组后对外发布（此类信息在图中列为 A 类）；其次，对于未通过第二次筛选的信息进行分配，其中重要性程度有限，但仍然具有参考价值或仅限内部使用的信息，作为 B 类信息，分配到其他系统中使用；最后，对于未通过第二次筛选，且准确性无法保障的信息，作为 C 类信息，从系统中删除。

实际上，这里所说的信息动态化集成发布就是 Web 知识信息资源发布的拓展，动态网络搜索基础上的信息集成发布，应在协议情况下进行，以确保各方面的正当权益不受侵犯。由于省去了关于用户认证的环节，可以最及时地对外发布信息，提供给用户使用。Web 信息资源发布通常使用两种简单模型：一是页面发布；二是数据库发布。然而无论是哪种模型，其发布的对象都具有一致性[1]。

在网络信息的适时搜集和面向用户的自动发布中，我们在农业信息服务中开发了区域性的农业信息集成服务平台。区域性农业信息集成服务平台是基于网络的农业信息自助搜索、重组、分配和定向提供的综合平台。由于农业的特殊性，在国家规划下，可以实现基于分布构架的信息集成和定向利用。平台具有独立使用特性，既可以作为重组的集成工具在各地农业网络中单独使用，也可以搭建区域性服务共用平台，实现动态化的资源与用户管理，推进面向农业用户的信息集成发布服务。

我国农业网站的数量众多，网站间关联度松散，农业信息零散地分布在政府机构网站、行业网站和各种电子商务网站中，信息重复现象严重。农业用户往往需要通过查看多个网站上的信息才能满足部分信息需求，不仅操作复杂，而且信

---

[1] 徐健. 利用 XML 实现图书馆 Web 数据库的动态发布 [M]. 现代图书情报技术，2003（1）：54 - 56.

息利用率低，信息的价值得不到很好的体现。因此，将分散和混乱的农业信息进行梳理、集成发布是区域性农业信息集成服务的根本目标。为了解决这一问题，我们开发了区域性农业信息集成发布服务平台（见图7-12）。

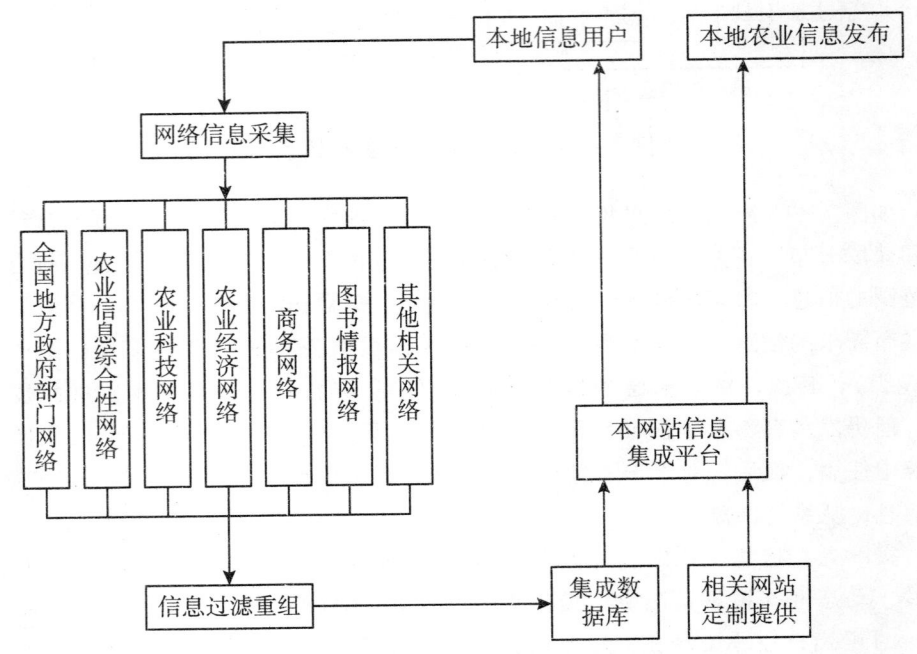

图7-12 区域性农业信息集成服务平台

如图7-12所示，平台可根据本地农业用户需求从网络上自动采集信息，继而对采集的信息进行过滤、分词操作，同时进一步检索与特定地域相关的各种词语，赋予权重，建立用户需求向量。在本地信息的对外发布中，根据逆向组织原则，将信息进行归类，以实现基于某一聚类的分布式发送，即分别在本地网上发布或定向为本地用户提供集成化的信息。

目前，区域性农业信息集成服务平台已在湖北各地应用，图7-13显示了湖北麻城的服务网页。区域性农业信息集成服务平台的投入使用，比较有效地解决了分散的网上农业信息向地区用户的集中问题，作为农业行业信息服务重组的一种手段是可行的。但是，在目前的使用中，一是限于表层信息资源的重组利用，对于深层的数据库资源的开发，由于涉及知识产权和知识技术两方面的问题，需要解决。从另一个角度看，区域性农业信息集成服务平台需要分布式资源支撑，而农业行业知识信息资源的分布式重组规划和开发是最基础的。因此，平台只是一种辅助手段，相关平台的投入，对资源建设提出了更高的要求。从发展观点上看，平台功能扩展是可行的，运行形式是正确的，我们将逐渐深化研究，拓展其应用。

图7-13　湖北麻城农业信息集成服务平台首页

（2）基于神经网络集成技术的专家系统

智能专家系统的开发困难主要来自各领域的专家和系统开发者之间的配合，领域专家往往很难清楚地表达出对某一个问题的具体推理，遇到这样的情况，系统开发人员就很难从中抽取规则，从而限制了专家系统的应用和发展。当前，神经网络集成技术的发展可以弥补传统专家系统的不足，以神经网络集成作为专家系统知识库自动获取知识的工具，可以为专家系统的发展开拓新的空间。

基于神经网络集成的专家系统由基本部件和核心部件两部分组成。基本部件即传统的专家系统的组件集成，主要包括用户界面、知识库、知识库管理系统、推理机、数据库、解释机等,核心部件包括神经网络集成知识自动获取模块(神经网络集成、规则抽取机构),其系统基本结构如图7-14所示[①]。

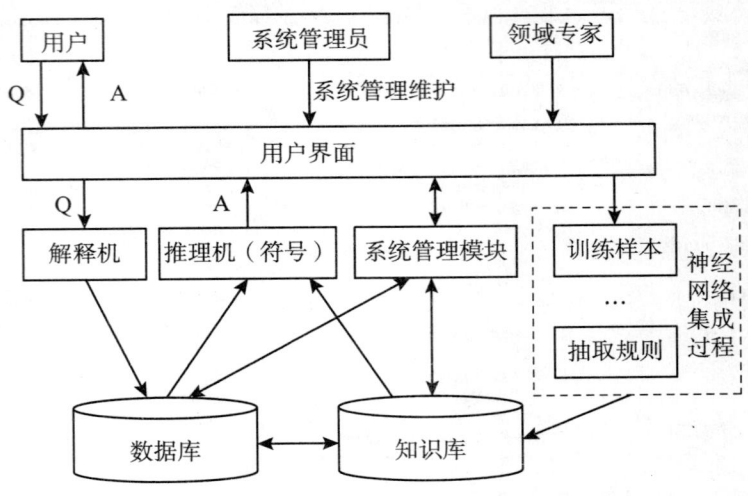

图7-14 基于神经网络的专家系统结构

如图7-14所示,基于神经网络集成技术的专家系统各部分作用如下:

用户界面。和其他的信息系统一样,专家系统需要一个人机交互的平台,在这个平台上,服务提供方、资源提供方和用户可以方便地交流。在该系统中,用户可以通过用户界面提出问题,系统可以将答案通过该界面输出给用户或索取进一步的事实或条件。此外,领域专家和系统管理员也可以通过界面进行系统的维护和优化。可以说,这个界面是专家系统信息服务体系和信息管理模块的集成界面。

解释机。所有的信息服务系统都需要对用户的提问给予回答,但并不是都能对答案进行解释。解释机是专家系统区别于一般信息服务系统的的重要标志,它负责对给用户提供的答案进行说明,其内容包括采用事实依据、逻辑推理路线、系统分析方式以及答案的肯定程度等。可见,解释机制可以提高专家系统的可信度和用户对系统的接受度。

推理机。推理机是专家系统的思维机构,任务是模拟领域专家的思维过程,控制并执行对问题的求解。系统的推理机制分为正向推理和逆向推理两部分。前者即根据事实和条件,套用知识库中的逻辑运算,推出结果;后者先作假设,再根据知识库中的知识和逻辑验证假设的正确性,最后提交给用户。

---

① Palade V., Howlett R. J., Jain L. C., et al.. Automated Knowledge Acquisition Based on Unsupervised Neural Network and Expert System Paradigms [M]. Berlin Heidelberg: Springer-Verlag, 2003: 134 – 140.

系统管理模块。系统管理模块是整个专家系统的管理者,系统管理员通过模块对整个专家系统,包括数据库和知识库,行使存储、排序、检索、维护、更新等基本管理职能。系统管理模块与解释机、推理机和知识库相连,其规则和调用,在系统管理下运行。

数据库和知识库。事实、数据以及在此基础上抽取的知识是专家系统的运行基础。数据库是用于存放从用户提问、问题分析、经验采纳、逻辑推理、结果提出、结果验证、结果确认,到结果提交全过程的事实和数据,而知识库则存放的是领域专家专门知识,表达由其产生的启发式知识等,库中还存储从训练好的神经网络中抽取的规则[①]。

在整个系统运作中,基于神经网络集成的专家系统的最大优势在于知识抽取的优化,从流程上看,基于神经网络集成的专家系统可以有效地处理复杂的不确定性问题,是知识信息集成服务智能化所不可缺少的。

(3) 集成化知识信息检索

集成化知识信息检索是以信息集成与服务集成为基础的,为了达到知识信息一站式获取要求,所实现的由互联网数字资源库群的跨平台、跨语种检索。集成化信息检索顺应用户需求,本着截面无缝化、集成化、统一化的检索理念,为解决异构数据库的统一检索问题而形成。信息集成化检索解决如下问题:

信息资源分散对共享的阻碍。不同机构自行开发的信息平台,在新的环境下都希望进行相互的交流,实现资源共享。然而这些数据库之间、系统之间没有统一标准,无法综合利用。集成化检索可以实现跨库、跨语种和跨数据结构的信息沟通,可以推动信息资源综合开发利用和信息资源共享体系建设。

用户面临的检索困境。新的网络环境和技术条件下,不同的信息服务系统中,多种系统、平台和软件由不同的网络协议和网络体系结构连接,用户面临着检索前要面对多种数据库、媒体方式和分布式体系结构进行选择的困难,难以在一个集成化的平台上一站式地获取和处理信息。当前,而用户真正需要的正好是一站式的服务方式,因此集成化信息检索在用户需求的推动下已成为信息检索的必然趋势。

现行检索方式的弊端。现行数据库的检索机制要求用户熟悉每种数据库的资源范围、收录年限与检索界面,掌握每种数据库独有的检索指令、步骤和运算,且具备一定的计算机操作水平和信息素养,以对繁杂的检索结果进行过滤。这样

---

① 徐敏,施化吉,张晓阳等. 基于神经网络集成的专家系统模型 [M]. 计算机工程与设计, 2006, 27 (7): 1216 – 1219.

的检索方式大大加重了用户的认知负担,诸多平台与数据库让用户无所适从。对此,集成化信息检索可以实现各种类型信息的跨来源检索,可以理解不同结构、分类和术语,甚至还可以利用用户的知识、智能,进行个性化定制。

数字图书馆服务的需要。数字图书馆的建设以高效、便捷、统一、透明的检索服务为主要手段,向用户提供知识获取服务。从数字图书馆协作服务的发展上看,集成化信息检索正好是分布、异构的数字图书馆资源的共建、共享、共用实现的重要保证。

新的网络环境和技术条件从各个方面确保了集成化信息检索的可行性,具体包括标准与协议支持、数据库技术的发展、网络化检索的发展等方面[①]。

标准与协议的支持。基于网络的集成化信息检索系统的开发和运行得益于通用的网络协议,更依赖于和信息处理、检索与传输等有关的标准与协议,其中包括标准标记语言、元数据标准、互操作协议、Z39.50 信息检索协议和开放的统一资源定位器(OpenURL)等在内的各种标准和协议。这些标准和协议确保了集成化信息检索的实现。

数据库技术的发展。面向对象的技术与公共对象请求代理体系结构(Common Object Request Broker Architechture,CORBA)吸取了结构化信息组织的优点,通过综合功能抽象和数据抽象,可以将数据与操作放在一起,作为一个相互依存不可分割的整体来处理。以此建立的基于面向对象的应用软件体系结构和对象技术规范,解决了标准语言、接口和协议问题,从而支持了异构分布应用程序间的互操作及独立于平台和编程语言的对象重用。技术的应用有效解决了分布式计算环境中不同硬件设备和软件系统的互联,增强了网络间软件的互操作性,使构造灵活的分布式应用系统成为可能。动态数据库访问技术可为各种常用数据库提供无缝链接,支持不同的关系数据库,大大加强了程序的可移植性。通用服务中间件技术使各种中间件能够运行于多种系统、平台,支持分布计算,提供跨网络、硬件和操作平台的透明应用或交互服务。支持标准的协议与标准的接口,为应用程序提供了一个相对稳定的高层应用环境。

网络检索工具的发展。网上的独立搜索引擎的覆盖面有限,各搜索引擎的用户接口又是异构的,且有其特定而复杂的界面和查询语法,这类似于异构数据库的单库检索。为了弥补独立搜索引擎的不足,增加一次可调用的搜索引擎的数量,提高查全率,元搜索引擎应运而生。在用户看来,元搜索引擎提供的是一个能够同时查询多个搜索引擎的集成界面,屏蔽了各个搜索引擎的位置、接口等细节。而在后台,它将用户的检索请求同时提交给不同的独立搜索引擎执行检索,并将来自于

---

① 黄如花,陈朋. 基于网络的集成化信息检索[J]. 中国图书馆学报,2005(1):46-49,60.

不同搜索引擎的检索结果进行去重、统一排序后以统一的格式提供给用户。

集成化信息检索是在资源的多形式整合、全方位链接环境中形成的。在服务手段的集成化、结果处理的智能化、检索过程的个性化、管理功能的灵活性等方面显示了发展优势。当前的发展重点是，开拓跨库检索、多媒体检索、分布式检索、自然语言检索和智能检索，实现面向用户信的息集成服务的功能拓展。

（4）知识信息集成化推送服务

在面向知识创新的信息服务中，集成化服务应具备自动预测需求、自动跟踪和主动推送信息的功能。在用户特征和需求特征库建立后，可以根据用户的特殊偏好或者需要，定期通过网络搜索获取的相关信息，经智能化筛选、分类后，提供给相关用户，这相当于为每位用户组建完全符合其需求、适应其特点、属于他个人的知识信息库，可以大幅提升用户获取知识信息的能力，实现从被动服务向主动服务的转变。

根据系统集成和扩充程度的不同，推送服务功能的实现可以分为三种方式（具体模型如图 7-15 所示）。

①Web 服务器扩展（CGI）方式。这种方式使用服务器扩展（CGI）来扩充原有 Web 服务器功能，实现信息推送。CGI 命令可设计出能够对用户输入信息做出响应的交互式 Web 站点，通常把表单嵌入 Web 页面提供给用户，用户在浏览页面时填写并提交表单，进行"订阅"，由服务器上的 CGI 命令文件处理后动态的生成所需要的 HTML 页面，最后 Web 服务器将特定信息送给用户（如图 7-15 所示）。

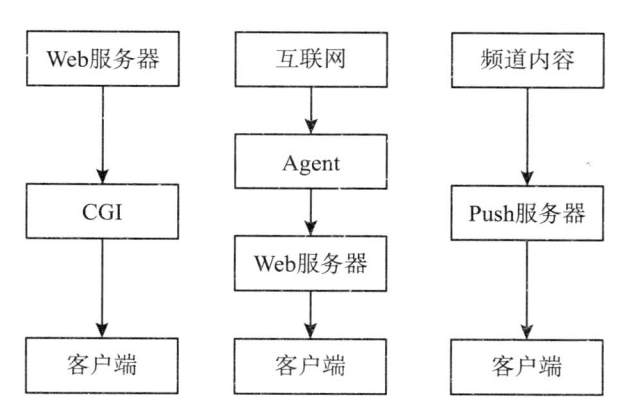

图 7-15 推送服务的三种实现方式

②客户智能代理（Agent）方式。这种方式使用"客户智能代理"定期自动对预定的 Web 站点进行搜索，将收集更新的知识信息送回用户。客户代理对

Web 站点的搜索从其根目录开始直至用户指定页面，当搜索到该页面后便将所有遍历内容返回给用户。

③Push 服务器方式。这种方式对原有系统的改动最大，它提供包括 Push 服务器、客户端及开发工具等一整套集成应用环境。经过改动后，能够从网络向用户计算机传递信息的 Web 站点将成为"频道"，用户接受知识信息就像收看"专题节目"，而且还可以在指定的任意时间接受。

还需要说明的是，知识信息推送服务是基于用户注册定向服务，依据注册用户定制的信息，按照其个性化需求，采用推送至终端或推送至邮箱的方式来实现。简要流程是：未注册用户在注册过程中提供用户信息和需求特征信息，登录后自行设置定制信息，系统服务器定期扫描用户定制信息之后，定期将信息提供给用户。

7.4 跨系统定制服务

跨系统的联合体协同服务模式聚焦于信息服务系统间的数据转化、传输和整合，其主要优势是较低的成本。然而，知识创新是一个多组织、多阶段交织的过程，存在对多方面知识信息资源和服务的需求，而且这些需求是相互关联、难以分割的。如何根据用户需求动态选择资源和服务，实现基于用户创新的协同定制服务，便成为系统间协同服务组织的一个重要问题。

7.4.1 跨系统定制服务架构与特点

跨系统协同定制服务是在一个由分布、异构和自主的信息服务系统组成的开放环境中，根据用户需求，发现、解析和调用所需要资源的服务，以此出发，按照个性化流程和业务逻辑，将这些服务灵活组织起来所构成的定向服务，即信息服务的跨系统定制。

跨系统协同定制服务的系统架构如图 7-16 所示，包括服务提供、服务注册、服务生成和服务应用等基本环节。服务提供者向服务注册机构进行服务注册，发布服务的接口信息，该信息描述了服务对于外界环境的要求和对外界提供的保证。目前，跨系统协同定制服务逐渐从简单的功能封装，向能够自主适应服务调用对象和网络应用环境的方向发展。

跨系统的协同信息定制服务的特点为：

①用户需求驱动的差异化服务。每一个用户都是具有个性特征的个体,其需求各不相同,跨系统的协同定制服务为他们定制所需的资源和服务也不相同,在服务中所采用的动态定制组合技术保证了服务的专指性和针对性,体现了用户和服务的差异。

②主动性的动态服务。各服务系统将自己的服务功能集成到 Web 服务中进行发布,服务系统之间根据用户的需求,可以结合成一种动态的合作关系。这种关系可以根据用户需求的变化而加以调整,从而实现服务内容和方式的动态更新,达到"用户需要什么,我提供什么"的目的。

③以服务为中心的协同性。各信息服务系统的功能被封装为标准化的可供访问的服务,这些来自不同系统的服务,不需要关心对方的位置和实现技术。由于服务以松散耦合方式完成,所以只要服务接口描述不变,服务的使用者和提供者双方都可以自由发生组合而互不影响;通过服务组合,服务可以按不同的方式定制为不同的业务流程。当某个业务流程发生变化时,便通过调整组装服务的方式来适应这种变化。

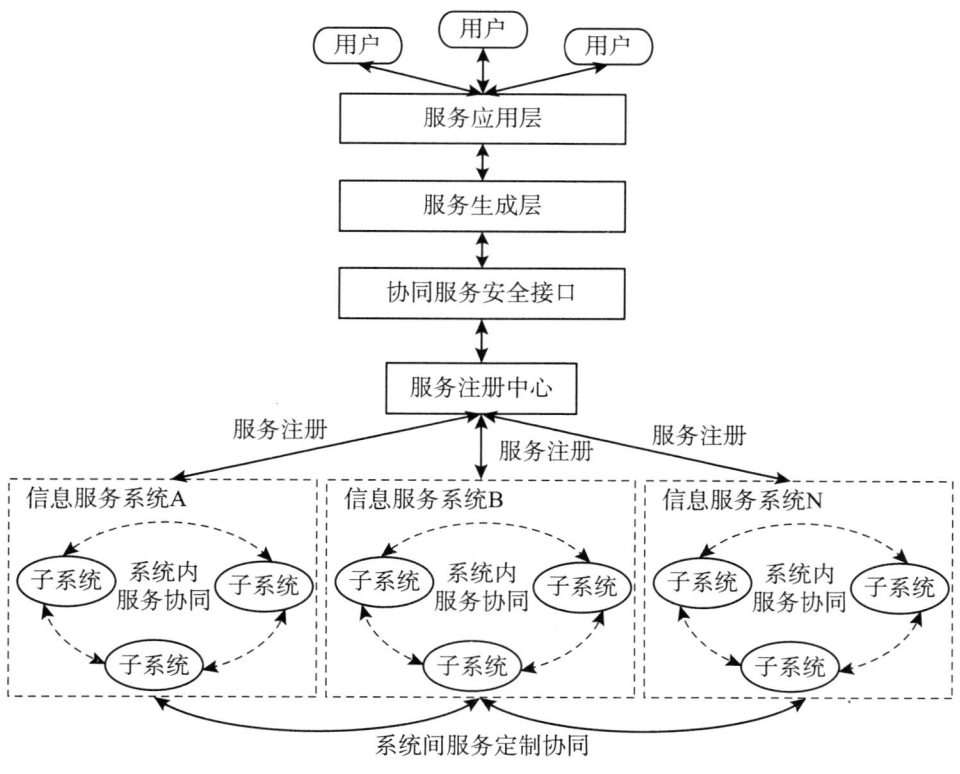

图 7-16 跨系统定制服务的体系结构

7.4.2 定制服务的实现机制

跨系统的协同定制服务按用户特定的知识信息需求,解析用户的服务要求,利用流程组合语言描述服务逻辑过程、基本服务类型及交互机制,形成动态定制的服务组合流程,从而实现个性化的服务流程和业务逻辑。用户通过客户端或者协同门户提交请求,当某一个系统接到请求时,可以按照固定的程序进入服务生成层,通过协同安全认证,实现注册和服务定制。利用跨系统资源向用户提供的服务,一是具有针对需求的个性,二是在资源利用上具有统一的规范和共性。从实质上看,协同定制是在跨系统共享信息资源与服务资源基础上,实现的面向用户的个性化、制式化的服务组合。

如图 7-17 所示,跨系统协同定制服务实现流程包括服务功能分解(Functional Decomposition)、服务描述(Service Description)和服务注册(Service Register)等过程。参与协同服务的信息服务系统将业务元素分解为粒度更小的原子系统,描述基本构成要素(包括服务提供功能、约束条件、输入、输出参数等),以此注册成为基本服务。通过服务注册,用户/系统能够找到共享的服务,从而实现协同。系统可以将用户需求对应的任务进行分析,将复杂任务分解为一

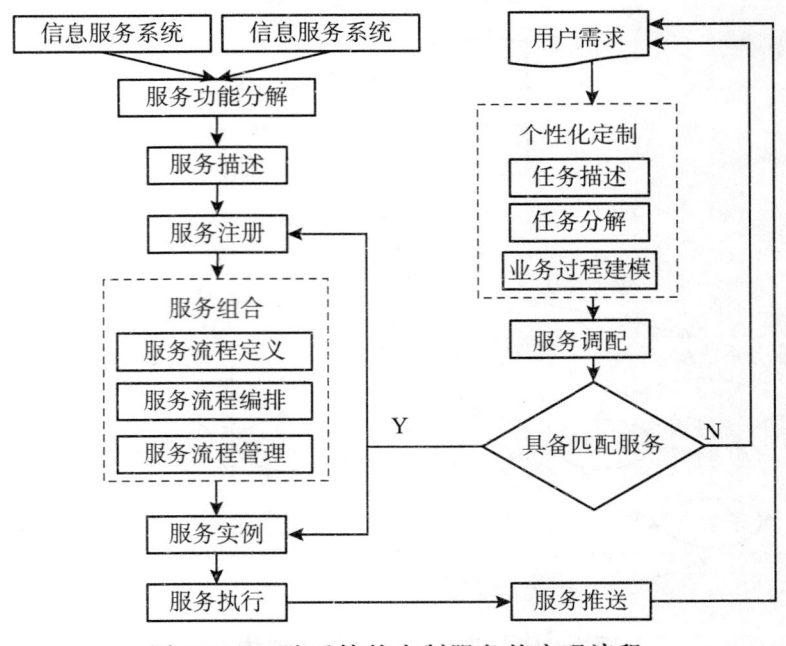

图 7-17 跨系统的定制服务的实现流程

系列存在相互约束的关系的子任务，由此构成任务流，这就是任务分解（Task Decomposition）过程。最后，根据业务流程调配基本服务，确定服务执行顺序，进行定制服务流程编排，通过流程化的服务组合实现用户请求到的服务资源映射。

动态服务组合是协同定制服务实现的关键，动态服务组合采用基于流程驱动的方法、即时任务求解的方法。

①服务描述。动态 Web 服务组合依赖于 Web 服务描述，目前存在的服务描述可以分为句法层描述和语义层描述两类。

WSDL（Web Service Description Language）是一种基于句法的 Web 服务描述语言，它将 Web 服务描述定义为一组服务访问点，客户端可以通过这些服务访问点对面向文档或面向过程调用的服务进行访问（类似远程过程调用）。WSDL 首先对访问操作和访问时的使用请求/响应消息进行抽象描述，然后将其绑定到具体的传输协议和消息格式上，以便最终定义具体部署的服务访问点。相关具体部署的服务访问点通过组合，成为抽象的 Web 服务。WSDL 是最初的 Web 服务，只是从句法层对 Web 服务进行描述，而不支持丰富的语义描述。

OWL-S（Semantic Markup for Web Service）是一种服务本体，由服务形式、服务基础和服务模式三部分组成，如图 7-18 所示。

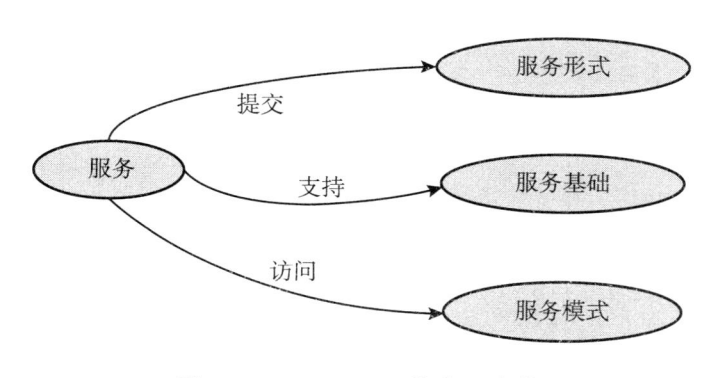

图 7-18 OWL-S 的上层本体

服务形式（Service Profile）表征服务能做什么，主要用于服务发现；服务模式（Service Model）表征服务如何工作，即反映服务的过程（Process）模型，包括数据流和控制流，用于服务组合操作；服务基础（Service Grounding）表征如何实现服务，通过基于 Web 服务的描述进行服务选择、组合和监测。

②动态服务组合。服务组合（Service Composition）又称服务编排（Orchestrated/Aggregrated），描述 Web 服务参与者之间跨机构的协作，即面向一个临时的或持久的业务过程，将有关的 Web 服务结合在一起，提供复合功能的服务或

支撑 Web 服务的嵌套合成。根据用户动态定义的组合目标、语义描述与约束，可以形成组合服务方案。如图 7-19 所示。

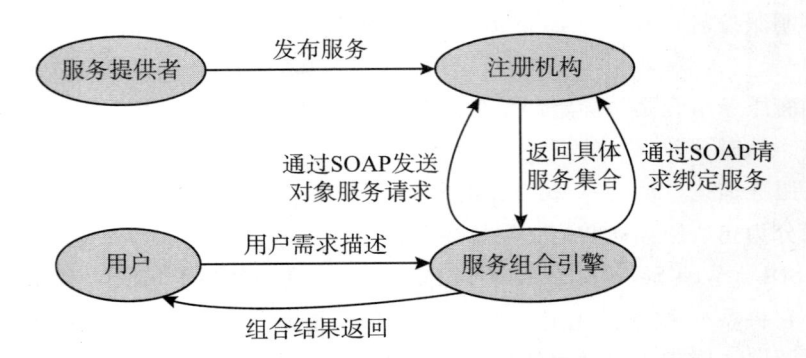

图 7-19 动态 Web 服务组合模型

Web 服务组合方法包括业务流程驱动方法和及时任务求解方法等。

业务流程驱动的动态服务组合。这类服务组合的目标是实现流程的自动化处理，业务流程驱动是工作流技术与 Web 服务技术相结合的产物，通过为业务流程的每一个环节选择和绑定 Web 服务，形成一个流程式的服务组合。因此，这类服务的组合结构、服务之间的交互关系和数据流受控于业务流程。其组合过程可以描述为：首先依托建模工具，根据业务逻辑创建业务流程模型，其后分别为流程中的每一活动从服务库中选取并绑定能执行该步骤子任务服务，同时根据业务流程中的数据流设置服务之间的参数传递和映射。为了提高业务流程的灵活性，使服务组合具有好的容错性和动态性，往往通过服务模板和服务社区实现服务的动态选取和运行绑定。这类服务组合借助 XLANG、WSFL、BPML 和 WSCI 等业务流程的建模语言进行。

即时任务求解的 Web 服务组合。这类服务组合的目的在于，根据用户提交的服务需求，解决用户提交的即时任务，其过程是根据完成该任务的需要，即时从服务库中自动选取若干服务进行组装。这类服务组合以完成用户任务为目标，与业务流程驱动的服务组合相比，即时业务组合一般不受业务流程逻辑的约束，其服务组合过程自动化程度高，所形成的组合服务可以是若干服务的一个临时组合，一旦用户任务求解结束，这个临时组合也随之解体。因此，即时任务求解的 Web 服务组合多用于一次性问题求解，如一次服务的联合计算、一次用户出行安排等问题。即时任务求解的服务组合过程建立在服务和用户目标的形式化表达之上，通过任务规划、逻辑推理、搜索匹配等方法来完成。

一般而言，即时任务求解的 Web 服务组合是为解决用户即时提交的一次性任务设计的，根据完成任务的需要，可以动态地从服务库中自动选取若干服务进行组装。目前，这类服务组合主要包含了两类方法：基于 AI 理论的 Web 服务自动组合方法，基于视图搜索的 Web 服务自动组合方法。

7.4.3 跨系统定制服务组织与优化措施

在分布、异构的资源与服务开放环境中，跨系统协同定制信息服务需要适应不同的环境或具体业务流程，以便动态发现、调用和组合相关资源与服务，提供满足用户需求的服务。Web 服务技术为信息服务系统提供了一种公共机制，可以在开放环境下发现和调用所需要的资源或服务。但是，如果用户所需要的服务不能直接为某个 Web 服务所满足，则需要利用 Web 服务组合技术，将若干 Web 服务按照一定逻辑组合，以满足用户需求。

以信息服务描述与组合技术为基础的跨系统的协同定制服务在数字图书馆领域、电子商务领域、跨企业的业务流程组织服务中已得到应用，如 Fedora、Dspace、Greenstone、NSDL、Google 等系统都提供了 Web 服务接口[①]；英国伦敦帝国学院研究人员针对普适计算的需要，提出了一个基于 ONTOLOGY 的 SOA 架构 OSOA。OSOA 以 Web 服务作为总体架构建立服务发现机制，采用 ONTOLOGY 增强 SOA 中的 Web 服务功能，改进服务组合效果。在实现中，OSOA 包容即插即用设备和服务，从而实现了以人为中心的目标驱动服务组合和互操作。爱尔兰大学基于 SOA 标准规范提出了 L2L（Library-to-library）服务集成模型，即通过建立 Web 服务运行环境 WSMX 将已经存在的数字图书馆协议（如 Z39.50\DIENST\OAI\SDLIP\ELP）进行集成，以支持第三方机构的松耦合调用，从而实现异构数字图书馆系统间的自动化协同操作。国内中国科学院图书馆开展的开放式资源和服务登记系统就是此类服务的雏形。

跨系统协同定制服务正处于发展阶段，在服务实现上，应注意以下问题：

①对现有信息服务系统进行服务描述，建立信息服务系统的 UDDI[②]。服务描述是实现服务调用的基础。跨系统协同定制服务实现的基本前提是现有服务系统基于 Web 服务的发布。所以，首先必须对现有信息服务系统进行 Web 服务包装，即借助标准的 Web 服务描述语言 WSDL 进行服务描述；其次要根据 UDDI 的相关技术标准和规范建立信息服务系统注册中心 UDDI，以便人们能够将有关服务描述信息在相应的 UDDI 中注册登记，以提供公共查询和调用。

---

① 李春旺. SOA 标准规范体系研究 [J]. 现代图书情报技术，2007（5）：2-5.
② 张晓青，相春艳. 基于 Web 服务组合的数字图书馆个性化动态定制服务构建 [J]. 情报学报，2006（3）：337-341.

②对现有信息服务系统进行"合理拆分"。在借助 Web 服务组合技术进行信息服务系统协同定制过程中,依赖的不是不同信息服务系统的整体集成,而是不同信息服务系统中符合用户需求的组件之间的动态集成。所以,必须对现有信息服务系统进行"合理拆分"。Web 服务组合粒度的可变性及逻辑构建机制,要求协同定制服务必须顾及服务功能描述的粒度。一般地说,描述的粒度愈细,服务组合构建的灵活性愈大,从方便信息服务系统动态定制服务构建的角度看,服务描述的粒度,一般要细致到资源组件、应用组件、功能组件和管理组件。

从 Web 技术的发展趋势看,WSDL 已经初步成为服务描述的标准,目前,几乎有影响力的 Web 组合语言,如 BPEIAWS、BPML、WSCI 等都支持 WSDL。所以,信息服务系统进行"合理拆分"后的组件应采用 WSDL 对服务内容、操作类型、请求与应答消息流、系统绑定方式等进行规范描述,以便它们能被包装成较小的基本服务,并在 UDDI 上注册登记。这些工作使借助 BPEIAWS 组合语言进行的个性化动态定制服务得以进行,从而实现了基本服务或由基本服务动态组合产生的定制服务的支持,与此同时,为它们的开放集成和动态集成创造条件。

③借助 Semantic Web 嵌入语义内容。目前的 Web 服务架构限于依靠 XML 进行操作,而 XML 只能确保句法上的互操作,突出的缺点是缺乏语义信息。由于不能促进消息内容的语义理解,Web 服务之间难以理解彼此的消息和彼此执行的任务,从而使得服务之间的互操作和服务组合受限,有时甚至可能以一种错误的方式进行操作和服务组合。借助 Semantic Web 服务技术,可以在 Web 服务组合中嵌入语义内容,从而有效支持根据语义分析的服务协同组合。这种解决方式是规划和组合效能的提升。针对这一问题,英国伦敦帝国学院提出的 OSOA 架构,实现了从语法匹配转向语义匹配,最终实现调用匹配的转化,从而提高了服务动态发现和组合的质量[①]。

④注意服务组合过程中的信任管理和服务验证。服务组合一个重要的问题是在本来不信任的实体之间建立信任关系并对其进行监视。在组合服务中,我们需要跨领域组合服务。所以,一个能进行跨领域的服务调用,具有信任转换功能的授权控制方案应该是一种有效的机制。服务组合的另一个重要问题是验证提供的服务是否保持了提供者所需要的理想化特性。这样的特性可以由提供者和请求者之间的一个双边服务层协议(Service Level Agreement,SLA)来详细规定。

⑤注重服务协同规划的可靠性和对用户定制需求的适应性。目前 Web 服务组合技术对信息不完备性、领域复杂性和目标多元性的支持不够。跨系统定制组

---

① Ni Q., Sloman M.. An ontology-enabled Service Oriented Architecture for pervasive computing [C]. Information Technology: Coding and Computing, 2005. ITCC 2005. International Conference, 2005, 2: 797-798.

合的服务依赖于各个分布的、异构的服务实现协同运行，因而，为完成某一组合过程而涉及的服务可能处于不断变化之中，同时用户的需求也可能发生变化，所以在服务协同中需要动态可靠性保障机制来约束，这是保证服务协同正常运行的基本条件，也是改善跨系统协同定制服务的需要。

7.5 一体化虚拟学习协同服务

国家创新发展中，学习型组织的建设是一个值得关注的问题。在学习型组织建设中，有必要重新审视和重新定位信息服务在支持终身学习和研究中的作用，使知识信息服务与教育有机结合，通过构建知识社区创造网络化学习环境和虚拟学习空间，以支持知识创新中的自主创新学习。

7.5.1 一体化虚拟学习服务架构与构成要素

一体化虚拟学习服务将知识资源的数字化共享和服务融为一体，在用户学习资源、知识传播资源和服务融合基础上，向用户提供一个公共平台，以便于在一体化虚拟学习环境（Integrated Virtual Learning Environments，IVLEs）中实现一站式学习服务支持。

一体化虚拟学习服务架构如图 7-20 所示，其最大的特点是从用户角度，将学习或研究过程中的知识信息资源获取和知识传播服务有机结合，将与教学和研究相关的数字化资源和服务嵌入用户具体的学习和研究之中，以实现学习资源和学习活动的链接。

一体化的虚拟学习需要多方面协同，其协同服务包含三方面构成要素：知识信息资源，虚拟服务团队，互动网络。构建一体化的虚拟学习协同服务环境的前提是有效整合多种知识信息资源，包括数字图书馆资源、网上专门知识资源、学习知识库、在线学习和培训课程资源等，这些资源是学习者建构知识框架和学习情境的基础，是自主学习和协作式探索的必备条件[①]。从资源角度看，包括图书馆在内的知识信息服务机构，在虚拟学习环境中可以承担资源组织的任务。在虚拟学习环境下机构的知识资源仍然是虚拟学习环境中教育资源的重要组成部分，

---

① 任树怀，盛兴军．大学图书馆学习共享空间：协同与交互式学习环境的构建 [J]．大学图书馆学报，2008（5）：25-29．

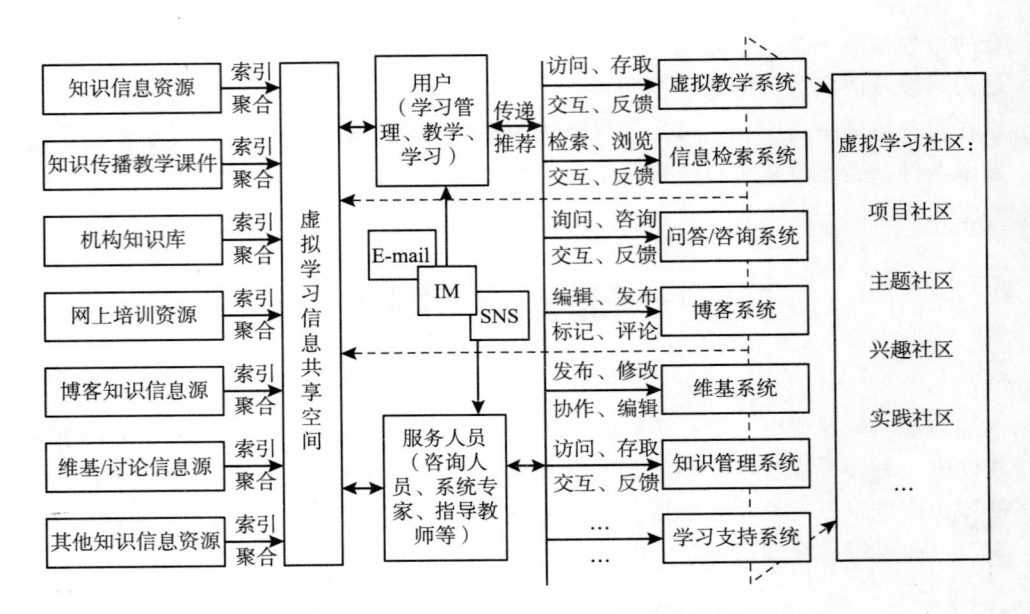

图 7-20　一体化虚拟学习协同服务架构

需要解决的是资源组织与虚拟学习环境的融合问题。从资源的组织上看，应在用户学习需求驱动下，将学习资源融入知识学习系统，通过中间件技术和资源链接等技术形成与学习活动相耦合的资源体系。

虚拟学习共享空间的资源不仅整合了知识信息服务机构的资源，还整合了知识传播（学校等）机构的可利用资源。学习资源的整合不是由某一个部门来完成的，而是多个部门共同参与，通过虚拟环境下的教学、指导、研究、技术和咨询等机构或部门的共同合作来完成。在来自不同部门人员的共同参与下，这些部门原有的与学习用户有关的服务将整合到一体化虚拟学习共享空间中，由此形成一个虚拟的、资源综合利用的协同服务平台，以支持创新学习中学习资源利用、经验交流和知识分享，促进学习、研究和知识创造的融合。

构建学习虚拟空间，组织虚拟学习服务是知识信息服务机构需要拓展的服务业务，图书馆系统和其他知识传播系统作为主体，负责环境构建、服务组织和资源共享协调的工作。在一体化的虚拟学习协同服务运行中，通过服务团队对用户的学习活动提供在线虚拟化支持，是其中的关键所在。如 Manitoba 大学图书馆在虚拟学习共享空间环境下，通过实时的在线互动平台（Live Chat），组织经过培训的专业服务人员，从不同方面为用户学习提供在线帮助[1]。在虚拟学习服务

---

[1] University of Manitoba Library [EB/OL]. [2008-10-30]. http://www.umanitoba.ca/virtual learning commons/pape/1514.

中，图书馆人员负责虚拟学习中的知识资源的组织和提供，教师及相关人员专门解答各种问题，学习者可以在学习网络环境中自主学习、讨论和交往，可以依托服务人员，解决一体化虚拟学习服务系统中遇到的问题。Manitoba 大学图书馆的一体化虚拟学习协同服务的推进，具有普遍意义。

7.5.2 虚拟学习服务的实现流程与技术支持

一体化虚拟学习协同服务支持学习资源的创建、组织、发布和管理，支持嵌入联机学习系统，为用户提供一个灵活、不受时空限制的在线学习环境，为研究人员、管理人员、学生提供一个高效获取知识的平台，从而促进学习资源的交流和共享，其实现包括以下环节。

（1）学习资源的集成与元数据仓储建立

一体化的虚拟资源协同服务中的内容资源可来源于图书馆，也可来源于教师自己，还可能是通过图书馆和教师、学习者获取的第三方资源（包括博物馆、档案馆、其他研究机构等的资源）。因此，应从信息需要、信息行为、知识信息资源、信息过程和综合信息环境分析出发，了解教师和学员在教学和研究中有什么需要，这些需要能通过什么资源满足，然后分析如何获取这些资源，如何将其组织到服务系统中去，以建立特色化、个性化的教学资源系统。

与此同时，新技术的应用使得资源的载体形态和内容形式不断变化，因此在传统图书馆知识信息资源、机构知识库资源链接整理的基础上，加强特种资源和新型资源的收集、过滤和整合，如开放获取资源、预印本资源、博客资源、灰色资源等，是必要的。一体化虚拟学习协同服务需要对不同种类、不同来源、不同载体形态、不同数据结构的资源进行集成，然后通过统一的界面向用户提供，同时屏蔽用户访问资源中的各种限制。元数据仓储建立是其中的关键，元数据的建立需要一个长远的规划，教师和教学管理人员都要有元数据的知识，以便在元数据建立的过程中承担相应的任务。

图 7-21 是 DEVIL 所描述的一体化虚拟学习所构建的元数据仓储的内容和结构体系。"增强图书馆资源与 VLE 资源的动态链接"（Dynamically Enhancing VLE Information from the Library，DEVIL）是 JISC 资助的，由爱丁堡大学和开放大学合作的一体化虚拟学习项目。DEVIL 实现了对 VLE 和数字知识库高效、动态链接所需的技术支持。

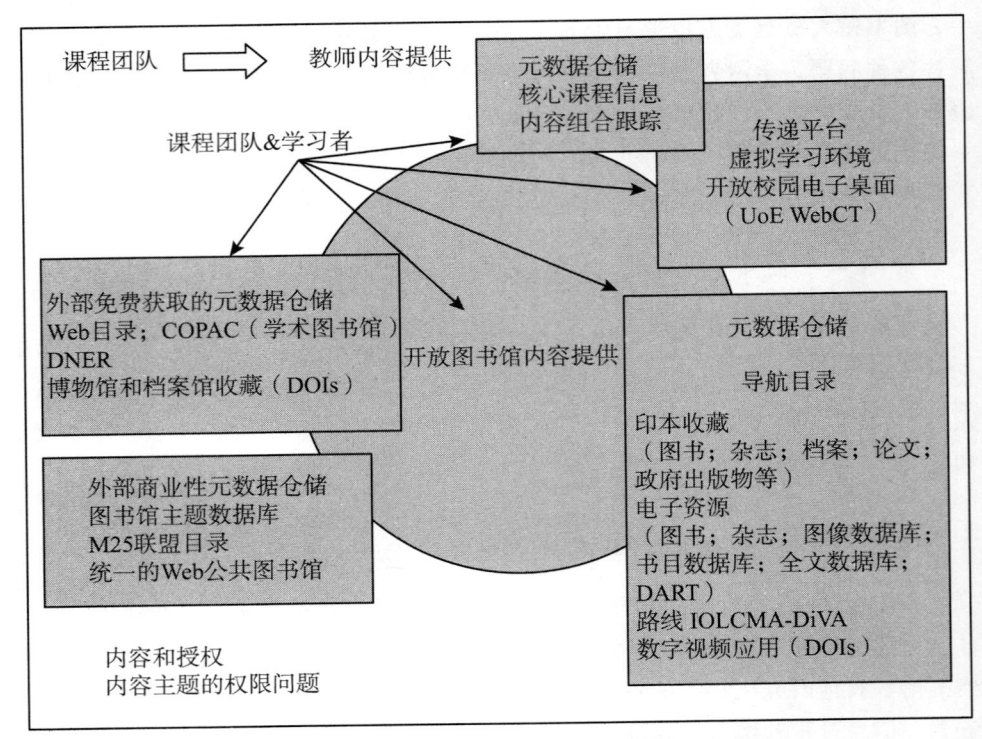

```
┌─────────────────────────────────────────────────────────────┐
│  课程团队  ⟹  教师内容提供    元数据仓储                          │
│                              核心课程信息                        │
│      课程团队&学习者           内容组合跟踪      传递平台            │
│                                              虚拟学习环境         │
│                                              开放校园电子桌面      │
│                                              （UoE WebCT）       │
│                                                                 │
│   外部免费获取的元数据仓储                       元数据仓储          │
│   Web目录；COPAC（学术图书馆）                                    │
│   DNER                    开放图书馆内容提供     导航目录           │
│   博物馆和档案馆收藏（DOIs）                                       │
│                                              印本收藏            │
│                                              （图书；杂志；档案；论文； │
│   外部商业性元数据仓储                          政府出版物等）       │
│   图书馆主题数据库                             电子资源            │
│   M25联盟目录                                （图书；杂志；图像数据库； │
│   统一的Web公共图书馆                           书目数据库；全文数据库； │
│                                              DART）             │
│                                              路线 IOLCMA-DiVA   │
│   内容和授权                                  数字视频应用（DOIs）  │
│   内容主题的权限问题                                               │
└─────────────────────────────────────────────────────────────┘
```

图 7-21　DEVIL 开放校园元数据仓储框架

（2）多元技术的互联

从某种意义上看，虚拟学习硬环境通常被看作电子白板和声频、视频设备，其支持与维护似乎与图书馆等知识信息服务机构无直接关系，然而图书馆等知识信息服务机构作为知识信息资源交流与传播中心，不应游离在虚拟学习硬环境之外，而应与虚拟学习环境融合，以利用现有资源条件更好地为开放学习服务。从综合角度看，实现虚拟学习系统、知识信息管理系统、机构管理系统等多个系统的有效链接和整合，对于虚拟学习的推进是重要的。

一体化虚拟学习协同服务建立在相关系统互联的基础上，目前有多种技术解决方案。美国 Sakaibrary 项目利用 ExLibris Metalib/SFX、Metasearch 等跨库检索和全文链接技术进行了数字图书馆和课程管理系统的连接和资源整合。JISC 所资助的一体化虚拟学习环境建设，通过资源目录系统（Resource list system）、开放链接标准（OpenURL）、电子资源的 Java 获取技术（Java Access for Electronic Resource，JAFER）、可共享的内容对象参考模型（Shareable Content Object Reference Model，SCORM）等中间件技术实现系统连接。JISC 资助的在线指导学习环境项目（Authenticated Networked Guided Environment for Learning，ANGEL），开发了一种将数字图书馆资源整合到虚拟学习环境中的中介资源管理系统。系统针对网络教育资源和大学院系或教师单独掌握的资源，在一体化的虚拟学习服务体系中将其加以选择、整理和揭示，按照教学驱动的原则，将它们嵌入到虚拟的学习共享空间中，从而有效地解决了资源的融合和共享问题。图 7-22 展示了 DEVIL 项目实现图书馆仓储和虚拟学习系统互联的技术架构。

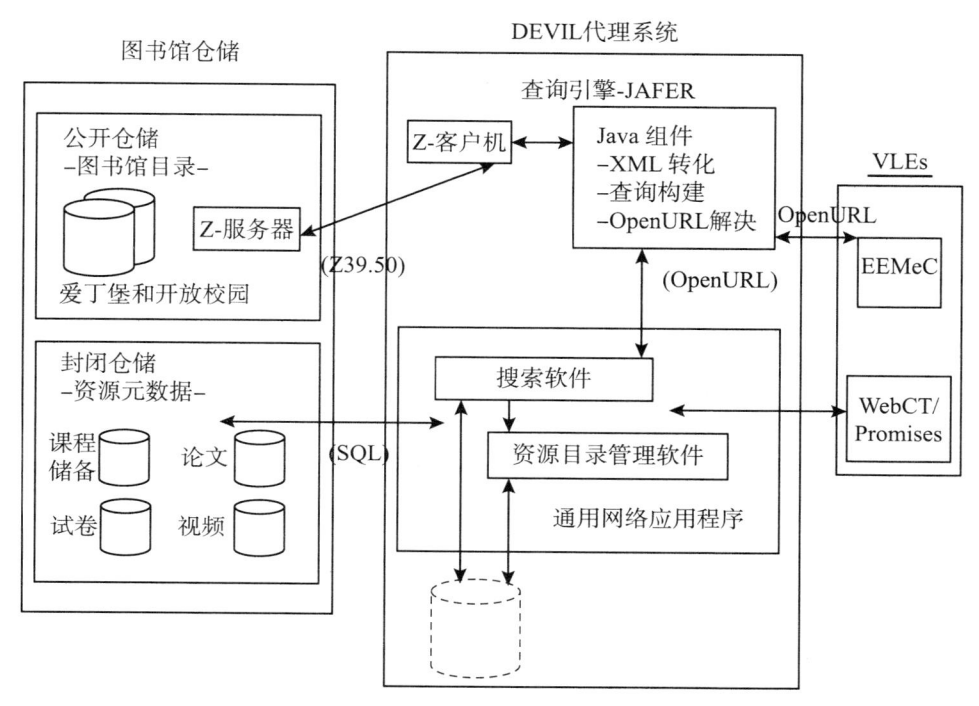

图 7-22 DEVIL 项目技术框架

（3）学习交流平台建设

E-learning 的教学方式正倾向于增加教师之间、学生之间以及师生之间的互动，同时强调教学双方的积极参与。因此，建立学习交流体系、搭建信息共享空间和知识交流的平台是一体化虚拟学习协同服务的重要内容。在连接和支持多种形式的交流中，BBS、Wiki、blog、即时通讯（Instant Messaging，IM）、社会网络服务（Social Networking Services，SNS）等多种社会性软件的应用，旨在支持教学双方的适时交流、沟通和研讨。其中，交流教学成果与经验、共享教学信息和资源，支持用户发布信息、组织网络会议，组建虚拟社区，支持虚拟社区信息发布和交流（开放会议平台、开放论坛平台、联机讨论组、即时消息系统、协同学习和研究等），是实现一体化虚拟学习的重要保障。

7.5.3 一体化虚拟学习协同服务的功能实现

一体化的虚拟学习协同服务在于，支持用户在同一学习平台上获取知识信息资源、获得学习帮助、提高信息素养并顺利进行学习研究交流。通过在一个集成学习环境中的技术支持和资源优化，辅助用户的学习和科研活动是重要的。用户在享受"一站式学习"服务中，可以在专业人员帮助下，分析和处理信息、存储和转化知识，完成知识管理和知识创新。可以说，一体化虚拟学习协同服务体现了传统知识获取服务向用户知识创造服务的转变。

一体化的虚拟学习协同服务，使知识信息服务融入到学习研究之中。基于整合的学习环境，按虚拟学习的需要，提供全程的一站式学习服务，其功能包括以下几个方面。

（1）基于学习内容协同管理的知识定制与推送服务

一体化虚拟学习协同服务是实现了互联网的知识学习与教育资源的一体化管理，通过集成应用多种技术，如资源描述语言技术、开放链接技术、知识挖掘技术、可视化技术、智能代理技术等，建立可定制的资源平台，实现了各类资源的收集、集成、分析、存储、检索、提供、利用的无缝链接。系统可以根据用户在学习和研究过程中的各种知识信息需求，提供个性化知识资源导航和推送服务。

一体化虚拟学习协同服务的关键在于知识提供服务，包括：

直接知识提供。系统可以通过直接上传课程学习资料，提供学习知识保障。同时，也可以对不同数据库中相同学科专业和相关专业的数字资源进行抽取、整理，建立学科数据库，按用户的教、学需求，从中挖掘、萃取知识，以代替用户完成部分知识准备和预研工作。

间接知识提供。系统利用数据挖掘技术和知识链接技术对资源进行分解、链接，形成知识元，向用户提供知识元及其链接和组织方法，使用户可以按照自己的需求动态生成知识。知识提供服务使用户在一个整合的教学环境中完成知识学习、交流和创新。

（2）基于教学过程协同的知识交流服务

一体化虚拟学习协同服务作为一种开放服务方式，为用户提供一种协同交流的环境，通过信息服务促进知识交流与学习互动，以便实现在协作学习中将信息转化为知识，甚至智慧。它可以根据教学过程和科学交流的不同特点，提供知识共享和教学科研协助服务；可以实现基于"感知—理解—巩固—应用"教学的全过程协助和参与，从而提供相应的"选择主题—引用资料—资源参考"全过程咨询服务，提供特定主题的检索分析、学习帮助和合作研究保障。

一体化虚拟学习服务系统通过搭建学科交流平台，利用博客、维基、网摘、论坛等交流工具，帮助寻找学习兴趣相似的交流对象或研究合作对象，形成讨论组或项目组，展开交流与合作，完成学术成果与合作成果的保存与发布。虚拟学习环境中，可以面向问题和任务组建虚拟学习团队，其广泛性、虚拟性、动态性、临时性将使产生的知识比通常情况下更难保存、传递和再利用。因此，在虚拟学习服务的功能实现中，需要通过拓宽交流渠道，帮助用户捕获教学、研究过程中产生的各种隐性知识并使之显性化，同时进行规范，加速知识的发布和传播，实现积累和再利用。

（3）基于虚拟学习的信息素质培养服务

一体化虚拟学习环境中，教学活动的有效性极大地依赖于信息素质与信息生存能力的提高，因此，用户信息素质的培养和强化将成为服务的重要内容。信息素质教育内容包括基础性信息素质、通用性信息素质和基于学科的信息素质教育。其中基于学科的信息素质教育系指对所在学科的专门信息素质教育，目的是使用户全面了解学科信息类别和信息源，制定科学的学习、研究方案是其中的重要环节。

基于学科的信息素质教育包括信息意识教育、信息知识教育、信息能力教育、信息道德教育、网络认知习惯培养等内容。在信息素质教育中，单靠知识信息服务机构的努力是不够的，因而需要建立信息服务人员与教师和相关人员的合作关系。这种合作关系可以为信息素养教育营造一个和谐的教育环境，特别是机构与教师的合作，有助于培养、提高用户的信息素养。但是，这种合作环境需要克服各种障碍，发挥各方面的自主性，突破时间限制，形成积极主动的学习氛围。

（4）面向学习型用户的资源整合利用服务

一体化虚拟学习环境中的资源和服务的整合，正日益受到多方面关注。如，英国联合信息系统委员会（Joint Information System Committee，JISC）是一体化虚拟学习环境研究的倡导者，在学习推进中，资助了中间件开发、用户需求分析、一体化虚拟信息环境构建等方面的项目研究。美国印第安纳大学、密西根大学图书馆等联合进行了连接课程管理和数字图书馆的 Sakaibrary 项目等①。我国近年来也开始了一体化虚拟学习环境中的资源整合和服务研究，如我们自行开发的网络教学平台系统等。可见，一体化虚拟学习协同服务正处于迅速发展之中。

一体化虚拟学习服务是一种面向用户的服务，是以用户为中心来聚合资源和信息的动态服务，其目的是着力于支持用户利用信息、提炼知识、解决问题。服务组织围绕用户个性化虚拟学习需求展开，强调集成和动态组合各种资源与工具。这意味着虚拟学习服务必须整合各种资源，以用户需求为中心有效组织虚拟学习资源，促进资源的综合利用。

在资源整合利用中，人力资源环境是支撑一体化虚拟学习协同服务系统运行的关键要素，其中包括人员构成、组织结构、服务规范、运行制度、激励机制、培训机制和评价体系等多方面内容。人员构成涉及信息服务、技术支持与教学人员等的构成，环境构建需要许多服务部门的共同支持与合作。根据不同的构建模式，组织结构也有所区别。在国外的许多案例中，参与服务的机构或部门通常包括图书馆、信息技术中心、学习技术中心、学习辅导中心、多媒体中心、写作指导中心等。由于部门的多元化，组织结构的复杂化，不同人员的专业背景、文化背景和价值观念的差别，跨部门的联盟、合作与协同，员工间的分工与互助，就成了人力资源环境构建的关键问题。

协同的实现首先体现在组织结构和制度建设上，在充分思考学习共享空间与管理机制的基础上，运用知识管理方法构建合理的人力资源组织结构，明确各参与部门及合作者之间的关系与职责范围，制定明确的服务协定和完善服务规范，定期对用户进行专业技能培训和职业道德与信息素养教育，健全工作制度和报告流程，畅通用户信息反馈渠道，才能保证系统在协作方式下正常运行。其次，要遵循以人为本的原则，从沟通渠道和协调关系上下工夫。

7.6 基于网格的知识管理与数据挖掘服务

网格系统及其应用的目的在于对位置分布、异构（使用不同硬软件支撑、不同网络通信技术）和动态变化的虚拟机构资源与服务进行有序的管理，继而进行集成知识服务。在网络服务中，可根据需要对计算机、应用服务、数据和其

---

① Sakaibrary: Bridging Course Management and Digital Library [EB/OL]. [2008-11-20]. http://igelu.org/files/webfm/public/documents/conference2006/11_2006_jon_dunn.pdf.

他资源进行访问。实现这一目标的关键，是将地理位置分散、属于不同机构的资源和服务当作单个虚拟系统进行管理，去发现、访问、调度和监控。在网格应用的基础上，知识管理、数据挖掘和云计算服务处于重要位置。

7.6.1 基于网格的知识管理服务

网格是一种硬件和软件的综合体系结构[1]。从物理组成来看，网格是一种在地理空间上分布异构、动态的各种高性能计算资源，包括远端计算机、网络、存储装置、可视及虚拟现实显示设备以及个人计算机等资源的组合。从逻辑功能看，网格是一个中间件，它集成了上述资源，使其变为用户桌面上的功能强大的一个独立的计算机资源，从而使用户可以不受地理位置限制，透明地、无缝地、有效地使用该资源，以解决仅靠本地资源不可能解决的各种复杂问题[2]。

网格具有以下几个特征：

分布性与共享性。在分布式网格环境下，需要解决资源与任务的分配和调度问题、安全传输与通信问题、突发性保障问题、人与系统以及人与人之间的交互问题，其中的基本要求是在分布环节下实现信息与计算资源的共享。

扩展性和不可预测性。由于网格的分布性和系统的复杂性，使网格整体结构经常发生变化，随着系统规模的扩大，相应管理软件应能满足扩展性和结构突变的要求。

自治性和多重管理性。由于构成网格系统的资源通常属于不同的机构或组织，因此网格资源的拥有者对其资源具有最高级别的管理权限，这种自主的管理能力就是网格的自治性管理。

容错性与安全性。随着环境中参与协同任务的资源数目增加，系统出错的概率也随之增加。其安全系统必须支持高度灵活的共享关系定义和对共享资源的复杂性进行控制。

科学研究信息化对于促进和提升知识创新能力，加速提高科技现代化水平具有重要意义和影响。科学研究信息化将改变人们从事科学研究的方式和方法，为专业人员提供了一个信息化的研究环境，极大地促进了知识创新的发展，有力地推动了国家知识创新能力的提升。

科学研究信息化发展的必由之路是对各种分散的、异构的数字信息资源进行

---

[1] Foster l. , Kesselman C. . The Grid：Blueprint for a New Computing Infrastructure ［EB/OL］.［2007 – 09 – 08］. San Fransisco, CA：Morgan Kaufmann, 1999. http：//mkp. com/grids.

[2] 焦玉英，李进化. 论网格技术及其信息服务的机制［J］. 情报学报，2004（2）：225 – 230.

内容管理，这就要用到网格技术。

网格根据其应用的侧重点不同，可以分为不同的类型，目前主要可以将网格分为以下类型：计算网格，数据网格，信息网格，服务网格，设备网格，协作网格等。支撑国家知识创新信息服务平台数据基础的数据网格应用可围绕以下问题展开：

①元数据管理和服务。由于数据网格涉及信息系统的知识整合，所以元数据的作用是不可或缺的。数据网格运行的基本前提之一是表示、存储、访问和使用资源。在数据网格中，分布式结构资源包括数据、计算机、设备、外设、软件、服务、代码、人员等，这种情况下资源及其提供者是分布的。元数据管理服务通过命名、描述、收集和组织，实现数据网格中的资源管理，相关信息用于描述资源、数据集和用户的元数据。因此，网格条件下信息服务是元数据管理对外提供的基本服务，它实现资源实体的注册和发布，支持相关性资源组织，可以实现与已注册实体间的相互约束和相互联系。

在数据网格中，灵活的、可扩展的知识服务体系构建是必不可少的。这种体系结构可以适应信息资源提供者的分布性和信息服务的分布性，可以避免由于单个信息服务实体失误而导致其他信息资源服务不能正常进行。

元数据可以分为系统元数据（System Metadata）、复制元数据（Replica Metadata）和应用元数据（Application Metadata）三种，如表7-4所示。

表7-4　　　　　　　　　　元数据类型

类型	功能	应用示例
系统元数据	记录数据网格结构信息	实现互联，控制存储系统容量，调节计算机空闲状况，优化使用策略
复制元数据	记录与数据有关的信息	文件与具体存储系统之间的映射
应用元数据	记录与具体应用相关的文件逻辑结构或语义信息	数据的内容和结构控制，获取数据的处理

为了实现命名、定位和访问的透明性，网格需要有效管理数量繁多的名称、属性和关系，需要一种统一的全局命名方式，需要管理数据集的定位信息，需要有效管理数据资源存储形式。同时，还需要管理系统资源的安全、授权、访问控制等信息。

网格中的所有元数据构成元数据目录，它采用统一的结构来描述元数据。无论使用何种结构，元数据目录应当满足两点：其一，它应该是一种层次和分布式目录结构系统，如 LDAP；其二，它应当不破坏现有系统的元数据描述方法，并能与它们很好地交互、融合。

②数据访问服务。在国家创新体系的各类数字化信息资源中,其数据存储在地理上是分布的,在格式表示、存储形式上也是多种多样的,有的以文件形式存在,有的以数据库或数据仓库的形式存在,还有一部分数据散布在分布式存储系统中,数据网格的关键功能和核心技术就是实现对不同数据的有效集成和便捷访问。

由于用户的层次不同,要求用户对每一种数据存储方式提供一种访问方法,是不会被用户所接受的。这就要求数据网格在各种异构数据的处理上必须忽略其个性,对其共性抽象出一个通用模型,这个通用模型为不同的数据存储系统提供统一的数据访问接口。国家创新系统数据网格对数据访问的过程是一个映射的过程。映射的内容是将存储、检索数据集等高层用户的请求,映射为异构分布式存储环境中的底层存储访问操作,以实现广域范围内的对数据统一访问和管理。

下面可以通过中国科学院的科学数据网格结构分析,明确数据网格的数据访问服务结构及其功能。

科学数据网格的建设以中国科学院科学数据库为基础。中国科学院科学数据库是从1983年开始建设的一个大型综合性数据库群,是目前国内信息量大、学科专业广、服务层次高、综合性强的科技信息服务系统。目前已有45个建库单位(中国科学院的研究所),专业数据库503个,总数据量16.6TB。[①]

中国科学院的数据网格的数据访问服务简称SDG-DAS(Science Data Grid-Data Access Service)。数据访问服务(DAS)用来实现对大量分布式的、异构的、不同隶属关系的数据库的访问。通过数据网格的界面,我们不仅可以存取大量关系数据库中的数据,还可以存取各种文本文档。

如图7-23所示,数据网格中的数据通过数据访问界面以数据视图的形式呈现在用户面前。通过数据访问界面可以对虚拟数据库进行操作,而虚拟数据库又将用户的操作指令映射为物理数据库的具体操作,进而实现整个数据网格的访问。

③数据复制管理。尽管网络的速度提高很快,但要高性能地频繁访问和处理大量远程数据仍然困难。复制技术为用户应用提供了一个能够快速访问和处理远程数据的局部缓冲数据拷贝,以避免大量数据远程传输到应用端。复制管理应具有以下一些功能:创建一个完整的或部分的数据集拷贝;提供选择数据复制策略、复制方式和复制地点的功能;在复制目录中注册新的数据拷贝;允许用户和

---

① 中国科学院计算机网络信息中心. 科学数据网格 [EB/OL]. [2010-10-25]. http://portal.sdg.ac.cn/sdgportal.

应用查询复制目录，以便找到某个文件或数据集已存在的数据拷贝；根据用户和应用执行要求，选择数据副本进行访问和处理；进行数据复制之间的数据更新，与应用数据访问、操作保持一致。

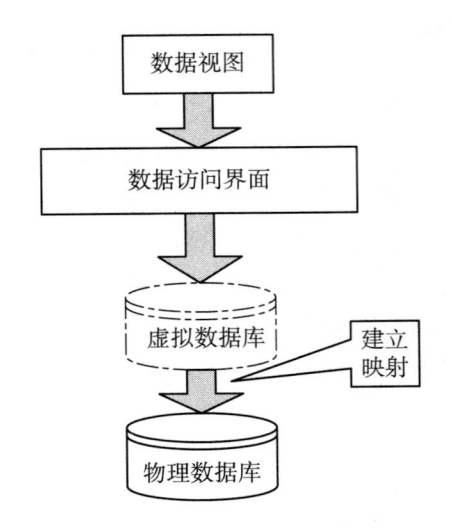

图 7-23　数据网格数据访问服务模式

国家知识创新的信息服务平台数据网格的复制目录结构必须灵活和可扩展，以免影响性能。复制管理的几个功能模块应当采用分离设计方法，并可替换。

④数据高速传输。国家知识创新的知识信息服务平台数据网格建立在高速传输的网络基础之上的，这就需要一种高效的数据传输机制的支持。这种传输机制要保证在广域网络的环境下可靠地传输数据。数据的高速传输机制需要以下功能模块的支持：高速数据传输，支持广泛接受的协议和广域网上的数据传输；分块数据传输，支持多个分数据块的并发数据传输，汇总后形成一个完整的数据集；部分数据的传输，将用户经常需要的数据进行集中；第三方数据传输，允许一个地点的用户能够启动、监视和控制其他两个地点存储系统的数据传输；可靠、可重启、断点续传，在广域网环境下，建立数据传输的错误恢复机制。

⑤数据网格资源的调度优化与远程执行。在数据网格中，由于各种资源是分布式的，加上服务请求来源的多向性，必然存在着资源的调度与合理配置的问题，同时由于用户可能来自异地，这样也存在一个远程执行的问题，包括请求调度的优化、资源的调度优化和资源的服务执行。请求的调度优化需要对用户资源请求与可用资源进行匹配，当众多用户和应用请求同时到达时，必须统筹优化安排多个请求的资源需求。远程执行服务机制保证多个地点的系统能够远程启动执行，能够监控、收集和查询状态信息，控制地理上分布的多个系统的任务执行。

⑥数据安全技术保障。由于国家知识创新信息服务平台的数据网格是基于高速互联网的，因而其安全保障问题就显得尤为重要。网格安全机制将提供基本的安全保护验证，以验证合法的用户和资源，并为其他安全服务提供接口，允许用户选择不同的安全策略、安全级别和加密方法，提供底层基础的安全设施，这也是网格计算的基本要求和特点。

在国家知识创新信息服务平台数据网格体系中，由于存在着数据的缓冲和复制功能，因而也相应存在着相应的安全性问题，如在两个安全级别不同的计算机系统中，其中一个计算机系统缓冲了另一个计算机系统的相关数据，由于两个系统之间的安全保护机制、措施和安全级别可能不同，如何达到数据拥有者所要求的数据保护安全级别和策略是一个非常困难的问题。因此应进行分系统的安全保障。

7.6.2 数据挖掘技术在国家创新信息服务数据支撑中的应用

国家知识创新信息服务平台是一个支持从现有知识体系中创造出新知识的平台，而数据挖掘技术对于从现有的知识中发现新的知识是重要的，可以在国家知识创新过程中扮演催化剂和助推器的作用。

数据挖掘，也称为数据库中的知识发现（Knowledge Discovery in Database，KDD），是从大量数据中提取出可信、新颖、有效并能被人理解的知识过程。数据挖掘运用选定的知识发现算法，从数据中提取出用户所需要的知识，这些知识可以用一种特定的方式表示或使用一些常用的表示方式。数据挖掘系统结构如图 7-24 所示。

图 7-24 中，第一层是数据源，包括数据库、数据仓库。数据挖掘不一定要建立在数据仓库的基础上，但如果数据挖掘与数据仓库协同工作，则将大大提高数据挖掘的效率。第二层是数据挖掘器，利用数据挖掘方法分析数据库中的数据，包括关联分析、序列模式分析、分类分析、聚类分析等。第三层是用户界面，将获取的信息以便于用户理解和观察的方式反映给用户，可以使用可视化工具。

根据挖掘的对象不同，网络数据挖掘可以分为网络内容挖掘（Web Content Mining）、网络结构挖掘（Web Structure Mining）和网络用法挖掘（Web Usage Mining）。

①网络内容挖掘。网络内容挖掘是从网络的内容/数据/文档中发现有用信息的过程。网络信息资源类型繁多，甚至互联网出现之前的资源也逐渐隐藏到

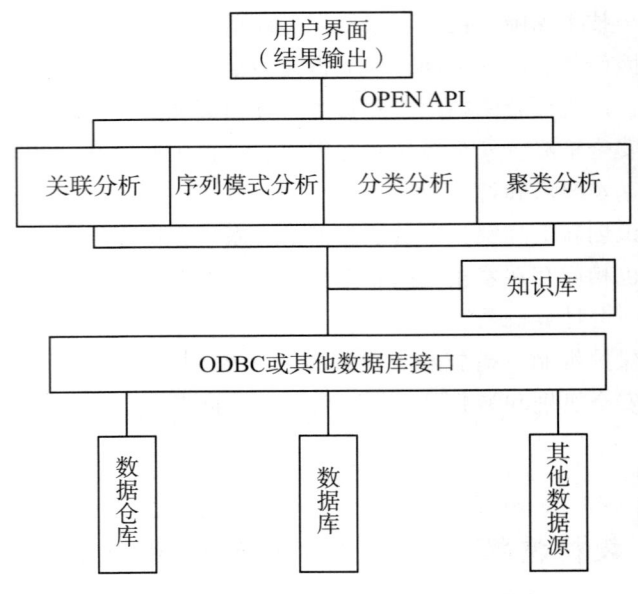

图 7-24　数据挖掘系统的体系结构

WWW形式之中，目前WWW信息资源已经成为网络信息资源的主体。然而除了大量的人们可以直接从网上抓取、建立索引、实现检索服务的资源之外，一些网络信息是"隐藏"着的数据，如由用户的提问而动态生成的结果，或是存在DBMS（数据库管理系统）中的数据，它们无法被索引，从而无法提供有效的检索方式。若从资源形式上看，网络信息内容由文本、图像、音频、视频、元数据等形式的数据组成。

②网络结构挖掘。网络结构挖掘即挖掘Web潜在的链接结构模式。这种思想源于引文分析，即通过分析一个网页链接和被链接数量以及对象来建立Web自身的链接结构模式。这种模式可以用于网页归类，并且可以由此获得有关不同网页间相似度及关联度的信息。网络结构挖掘有助于用户找到相关主题的权威站点，并且可以概观指向众多权威站点的相关主题的站点。

③网络用法挖掘。通过网络用法挖掘，可以了解用户的网络行为数据所具有的意义。网络内容挖掘、网络结构挖掘的对象是网上的原始数据，而网络用法挖掘则不同于前两者，它面对的是在用户和网络交互的过程中抽取出来的第二手数据。这些数据包括：网络服务器访问记录、代理服务器日志记录、浏览器日志记录、用户简介、注册信息、用户对话或交易信息、用户提问式等。

网络用法挖掘在以需求为导向的网络信息资源组织与开发过程中具有重要的作用。可以用来进行用户的需求分析，进而指导和控制网络信息资源的组织与开发。

三种信息挖掘方法的比较如表 7-5 所示。

表 7-5　　　　　　　　网络信息挖掘的三种类型比较

挖掘类型	网络内容挖掘	网络结构挖掘	网络用法挖掘
数据形式	非结构化、半结构化	半结构化、数据库形式的网站、链接结构	交互形式数据
主要数据	文本文档、超文本文档	超文本文档、网络链接、网页数据	服务器日志记录、用户对话、注册、提问等浏览器日志记录
挖掘表示	词、短语、概念或实体、关系型数据	边界标志图（OEM）、关系型数据、图形数据、隐藏数据	关系型表、图形
挖掘方法	TFIDF 及其变体、机器学习、处理（包括自然语言处理）	Proprietary 算法、关联规则	机器学习、统计分析关联规则、聚类分析
挖掘应用	归类、聚类、发掘抽取规则、发掘文本模式、建立模式	发掘高频的子结构、发掘网站体系结构、归类、聚类	站点建设、服务管理、用户建模

通过数据挖掘工具，可以在凌乱的数据中，挖掘出有用的知识，从而实现知识的重组和面向用户的服务。

值得指出的是，计算技术的发展日益改善着网络和网格知识服务的功能，使服务内容从信息层面和知识层面，延伸到知识处理与智慧服务层面。因此，利用云计算的灵活、分布和领域特性，可以有效拓展云计算中心的服务，使之与知识创新环节和过程相适应，实现科学研究、信息组织、知识挖掘管理和创新应用的有机结合。其服务的关键是将云计算延伸到创新过程之中。

7.7　协同数字咨询服务

跨系统的协同数字参考咨询服务是资源共享与数字参考咨询服务在网络环境下的结合、延伸和发展，它推动了多个知识信息服务机构的信息资源、服务资源、人力资源、设备资源的优化配置和有效共享，不仅可以减轻单个信息服务系统在服务上的压力，而且能使解答咨询的质量得到提高。因此，越来越受到人们的重视，当前已成为国内外知识信息服务机构的核心服务项目。

美国学者卡罗尔（Mary Carol）曾经提出开展协同数字参考咨询服务的理由，包括共享参考咨询人员、具有一致性的参考咨询服务准则及服务品质保证、共享参考咨询的服务网站、建立共同合作网络与关系等[①]。

7.7.1 协同咨询服务架构与实现流程

跨系统协同数字参考咨询服务是一种充分利用计算机协同支持技术来提供信息服务的方式，系统服务的要素和结构如图7-25所示。

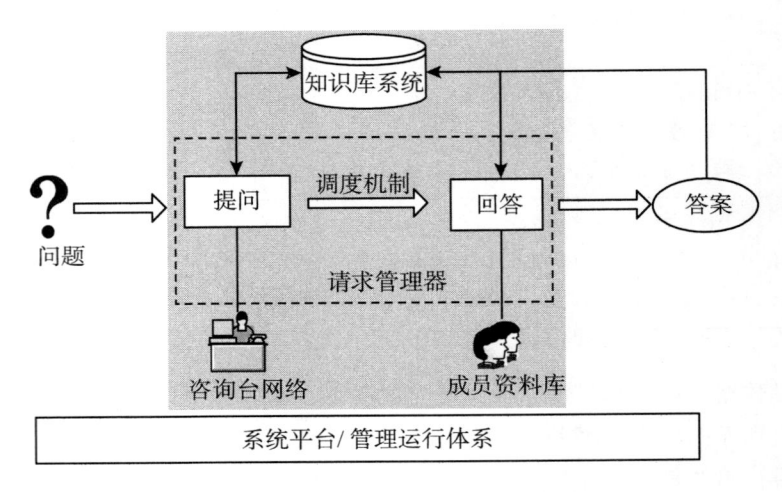

图7-25 协同数字咨询服务的要素和结构

在图7-25中，各组成部分如下：

请求管理器（Request Manager）。请求管理器是负责用户提问输入、路由（Routing）和回答的软件系统，作用是分派用户提问信息和协调成员单位的服务，通过相应的调度机制将提问和回答有机地联系起来。

成员资料库（Member Profiles）。成员资料库用来记录加入系统的成员单位特征资料，各成员单位在申请加入协同数字参考咨询服务系统时，都要求填写成员资料，成员资料包含资源特色、主题范围、服务用户类型、地理区域等，经系统中心管理部门审核后，就可以加入服务组织。

---

① Lindbloom M. C.. Ready for Reference：Managing a 24/7 Live Reference Service. Virtual Reference Desk Conference 2005 [EB/OL]. [2008-10-23]. http：//www.vrd.org/conferences/VRD2001/proceedings/lindbloom.shtml.

知识库系统（Knowledge Base）。知识库用来存储各地信息服务系统用户的知识信息需求提问及其解答的数据库，可供信息用户和咨询人员随时检索。

相关的管理与运行体系。相关管理和运行包括服务运行、服务管理、组织机构与人员管理、系统管理、知识产权管理、业务规则规范等[1]。

美国数字参考服务专家兰克斯（David Lankes）所提出的数字参考服务的五个步骤，对于跨系统协同数字参考咨询服务同样适用。五个步骤是提问接收、优选分配、解答组织、跟踪用户和知识库构建。

提问接收。当用户通过某个成员单位发出请求时，成员单位将该提问传送到服务系统，系统的提问管理器通过调度管理收到提问后，开始分派咨询任务。流程是请求管理器收到提问后，将所提到的问题与问答知识库中的信息进行比较，如果二者一致，系统自动将答案发送到提问成员方；如果不一致，提问由请求管理器根据成员属性进行进一步分析并分配。

优选分配。优选分配是指对接收的问题进行分配选择、排序转发的过程，可以由系统自动完成，也可以由管理人员进行分配；优选分配还包括对重复问题或者超范围问题的过滤。

解答组织。回答成员单位收到分派提问通知后，利用其专业知识、本地资源和互联网资源回答提问，如果在一定时间内，被分配的问题成员单位没有回答，或者该提问在分派中出现故障，则请求管理器进行再解答组织。

跟踪用户。一旦提问被答复处理之后，该提问信息将存储在库中，请求管理器将结束对该提问的跟踪管理，同时提问接受成员单位会收到答复，答案最终由提问成员方发送给提问用户。

建立知识库。对答复结果进行编辑加工，增加关键词、主题词的元数据标引，对引用的资源网址和书目数据格式进行规范，同时标记并审校时间敏感的事实性数据，使其进入可供浏览和检索的知识库[2]。

在图7-26中，跨系统的协同数字参考咨询服务需要多个地区、行业、学科专业资源、技术和知识的全面支持，只有通过合作才能真正体现出它的服务优势。事实上，从组织角度看，知识信息服务机构理应进行数字参考咨询的多维度合作；从合作对象看，不同系统之间的合作是开展咨询服务优势互补的基本保证；从合作区域看，根据需要存在区域内的合作、全国和全球范围内的协调合作问题；从业务模式看，垂直分层模式、并列分布模式和混合模式应综合应用。

---

[1] 曾昭鸿. 合作数字参考咨询服务：发展与思考 [J]. 情报杂志, 2003（11）：71.
[2] 陈顺忠. 虚拟参考咨询运行模式研究（下）[J]. 图书馆杂志, 2003（6）：27-29.

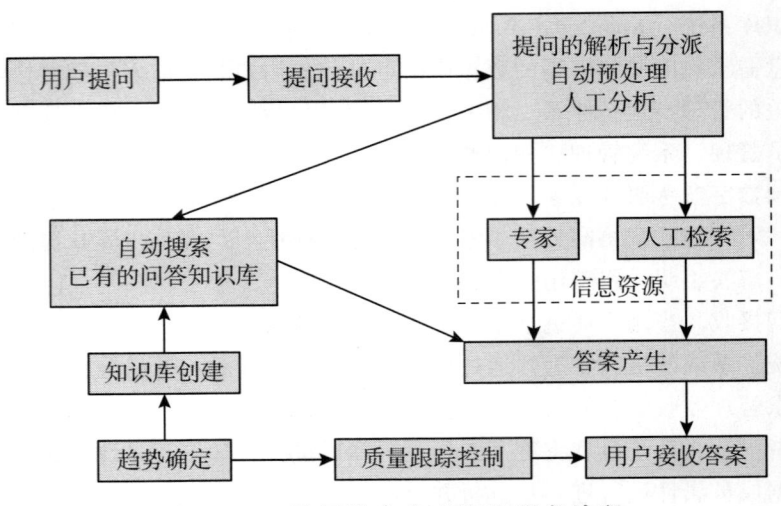

```
用户提问 → 提问接收 → 提问的解析与分派
                     自动预处理
                     人工分析
                          ↓
       自动搜索          专家    人工检索
       已有的问答知识库   ┆信息资源┆
            ↓              ↓
       知识库创建  →  答案产生
            ↑              ↓
       趋势确定 → 质量跟踪控制 → 用户接收答案
```

图 7-26　协同数字参考咨询服务流程

垂直分层的模式。在这种模式中，协同数字参考咨询服务包括两个层级，即用户与本地的交互和本地单位与合作咨询组织的交互。垂直分层模式的特点是终端用户所有问题的提交和答案传递都必须通过本地单位实现，用户不能直接实现与合作咨询组织的交流互动。该模式的核心系统是问答系统以及与其他成员的合作任务分配系统，中心机构收到成员单位提交的问题之后，问题管理器便自动对问题进行整理分析，然后根据一定的原则将该问题发送至适合解答该问题的成员单位。成员单位对问题进行解答之后，答案仍由问题管理器通过本地单位返回给用户。这种模式的典型是 Question Point 和 Virtual Reference Canada[①]。

并列分布模式。在分布式合作咨询网络中，用户可以通过统一用户界面提问，提问依据一定的原则分配给各成员单位或专家进行解答。各成员单位或专家根据本地和可以获得的其他资源解答用户的提问。各成员单位或专家可以通过某种协作关系感知其他成员或专家的信息，在网络带宽允许的情况下，也可以进行音频、视频的实时交互。在这种模式中，中心机构（或管理中心）的作用较弱，实质是一种"用户—单位"或"用户—专家"的互动服务模式，成员之间通过自组织合作提供咨询服务。这一模式的代表是英国公共图书馆网络 Ask a Librarian 和我国"网上联合知识导航站"等。

多元混合模式。多元混合模式中，用户既可以向管理中心提问，由中心的咨询员给予解答，也可以向参与其中的成员机构提问，由成员机构的咨询员给予解答。因此，从这个意义上说，中心机构和成员单位之间并不是一种垂直分层关

---

① 张喜年. 合作数字参考咨询服务模式比较分析 [J]. 情报杂志，2006（4）：134-139.

系，而是一种平行结构的分布式联盟关系。如果某个成员机构回答不了用户的提问，则由管理中心依据既定的原则将用户引导至适合解答该问题的成员机构；如果所有的成员单位都回答不了该问题，则由管理中心的专家对该问题提出建议或指引。因此，从管理中心管理协调上看，"多元混合"某种程度上属于集中与分层模式。它是一种混合了两种体系结构的多元服务模式。属于这种模式的有美国国家教育图书馆和ERIC发起的虚拟参考咨询服务台（Virtual Reference Desk，VRD）。

7.7.2 协同咨询服务调度

调度系统是协同数字参考咨询服务系统运作的核心，直接关系到整个系统的运作效率和服务质量。调度过程指的是在各个信息服务机构之间合理地解析和分派咨询问题的过程。当成员机构接收到超出其咨询范围的问题或是虽属于自己咨询范围但问题超载时，调度中心则按照一定规则和算法将问题分配到其他最适合的成员单位来解答，以保证咨询服务的高质量和更短的响应时间[①]。

（1）调度系统的技术实现

目前，调度系统的技术实现方式有两种，即程序实现和人工实现。

①程序自动调度。在全自动服务系统中，当用户登录提问后，系统的自动呼叫分配器（Automatic Call Distributor）监控到闲置的咨询员并把提问按照一定的路径传送过去，如果没有人空闲，该用户将列入队列，随时转发给第一个空闲下来的咨询员。它相当于一个网络路由器的功能，因此程序自动调度在功能上包含以下模块：[②]

路由转发（Routing Methods）。大多数的路由转发都是把提问转发给下一个能够提供服务的咨询员，但是有一些具备复杂算法功能的模块能自动平衡所有咨询员的服务量，有的还能基于经验模式根据咨询员的学科、语言、水平以及一些其他指标把提问转发给最合适的咨询员。

队列管理（Queues）。数字参考软件必须允许多用户同时访问，允许多位咨询员同时在线提供服务，因此服务软件必须支持多路排队的队列。有些软件还可以使队列层次个性化。这在由多个机构组成的合作化数字参考咨询网络系统中很有优势，这样，系统中的每个成员单位都可以有自己的个性化队列，咨询员还能

---

① 徐铭欣，王启燕等. 联合虚拟参考咨询系统的调度机制研究[J]. 河南图书馆学刊，2008（2）：49-51.
② 詹德优，杨帆. 数字参考服务提问接收与转发分析[J]. 高校图书馆工作，2004（6）：1-8.

对队列进行一定的监视。

信息处理（Messages）。信息处理模块描述了用户登录后接受到的信息，包括如果系统暂停服务或者用户被排入等候队列时他们能接收到的信息，同时系统还能估算用户大概需要等候的时间，有时候这些信息还具有向用户表明是哪一个机构的服务系统在向他提供这些信息。

通知转发（Conference and Transfer）。这是指服务软件允许某个咨询员把提问转发给系统内的其他咨询员，或者通知其他咨询员来接收某个提问的功能实现。有时候这是一种所谓的热度转发（Warm Transfer），即在咨询员接收到转发提问的同时，也能接收到关于该提问的所有文本信息。

上述功能模块从技术上解决了数字参考服务中提问转发的问题，不仅实现了提问在系统内的相互转发，咨询员之间的相互沟通，同时也考虑了用户在提问转发过程中的感受和必要的知情权。程序自动调度通过提问解析分派和咨询结果跟踪处理两个工作流程来完成系统调度①。

人工调度。在协同咨询服务运行中，系统无法自动对问题进行分析归类和传送的情况难以避免，或者系统也会接收到一些比较紧急需要回答的问题。为此，在系统智能调度的同时，建立人工分析调度模块是必要的。人工调度一旦启动，则由专业人员进行分析、解答。人工分析模块支持多个人员利用多个数据库分析复杂性问题，进行专家确定、问题的传递以及知识库中问题与答案的编辑等。

由人工实现的调度匹配带有启发性，在将问题分配给成员机构或咨询员之前，调度员可将问题重新分类或将复杂问题分解为若干小问题，在对元数据进行比较之后逐一分配到最适合的成员机构或咨询员解答，最后在调度员处综合整理答案。这个过程不可避免地带有主观判断因素，因此，描述元数据必须严格地以机器能够识别的代码方式进行，关键在于提高描述、咨询问题、咨询员和咨询机构的元数据质量。

（2）调度的组织实现

调度模式分为实时调度和非实时调度。实时调度根据时间及咨询台当前状态进行调度，非实时调度则从咨询服务用户需求和服务系统总体安排出发进行调度。实时调度从时间、状态出发进行调度。

时间调度。时间调度要求系统内预先设好成员单位的值班时间，当用户进入总咨询台需要获得实时咨询时，系统将根据值班表自动转到值班成员单位的本地咨询系统，问答记录同时发送到本地临时库和总台临时库中。

---

① 刘秋梅. 数字参考服务智能调度系统分析[J]. 情报资料工作，2006（5）：48－51.

状态调度。状态调度即支持多个咨询台或咨询员同时在线，可以将用户自动转到没有接待工作的咨询台或咨询员；如果每个在线咨询台或咨询员都处于忙碌状态，系统则将用户转到在线人数少的咨询台处排队等候。

两种方式对用户是透明的。如果这两种方式同时采用，用户即可选择任何一种咨询方式。排队等候，进入本地实时咨询台或发送提问表单，检索知识库。咨询员可以根据用户的情况，直接将其送到其他咨询员或本地咨询台。用户也可以自己选择转移到其他咨询员或咨询台。

非实时调度主要用于提问的自动分配处理，分为两种处理方式。若用户在填写提问时选择了咨询台或咨询员，系统则将该提问直接发送至被选择的成员单位和咨询员。若提问者未选择回答人员，则系统先分析提问的性质（提问类型、涉及学科等），然后根据成员机构资料档案，选择与提问匹配的成员单位，根据排序算法，按分值降序排列出合适的回答者。系统首先将提问派发给排在第一位（分值最高）的成员单位进行解答，如果不能回答，则选择适合回答队列中的第二位派发，依次类推。如果在自动匹配过程中没有合适的，则该提问由人工进行处理①。

实际操作过程中，往往是多种调度方式的结合，如 Question Point 就预先设定一些算法，由系统自动完成咨询作业调度。这种合作咨询的调度有三个层面：

对于提交到专家信息库的问题，首先进入的是本地咨询的信息需求队列列表，系统根据问题性质选择可以回答问题的咨询；如果问题得不到回答，则分配给其他适合的咨询馆员来回答。

对于本地机构无法回答的问题，可根据本地区合作组的情况，将问题转交给合作组中的其他合作机构来回答。对于本地区无法回答的问题则提交给跨地域参考网络，在跨地域参考网络中，请求管理器（Request Manager）可根据该问题的性质以及成员单位档案进行自动分配，将问题发送到最合适的机构或人员。

咨询问题的调度是协同数字参考咨询服务系统的一个重要环节，其质量的高低将直接影响咨询服务的质量。美国 Syracuse 大学信息学院的波默朗茨（Jeffrey Pomerantz）等人对此进行探索，在《数字参考优选法：影响提问转发和路由功能的因素》一文中，运用德尔斐调查法，从最初设定的 34 个相关影响因素中最终总结了 15 个方面的影响因素，并将其划分为三个类别，见表 7-6。由此可见，制约咨询问题调度的因素涉及用户、咨询问题、咨询员和成员机构等各个方面，这些因素从不同侧面影响着咨询服务质量。

---

① 黄敏，林皓明等．分布式联合虚拟参考咨询系统及其调度机制［J］．现代图书情报技术，2005(4)：18-21．

表 7-6　　　　　虚拟参考咨询调度机制的影响因素及其重要性

类型	影响调度的子因素	重要性
通用性因素	用户咨询问题的主题领域	********
	解答咨询问题时成员机构所需信息资源的可获得性	****
	用户咨询问题的类型	***
	用户咨询问题的难度	****
咨询员因素	咨询员的专业背景和提供咨询的主题领域	********
	咨询员提供参考咨询的经验和技能	*****
	咨询员提供用户服务的经验和技能	****
联合型咨询服务系统中成员机构因素	成员机构服务的主要领域	********
	成员机构可提供咨询服务的水平和深度	*******
	在特定时间周期内成员机构可解答咨询问题的数量	******
	成员机构解答的问题占整个接受问题的比例	******
	在提供正确和完整答案方面成员机构的咨询服务业绩	*****
	成员机构咨询服务回答问题所用的平均时间	*****
	在特定时间周期内成员机构向联合咨询系统中其他成转发的问题数量	****

7.7.3　协作咨询服务的优化

现阶段，国内外已经建成了多个比较成熟的协同数字参考咨询系统。国外比较著名的协同数字参考咨询系统有美国教育部和 ERIC 推出的虚拟参考咨询台 VRD（Virtual Reference Desk），美国伊利诺伊州图书馆系统开发的 MWL（My-Web Librarian），澳大利亚国家图书馆、州图书馆和地区图书馆联合开发的实时合作咨询项目 AskNow，加拿大国家图书馆和加拿大图书馆研究机构联合会开发的 VRC（Virtual Reference Canada），以及由美国国会图书馆、OCLC 及全球多家图书情报机构联合推出的 Question Point 服务项目等。国内运行较好、比较成熟的系统有上海图书馆发起组建的网上联合知识导航站，由中国科学院文献信息中心及科学研究院所图书馆联合相关文献信息机构推出的国家科学数字图书馆科学参考咨询台，由广东省立中山图书馆及其他公共图书馆合作建立的联合参考咨询网等。

跨系统协同数字参考咨询服务的最终目标是实施网络数字空间中咨询资源的共享、知识共享和专家共享。知识信息服务机构之间只有相互合作、相互支持，实行优势互补，才能形成新的咨询服务优势，推动简单的数字资源咨询向基于知识的深层次咨询发展。在跨系统协同咨询发展中，要保证多个数字参考咨询知识体系、基础资源体系、人力资源体系、服务平台系统的协调服务质量，应采取以下控制措施：

①服务标准规范的制定。规范标准化问题是制约协同数字参考咨询服务发展的一个重要因素，为了确保服务质量，需要有切实可行的服务技术标准保障。服务标准内容包括服务的宗旨、服务方式、服务程序、有效用户范围与性质界定、有效提问界定（包括提问的学科范围、类型等）、有效回答界定（系统可能选取的回答方式类型、可能的回答内容）、服务开放时间、信息提问的响应时间等。制定详细服务标准的目的是让用户对系统的服务有充分的了解，以便于对服务进行。

标准和规范建立包括：专家或成员信息描述标准，用于识别咨询专家和协作成员；知识库标准，用于收集、描述、加工、存储、共享问题和答案的知识库建设；问题传输协议标准，解决参考咨询服务机构之间的提问与回答信息交换问题，具体包括元数据标准、合作协议标准、跨平台的信息交换与共享标准等。

在标准化实施中，美国图书馆和其他有关组织制定了不同类型的标准。例如用于协同网络信息资源交换的 ISO ILL 馆际协议、虚拟参考咨询台项目（the Virtual Reference Desk Project）针对基于网络的数字化参考咨询服务的问题和答案内容描述而制定的参考数据交换格式（Question Interchange Profile，QUIP）等。另外，美国 ABC 公司（Answer Base Corporation）联合研究型图书馆、部分图书馆咨询专家和一些出版商共同制定了数字参考数据定义标准格式（the Knowledge Bite KnowBit），用于各种信息的组合①。在国内，国家科学数字图书馆分布式数字参考咨询服务系统十分重视标准化咨询服务的开展，然而在总体上，我国的数字参考服务项目标准化与国际上的数字参考服务服务标准还存在差距，有待在服务推进中解决。

②建立和完善知识库。知识库是按一定要求存贮在计算机中的相互关联的某种事实、知识的集合，是经过分类和组织、序化的知识集合，是构造专家系统的核心和基础。它是在普通数据库的基础上，有目的和有针对性地从中抽取知识点，按一定的知识体系进行整序和分析而组织起来的数据库，是面向用户的特色专业化知识咨询服务系统。知识库是协同数字参考咨询的资源基础，担当着知识的汇聚与管理的任务，其所管理的知识主要有咨询员回答时所寻找的参考资料和

---

① 周宁丽，张志雄，李珍. 分布式参考咨询服务标准与规范研究与应用 [J]. 现代图书情报技术，2003（4）：25-26.

所有用户的问题和解答。

　　协同数字参考咨询系统中，知识库应能完全或部分代替人的脑力劳动，将用户提出的信息需求及其解答准确地划分到它应属的类目。如果没有知识库或知识库内容贫乏，仅凭咨询员或咨询专家个人的知识经验很难满足不同用户的信息咨询需求，因而知识库专家长期知识的积累是十分必要的，建立知识库不仅避免咨询员重复回答类似问题，而且可以帮助用户在提问时直接通过知识库检索知识信息，弄清问题点或得到额外信息。

　　在构建知识库的过程中，应注意的问题包括：

　　知识库规模。知识库是满足用户各类需求的源泉，要提高用户的满意度，就必须扩大知识信息资源保障度。然而，仅凭某单个成员机构的力量是有限的，只有各方根据自身的特点协同建设知识库群，才可能形成知识库规模。这既牵涉到共同的目标、计划，又涉及人员协调和合作机制的建立。

　　知识库质量。知识库质量既包含全面、系统的知识信息内容质量，也包括及时更新、取代旧的知识的质量，以及获取知识库群贮存知识的质量。就建库而言，既要求将相关知识信息不断纳入知识库中以求"全"，同时也要求不间断地搜寻知识以求"新"；另外，还要开发知识库群的专用检索工具，以求回答问题的"快"。

　　专家库的构建。这是一种伴随网络而产生的新型知识库，它是提供实时数字参考咨询服务的后盾。然而，这方面的建设目前更为有限，偶尔会就某问题请专家向用户作答，而没有形成一个制度性的工作流程。

　　③系统软件和技术产品的研制。数字参考服务从使用 E-mail 提供服务，发展到利用 Web-Form 技术提供咨询服务，直至现在利用 chat 技术、页面推送技术 Push Webpage、同步浏览技术（Collaborative Web Browsing）等实现实时交互解答服务。实践证明，数字参考服务的发展离不开计算机智能技术的发展。

　　国外已存在许多数字参考服务软件产品，如 Quicknet Technologies 公司的 CuseeMe、OCLC 的 QuestionPoint、LiveHelper 公司的 LiveHelpe、LivePerson 公司的 LivePerson、LSSI 的 Virtual Reference Desk Software，还有微软自带的 Netmeeting 等。国内有清华同方的数字参考咨询系统等。随着技术的不断进步和数字参考服务的不断拓展，数字参考服务软件产品将作为知识信息服务的重点产品不断更新和发展。在技术更新环境下，协同咨询服务的关键是适时利用新技术，在动态标准环境下进行服务与技术的联动①。

---

　　① 张鹰．数字参考服务理论与实践研究［EB/OL］．[2008 - 10 - 30]．http://219.137.192.223/xuehui/2002lw/%D5%C5%D3%A5%C2%DB%CE%C4.doc.

根据国外的实践经验，一般情况下，如果每个系统都采用 100Mbps 以上的网络与用户进行交流，基本上能保证双方交流的质量。目前我国进行网上参考服务的机构大多数具备了这样的网络条件。特别是随着我国网络运行速度的不断提高，必将更好地满足未来跨系统协同数字参考服务的需要。

　　协同数字参考咨询是建立在多个知识信息服务或咨询机构协作关系之上的服务，为确保它的持续运行，应建立补偿机制，以平衡各方的利益。应先应对服务成本进行核算，从而规定付费标准。同时在实际运行过程中应定期对各方的资源和服务进行评估，根据输出的资源量和解答问题的数量来决定补偿费用的分配。

8

知识信息服务制度建设与政策法律保障体系

知识信息服务体系重构、资源配置、技术组织和服务拓展，依赖于与创新发展制度关联的知识信息服务制度。从知识信息服务的实施上看，有必要分析国家制度变迁中的信息服务制度环境、目标、功能和制度创新的实现。同时，在制度创新框架下，实现知识信息服务的行业化组织、双轨制运行，这是创新型国家建设必须面对的现实问题。

8.1 国家制度变迁与知识信息服务制度演化

信息服务制度作为国家制度的组成部分，与国家制度相互依存，相互作用。在国家创新发展的制度变迁中，发展转型的客观规律决定了信息服务的制度演化和基于创新发展的制度建设。

8.1.1 国家制度变迁与信息服务制度演化的互动机制

任何制度都不是一成不变的，它会随着社会、科技、经济与政治结构的变动和人类历史的演进而不断变化。这说明，制度创立、稳固及随着时间变化而变革的过程就是制度变迁。从经济学的角度看，制度变迁是一种效益更高的制度对另一种制度的替代过程,是不以人的意志为转移的根本变革。国家制度变迁的发动和组织者必然是国家①。国家制度变迁过程错综复杂,涉及诸多要素,总体上,我们可以从物际规则、人际规则、价值规则三个维度来考察②。

①物际规则。物际规则体现了国家制度对物质的秩序安排,在形式上表现为国家制度对资源的配置。国家作为各种资源的掌管者和分配者,随着不同发展阶段的生产要素变化,资源分配的重点和形式必然随之改变。在以体力劳动为主要生产要素的奴隶社会,谁拥有最多的奴隶谁就拥有最高的支配权;在农业经济时代,由于种植业对土地的依赖,土地成为最难以替代的生产要素,从而土地所有者掌握着资源配置的主导权;工业时代,由于机械化大生产以及规模经济的发展,各种分散的物质生产要素需要通过资本的价值尺度与流通手段的功能来有效组织,资本便成为最难以替代的生产要素,资本的所有者则掌握着资源配置的主导权。20世纪60年代以来,第三次技术革命的兴起,加速了经济生产过程从依靠物质要素供给向依靠知识要素供给的转变,从而使技术的核心"知识"与"信息"的分配在国家系统中的地位日益增强,也就是说国家创新发展中,知识创新和知识分配已成为关键要素,从而提出了制度层面的变革问题③。

②人际规则。人际规则即人际关系的规范准则,用马克思理论来阐释也就是生产和社会活动中结成的人与人的关系,其形态与社会生产力发展密切相关。以体力劳动为首要生产要素的奴隶社会,人们在争夺劳动力资源的过程中形成了奴役与被奴役、支配与被支配的关系。当土地成为重要的生产要素时,土地资源的占有,产生了封建领主或地主,劳动者必须在领(地)主的土地上为其提供劳动或剩余产品,从而构成了劳动者作为土地附属物和领(地)主之间的依附关系。随着工业革命的兴起,工业逐渐代替农业成为社会的主导产业,资本要素已成为所有生产要素中占据支配地位和主导地位的生产要素,其他要素借助资本进行配置,从而形成了人与人之间资本雇佣劳动关系。其后,社会进入知识经济时代,知识要素和信息在社会发展中的核心位置是其他要素无法取代的,知识创造、传播和使用已成为经济增长的主要动力和内生变量。知识的创造和应用,使得信息和知识的交换需求变得更为迫切,人作为知识的首要载体,其相互之间的交往、互动和协作也变得更加密切,从而形成了新型的人际关系。这说明,人际规则围绕着人际关系随之从基于物质资源的分配关系,转变到以知识创新、传播、利用为核心的多元关系。这种变化沿着从封闭到开放,从强制到宽松的轨迹发展。

---

① 江其务. 制度变迁与金融发展 [M]. 杭州: 浙江大学出版社, 2003: 37 – 41.
② 刘斌, 司晓悦. 完善国家制度体系的维度取向 [J]. 齐齐哈尔大学学报, 2007 (1): 19 – 23.
③ 陈华. 生产要素演进与创新型国家的经济制度 [M]. 北京: 中国人民大学出版社, 2008: 45 – 47.

③价值规则。价值规则体现了国家制度的价值取向，价值规则作为无形的"软约束"力，是国家有效运转的内在驱动力。它反映和代表了社会成员整体的精神、道德品质及其追求发展的文化内涵。它是增强国家凝聚力和发展力，保证国家行为合理性和规范性，推动国家和社会进步的价值形态准则。如果没有基于价值规则的社会价值观念的约束，全社会组织乃至个人的交往关系就会缺乏意识导向。在不同的历史时期，基于不同的物质资源分配和由此形成的人际关系的变化，导致了价值规则的不断演变和调整。在生产能力有限的时代，人与人之间联系的纽带是权力，是家族强权和社会政治强权，由此形成了具有等级结构的秩序规范。在资本作为生产第一要素的时代，人与人之间联系的纽带则是货币，由此形成的主导价值观是功利。知识经济时代，知识成为最重要的生产要素，人与人之间的纽带是知识，社会主导的价值观即转变为对知识的尊重和对创新的追求。

总体说来，国家制度中的物际规则、人际规则、价值规则体现的是人与自然交互的制度关系、人与社会交往的制度关系以及人与意识形态互动的制度关系。其中物际规则决定人际规则，人际规则决定价值规则，价值规则又影响物际规则，三者相互影响，相互制约。从发展观点看，国家制度的变迁具有生长性，它是在物际关系、人际关系、意识形态变化和互动影响中逐渐演变的。如图 8-1 所示。

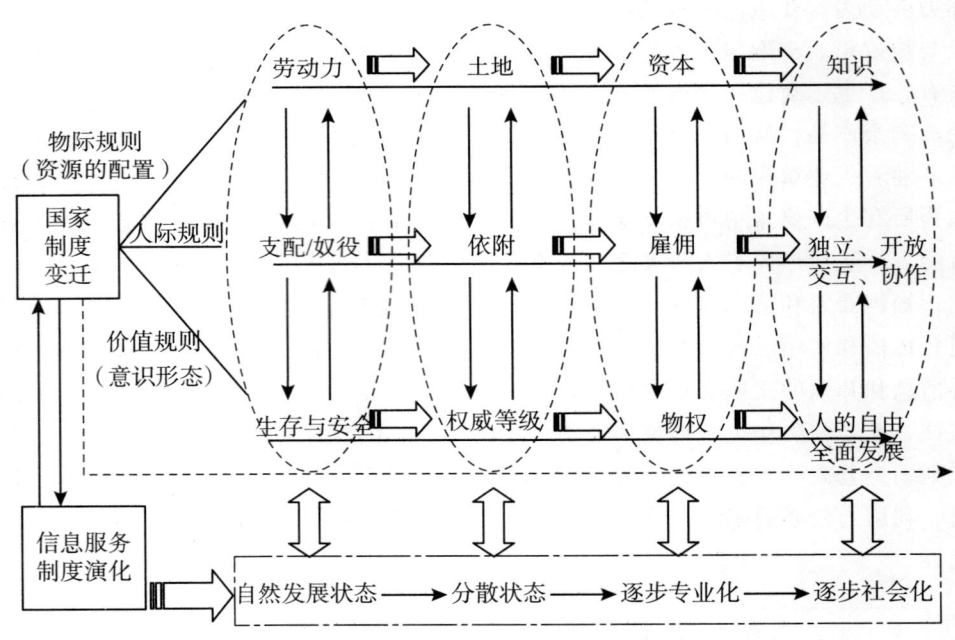

图 8-1 国家制度变迁与信息服务制度演化轨迹

国家制度变迁过程中，信息服务制度作为其中的一个方面，经历了基于制度变迁的服务体系、服务组织和服务关系的演化过程，其中物际规则、人际规则、价值规则决定了信息服务的发展形态和组织形式。人类社会形成和发展初期，生产力的发展水平仅限于满足人类生存需要，此时的信息服务主要是满足人类简单的衣食住行、交往和适应自然环境的需要，信息服务制度建设处于无意识的自然发展状态。随着农业经济的发展，人类活动范围逐渐扩大，出于集权统治的需要，形成了服务于领（地）主的信息制度雏形，其目的在于服务于劳动成果的管理分配。由于信息服务未形成规模化分工，其制度建设也相对滞后。此后，随着生产力的不断发展，社会分工逐渐细化，科学信息、生产信息、物质信息、生活信息、战争信息等各类信息的作用机制随之而变化，在专业化、行业化信息需求的驱动下，催生出了图书馆、通信、流通等信息服务组织，形成了面向国家行业发展的分工明确的信息服务体系。现代社会，以知识为基础的创新活动及其作用已被各国所认识。国家创新对知识的存量和流量提出了新的要求，信息服务如何适应新需求，进而转型成为创新发展的基础支撑，有待于在制度上解决。

从国家制度变迁与信息服务的演化上看，制度不是僵化的、静止的，随着科学技术的进步、经济的繁荣和社会的发展，制度会不断创新。从制度范围上看，国家制度是制度系统中层次最高的制度，是核心的宏观制度，它涵盖社会各领域，对全社会关系和成员进行约束，是处理一切社会经济关系、政治关系、科技文化关系，维护一定社会性质及秩序的最根本的规范准则。知识信息服务制度作为国家制度体系中的专门领域制度，对本领域内的社会关系进行调整和约束。在制度动态发展过程中，国家制度作为知识信息服务制度的前提条件，规定了知识信息服务组织和运行的基本规范准则。同时，知识信息服务制度对国家制度的整体建设具有交互作用关系，特别是在信息化环境和经济全球化条件下，知识信息服务的组织关系到国家发展的全局，即国家制度的建设必然涵盖知识信息服务的内容。因而，知识信息服务制度建设，与国家制度目标的实现息息相关。如果知识信息服务制度不健全、不完善，或与国家制度不一致，或滞后于国家制度建设，必然会影响国家制度的整体。

国家制度与知识信息服务制度的关系是基本制度与具体制度的关系。国家制度是国家发展的根本制度，是决定信息服务制度制定、执行、评价的基础，在整个制度系统中处于支配地位。知识信息服务制度则是国家制度在信息服务领域的具体化，是国家制度在知识信息服务领域里得以有效实施的保证。

8.1.2 我国国家制度变迁中的信息服务制度演化

知识信息服务制度涵盖在信息服务制度之中。20世纪80年代以来，我国国家制度的变迁基本上是以经济制度的调整为主线，以产权改革为先导，逐步推进市场化过程的制度变革。信息服务制度的演化则是在国家制度的框架下沿着政府管理制度、产权制度、企业制度、市场制度的逻辑秩序渐次展开的。从整体上看，信息服务制度的变革相对于国家制度而言，虽然有个滞后期，但是其改革思路与国家制度的变迁是相适应的。表 8-1 反映了新中国成立以来的国家制度基础上的信息服务制度建设与演化过程。

表 8-1　　　　　我国国家制度变迁中的信息服务制度演化进程

时期	国家制度	信息服务制度
1949-1977	高度集中的计划经济管理体制，社会、科技、经济受到各级政府严格管理，资源配置实行全面控制	1956 年中国科学院科学情报研究所成立，1958 年国务院批准了《关于开展科学技术情报工作的方案》，确立了国家科技部情报局作为科学技术情报工作的国家职能机关，以及中国科技情报研究所作为全国科技情报事业中心的地位。按统一计划、行业分管的运行方式，国务院设立了相应的行业部属综合和专业情报机构。这种按系统构建的信息服务体制具有明确的定位和分工，信息机构经费来源、人员安排、基础建设、设备更新以及服务内容和服务方式由国家统一安排。信息服务机构之间没有竞争，行业规范的依据主要是社会舆论监督以及职业道德束缚
1978~1984	国家制度改革的准备和探索阶段。计划经济体制向市场经济体制过渡。以计划经济为主，市场经济为辅，教育、科技、文化制度逐步改进	随着国家科技投入的增加，信息服务机构快速发展。一些营利性的服务机构开始进入信息资源领域。信息服务双轨制开始形成
1985~1994	改革开放不断深入，国家开始有组织、有领导地开展经济、科技、教育文化体制改革	与国际信息化环境和市场经济体制相适应，信息服务体制改革步伐加快，科技与经济信息（情报）工作开始结合并协调发展，国家各部委属信息服务机构的拨款制度、资金投入制度、经费管理制度、科技规划、技术交易制度等进行了适时变革，将我国信息服务制度建设推向了一个新的开放发展阶段

续表

时期	国家制度	信息服务制度
1995~2005	建立国家创新体系框架，比较成熟、完善的市场经济体制的确立，形成了支持市场经济的政治与法制环境	20世纪90年代中期后，国家创新和信息化建设全面展开，国家各部委属信息机构组织结构和运行机制进行重大调整和改革，部门封闭式的信息服务向开放的社会化信息服务组织管理模式转变，构成了信息服务面向创新发展的新基础
2006年至今	自主创新成为国家的战略核心，开始配套政策研究和制定，加强促进保障创新的法律和制度的建设，重视对创新活动的支持，政策力度大，涉及范围广	在国家规划下，以服务于创新为目标，信息服务机构面向国家知识创新网络中的各主体开展服务，要求重构信息服务体系，逐步建立和完善以创新为导向的创新型国家信息服务制度

1978年以前，我国信息业在面向教育和科学研究服务中的作用突出，20世纪50年代国家科技发展战略的实施和工业建设体系的确立，在制度层面上提出了科技情报事业的创建需求，1956年我国科技情报（信息）机构的开创以及形成的事业发展制度，确立了科技信息服务的地位。当时，科技信息服务与行政系统同构，其信息服务表现为系统内部的部门保障。从体制上看，我国的知识信息服务与国家实行的计划经济制度保持一致，这一发展模式支持了国家工农业建设、科学技术和社会发展。然而在长期发展中，由于市场调节的限制，信息服务面向经济发展的市场信息服务欠缺，服务的开放性有限，与国民经济的发展没有更多的直接关联。信息服务劳动的价值由国家计划性任务所支配，服务以公益性为主，其组织形式为各部委所属的信息机构、图书馆和档案馆等。20世纪80年代，国家由计划经济制度向市场经济制度的逐步转变，致使部门的管理体制向社会体制转变，信息服务按涉及科技、教育、经济、政治、文化等领域，进行了变革，且随着改革的深入，进行了社会化推进。

1978~1984年，我国的信息服务制度处于体制全面改革的准备和探索阶段，在这一时期，国家一方面增强了对科技的投入，科研机构发展迅速，作为科学研究信息保障机构的科技信息服务机构也得到了很大的发展。与此同时，在经济信息服务拓展的基础上，国家信息中心随之组建。至此，在服务体系上，形成的包括科技、经济、社会、军事在内的信息服务体系得到了进一步完善。另一方面，国家建立了科技成果有偿转让制度，确立了技术和知识作为商品进入流通领域的机制。在这一背景下，公益性信息服务机构开始了管理制度改革，强调自主探索信息服务的变革之路。与此同时，民营企业进入信息服务市场[①]。1980年，我国第一家从事信息交易流通的机构成立，拉开了国内信息服务市场化运作的序幕。在法制化制度建设中，1982年《商标法》、1984年《专利法》陆续颁布，使信息产品的交易有了法律依据。信息服务机构开始面向市场，自主决策，展示了公益性与商业化信息服务并存的发展改革前景。

1985~1994年，传统事业型信息服务机构的管理制度、拨款制度、投入制度、经费管理制度等进一步改革。管理上，信息服务机构的自主权逐步扩大，部分可以实行市场化运作的信息服务机构逐步进入市场，其经费实施分类管理。与此同时，政府出台相关政策鼓励和推动社会化信息服务的多元投入。在运行模式的探索中，信息服务机构开始引入竞争机制，积极推行各种形式经营责任制，同时鼓励和支持其他主体以多种形式进入市场，以发展商业化的信息服务经营实体。在改革推进中，国家加强专利法、技术合同法等相关法律的建设，激励和促进信息的转化、利用和转移。这一时期，信息服务制度虽然在多方面进行了改革，但也存在一些问题。主要表现在，信息服务机构的组织结构、运行机制虽然进行了调整，但大部分并未改变其与政府相关部、委及系统的隶属关系。另外，由于市场发展不成熟，企业对信息服务的需求显得相对不足，信息服务机构也缺乏市场运营经验，转入市场较为困难。

1995~2005年，信息服务制度在国家创新体系的基本框架下，开始进行重大调整和改革。1991年有关部门制定了《关于今后十年信息服务业的发展方案》，提出了建设以信息服务为先导，以信息采集、加工、处理、传递和提供为支撑，面向全社会的综合信息服务体系建设规划，以此把信息服务业建成推动国民经济迅速增长的行业部门之一。这无疑为发展信息服务业提供了保证。1996年国务院成立信息化工作领导小组，负责规划、领导全国的信息化工作。在信息组织上，将信息基础设施建设与科技、经济各方面的信息服务纳入一体化的轨道，以推动信息服务的网络化和社会化。这一时期，在信息服务机构改革中进行了体制变革。转制采取的策略是，一方面发展基础和公益类信息服务机构，保持事业单位编制，实行机构重组；另一方面促进与经济建设密切相关的商业、金融、技术等应用型信息服务机构，以多种形式、多种渠道与经济结合，进入市场。在转制过程中，由于各信息服务机构的情况差异，又区分为不同的改革方案。社会公益型信息服务机构，实行分类改革，一部分仍然实行事业单位运行机制，有面向市场需要和条件的信息服务机构则转化为社会化的服务机构，实行在市场化环境中信息服务机构的优化重组等。在深化改革中，一部分信息服务机构

---

① 胡鞍钢. 第二次转型：国家制度建设[M]. 北京：清华大学出版社，2009：67-68.

由事业体制逐步转变为企业法人。与此同时,国家大力推动社会化信息服务的发展,从政策激励、项目支持、基金资助等方面为信息服务机构发展创造条件。这一时期,信息服务资本市场也得到了发展,开始建立风险投资机制,积极吸收各方面资金来发展信息服务。知识产权的管理和保护也得到了进一步的加强。这一时期存在的主要问题是,随着信息服务机构的转制,基础性信息服务发展相对滞后。有些信息服务机构,特别是一些行业信息服务机构转制中遇到了发展中的定位和业务组织困难。

2006年至今,全球经济一体化和知识经济对传统工业化模式提出了挑战,产业竞争由过去依靠资源和劳动力转向依靠创新。2007年,党的十七大把提高自主创新能力,建设创新型国家作为国家发展的核心战略,从而将创新型国家制度建设推进到新的阶段,保障创新的法律陆续出台,制度建设全面铺开。信息服务开始了多元化的创新发展阶段,国家对信息服务管理从直接配置资源的微观管理为主,转向创建有利于创新的政策和制度环境为主,创新政策以部门政策为主转向跨部门的综合性政策为主。在国家规划下,以服务知识创新为目标,信息服务机构在面向国家知识创新网络中的各主体开展服务中,开始重构信息服务体系。当前的发展,进一步提出建立和完善以创新为导向的信息服务制度问题。

综上所述,无论何种信息服务制度,都是在特定的国家制度环境下建立的,国家制度构成了信息服务制度绩效实现的基本条件。信息服务制度演化总体上表现为与国家制度持续互动的复杂过程①。我国传统的信息服务制度在当时是富有效率的制度,这种制度是与计划经济体制及其信息资源配置方式紧密相连的。然而,20世纪80年代以后,我国信息服务制度运行的大环境发生了根本变化,传统的信息服务制度已不能适应新信息技术革命、社会主义市场经济体制、科技制度的要求。这种状态已经影响到我国社会信息化和创新型国家的建设进程。为此,与我国国家发展的宏观导向相适应,信息服务制度应进行更加深入的变革。

8.2 国家发展中的知识信息服务制度建设

信息服务制度建设是信息服务的社会化发展基础,国家创新发展基础决定了知识信息服务制度构建的要素与运行机制,直接关系到知识信息服务的体系建设。

---

① 李风圣. 中国制度变迁的博弈分析 [D]. 中国社会科学院博士学位论文, 2000: 45-48.

8.2.1 知识信息服务制度的内涵及其要素

知识信息服务制度涵盖在信息制度之中，有的将知识信息服务制度归入某个具体工作领域的业务规定①。然而，从国家制度层面上看，与此相应的知识信息服务制度应该具有全局性意义。从国家与社会发展上看，包括知识信息服务在内的信息服务制度应该属于国家创新制度的一个重要方面，因此应具备制度的所有本质特征、功能和形式；同时，信息服务制度规范的对象是信息服务业和服务的生产、交换、分配与利用的行为规范准则。

具体说来，信息服务制度规范的对象可分为三种：一是信息内容组织，即信息的生成和使用、传递过程中，对信息载体、技术、内容的规范制度；二是信息服务组织，即对信息收集、处理、存储、传递、提供的组织行为规范制度；三是信息服务主、客体关系，即信息服务机构之间和机构与用户之间的权利与义务制度。

信息服务制度的内涵虽然抽象，但究其实质则主要由对象规定、理念导向、内容规定、表现形式等基本要素构成。

①对象规定。对象即信息服务制度所涵盖的领域和范围。对象规定是信息服务制度存在的先决条件，因为信息服务领域内包含了错综复杂的人与人、人与机构之间的联系和相互关系，其中不仅涉及社会科技结构，还涉及政治结构和经济结构；不仅涉及职业活动，还涉及社会活动。如果制度对象不明确或者制度对象定位偏差，将会影响信息服务制度功能的发挥，导致制度运行障碍，使得信息服务制度实施失去针对性和指向性。

②理念导向。制度理念导向即指在制度规则中所体现出来的价值取向和目标定位。制度所蕴含的价值取向是制度形成的逻辑起点，贯穿于制度制定和建设的整个过程。价值取向作为制定、建设或改革制度的指导原则，是制度存在、发展与变革的基础。在信息服务制度价值取向上，若以正向价值为导向，则体现为维护机构、用户和公众的公平权利和协调，有利于各方面的内在发展；若以负向价值为选择，则会形成信息垄断，造成信息鸿沟，阻碍社会政治、经济、科学文化发展进程。因此，信息服务制度在制定时必须对价值取向进行理性选择。信息服务制度目标就是制度预期要达到的信息服务组织、发展或调整的最佳选择②。在实践中，信息服务制度目标的设定要根据国家创新制度下的发展导向，进行相应

---

① 李桂华. 信息服务设计与管理 [M]. 北京：清华大学出版社，2009：37 – 41.
② 萧斌. 制度论 [M]. 北京：中国政法大学出版社，1989：44 – 48.

的选择和调整，以更好地满足社会信息需求。

③内容规定。信息服务制度涉及信息服务管理、技术应用、业务规范、用户关系、服务经营、信息政策与法律等各个方面，它的核心就是通过认定权力、义务、责任和利益，规范信息服务制度对象的行为方向，包括制度要素和要素关系的规定，以及规定对信息服务所具有的约束力和强制力。因此需要设定一个可操作的普遍性标准，用以判断制度对象是否违反或遵守某种规定，从而保证有效的制度实现。在制定信息服务制度和法制标准时，应注意其适用性、具体性和灵活性。当信息服务制度对象有违规行为时，必须采取相应的措施，如提高违规成本，警示他人，以减少类似行为发生，确保约束机制的运行。相应地，当制度对象为促进制度目标实现做出努力和贡献时，为了维护制度行为，需要对其进行激励。

④规则形式。信息服务制度规则通过相关法律、条例、规定、政策、准则、标准等形式来体现，其功能是表达信息服务制度的基本内容，并将其以规范化的方式进行发布。信息服务制度表现形式在逻辑上与其内容是一致的。在信息服务制度规则的表达中，法律、条例起着基本的支撑作用，政策起着实现制度的操作作用，准则和标准起着具体的约束作用。这些要素从多维角度保证制度的建设与运行。

在信息服务制度的构成要素中，对象规定是基础，理念导向是核心，内容规定是实质，规则形式是载体。各要素之间相互联系互相依存，缺失任何一个要素都会使信息服务制度丧失整体功能。对象的规定使信息服务制度有了一个明确的运行空间和作用范围；理念导向隐身于制度形式之中，构成制度逻辑上和形式上的统一；内容规定是制度理念的形式化；规则形式是制度存在和表现的体现，制度理念和内容必然通过规则形式来体现。在信息服务制度内容与形式相互作用下，一种制度内容可以有多种表现形式，一种制度形式也可以服务于多种制度内容。

8.2.2 信息服务制度的运行机制

信息服务制度作为社会制度系统的组成部分，只有运行才能发挥其功能和作用。信息服务制度的运行涉及运行环境、运行实体、运行过程和实施机制3个方面，如图8-2所示。

如图8-2所示，环境、实体、过程和实施具有如下关联关系和作用：

①运行环境。信息服务制度的运行要起到预期作用，必须与环境相适应。这里的运行环境主要侧重于制度环境。制度环境具有相对性，也就是说高层次制度

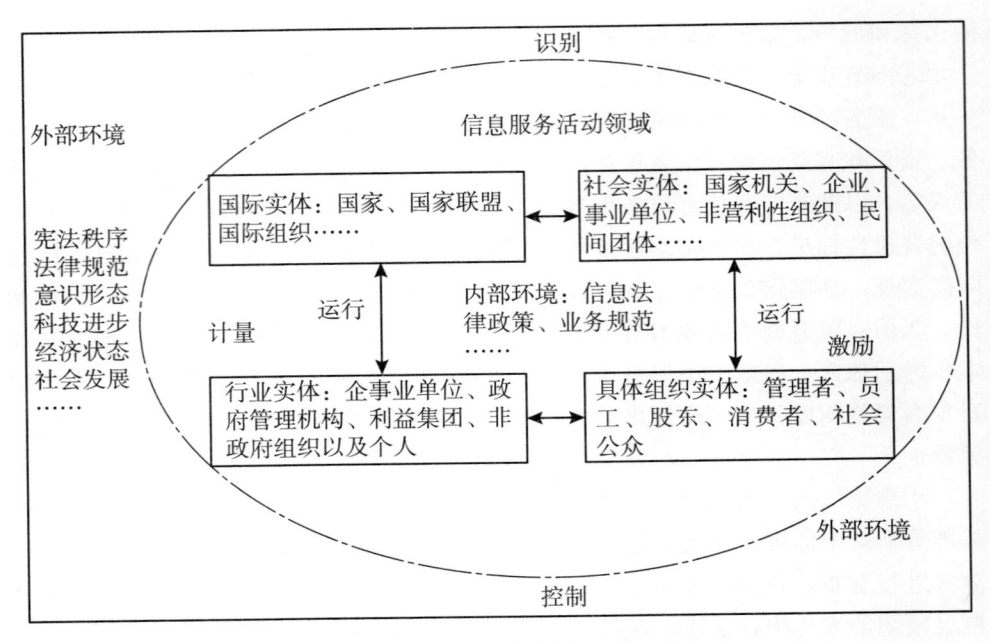

图 8-2　信息服务制度运行机制

可以构成相对低层次制度的运行条件和环境，更高层次和更基本的制度可以成为下一层次和更具体制度的环境。信息服务制度运行环境包括外部环境和制度运行的内部环境。外部环境系指社会的科技经济、政治环境，包括宪法秩序、法律规范、意识形态、科技进步、经济状态和社会发展等，所以这一切构成了信息服务制度运行的外部环境因素。制度运行的内部环境是指信息服务系统内部的体系规范和运转规则等。信息服务制度的正常运行要考虑到它与外部环境及内部环境的相容性。在外部环境中，信息服务制度的内容不能与国家制度内容相冲突；在内部环境中，平行制度之间，如法律、政策、规范之间也应具有一致性和相容性，否则会造成制度的运行障碍，产生混乱、无序和冲突。因此，不同部门在制定信息服务法规、政策过程中，要重视制度系统的逻辑性，以及制度间的相互支持、映射和关联。

②运行实体。运行实体指的是承载信息服务制度关系的实体，即信息服务制度运行的行为体，包括政府、组织、机构和社会大众。信息服务制度在不同层面，其约束和支配的对象是不同的。国际层面的制度，其作用对象为国家、国家之间的信息服务联盟以及信息服务国际组织（包括正式组织和民间组织）；在国家层面，信息服务制度作用对象为各种类型的信息服务机构、组织、社团、大众等，如国家信息部门、各类企业、事业信息机构和营利性组织、民间团体和用户等。在行业层面上，制度作用对象为行业内信息服务管理机构、信息服务机构、

利益集团、非政府组织及个人等。在具体的组织层面上，制度作用对象是信息服务机构的管理者、操作者、关联行为者和服务对象。在信息服务制度运行过程中，信息服务制度及其运行实体之间是共进相长的关系。即一方面，信息服务制度执行、作用的对象要与信息服务制度相适应、相协调；另一方面，信息服务制度的实施必须依赖于信息服务系统中的组织成员、相关系统和社会公众。

③运行过程。信息服务制度的运行过程按照运行主体的意识性参与程度分为自发无意识的内在制度运行过程和自觉有意识执行的外在制度运行过程。内在制度运行是在习惯和惯例规范下，依靠主体内在约束力所进行的运行过程，不需借助外在强制力推动，其社会成本小。外在制度运行则需要通过法律、政策、契约等规则，强制推动主体行为发生，其社会成本较高；然而制度的强制性也较高。一般而言，信息服务制度主要依靠外在规则进行规范。外在信息服务制度运行中，一是要按照信息活动需要，制定和发布信息服务相关规则，让各行为主体认识、了解和遵从这些制度性规则；二是要设定和授权执行这些规则体系的部门，检测各行为主体是否履行正式规则，并通过强制措施加以保证，同时在环境变化和认识变化时对部分规则进行调整和修改，以适应信息服务创新发展要求。

④实施机制。信息服务制度运行的有效性在很大程度上取决于实施技术的完善。由于实施技术是由人来推动的，因此对制度运行中有关组织和人员的激励是决定制度有效性的关键。具体而言，信息服务制度的实施机制包括对各类主体信息活动是否合乎制度规范的识别机制，对违法行为严重性进行评估的机制，将激励落实到个人及组织的调节机制，以及对实施后果进行反馈的控制机制。信息服务制度实施机制是否有效的一个识别标志是，行为主体所承受违规成本的高低，强有力的实施机制将有效提高人们违背制度规定有形和无形成本，从而使行为得到有效控制。

8.2.3 信息服务制度的体系构成

对信息服务行为实施约束的一系列政策、法律、规则和标准所构成的系统，称之为信息服务制度体系。按照信息服务活动的主体构成，信息服务制度体系层次包括管理层、执行层、意识层三个层次。如图8-3所示。

在信息服务制度体系中，信息服务法制、政策和体制属于管理层次，其特征是要运用强制性手段对信息服务参与主体进行规范。信息资源制度、技术制度和市场制度等涉及具体的业务环节，因此属于操作层次，需要对相关行为和关系设定具体的行为规则和执行规则。服务观念则属于制度意识层，通过对制度的意识约束和惯例影响信息服务参与主体的行为。

图 8-3　信息服务制度体系

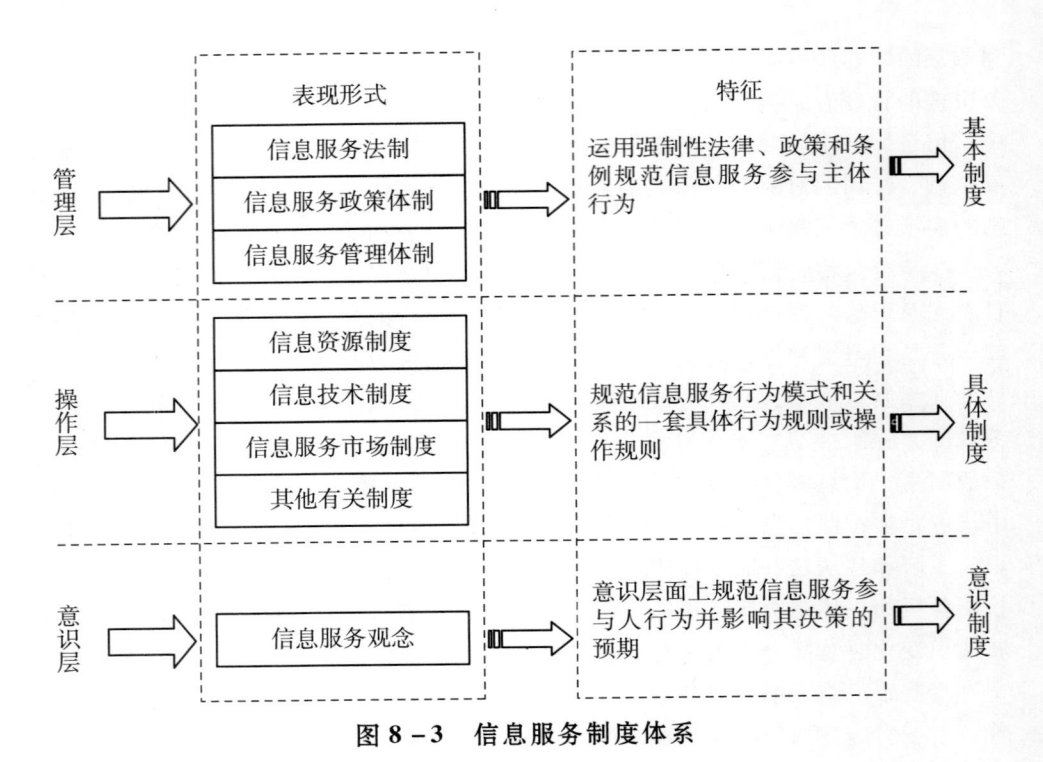

在信息服务制度三层结构中，各方面的制度作用如下：

①信息服务法制。信息服务法律在信息服务制度中处于主导地位，具有高度形式化的特点，在执行中具有强制性，起到维持信息服务制度秩序和维护基于制度的信息服务机构和用户权益的作用。因此，应强调从法律制度上保护国家利益。

②信息服务政策体制。信息服务政策由政府部门制定，以"规定"、"条例"等形式发布，用于指导和约束信息资源建设和服务的开展。同时，信息服务政策体制决定了政策主体、客体之间的关系，是构建服务体制的依据。

③信息服务管理体制。信息服务管理体制与社会性质、政治体制、经济体制密切相关。信息服务管理体制决定了信息服务机构的隶属关系和组成，体制中关于服务性质、形式、结构方面的规定，是组织服务的基础。

④信息资源制度。信息资源制度决定信息资源的所有关系、组织关系、配置关系和开发利用关系，关系到信息资源的布局和信息资源的权益分配，是信息资源利用和保障的前提。

⑤信息技术制度。技术制度由相关业务部门组织制定，包括信息技术的开发与利用制度、信息技术标准制度、信息技术设备安全制度等。信息技术制度不仅应与国际接轨，而且应从国内信息服务需求和环境出发，进行技术发展的制度

认证。

⑥信息市场制度。建立一个完善的市场管理体制和运行机制，才能保证信息服务业持续发展。其根本点是市场制度的完善。信息服务市场制度包括信息服务市场经营制度、管理制度、服务价格制度、竞争制度、监管与合作制度等。

⑦其他相关制度。在操作层，信息服务制度还包括对信息服务人员、信息服务用户所做出的制度性规范，如信息服务的人才制度、教育制度、资格认证制度、奖励制度等。这些制度涉及服务的具体方面。

⑧信息服务观念。信息服务观念是人们在社会发展中形成的对信息和信息服务的认知和态度，它直接影响着人们在信息服务活动中的关系，因而需要在制度层面上进行规范。其内容包括信息服务价值规范、信息服务道德、伦理规范以及信息权益规范等。

8.3 知识信息服务转型发展中的制度创新

在创新型国家的建设中，我国正处于经济和社会发展的转变期，在经济发展上，国家宏观调控和规划下市场运作机制日益完善，产业链和创新价值链的融合，加快了经济全球化步伐。与此同时，经济增长正从依赖于投资和资源消耗，转为知识创新驱动的环境友好、资源节约的发展结构。2008年以来的全球金融风暴，给我国经济带来严重的挑战和困难的同时，更多的是给经济社会发展带来的机遇。显然，面对转型发展需要的知识信息服务，存在着与国家创新同步的问题，由此提出了知识信息服务的制度创新与改革深化的要求。

8.3.1 转型中的知识信息服务制度变革与创新

关于转型，一般而言，都是从制度变迁的角度来解读的，它通常被看作新的制度产生和发展替代旧制度的动态过程①。我国作为从计划经济向经济全球化背景下的市场经济转变，从资源消耗型向创新发展型转变的国家，近20年来正处

---

① 卢现祥. 西方新制度经济学 [M]. 北京：中国发展出版社，2003：97.

在转型期。国家经济体制和经济形态的变化，为知识信息服务制度变革提供了依据[①]。与不断市场化的经济环境和体制全面改革相适应，我国信息服务制度改革也在不断深化。然而从总体上看，我国包括知识信息服务在内的信息服务业的发展速度、规模与总体发展水平却滞后于信息技术产业。相对于发达国家，我国现代信息服务业整体发展规模有限。迅速发展我国现代信息服务业必需的制度条件并没有得到全面满足，因此需要从深化制度改革上去寻求问题的根源和解决途径。当前，转型过程中的制度问题主要包括以下方面：

①从管理制度上看，对知识信息服务行业进行有效管理的组织与协调有待完善。知识信息服务业涉及信息产业、通信、文化、科技、知识产权等多个管理部门，由于信息服务的快速发展，其中暴露出来的矛盾和问题，需要通过创新思维，运用创新的管理制度来协调和推进服务业的健康、持续发展[②]。在管理中，必须进行跨部门的协作，形成国家创新发展全局意义上的制度，因此，管理制度创新应是未来很长一段时间内推进信息服务发展的首要问题。2008年3月国家行政机构大部制改革中，将原信息产业部和国务院信息化工作办公室并入工业和信息化部。这次改革，总体上有利于加强信息服务业在国家宏观层面上跨行业、跨部门的管理与协调，信息服务业统一协调机构仍然是一个亟待解决的现实问题。

②从政策、法律制度上看，专项政策和法规有待健全。知识信息服务上依赖于国家信息政策指导和信息法规支撑。不可否认，知识信息服务为社会发展提供了强大的动力，同时，服务高效化、网络化发展过程中的生态、利益问题也导致了信息环境的无序性变化，产生了诸如信息服务市场的无序竞争和知识产权侵权等问题。相关信息资源管理政策、数据和软件保护法规、信息咨询服务法律等建设上的滞后，使知识信息服务业的健康发展受到影响。此外，在政策上还存在着一种倾向，即满足于较宽泛的宏观政策，而对发展中的新问题，还缺乏政策制度意义上的措施。同时，创新环境下的政策和法律体系有待进一步完善。

③从监督制度上看，知识信息服务监督机制有待完善。传统信息服务监督是以部门或系统为主体开展的。如：科技信息服务监督由国家科技管理部门组织；经济信息服务的监督由国家计划与经济管理部门在系统内实现，主要对经济信息的来源、数据可靠性和信息利用情况进行监督；其他专门性信息服务，则以各专业系统为主体实施监督。分散监督机制显然无法对开放化、社会化的信息服务进行全面的监督管理。目前，我国的信息服务机构正处于转型的重要阶段，传统的

---

① 邓胜利，胡昌平. 建设创新型国家的知识信息服务发展定位与系统重构 [J]. 图书情报知识，2009（3）：17-21.

② 王芳. 我国政府信息机构管理体制改革的探讨 [J]. 中国信息导报，2005（7）：16-19.

分部门进行服务监督的机制正在突破，多层次、社会化服务监督机制正在建立。同时，随着信息服务的不断拓展和新的技术手段的出现，导致了监督的空白。因此，亟待建立完善的信息服务监督制度。

④从保障制度上看，知识信息服务保障的社会化有待加强。知识信息服务保障要兼顾国家创新和社会信息化各方面的需要，要考虑创新发展的长远目标。在创新过程中，围绕信息资源的存储、开发、组织、传播和利用的知识信息服务保障，其公益性、社会性以及在国家科技进步、经济繁荣和社会发展中的关键作用，决定了其在国家创新发展中的重要地位。作为建设创新型国家和提高自主创新能力的基础性知识信息保证，只有在科学合理的制度框架之下，才能为国家创新发展提供必要和有效的支持。因此，知识信息服务保障，必须在相应的组织制度与保障制度基础上进行。当前，一些跨系统信息服务平台虽然在政府推进、部门协调下进行，但从整体上来看，还未能摆脱布局分散、重复建设、区域发展不均衡的限制，缺乏国家制度层面的整体规划和科学合理的组织。

⑤从运行制度上看，知识信息服务机构隶属关系、运行关系有待在制度层面上理顺。随着经济体制改革和政府机构改革的推进，原国务院各部（委）和地方政府所属的信息服务机构（中心、所），也进行相应的变革。国务院有关部（委）的撤并重组、职能转变以及国有企业产权关系的变革与调整，使服务于系统、部门的信息机构的隶属关系和运行机制发生了变化，从而呈现出由政府、企业、高等院校、科研院所、图书馆、协会、联合会以及民间团体多元主体共同参与的信息服务发展格局。一方面，原隶属于政府部门的信息服务机构的转制，提出了运行制度的规范建设问题。另一方面，在市场化运行中，必须确立既有利于政府控制，又有助于信息服务发展的运行制度。

在创新型国家制度框架下，国家层面上的资源配置和信息服务业各参与主体的资源配置结构发生了根本性变化，即由国家集中配置走向市场调节配置，由国家组织走向基于创新需求的组织。这种变化，带来了各参与主体的实际利益与潜在利益的调整和变动，提出了各主体利益重新分配的问题。从总体上看，国家创新框架下的信息服务制度供给和需求处于非均衡状态，这种非均衡是与特定的制度环境相联系的；一旦大的制度环境发生了变化，原来的信息服务制度绩效就会降低，而知识信息服务的制度创新正是实现绩效提升的保证。

8.3.2 知识信息服务制度创新的推动

知识信息服务制度是为了知识信息保障功能目标的实现而创建的。新的社会信息化环境下，知识信息服务制度建设处于十分重要的位置。人们之所以选择特定的知识信息服务制度安排，是因为考虑到知识信息产品及服务的生产成本和交易成本的制度效率问题。对于制度的创建者来说，这种效率意味着在一定的功能目标确定的条件下，投入成本最小；对于制度的接受者来说，意味着成本投入和利益收益的均衡。因此，当由于某些原因使得现有的知识信息服务制度绩效受限，制度创建者和接受者基于自身实现特定功能目标的要求，必然会在原有制度变革之中进行新的制度安排，即进行制度创新。创新型国家制度框架下，包括知识信息服务在内的信息服务制度创新是制度不均衡状态到均衡状态的演进过程，是内在动力与外在推力下共同作用的结果①，其过程如图 8-4 所示。

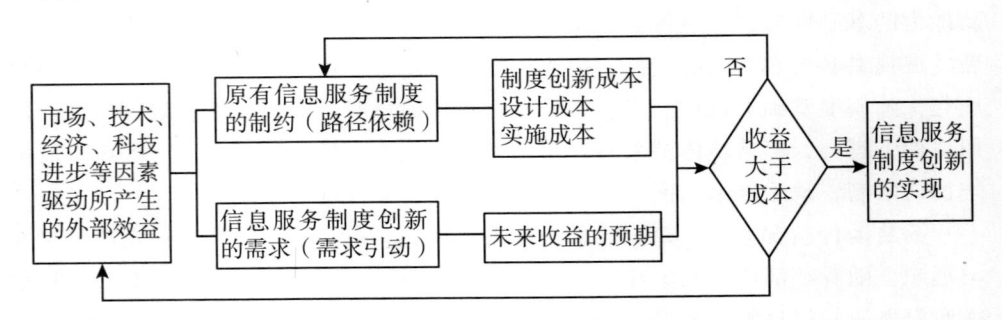

图 8-4　信息服务制度创新的动力机制

如图 8-4 所示，信息服务制度创新的推动可归为潜在利益驱动和制度环境引发两个基本方面。

（1）潜在利益驱动

潜在利益是信息服务制度相关主体对制度变革的期望，表现为利益驱动下的制度创新要求，主要包括：

面向创新的信息服务转型中所形成的规模经济效应。随着信息服务的转型，多元化主体参与的知识信息服务业规模不断扩大。在这一背景下，信息服务制度创新效益一是体现在基于新制度的服务发展上，二是新制度运行中关系的改善和对服务发展的促进。另外，知识信息服务规模的扩大要求进一步作出与规模经济相适应的制度安排，如基于创新的信息服务的动态联盟制度建设，从组织结构到管理上对发展进行支撑，以对全球化信息服务资本市场、人才市场、技术市场、金融市场的制度规则作进一步完善②。

---

① 刘靖华，姜宪利，张胜军，罗振兴，张帆. 中国政府管理创新 [M]. 北京：中国社会科学出版社，2004：42-43.
② 康继军. 中国转型期的制度变迁与经济增长 [D]. 重庆大学博士学位论文，2006：67-68.

国家创新体系中知识信息产品及服务价格机制的变化。知识信息产品和服务价格机制的变化导致新的制度需求，这是信息服务制度演化的主要原因之一。在国家创新体系中，资本对经济发展的贡献呈下降趋势，知识和信息成为新的经济增长要素。知识信息服务相比其他产品生产和服务所创造的价值，提升迅速，从而改变了组织之间的价值关系结构，导致了服务机制的变化，这种变化必然影响到知识信息供求流量、方向、内容、手段以及信息服务机构的运作方式。所有一切变化，提出了市场化管理制度的变革要求。

当前，知识信息服务转型中的外部性问题尤为突出。所谓外部性是指知识信息服务机构行为引起的收益并不完全由机构获得，利用服务的其他组织将由此获得远高于服务机构的收益，或者说，信息服务可能要承担由别的机构行为所引发的成本。例如，公益性知识服务机构所提供的数据开放服务，为市场化经营的服务商所利用，有可能出现不适当的低成本、高收益的情况，而引发信息资源服务上的利益不均等。这一现象，有待从制度层面解决。

知识信息服务发展中风险机制的变化。在现实创新活动中，创新主体之间信息转移、传递和应用的复杂性导致知识信息服务的不确定性风险，信息技术的发展也使得信息服务呈现多变特征。知识创新对信息服务的专门化需求和个性化要求，使得信息服务必须不断拓展服务，由此必然引发了风险管理的制度需求。因此，在制度层面应通过完善知识信息服务风险投资制度、行业协会制度、税收制度等制度安排，减少知识信息服务经营中的不确定性风险，从而使知识信息服务业得以健康发展。

（2）制度创新环境引发

国家创新的知识信息保障系统是一个动态开放性系统，对内通过加强各创新主体之间的知识信息沟通，提高了创新主体的创造能力，降低创新成本。对外通过各种渠道获取创新知识，推动知识创新经济发展。国家制度结构中知识信息服务具有服务组织的一般特征。因此，国家创新信息服务制度安排，会引发相应的联动效应和创新的共生效应。显然，联动和共生的引发具有客观性。

一国的法律和基本政策对制度创新主体选择的宽容度越大，该国的制度改革力度也就越大。我国国家制度变迁是法律制度和基本政策的宽容度不断提高的结果，从而使知识信息服务制度创新效益不断上升，制度创新的空间不断扩大①。

信息技术的变化，除了在制度结构方面起作用外，还改变着信息服务的制度

---

① 邓岩．基于制度均衡视角的中国农村金融制度变迁与创新研究 [D]．山东农业大学博士学位论文，2009：51-53．

效率。其一，在规模经济约束范围内，信息技术的突破导致的知识信息产品生产规模扩大，从而使知识信息服务机构获得递增收益；其二，信息技术的进步使获取知识信息及其服务的成本降低，从而创造了新的机会。这两方面的作用，最终必然体现在制度层面上，即推动制度创新的实现。

国家发展方向的变化是影响制度需求的又一个重要原因。信息服务业作为我国的战略性主导产业，对加速工业化、信息化进程的具有关键性作用，已成为国家重点推动发展的行业，因此需要从经济发展的根本任务出发推动制度变革。我国创新型国家战略的提出，全方位开放格局的形成，提出了信息化制度建设的国际化问题，这是知识信息服务制度创新的又一出发点。

（3）制度创新的管理推进

信息服务制度创新尽管有着内部潜在效益机制的驱动和外在制度环境的推动，但是制度创新的动力能否转化为制度创新的行为还取决于对制度创新效益的权衡。从管理推进上看，与制度设计、制度实施成本比较，只有当信息服务制度创新的预期效益超过制度成本时，才会产生新的制度安排。从历史角度看，我国信息服务制度的演化是一个渐进的过程，在政府主导下，在一个相当长的时间内，在制度层面：对信息服务系统的各个部分进行了分阶段改革。由此，所形成的制度变革基础，可视为信息服务管理制度创新的积累和准备。

面向创新的知识信息服务制度变革是在政府有效引导下展开的制度创新成本也始终处在政府控制之下。由于社会对成本的承受力增强，制度创新的成本不会因某个时间段较高而带来社会冲突和利益矛盾，这是保证知识信息服务制度建设的必要条件。

知识信息服务制度的创新是一个渐进过程。过程中，每一步制度改革都会带来相应的成本。在创新型国家建设中，尽管信息服务制度创新还需要探索和实践，但制度创新的战略方向是明确的。关键的工作是在全面改革中不断完善制度创新机制，在探索中实施创新型国家的信息服务转型。

在面向创新的知识信息服务制度转型过程中，旧的制度逐渐为新的制度所取代。在新、旧制度交互中，可能会出现无序成本增加的情况，具体表现为各领域信息服务可能存在制度变革的衔接问题，这就需要从管理上进行战略规划，以求对环境的适应和变革的有序。

从知识信息服务组织上看，新的信息服务制度安排总是由于某种发展趋势的诱导，如果由于当前信息服务制度的限制，使人们无法获得预期时，便会产生新的制度安排需求。基于这一现实，在知识信息服务制度创新中，应用明确的预期，以达到推进制度改革的目的。

8.3.3 知识信息服务制度创新的目标与功能实现

知识信息服务制度创新是有目的、有意识地对现行服务制度进行改革和完善的实践活动。这种实践活动围绕着一定的目标展开，向着预期的目标推进。创新型国家的知识信息服务作为一种有别于传统的信息服务制度，需要从创新型国家制度建设目标出发进行相应的信息服务制度变革，使之与国家自主创新发展相适应。在这一背景下，知识信息服务制度创新目标在于，促进信息服务转型，理顺多元化主体关系，完善国家部门、相关机构、组织的信息保障制度，确立信息服务业的良性发展机制，以致力于政府主导下的信息服务业发展。

信息服务制度创新既有系统目标，又有层次目标。围绕目标的实现，要求解决的主要问题包括新制度框架下的知识信息服务发展转型和机构重组的目标实现；知识信息服务制度与国家创新发展制度适应性目标的实现；核心制度创新与配套制度建设整体目标的实现；知识信息服务运行中的制度稳定性与适应性目标的协同实现。知识创新制度建设与知识信息服务制度创新的同步推进等。在制度创新目标导向下，知识信息服务制度的功能实现包括如下内容：

①制度约束功能。知识信息服务制度是组织服务的规则和基础，不仅约束着组织行为，而且约束着服务人员和用户行为，因而是建立有效的知识信息保障体系的依据。一方面，制度决定了服务组织的形式、内容和方向；另一方面，制度主体在制度框架下调节着各自的行为。因此，从约束功能的角度强化制度作用是十分重要的。

知识信息服务制度决定了信息服务主体和客体间的协调信任关系，即在约束行为中建立良好的主、客体交往秩序。随着信息服务主客体的多元化以及交往的复杂化，在交往过程中，如何有效通过信息服务制度约束功能的发挥，使复杂的主客体交往变得规范，使不同的创新主体、信息服务机构之间、信息服务机构与创新主体之间的协调更有序，是其中的重要内容。这种约束在相当程度上保护了创新主体、信息服务机构和用户的制度性权益。

同时，知识信息服务制度应为各类信息服务机构之间的合作创造条件，在创新国际化环境下，国内外合作关系更需要在制度层面解决。因此知识信息服务制度设计应为信息服务的专业化分工与国际合作提供一个基本的框架，从而为多业态信息服务机构合作和跨国的协同发展提供保证。

②制度保障功能。知识信息服务制度的保障功能，体现在通过制度保障知识信息服务行业的规范化、高效化运行，促使信息资源及服务在社会范围内充分而合理的利用。在制度层面强化社会各方及成员自我约束意识，形成有利于信息服

务社会化和充分利用信息资源的行业运作机制是十分重要的。从我国建设创新型国家的战略出发，信息服务制度的保障功能可以概括为：

首先，信息服务的社会化开展要求在一定责权约束下规范各有关方面的行为，这就需要按规则组织知识信息服务活动，限制违规行为的发生，以建立信息服务运营秩序、信息资源利用秩序和信息服务管理秩序，防止服务中的混乱和无序现象发生。从根本利益上看，知识信息服务制度保障的实质是各方面利益的保障，其中包括服务组织利益、资源利用利益和通过服务获取效益的利益，这些利益的保障在运作关系上，便是制度性秩序的维护。

知识信息服务制度应具有保护社会信息环境和社会共享信息资源的功能。现代信息技术的全球化普及，为信息流动创造了新的条件。然而，在促进用户交流的同时，信息流动更难以控制，污染日益严重。因此净化信息环境、防止信息污染、保护信息资源已经成为信息服务制度保障的另一项基本任务。

在社会信息化发展中，与信息有关的犯罪行为日益突出，如证券市场中上市公司信息的不正当披露，互联网上的黑客行为，对国家秘密的侵犯，对他人知识、信息产权的非法占用等。这些犯罪与信息服务有关的占相当大比例，因此知识信息服务的组织要求通过制度规范，控制服务中的不正当行为发生，从而为服务的开展提供安全保障。

③制度激励功能。从经济学的角度来看，无论是信息服务机构还是信息用户，总是希望收益达到最大化，也总是寻找能够达到利益最大化的行动方案。然而，在现实发展中，最大化的努力和结果之间、希望和现实之间总存在差距。这一现象的产生，除信息服务组织中的技术因素、资源和环境因素外，制度因素起着关键作用。进行制度激励，可以规定信息服务中各主体行为的方向，可以改变人们的价值取向，影响人们的选择。任何制度都有激励功能，但不同的制度产生的激励效应是不一样的，这里存在着主体能动性发挥问题。对知识信息服务而言，制度激励在很大程度上决定着信息服务业的发展和效益。创新环境下，制度的设计除了要重视制度的一般激励功能外，更要重视激励创新功能，以便通过制度导向，激发知识信息服务业的活力，促使创新成为信息服务活动的重要目标。

8.4　知识信息服务行业制度建设与双轨制管理

知识经济的发展导致了经济转型中的行业结构变化，在现代工业、农业和服务业中，服务业信息化和知识信息服务的发展，已成为经济与社会发展的新的支点。在知识信息服务的组织上，公益性组织和市场化组织密切结合，形成了对国家创新发展具有全局影响的知识信息服务业。因此从制度上推进行业发展和运作机制的变革，已成为信息服务社会化中必须面对的现实问题。基于此，有必要揭示行业发展的信息机制和双轨制管理的实现。

8.4.1 知识信息服务行业制度建设

在国民经济和社会发展中，知识信息服务体制处于不断变革之中。就行业类属而言，知识信息服务业显然属于现代服务行业；就服务组织关系与体系构建而论，我国的知识信息服务则隶属于不同的部门，既有事业型的图书馆和科技信息机构，也有工、农业产业系统内的机构和企业组建的信息机构，还存在市场化的咨询中间服务机构。由于制度的限制，机构发展处于分散状态。显然，这种状态缺乏行业制度管理的优势，从而提出了基于信息服务行业发展的制度建设问题。另外，信息服务行业又面临着为科学技术、文化教育和工农业产业中各行业服务的问题。可见，行业创新的推行有利于知识服务业的发展和面向国民经济各行业的信息服务开展。

我国知识信息服务行业制度的确立，旨在从制度上打破各系统信息服务的分散组织局面，实现知识信息服务的行业化管理，从而规范服务组织、资源分配、技术支持和业务发展。

我国在行业信息服务体制确立与体系构建中，原隶属于国务院各部（委）和地方政府的信息服务机构（中心、所），随着改革的深化，也进行了相应的变革，在改变服务组织或隶属关系的过程中，提出了行业信息服务制度建设问题。

经济全球化发展，使行业发展跨越了国界，行业化的信息服务也越来越受国际环境的影响。除此之外，科技进步和知识创新机制的改变也加快了信息服务行业制度建设的步伐。

国际竞争的日益激烈使分散的信息服务组织方式难以实现面向创新的全程化信息服务与保障发展，这就促使信息服务走行业协同发展的道路，实现资源的行业化投入和服务的行业规范，形成良性的行业信息服务环境，提升服务与保障效益，拓展服务空间。

信息技术的发展为信息服务行业资源平台建设和服务组织效率的提高创造了新的条件，服务规模效益的提升奠定了行业新的发展基础。与此同时，现代信息技术推动了各应用系统平台的整合，网络技术的应用促使信息服务行业虚拟联盟的产生。随着信息技术进一步发展，信息资源的行业整合广度将得以拓展，从而促进多机构的服务协同。

与美国、欧盟国家、日本、俄罗斯等相比，我国信息服务制度变革和机构转制与重组，一方面有着我国分系统管理的优势，另一方面也存在一些亟待解决的问题。

我国信息服务由政府部门管理或主导，从而保证了国家规划下的信息服务行业的协调发展。在当前世界各国信息服务行业发展中，无论是美国的"市场主导型"模式，欧盟的"组织协调"模式，还是日本的"政社共管"模式，都力求强化行业信息服务中的政府调控行为，避免信息服务的过度市场化造成的资源和服务分配不均衡。我国信息服务行业制度的形成及现阶段正在进行的变革，体现了政府部门的主导和推动，这种制度优势将有助于对信息服务变革的宏观调控。

然而，在信息服务制度变革过程中，出现的一些问题也应引起重视，并予以解决，主要有：

政府与信息服务行业机构之间的关系有待理顺。作为信息服务行业主体之一的行业协会和政府之间仍存在依附关系，大部分行业协会的经费来源于政府拨款，行业协会信息服务机制还不成熟。而发达国家行业协会是具有独立法人的社会团体，实行市场化运作，行业信息服务模式相对完善。

行业信息服务的无序发展有待规划。我国信息服务实体较分散，未能实现行业化的服务管理。在服务组织上缺乏协调，机构之间的服务协同程度不高，行业信息服务在知识创新发展中的保障作用还不明确，行业运行与服务效率有待进一步提高。

国家创新发展中的行业信息服务制度改革有待深化。面向基础与应用研究的信息服务机构与面向企业创新的产业化信息服务实体之间的关系需要进一步理清，这些机构的运行机制和发展定位都有待从制度上明确。

信息服务行业的国际化、开放化有待加强。经济全球化使信息服务行业发展也需要面向国际。美国信息服务行业对象已延伸到世界各地，欧盟国家则积极推动共同信息市场计划，提升面向各国企业服务的水平和能力。我国应顺应这一趋势，在维护国家利益和安全的基础上，推动信息服务行业的开放[①]。

以知识自主创新为导向，面向创新发展的信息服务制度变革中，信息服务行业体系也有待在国家主导下进行科学规划和重构，以利于确立适合我国国情的信息服务行业运行体制。

我国信息服务行业整体规划应立足于提升自主创新能力、核心竞争能力和国际化发展能力，促进基础研究、技术开发、成果转化、产品生产过程中信息的快

---

① 胡潜. 我国建设创新型国家的行业信息服务转型发展[J]. 情报学报，2009（2）：315-320.

速流动、转移和扩散，以利于为国家创新提供全程化、全方位的信息保障。政府应促进信息服务行业的均衡发展，理顺多元主体之间的关系，形成政府主导下的开放化行业信息服务体系，具体措施包括：

①强化政府对信息服务行业的集中控制和宏观管理。信息资源是国家的核心资源，其管理、开发与服务关系到国家创新发展的全局，政府应运用支配权进行信息服务行业的全面规划与运行管理。目前，政府集中控制的重点，一是仍然隶属于国务院部（委）、局的信息机构，二是国资委监管下的国有信息机构，包括农业、教育、能源、航天、军工等这些需要政府直接管理的行业信息机构。但在宏观管理上，政府需通过行政的改革，实现对信息服务行业中不同类属机构管理创新，使之与市场发展相适应。在行业管理中，由于涉及多种机制、多元利益和多种关系的处理，因而需要政府从制度上协调解决。

②根据信息服务行业中各主体的运行机制，确立以行业协会为主体形式的社会化行业信息服务体系。在信息服务的行业化变革与发展中，行业协会占有主体优势。一方面，行业协会建制决定了与政府的密切关系，既有助于政府在信息服务行业改革框架下的宏观调控，也有利于行业协会对成员的管理，便于政府进行行业政策调整。另一方面，行业协会与行业内的企业关系紧密，具有合理的组织形式和运行机制，因此可以进行信息服务的行业细分，以利于在知识信息细分行业中进行有针对性的改革，同时，实现知识信息服务转型中的制度衔接①。

③通过网络形式加强全国性与区域性行业信息网的联动。可以在行业信息网联动中，同时以协同组织的方式组建行业信息集群网，增强服务能力。我国行业信息服务发展在地域上存在着集中与相对分散的问题，因此通过网络形式扩大行业机构对信息服务的互联问题，以改变地区行业信息供给不足的现实。同时，对同一行业内的多元机构，应根据行业创新发展的相关性和行业分布特征，进行大行业为主体的服务协同，组建行业集群信息网。在兼顾各方面利益的基础上，构建面向全行业创新的社会化网络系统。

从行业关系上看，知识信息服务行业包括图书馆行业、文献信息服务行业、数据库服务行业、知识信息咨询与中介服务行业和知识信息技术服务行业等。从行业组成上看，知识信息服务行业是在现有的知识信息服务系统和组织的转型发展中形成的，是知识信息服务的转制发展结果，其构成具有多体制特点，即既有公益性的服务组织（如图书馆、国家科技信息机构等），又有产业经营机构（如科技咨询、数据库服务商等）。可见，知识信息服务行业结构这一表现与工农业产业和商务、金融等服务行业的同一化体制相比较，有所不同。因此，知识信息

---

① 易琮. 行业制度变迁的诱因与绩效［D］. 暨南大学博士学位论文，2002：46-48.

服务行业制度建设，在于理顺行业业务关系，推进各细分业务的行业化，以实现知识信息服务的社会化发展目标。

8.4.2 知识信息服务双轨制管理的实现

知识信息服务的双轨制管理，是指在知识信息服务行业中，对于原事业型的信息机构（如中国科学技术信息研究所、公共图书馆等）实行公益制服务与市场化服务相结合的管理体制。从客观上看，二者的结合体现了市场经济中知识信息服务发展的客观需要。例如，中国科学技术信息研究所，隶属于科技部，机构的基本定位是服务于国家科技创新与发展，面向政府部门、研究机构、高等学校和企业提供无偿服务。其中，机构运作投入由国家承担，服务的效益则体现在国家科技、经济与社会发展上。随着市场经济体制的确立和面向产业化服务的发展，中国科学技术信息研究所在改革中组建了万方数据公司，在开拓市场中实现数据库服务和网络服务的产业化，由于服务对象直接受益，服务价值则体现在服务收益上。实践证明，市场化的发展，激活了知识信息的利用，支持了科技创新与企业的信息化发展。中国科学技术信息研究所等机构所采用的二元化运作方式，提出了体制变革的要求。

"二元化"的实行，体现了公共信息服务业的制度改革方向。行业制度建设中，实现公益性服务与市场化服务的结合，既可以充分保证国家信息资源面向公众的共享，又适应了市场化的服务需求，从而保证了国家信息资源面向企业的适度配置，激活了资源的利用。从投入—产出关系上看，其主体投入由政府负责下，市场化服务的投入则由机构组建的法人实体，按市场经营方式进行股份制运作，国家有关部门则负责业务及资产监管。

"双轨制"体制建立在知识信息服务行业制度基础上。在行业发展中，一是强调公共信息服务由事业型组织，向行业型组织的转变；二是对公益制信息服务和产业制信息服务在行业体制上进行区分，即公益制服务实现公益性服务与市场化服务的结合，产业制服务则实行全市场化的行业管理。在"双轨制"管理中，公共信息服务是公益性服务的主体，体制建设的基本问题包括组织体制、财政体制、运行体制和管理体制的确立。

①组织体制。知识信息服务行业制度并没有改变知识信息服务组织的隶属关系（例如，公共图书馆、高等学校图书馆和中国科学院文献信息中心等不会因为行业制度的实行而改变机构的所属关系），然而，却改变着业务组织关系。如同其他行业协会一样，图书馆行业协会组织承担着业内资格认证、组织规范、标准制定和业务推进任务，负责行业体制下的组织运行业务管理。这种组织关系与

其他行业是一致的，行业组织建立的目的，一是使信息服务规范有序，二是协调知识信息服务与科技、经济和产业发展的关系，形成服务的行业规模效益。

②投入体制。在公共信息服务体系中，各类图书馆、国家及地方信息中心和其他机构，依靠国家和地方财政拨款，以提供免费的公益性信息服务为主，同时也开展一定的增值服务，收取一定费用以补偿机构的投入。这种依靠国家拨款的财政体制能够体现公共信息服务的公益性和社会性，然而在机构发展中，这种单一化的投入却难以全面满足服务机构的发展需要，因此在行业制度中应明确多元化的经费投入关系，实现国家投入和市场化投入相结合的财政体制。这种体制具有投入上的互补性，有助于社会化服务的发展。

③运行体制。我国公共信息服务体系在国家整体规划和统一协调下运行，知识信息服务行业组织应发挥行业规范与运行协同作用，以确保行业运行有序。与其他行业协会一样，信息服务业协会也承担着政府赋予的制度化使命。在国家统筹规划和行业组织协同下，知识信息服务机构根据国家规定和行业监管标准进行资源组织、业务构建和服务定位。值得指出的是，不同服务机构的运行机制应由特定领域、部门和服务对象共同作用决定，以使其充分发挥服务机构的优势。例如，公共图书馆、档案馆可利用其馆藏为创新主体提供信息获取、知识查询、文献传递等服务；公共信息服务平台可以通过资源整合和共享为创新主体提供跨系统、全方位的信息保障服务。所有服务业务的开展，在行业运作中都应加以明确。

④管理体制。行业体制的确立，使知识信息服务管理从一元化演化为二元化。其一，政府主要通过实施宏观管理导向，利用行政手段进行规划和计划指导；其二，知识信息服务行业协会负责业务组织、指导和监管。在二元管理关系作用下，包括图书馆、信息中心在内的服务机构，进行国家发展目标导向下的、国家知识创新政策法律约束下的，依托于行业业务指导与监管的自适应运行。在运行中，二元管理是其基本保证。

从自主创新与知识信息服务发展的相互促进机制上看，必须从社会整体出发将创新研究与信息服务纳入市场化运行轨道。按这种管理模式，一方面实现公益性知识信息服务与市场化服务的结合，另一方面致力于发展知识信息服务行业，在扩大行业规模中形成知识信息服务的"双轨制"运行体制。

值得指出的是，在面向知识创新的服务中，公共知识信息机构的服务只是一部分，它直接面向用户的需求组织服务；同时，作为补充形式，其中直接与经济活动有关，且对服务对象直接产生经济效益的进入市场后，与产业制信息服务协同发展。这种关系体现在"公益制"与"产业制"双轨制的实现与发展中（见图8-5）。

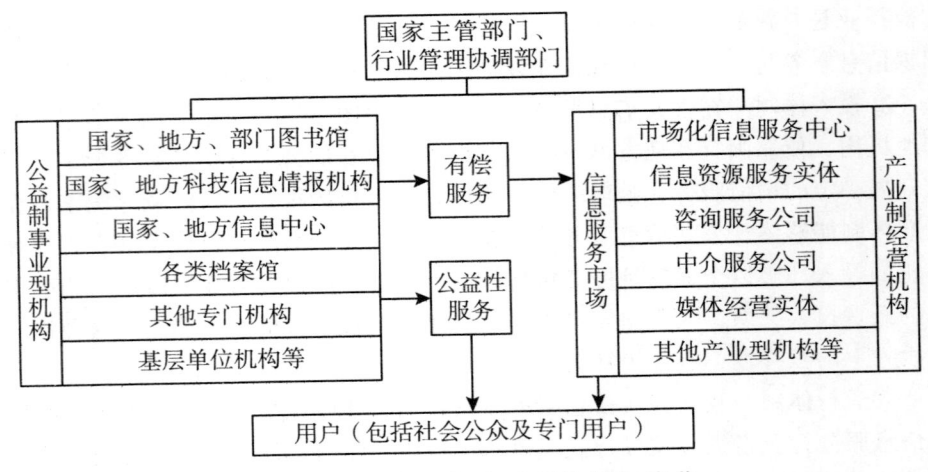

图 8-5　信息服务业"双轨制"定位

在双轨制管理中，存在着"公益制"与"产业制"的协调以及"公益制"与"产业制"的内部管理机制问题。

"公益制"和"产业制"是知识信息服务社会化、市场化管理的相互协调和统一的两个基本方面，因而应由国家信息服务主管部门对其实行整体化的协调管理。这种协调管理的要点如下：

公益制信息服务与产业制信息服务的业务关系协调。我国公益制知识信息服务机构，主要包括国家信息机构、区域性信息机构、地方信息机构以及国有单位的科技信息机构等，它们以提供无偿的公益性科技信息服务为主，有偿服务为辅。其资源开发服务效益主要是社会效益和间接经济效益，以此为中心组织社会化服务业务；产业制的信息服务实体则着重于直接的经济效益，以此为基础拓展业务，为科学研究与开发提供直接的知识信息资源开发服务和知识信息保障等方面的服务。这两部分服务可以按市场经济机制进行调节。

公益制知识信息服务与产业制知识信息服务业的市场管理。按市场经济体制管理，是两种体制的信息服务机构实施市场化管理的基点，对两种不同体制的信息服务管理的区别仅仅在于市场调控手段的不同。对于公益制信息服务来说，由国家根据市场经济规律对信息资源服务进行宏观控制，使之与国民经济发展相适应；对于产业制信息服务，则由市场直接调节，国家从政策上进行控制和导向；对于公益制服务进入市场的有偿服务部分以及公益制机构对产业制实体的投入部分，则按市场价值规律进行有偿交易。在社会化管理中，用户通过"公益"和"市场"两条渠道获取信息服务。

从知识生产力发展和知识信息服务生产力发展的社会促进机制上看，必须从社会整体出发，将公益性信息服务纳入市场经济的轨道，将知识信息服务业中的信息资源开发服务放在社会的大市场经济中管理。实现这种管理的实质是，在大市场经济中按科技、经济的发展和社会需求，根据市场经济发展的宏观规律控制公共总投入和产出。

信息服务业双轨制的实现目的在于：其一，在目前国有知识信息服务机构（图书馆、科技信息研究所、信息中心等）的事业型管理体制的基础上，逐步完善面向社会的公益性信息服务，为科研、开发、生产、经营等提供可靠的全方位知识信息保障。与此同时，发展其中的具有优势的实用型产业化经营部分，使其进入信息服务市场，作为公益性信息服务的补充；其二，发展产业制的信息资源服务实体（鉴于信息服务的特殊性，其实体应以国有为主体，包含多种经济成分），使其在规范化的信息服务市场中开展各种业务，在服务中求发展。

这里，我们强调市场经济中发展面向知识创新的公益性服务的重要性。处于公益性管理体制下的知识信息服务主体仍然是国家所属的各类图书馆、科技信息部门和信息机构。市场化的运行，并不意味着对这些部门与机构实现自负盈亏的经营管理或单纯地减少无偿服务部分，而是按市场经济和社会发展的需要强化面向市场经济的服务市场，按市场的变化适时调控投入和产出。

公益性知识信息服务的效益并不直接体现在服务机构的盈利上，而是体现在接受信息服务的研究与开发部门、企业和社会公众利用服务所产生的效益上。市场经济中，这种效益可以通过多种计量方法，利用货币的等同形式来表示其使用价值，最终将其纳入信息服务业的社会产出之中。从国家宏观管理角度看，国家对公益性信息服务业的投入是一种必要的基础性投入，用于为国家经济发展和科技进步提供基本保障的信息服务，由此保证其他产业的高产出，只有这样，国家才可能通过贸易、税收等途径获取更大的收益。这是一个有利于社会发展的良性机制，在市场经济中尤为重要。

事实上，信息服务业中的产业制服务实体是社会化信息资源开发与服务业的又一重要方面，它与公益制信息服务业相互协调发展。由于其信息服务产品直接进入市场，因而是市场经济中一种十分活跃的经济成分，它们所提供的产业化服务是一般公益制部门难以有效提供的，其中相当部分直接关系到科技成果的转化与应用。我国的产业制信息服务也是公益制服务所不能取代的，这类服务机构包括数据库生产与服务实体，产业化的科学咨询、开发咨询公司，技术市场经营实体，信息交流公司，信息中介服务行业等。尽管这类实体尚有许多有待完善的地方，但它在发展中已成为信息服务不可缺少的重要部分。因此有必要在知识信息服务行业中对其实现有效的社会管理。

8.5 知识信息服务制度创新的政策与法律保障

社会化的知识信息服务需要政策、法律保障，由于资源的开发、管理和信息技术的应用，以及社会信息秩序的建立和机构管理，无疑都是以信息服务为中心的，因此相关政策与法律应围绕信息服务中各种基本问题的解决进行构架。

8.5.1 知识信息政策与法律的社会作用机制

包括知识信息服务在内的信息政策制定和实施是信息服务社会化的发展需要，社会化的信息服务在宏观上依赖于国家信息政策指导下的正确策略，在微观上依赖于一定政策背景下的信息法规和具体的管理措施。作为信息服务的法制保证，信息法律确立了社会化信息服务主体与客体的共同规则，其强制性的社会约束和管理作用，是维持正常的信息服务秩序和保障各方面权益必不可少的手段。与此同时，信息政策和法律相互协调，是进行信息服务不可缺少的支撑体系。

（1）信息服务政策与法律的社会存在形式和社会作用

信息服务政策与法律以信息政策和信息法律为依托，其基本存在形式和社会作用体现在信息政策与法律的存在形式与作用之中。

"政策"是社会生活和管理所不可缺少的。从作用上看，政策是管理部门为了使社会或社会中的一部分向正确的方向发展而提出的指令、条例、计划、规划或项目。英文"Policy"一词是指政府、政党等组织为了完成特定目标，对所要采取的行动的一种形式表达。从决策角度看，西方学者对政策有两种较流行的观点。一种观点是，"政策是指某一团体组织为了达到自身的目的，在若干可取的方法中，做出的一种选择"。另一种说法是，"政策是执行行为的指引，是某一团体或政府在固定的环境中，所拟定的一个行动计划"。另外，关于政策就是"政府选择做或不做的行为"的提法也很流行。由于各国情况的差异和理解的不同，行政管理中的政策、规则、计划等有时出现交叉。联合国教科文组织在《国家信息政策指南》中指出："政策通常是指一系列基本的原则，行动规划则建立在这些原则之上，即政策是行动的总的原则。"马丁（J. Martin）对信息政策的解释是，"政策是所要实现的特定目标的阐述，是达到目标所需方法的阐述，是对所实施的方法的合理性的陈述，是调节行动的一系列规划或指南。"

从现实上看，信息政策是某一个国家或国际组织开展信息服务与发展信息产业所采取行动的概括性总体原则。从更狭义的角度看，信息政策是处理特定信息问题的一系列指导方针。信息政策可以由某一国际机构或组织制定，以此指导和约束与此相关的国际信息活动；在某一国家内，信息政策由政府部门或专业机构制定，中央政府和地方政府都可以依法制定适用于全国或地方的政策，用于指导和约束全国或地方的信息活动。在制定政策过程中，应有信息用户参与。关于信息政策的内涵与作用，以下两点是基本的：

运用信息政策宏观协调功能，实现目标。信息政策是政府协调一切有关信息服务组织活动的依据，信息政策是政府通过适当的途径来调整信息活动的手段，是满足社会信息需求的一系列决策，信息政策是关于信息生产、信息传递、信息收集和信息分配一系列活动的基石，信息政策在于控制信息的生产、分配和利用关系。

运用信息政策解决矛盾和冲突。例如，面对信息技术迅速发展带来了新问题，信息政策是为了解决困难和问题而产生的。信息政策面临的问题主要有两个方面：一是由于新的信息媒介和多种信息传播方式的发展，如何在采用新技术的同时防止和减少技术的副作用和不利因素；二是解决信息服务技术发展中利益的合理分配和利益的社会维护。

由此可见，信息政策是指在某一范围内，政府或组织决定实施宏观信息管理的导向和行为准则，是实现某种目标的原则性文件。信息政策具有政策的一般特点：

体现决策者的意志。政策是理想过渡到现实的一种途径，是国家管理的重要手段之一，国家通过各种指令和规定，将发展意志和设想转化成一定的准则，用以指导具体实践。

体现较强的时间性。政策是管理者为达到某一现实目标而制定的一定时期的行动纲领与方针。随着目标的实现或调整，政策会随之更改或消亡。

具有灵活性和多变性。政策不仅随着环境和外部条件的变化而变化，而且决策者意志的变化和管理目标的变化也会引起政策的改变。一方面说明政策可以不断调整，以对迅速变化的外界条件有较大的适应性；另一方面，如果控制不当，也会影响政策的连续性。

具有特定的实践性。政策一般都是为实现某一具体目标而制定的，实践活动的多样性决定了政策必须具体，而且在执行时还必须具有相当的可变动性，以便与时俱进地解决实践中的具体现实问题。

信息法律的社会存在是客观的，任何一个国家的相关法律都涉及信息服务的内容或有关信息服务方面的条款。用法律手段管理知识和信息服务，以此构造专门的信息法律，可以追溯到 17 世纪初期。最早的一部关于专利的法律是 1624 年英国颁布的《垄断法》。最早的一部著作权法是 1710 年英国实施的《安妮女王法》。由此可见，专门的信息法律与法规的产生是社会进步的结果，也是社会信息服务业的发展需要。

国家信息法律系指国家制定的，关系到在信息获取、使用、转让和保护过程中所产生的各种利益和安全问题的全部法律，而不只是其中的某一部分或某一方面的法律。

信息法律同其他法律一样，由国家制定并由国家强制保障实施，它具有一般法律规范的共同特征。但是，信息法律是以信息活动作为对象的，所以它又区别于其他法律，信息法律具有以下特点：

时代性。信息法律应符合社会信息化的需要，其内容和具体规定在很大程度上是以往所没有的。而且随着国家创新发展和社会进步不断发展和完善。

关联性。信息法律与其他法律是相辅相成的，它与行政法、民法、刑法、技术合同法、经济法等之间，存在着程度不同的联系。

综合性。信息利益问题和信息安全问题的多样性，决定了信息法律的涉及面，信息化发展中的各方面法律必然涉及信息法律内容。

信息法律的社会作用在于，通过调整社会行为规范，维护基本的社会权益、关系和运行秩序，主要包括：

引导作用。法律引导的对象是社会成员和组织的行为，即通过信息法律指引人们从事社会允许的信息活动，同时制止社会不允许的行为发生。例如，在信息的跨国界流动中，所在国的集团公司只能按《国家安全法》、《保密法》和有关跨国界数据流管理法规的条款进行对外数据传输与交流，绝不能超越法律规定。法律的这一作用保证了信息活动的有序和规范。

评价作用。信息法律是评价人们信息活动的准则，评价的对象是社会成员的行为，即社会他人可依据法律对行为者的行为做出评判。作为一种信息行为规范，信息法律内在地肯定一定的社会价值，必然具有判断行为的作用。例如，在信息中介服务中，用户可以利用法律准则评价服务人员的行为符合强制性的社会准则，以此出发有利于当事人权益的保护。

教育作用。信息法律教育的对象是相关的信息活动主体，在信息服务中包括服务管理者、承担者和用户。通过信息法律的实施可以对当事人和他人今后的行为发生影响。例如，某人因违反《保密法》而受到制裁，这对他本人具有的教育作用为特定教育作用，而对他人也因此受到的影响为一般教育作用。

强制作用。信息法律强制作用的对象是违法者，即依据法律制裁违法行为。由国家强制实施是包括信息法律在内的一切法律的实施准则。高度文明的社会必须以法律作保证，在信息化发展中，惩罚信息犯罪已不是一个单纯的信息问题，而是经济、刑事、社会犯罪问题。因此，信息法律的强制作用是十分重要的。

预测作用。预测作用是指人们可以依据信息法律，预先估计与之交往的他人将持什么态度，这是人们之间相互对待的问题。这种作用包括预先估计社会舆论和国家机关对自己和他人行为将有什么反应，通过预测作用可以增进人们在信息活动中的相互信任和维护人们合法权利和义务。

管制作用。信息法律和其他法律一样，从根本上体现国家和民众的利益，以此出发实现对公共事务的管理和社会的管制。在社会信息业发展和信息网络服务推进中，这种管制是国家创新和知识信息服务推进的基本保障。

（2）信息资源政策与法律的社会互补机制

信息服务政策与信息服务法律有着不同的社会分工，它们从内容、形式和作用机制上相互补充、相互完善，而成为社会信息服务的基本保障。信息服务政策与法律的互补，从总体上体现在信息政策和信息法律的区别与联系上。

信息政策与信息法律二者之间的主要区别在于：

就性质而论，信息政策是一种行政手段，信息法律是一种法制手段，显然，二者具有不同的制定、执行和监督机制，从而形成了相应的体制。

从作用范围上看，信息法律问题比信息政策更基本、更普遍、时效性更长，而信息政策的针对性强，政策的对象范围和有效时间范围比信息法律要小，因而更具阶段性和灵活性。

按执行的强制性，信息法律是国家权力机关以社会公众的名义制定的，由于具有明确性、稳定性和执行的强制性，信息法律是信息经济及各种社会关系的基本控制手段。相比之下，制订程序相对简单，针对性较强的信息政策，无法具有像信息法律那样的强制力。

在操作上，信息法律比信息政策的可操作性更强，不仅信息法律调整的社会关系客观存在，而且信息法律规范能合理准确地规定信息主体的具体权利和义务，因此信息法律具有独立的执行与监督机制。

信息政策与信息法律并不是互相排斥的，而是相辅相成的，主要体现在：

一部分成熟了的政策可以升华，以法律的形式固定下来，更好地调节相应的信息活动与各种信息关系，同时，信息服务中已有的信息政策为信息法律的制定奠定了实践基础。

科学合理的信息政策应当受到信息法律的保护。一方面，信息法律条文中应当规定信息政策的制定机构与制定过程，使信息政策按法定程序制定；另一方面，信息政策可能造成的负效应应当得到信息法律的控制，这种控制体现在信息法律的条文中；同时，只有借助于信息法律，信息政策才能真正得以贯彻与实施。

由此可见，信息政策和法律体系具有不可分性，二者只有相互协调，共同建设，才可能使社会化信息服务体系的确立得到保障。

信息政策与信息法律之间的区别与联系，要求我们在信息政策法规实践中必须正确处理两者的关系，将信息政策与法律作为一个整体进行协调建设。

8.5.2 信息服务政策构架与政策建设

信息服务涉及社会的各个方面，与所有的社会成员都有着密切的联系，对各个产业部门都有着关键性作用。这说明，信息服务政策具有一定的结构，各方面的政策构成了国家信息政策体系，由此决定了政策的基本内容。

（1）信息政策的内容构建

信息政策和其他政策一样，整个政策活动涉及政策制定者、监督者和执行者。例如科技与经济信息网络化服务政策的制定者是政府管理部门，监督者是政府和公众，执行者则是相关的信息服务部门。考虑到政策从制定到执行的全过程，涉及的问题包括：政策规范所涉及的领域和行为；政策制定对制度与体制的影响；社会状况和政策实施结果的估计；对信息政策所涉及的科技、经济、文化等问题的规定。

在具体问题处理上，信息服务政策必然落实到具体的问题上，因此应从信息政策制定者、监督者和执行者的不同角度综合确定信息政策内容。为了确定信息网络服务政策，我们按"政策结构"理论，预先拟定了可能涉及的内容，然后将这些内容归入综合调查表，提交给政府部门、综合性及专业性信息服务机构和信息用户，要求他们根据所拟各项内容的重要性按 0~10 评分标准进行评定。结果表明，信息网络服务政策应包含以下内容：信息资源开发与共享政策、信息资源管理政策、信息资源网络组织政策、有偿信息服务收费政策、信息产业管理政策、信息资源网络化服务奖励政策、信息保密政策、民营信息业发展政策、信息用户管理政策、信息资源服务责任条例与政策、国际信息资源交流与合作政策等。

我国信息服务政策的内容应该包括：确立我国信息服务的地位、行为准则，确立信息服务管理体制，规定信息服务的总目标和总方针。具体信息服务政策的内容广泛，主要包括以下几个方面：

①信息服务机构管理政策。在国家创新发展与信息服务的社会化转型中，我

国的信息服务机构正在由单纯的服务型向服务经营型转变。其中，信息服务体制改革是转型能否顺利进行的关键。为此，应制定相应的政策，对信息服务机构在现代环境下的发展原则、目标、收益、分配等做出明确的政策规定。

②信息服务投入政策。知识信息服务中，我国的公共信息机构仍然需要承担无偿信息服务的任务，因此国家必须投入资金以维持其正常运作。随着经济的发展，信息服务成本不断上升，国家应相应增加拨款数额，要确定信息经费在国民生产总值中的合理比例和经费增长速度，应明确规定信息有偿服务收入中用于事业发展的经费比例。同时，允许公益性信息服务机构以多种形式筹集资金，使其能自我发展。

③信息服务共享与资源保护政策。国家信息化与创新发展中，制定信息共享与资源保护政策是实现全国范围内的信息共享，提高信息资源开发利用率的重要保证。信息共享与资源保护政策包括：国内外文献的收藏原则和条例，知识信息资源的合理布局与分工协调，知识信息加工标准化、规范化，信息权益维护、信息生态环境保护等。

④信息服务管理政策。信息服务管理政策必须对信息服务的宗旨、方向、方针、内容和方式等做出规定。就无偿服务而言，要制定对重点对象实行优先支持的政策，制定信息服务评价和奖励政策。就产业制服务而言，其范围、质量要求、收费标准、收入分配等，都应该有统一的明确政策规定。同时，应出台产业制信息服务的竞争与合作政策。

⑤信息服务市场政策。信息服务市场政策必须适应我国创新发展环境与体制，其内容包括信息服务价格政策、"服务产品"销售政策、市场管理与监督政策和各类专门信息市场政策。在政策的指导下，当前的重要任务是确立完整的信息市场体制。在政策上，应立足于解决信息市场有序性管理和自我完善的问题。

⑥信息服务技术政策。信息服务的创新不仅是制度创新，也包括了技术创新，因此信息服务手段现代化是我国信息服务行业发展的战略目标之一。通过信息服务技术政策，可以对我国信息技术现代化的发展目标、途径、实施方法、步骤、措施等做出规定，以加速我国知识信息服务现代化的进程。

⑦信息服务合作政策。信息服务合作政策包括国内各部门的网络合作、国际信息交流与合作，以及信息合作安全方面的政策。信息服务合作政策关系到国家安全、经济利益和其他利益。政策的制定宗旨：一是鼓励开放、合作，从而有效利用国内外信息服务；二是严格信息安全制度，保护国家信息资源与信息安全。

（2）信息服务政策的制定与实施

信息服务政策的制定与其他方面的政策一样，其基本制定程序是相同的，因此在制定信息政策的过程中可采用制定政策的一般方法。这里，我们强调的是信息政策的制定目标、制定依据和制定原则问题。

信息服务政策活动是一项目标活动，各种政策的制定无不以实现某种社会目标为基础。可见，目标分析是制定信息服务政策的起点。

政策目标是一个总称，具体来讲，可分为：最终目标和中间目标；总目标和子目标。实际上，中间目标不只是一个而是多个。因此，政策目标一般是一组，应从多目标的角度去把握信息政策目标。最终目标是信息政策总体追求的最高目标。

中间目标是信息服务政策的具体目标。最终目标总是通过各项具体目标而逐步实现的。由于最终目标一般是粗线条的、战略性的，在政策实施过程中必须有尽可能准确表达的具体目标，同时由于最终目标和政策手段之间有很长的作用距离，需要有中间目标起连接作用。中间目标容易对政策手段的后果作出迅速而明确的反应，因而中间目标应与政策手段直接对应。

我国创新发展中的信息服务政策的最终目标是完善社会化信息服务体制与体系，以确保社会的进步与发展。在实现总目标过程中，有必要制定知识信息服务体制改革政策、信息技术开发政策以及信息网络建设等方面的具体政策。以便通过中间目标的实现，最终达到总目标的要求。事实上，当一项政策目标覆盖范围比较广时，应将其分解为一系列子目标。最终目标和中间目标的关系，也可以理解为是一种总目标和子目标的关系，这是一种政策过程方向上的目标分解。此外，也有同一时期内政策内容范畴方向上的目标分解，例如，国家信息政策总目标可分解为：信息机构转型目标、信息资源共享政策目标、信息业发展政策目标；信息技术开发政策目标等。总目标分解为子目标后，子目标之间往往存在某些冲突，因此应以实现总目标为原则进行协调。

虽然各国对信息政策的提法不同，但所有国家的政府都必须实行某种形式的国家信息政策。当前决定知识信息服务政策的共同依据是国家对新技术革命的适应能力、经济实力和技术经济发展状况。对我国来说，这意味着必须针对创新型国家的发展需要采取对策。从客观上看，即使是强国，也存在脆弱的一面，因此在激活国内信息服务机制，最大限度开发和利用知识信息资源的同时，必须将全面保护国家利益纳入政策之中，以此为基础确立信息服务政策的制定依据。

从当前情况看，信息服务政策的制定呈现出三个发展趋势：政策的范围日益扩大，具体说来，从对科学技术信息的重视转为对国家创新服务政策的重视；在制定政策方面，通过鼓励信息服务中的竞争和消除国内信息服务的现有的和潜在的障碍，强化信息市场的作用；通过制定一系列法规，以保证知识信息服务中各方面利益的维护。

在信息化的国际环境中，科技与经济竞争日趋激烈。在这种背景下，我国信息服务政策的制定依据应包括：国家经济基础；国家科技发展基础；信息产业基础；国家知识创新与科技发展基础等。

从综合角度看，在面向国家创新的信息服务政策制定与实施应遵循以下原则：

科学性原则。信息服务的发展有着自身的内在规律、特点和规范。在制定信息政策时，必须严格遵循信息服务的发展规律，这样才能制定出符合客观规律的、科学的信息服务政策。科学性原则包含的另一层含义是在制定信息服务政策的全过程中，必须采用科学的程序和方法，以保证信息服务政策具有较高的科学性和正确性。

系统性原则。信息服务是多层次、多侧面的，这决定了政策的系统性。信息服务政策是由纵向层次结构和横向联系结构组成的体系，在政策体系中，虽然各项政策的具体目标、内容和适用范围等各有不同，但都必须服从信息服务发展的总方向、总目标和总任务，系统性原则正是体现了政策体系的层次性和联系性。

针对性原则。所谓针对性，就是在制定信息服务政策时，必须针对我国的实际需要，针对不同的目标和任务制定出适合我国国情的具有中国特色的信息服务政策。不同的国家，信息服务体制和模式不尽相同。因此，应根据自己的实际，制定出相应的政策。在我国，必须针对我国的体制和模式，制定出比较符合我国实际的可行的信息服务政策。

连续性原则。这是指前后制定的信息服务政策应该具有连续性。尽管信息服务各个阶段发展重点不同，呈现出阶段性，但信息服务的每一步发展都离不开原有的基础，其发展具有明显的连续性。因此，我们制定新的信息服务政策时，必须考虑原有的政策基础，以保持一定的连续性和完整性。

稳定性原则。稳定性是指信息服务政策在一定的历史时期和政策前提下，必须保持相对的稳定性。这种稳定的信息政策有利于信息服务的稳步发展，有利于充分发挥政策的约束力。稳定性原则对不同的政策应区别对待，各种长期的、宏观的政策应保持较长时间的相对稳定，而具体的、微观的政策则在信息服务实践中不断补充和完善。

灵活性原则。科学的信息服务政策，不仅要有较强的原则性，而且要有一定的灵活性，对一定范围和一定程度的情况变化具有较强的适应能力。灵活性原则要求信息服务政策必须保持充分的弹性，以及时地适应客观环境的各种可能变化，这样才能动态地有效地发挥政策的作用。

反馈性原则。反馈就是政策实施之后，将其作用结果反馈回来，并对政策的再输入产生影响，起到对政策的控制作用，以达到预期的目的。信息服务政策制定是否合理、执行是否有效的关键之一，在于服务政策执行体系是否灵敏、准确和反馈有力。

前馈性原则。前馈即在问题未出现之前，政策控制系统已预测到将要出现的问题，并在问题未出现之前就预先施加政策影响，以防止产生新的问题。制定信息服务政策的目的是解决现在和未来的问题，前馈性原则要求在信息政策制定前，就对未来的情况进行预测；在政策方案制定之后，也需要预测该方案在实施中可能产生的预期外结果，据此调整制定者的思想和行为，不断修改和完善政策方案。

8.5.3 信息服务法律体系的确立和完善

恩格斯指出，社会发展到了某个阶段，便产生了这样的一种需要，要求把每天重复着的生产、分配和交换产品的行为用一个共同规则概括起来，设法使个人服从生产和交换的一般条件，这个规则首先表现为习惯，后来便成了法律。在信息服务领域，社会需求与信息服务实践决定了信息法律建设中的信息服务法律要求。

（1）信息服务法律体系与内容

信息服务法律包含在信息法律之中。同其他法律一样，信息法律也必须体系完整，结构严密，逻辑严谨。信息法律的体系构成大致可包含三个部分：主要法律，即制定一部完整的、长期起作用的、专门的信息法律；辅助法，即根据主要法律再颁布有关的细则、补充规定和条例等法律文件；必要的单行法规、条例、章程等法律文件。这样，就可以形成一套完整的信息法律体系。

一般而言，信息法律体系包括以下几个方面的法律内容：

信息产权法律。在如何传播、利用和管理社会信息的问题上，信息的"独占性"和"共享性"之间的矛盾尤为突出。信息的共享和保护、扩散和保密互为条件，相互制约。由于信息化社会的主体变化，对于保护人们对其创造性智力成果所享有的合法权利而言，只限于历来的工业产权显然不够，人们现在面临的是对信息产权的保护问题。信息产权的核心内容是著作权和工业产权。另外，个人数据、商业秘密、科学发现等也属信息产权的范畴。显而易见，立法保护信息产权是鼓励人类智力活动，传播和应用人类文明信息，保证国家创新和个人利益不受侵犯的重要手段。

信息安全法律。信息交流服务愈充分，社会受益就愈大。然而信息交流服务应以国家机密和公民隐私得到保护以及完全得到保障为前提。另外，信息的保密与安全，又应以促进信息正常交流为目的，哪一个方面也不能偏废。因此，对于一个国家来说必须立法保护数据的安全、信息系统的安全、计算机的安全、国家的信息主权和个人的信息权等，同时打击信息犯罪。

信息市场法律。在信息市场法律中首先必须对诸如信息产品、信息交易、信息市场、信息产品价格、信息市场竞争与管理等做出明确的界定，然后对信息产品和信息交易的范围进行界定，确定信息产品价格的法律依据，最后解决信息市场公平竞争的问题。在市场竞争方面，尤其要注意确保国有单位之间、国有与民营单位之间，以及民营与民营信息机构之间在公平条件下的竞争，不允许不正当地垄断信息资源；要处理好信息资源独家占有与共享之间的矛盾；要对信息服务的行为进行法制规范，以保护信息服务者和用户的利益。

信息法律与其他法律一样，也具有一定的形式，不同形式的法律依其制定的机关不同而有不同的效力。我国信息法律形式有宪法中涉及信息行为的条款、专门法律（包括专门的信息法律和与信息行为相关的其他法律）、行政性法规（涉及信息行为的条款）、信息法规、信息条例以及有关的规范性文件等。这些法律的制定可以作如下区分：

根本法律。宪法是我国的根本大法，是包括信息法在内的一切法律的依据，由国家最高权力机关全国人民代表大会制定。它以国家的经济制度、政治制度、公民基本权利义务、国家机构的组织和活动原则等根本问题为内容，具有最高的法律地位和效力，各种形式的信息法律都渊源于它。

专门法律。专门的信息法可以分为基本法律和非基本法律，前者（如《中华人民共和国经济合同法》）由全国人民代表大会制定，后者（如《中华人民共和国专利法》）由全国人民代表大会常务委员会制定。全国人民代表大会及其常务委员会所做出的决议、决定，凡具有规范性者，也属于我国法律形式之列。

信息法规和其他规范性文件。信息法规和其他规范性文件（包括条例、命令、决定等具有规范性的法律文件）由国务院及其各部、委制定。地方性法规和法律规范文件由地方各级人民代表大会及其常务委员会、地方人民政府制定，它是在国家法律框架下制定的。

此外，不属于我国国内法律范畴的，但我国参加的一些国际条约，就其对国内法律的约束力而言，也属于法律形式之列。例如联合国教科文组织的某些规定，世界知识产权组织对知识产权的国际保护等，也对包括我国在内的有关国家有实质性约束力。

（2）信息服务法律的制定与实施

同其他法律制定一样，信息法律的制定程序为：

法律议案的提出。法律议案是法律制定机构开会时，提请列入议程讨论决定的关于法律制定、修改或废除的提案或建议，一般由具有法律提案权的机关或人员向法律制定机构提出。

法律草案的讨论。法律草案的讨论是法律制定机关对列入议题的法律草案正式进行的审议和讨论，这是立法的实质性工作之一。

法律的通过。法律的通过是指法律制定机关对法律草案经过讨论后以法定方式表决，从而正式通过，使法律草案成为法律的工作。

法律的公布。法律的公布是指法律制定机关将通过的法律用一定的形式予以正式公布，从而付诸实施的过程。这是立法程序的最后工作。

信息法律的制定，旨在保护本国的信息资源、维护本国的利益和国家安全。由于各国的政治制度、经济体制和发展水平等方面的不同，必然导致法律观念和法律实质的不同，这是十分自然的现象。然而，由于国际信息环境和技术环境的变化，使得国际信息交往远远超过其他交往，以至于在各国的对外活动中出现了特殊的信息法律争端。为了解决这些争端，各国通力合作缔结了某些国际性的信息条约，以此协调各国法律活动，即通过政策作用协调法律活动。

20世纪90年代以来，我国随着信息化建设和创新发展的实现，信息服务法律、法规建设不断加强。1992年以来，包括知识产权保护、信息安全、互联网管理、信息服务经营在内的专门法律，已形成了完整的体系。其法规文件已涉及信息管理与服务的各个方面。进入21世纪，在经济全球化背景下，我国的法律建设在维护国家主权、利益和保证国家创新发展中，逐步实现了国际开放和接轨。

然而，我国与发达国家的信息法律建设相比，尚存在差距，主要表现在：我国的信息法律体系尚不如发达国家健全，这在一定程度上影响了信息服务业的发展；在许多领域，我国用政策代替法律，从管理角度看，增加了工作量和管理层次；与发达国家相比，我国尚须加强对我国信息资源保护和跨国界数据服务的立法。

与发达国家相比，我国具有管理上和体制上的优势。如美国实行立法、行政、司法三权分立，国会、政府与法院各司其职，加上各州拥有较大的权力，导致法律程序复杂、法律制定分散，以及法律文件的繁多，从而造成了执法的困难。我国的体制保证了信息法律制定和实施程序有利于执行和便于管理的优势。这对加强法制建设十分有利。加强我国信息法律建设应注意以下工作：

吸收国外市场经济信息法律的合理部分。世界各国普遍遵循的法律效益原则、公平原则、安全原则，这些应为我国所借鉴。所谓效益原则既包含着法律所保障的信息服务效益，同时也规定了服务中的利益关系；公平原则是指法律保护市场活动中当事人地位彼此平等、公平交易；安全原则是指国家必须严格管理与监督信息服务活动，以确保社会和国家的利益。

借鉴国外经济转型期的立法经验。与市场经济体制完备的国家相比，中国的市场体制尚处于发育阶段。因此，在借鉴国际经验时，不仅应当借鉴发达国家与发展中国家成熟的法律经验，而且更应参考国外经济转型和创新发展中的法律经验。当前，我国的改革进入一个最为关键的时期，我们必须用法律对信息服务进行管理，以构建完善的市场体系，为今后信息业的发展打下基础。

促使我国的信息法律同国际接轨。目前，各国的普遍趋势是在努力创造良好的国内法律环境的同时，注重对国际法律环境的适应，使国内法律同国际社会的普遍实践相一致，以便在法律地位上占有优势。这可以从以下三方面着手：一是向国外法律制度的某些"共性"接近；二是加强涉外法律的制定，保障国际准则、国际惯例和国际公约在国内的实行；三是在某些原则上吸收国外法律中的科学准则。

兼收并蓄建设有中国特色的法律体系。在法律制定与实施过程中，应特别注意加强执行力度，杜绝有法不依、执法不严的现象出现。我国与国际接轨过程中应注意运用合理的手段，以有效地保护我国创新发展中信息服务的自主权。因此，当外来法律同本国传统价值观发生抵触时，非常重要的一点是需要根据我国的实际情况进行处理。

9

以价值为核心的知识信息服务评价体系确立与评价组织

知识信息服务的绩效不仅体现在知识信息机构本身,更重要的是体现在服务对象的创新发展上。因此,从知识信息服务价值出发构建科学的评价系统,选择客观的指标体系,寻求针对性的评价方法是其中的关键所在。另外,在知识信息服务评价的组织上,应坚持以创新绩效为中心,致力于知识信息服务的可持续发展。

9.1 知识信息服务价值与价值实现

知识信息服务在整个国家创新与经济发展中起着重要的保障作用,知识创新主体通过知识发现、获取、转移及信息服务的利用,获取效益和发展机会。从面向用户的服务效益上看,知识信息服务价值体现在用户的核心价值形成以及核心竞争力的提升上。这说明,知识信息服务的价值机制决定了服务绩效和绩效导向下的服务评价。

9.1.1 知识信息服务内涵价值与价值结构

从内涵上看,知识信息服务的价值体现在向用户提供的知识信息服务内容上，从价值实现上看，信息客体价值和服务价值的关系决定了总体价值的形成。

"知识信息"是指与知识内容相对应的载体，或者说是反映知识内容的信息。它是知识的外在表现形式。知识信息又是知识的外延形态，同时具有知识和信息的基本属性。因此，知识信息服务是基于知识的信息服务或者说是知识范畴下的信息服务。知识创新中信息服务本质以服务于知识创新为目标，不仅需要面向科学研究部门的知识的生产，而且要面向知识的转移和应用，其宗旨是为各类用户提供知识信息保障。从服务组织上看，需要专门的机构和人员承担。在服务中，采用科学的组织方法进行知识信息的收集、管理、重组，从而为用户提供有效的知识信息应用和知识创新的服务①。由此可见，知识信息服务的价值是通过用户利用信息来实现的，即知识信息服务价值的内涵则是知识价值在用户利用中的体现。因此，知识信息服务价值实现的关键，一是信息内涵知识价值的发挥，二是服务对价值提升的作用，即服务增值价值。所有两方面的价值，无不与信息、用户和服务相关联。这说明，信息、用户与服务的交互关系体现了知识信息服务的价值关系。

知识信息作为一种资源，是各种具有可用性的知识在一定载体中的存储，它具有分散分布和难以有效控制的特性。这意味着，用户在获取信息过程中必然存在多方面障碍，知识信息服务的价值就在于对知识信息资源的收集、组织和面向用户的供给上。由于服务的利用，用户可以方便地获取有用的知识信息，从而实现信息的利用价值。可见，知识信息服务的内涵价值集中体现在信息服务的业务过程中。由于信息服务的存在，用户可以获取原来难以获取的信息，可以发掘原来难以发掘的内容，可以通过信息交互作用，实现价值的提升。图9-1集中反映了知识信息服务的价值内涵关系。

从图9-1可知，知识信息服务的价值实现由以下关联因素决定：

用户的知识信息价值需求。用户对信息服务的需求来源于对服务所涵盖的信息客体需求，而信息客体相对于用户的价值则是价值实现的先决条件。从客观上看，用户需求由职业活动引发，知识创新需求决定了知识信息需求，这种需求具有与用户所从事的业务活动内容、知识结构以及利用信息的条件相匹配的特点。

知识信息需求导向的服务价值。知识信息服务是用户获取信息、挖掘知识和传播、交流利用信息与知识的保障。其价值体现在服务的针对性、完整性、时效性、全面性和使用效率、效益上。通过服务，用户获取信息的范围扩大、时效增强和利用内容的深化，导致了知识信息利用价值的提升。知识信息服务由收集、

---

① 邓胜利，胡昌平. 建设创新型国家的知识信息服务发展定位与系统重构 [J]. 图书情报知识，2009（2）：17-21.

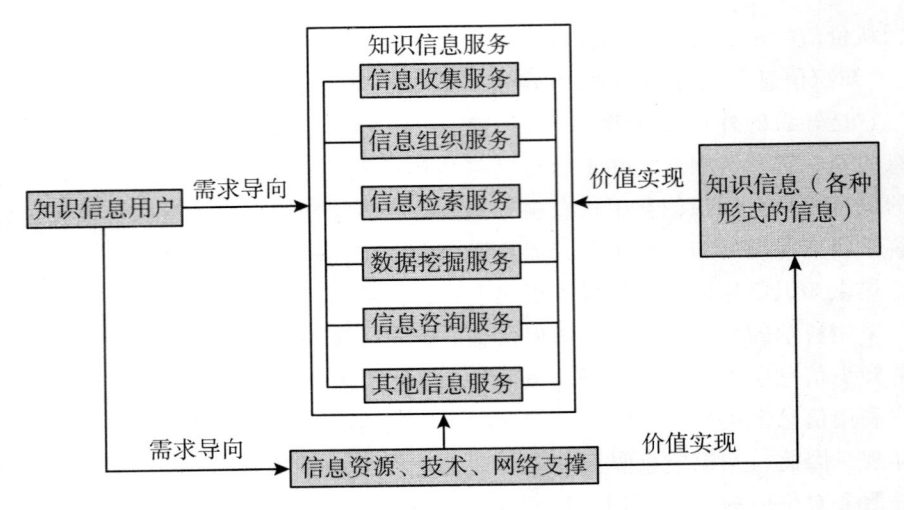

图 9-1 知识信息服务内涵价值

组织、检索、挖掘、咨询等具体内容构成，这些服务的开展决定了服务的利用价值与利用效益。

知识信息基础条件支撑价值。知识信息服务需要基础条件作支撑，其中不仅包括信息基础设施等社会化共用条件，而且包括信息资源的组织、技术应用和信息网络等直接关联条件。对于信息基础设施的建设，各国已纳入国家规划下的社会化建设轨道（如美国的信息基础设施建设计划，欧盟、日本的相应计划，以及我国作出的信息化建设安排），所以在知识信息服务组织中，被视为基本的信息环境。在现代信息环境下的信息资源、技术与网络支撑，被视为具体的知识信息服务基础条件支撑。条件支撑除作用于知识信息服务外，也为用户直接利用，从而产生了支撑效益。

知识信息服务的价值实现。知识信息服务的价值最终体现在用户利用服务的效益和利用内涵知识信息的价值实现。在知识信息服务的价值实现中，用户对知识信息服务的利用能力，信息服务与用户需求的匹配度，服务相对于知识信息载体的适配性，以及用户对知识信息的客观利用水平，决定了价值的发挥。可见，知识信息价值实现是一个涉及面很广的问题，以此出发的服务价值提升，一是关注用户的服务体验，二是关注服务中的用户交互。只有符合用户体验行为和实现面向用户的交互服务，才能使价值最大化。

从以上分析可知，知识信息服务的价值实现是一个全方位的作用过程。这个过程与服务业务组织相关联，因此应针对具体的服务作出针对性评价。

图 9-2 反映了基于动态网络的知识信息服务构建与实现流程。面向用户的知识信息服务通过知识整合、资源重组、智能代理、网络支撑、知识发现等环节

来实现。在服务组织上，依托动态联盟进行智能化专家服务、虚拟共享服务和交互式个性化服务；所面向的用户群包括政府部门、高等学校、研究机构、企业和其他组织。显然，对该动态网络的知识服务评价，必然涉及价值结构中各因素的作用。因此，可以将图 9-1 所示的价值实现具体化，即从用户、资源和信息关联作用出发，进行分析。

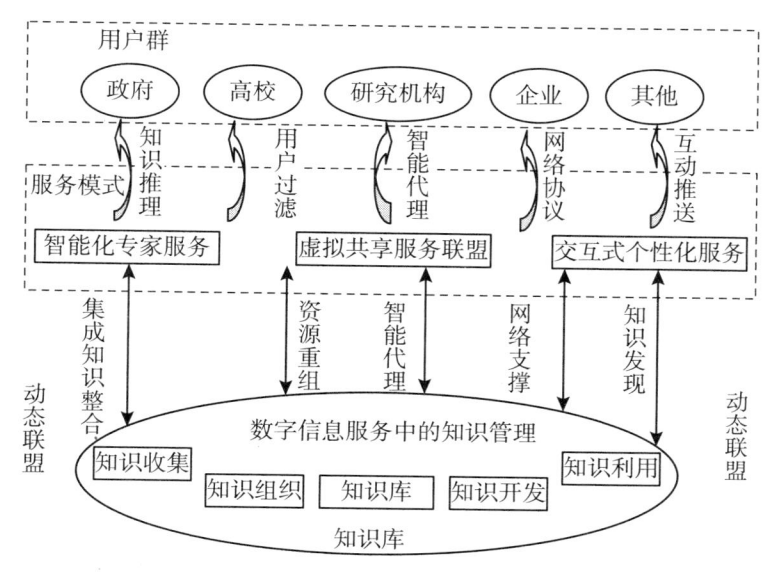

图 9-2 基于动态联网的知识信息服务分析

由于信息的分布和流通是不均衡的，信息价值的实现也是有条件的，因而我们需要在有限资源上对信息实现有效重组。信息资源重组的目的是以最为恰当的形式进行信息的选择，以便充分利用有限资源，尽可能发掘出信息的内涵。

智能化专家服务、虚拟共享服务和交互式个性化服务，在实现用户交互中，代理用户完成信息的查询、筛选、收集，最后把结果提供给用户。智能性可理解为服务系统对用户自然需求表述的理解，通过捕捉用户的个性化，以在虚拟共享环境下开展面向用户的全程服务。

网络支撑依托网络协议构建信息服务的支撑中心和数据中心，实现知识信息服务的协同。基于动态网络的知识信息服务价值的最终体现是用户的信息使用效益和知识信息的价值实现。值得指出的是，政府部门、高校、研究机构、企业和其他用户的不同需求结构，决定了不同的价值机制。所以，该系统的价值是复合价值的分布体现。

知识信息服务通过帮助用户提供高信息利用效果和信息保障水平，实现核心价值，使服务方和用户方同时获取社会效益和经济效益。

核心价值是组织拥有的区别于其他组织的不可替代的、难以模仿的、最基本最持久的价值,是组织赖以生存和发展的根本原因。对于知识信息服务而言,核心价值以其他服务无法取代的形式出现。这是因为,知识信息服务有着与信息用户的知识创新不可分割的内在联系,其服务价值最终体现在用户的创新发展上。对于国家而言,则是信息服务行业的价值所在。因此,应从价值体系构建角度进行价值分析和服务评价。

9.1.2 知识信息服务的价值实现机制

知识信息服务的价值实现建立在知识信息的组织、管理和知识信息的内化与外化价值链基础上。价值链(Value Chain)理论最初由美国波特(Michael Porter)提出。在《竞争优势》(Competitive Advantage)一书中,波特指出,价值链是由各个互不相同而又相互关联的价值创造活动按照特定方式联结而成的链条[1]。一个组织的知识信息流动的产生和更新自然存在价值链关系。组织的知识信息,随着它的成长而积累,知识信息管理与服务的实质就是对知识信息价值链进行管理,使知识信息在运动中不断增值。利用波特的价值链模型所建立的知识服务价值实现模型见图9-3,它反映了知识信息的生成、组织、内化和外化[2]。

如图9-3所示,知识信息组织通过知识信息识别、知识信息获取和知识信息选择,搜索和管理外部信息资源和机构的内部信息资源。知识信息的获取有多种来源,包括社会化的信息资源以及机构资源共享者、用户、专家和虚拟联盟的资源。主体与合作者参与下的物理网络和关系网络与服务机构的内部知识系统链接起来,便形成了外化的知识信息资源系统[3]。

在知识信息服务组织中,通过对信息的有序化存储和有序化整合,形成有组织的数据库或系统,在资源库或系统中可以选取有用的或有针对性的知识信息,通过协议向用户提供,以实现知识信息的价值转移[4]。知识信息内、外化结合的管理是知识信息在不同主体之间流动和传播的基础,从服务实现上看,不仅需要将无序杂乱的知识信息整合成有序的知识信息库,而且需要在有信息组织的基础上开展深层次知识信息服务或个性化知识信息提供。这便是知识信息服务的价值所在。

---

① [美]迈克尔·波特,陈小悦译. 竞争优势[M]. 北京:华夏出版社,1997:34.
② Holsapple C. W., Singh M.. The knowledge chain model: activities for competitiveness [J]. Expert Systems with Applications, 2001(20):77-98.
③ 彭锐,吴金希. 核心能力的构建:知识价值链模型[J]. 经济管理·新管理,2003(18):20-25.
④ Saliola F., Zanfei A.. Multinational firms, global value chains and the organization of knowledge transfer [J]. Research Policy, 2009(38):369-381.

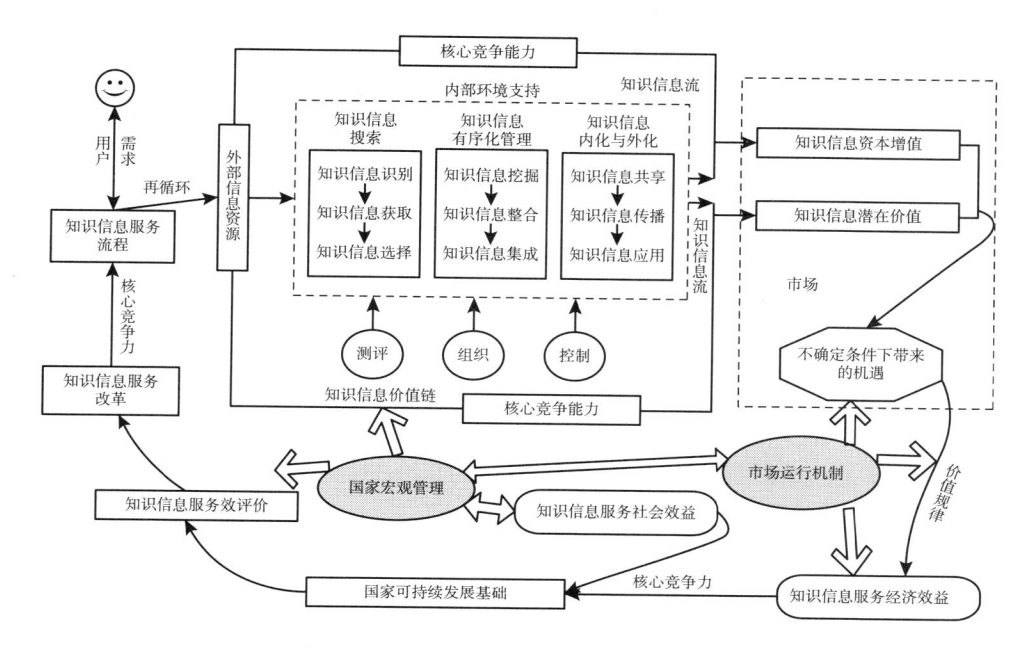

图 9-3 知识信息服务价值实现模型

网络环境下，知识信息的内化与外化通过共享机制，建立知识信息管理的交互平台，以实现内外知识信息的共用，继而为知识信息的用户提供服务。

知识信息利用是知识信息流实现增值的过程，信息服务机构通过知识信息的累积增值，为用户提供针对性服务。知识信息价值链中的知识信息搜索、整合、集成是知识信息流组织的中间环节，通过服务的知识信息利用价值的提升才是知识信息价值转化的中心环节①。

知识信息价值链除了基本活动外，还包括辅助管理活动。辅助管理活动是指不直接参与从信息组织到信息的利用的基本运作，但对知识信息管理的起支持和规范作用的活动②。因此，信息基础设施建设、资源规划、环境优化等活动也是开展知识服务的必不可少的条件。

从知识信息价值链的分析中可以看到，知识信息的价值运行是知识信息组织、服务和利用的关联过程。因此，利用图 9-3 所示的知识信息价值实现模型作为知识信息服务的评价依据，可以发现知识信息价值运行中的优势和劣势，由

---

① Pedroso M. C., Nakano D.. Knowledge and information flows in supply chains: A study on pharmaceutical companies [J]. Int. J. Production Economics, 2009, (122): 376-384.

② Robert A. P., Stephen M.. Services innovation: Knowledge transfer and the supply chain [J]. European Management Journal, 2008 (26): 77-83.

此可以确定正确的知识信息评价路径[①]。

另外,知识信息服务价值实现也是基于知识信息价值链活动的知识信息资本增值过程。例如,通过知识信息的利用可以消除知识创新中不确定因素的影响,发现潜在机会,在市场作用下可以获得知识信息服务的经济效益,以增强服务机构可持续发展能力。在国家创新发展中,体现在面向宏观经济的发展效益[②]。

目前,国家公共信息服务机构的投入主要来源于政府拨款和机构投入。随着国家创新经济的发展,知识信息服务机构的运行体制已经发生了变化。在知识信息服务行业实现双轨制运行的情况下,需要开拓市场化的服务业务,以便在价值规律作用下实现知识信息服务机构的效益提升,创建知识信息服务的可持续发展的基础。因此,知识信息服务的价值实现,也应在知识信息服务宏观评价中得到体现。

可以预见,随着我国创新发展机制的不断完善和知识信息服务机构改革的不断深入,知识信息服务机构价值实现机制将在国家宏观管理下进一步完善。实践证明,通过持续的服务创新,在全球数字化信息服务迅速发展的背景下,构建新的知识信息服务价值链,实现价值链的延伸,是重要的研究课题。因此,知识信息服务机构评价的发展趋势是以知识信息机构服务于用户所产生的投入、产出效益为评价核心。另外,知识信息服务价值还表现为环境生态价值,即服务对优化信息环境的价值体现。这一问题也必须在评价中得到体现[③]。

9.2 知识信息服务评价依据与模型

知识信息服务应有科学的评价依据和模型。评价依据和评价模型,既是理论问题,更是必须面对现实的服务发展问题。因此需要从国内外现状出发,在知识信息服务评价理论构研究,寻求客观的评价依据和原则,以此出发构建可行的评价模型。

[①] 徐可. 企业知识价值链模型研究及运行机制 [J]. 商场现代化,2007 (10):138 - 139.

[②] 胡锦涛. 在纪念党的十一届三中全会召开30周年大会上的讲话(2008年12月18日)[J]. 求是,2008 (24):3 - 16.

[③] 梁孟华,李枫林. 创新型国家的知识信息服务体系评价研究 [J]. 图书情报知识,2009 (2):27 - 32.

9.2.1 知识信息服务评价依据

知识信息服务评价应从用户和机构发展两方面出发，既使用户满意，又使服务机构得以持续发展。同时，从宏观上看，还应有合理的投入、产出机制和有利于知识创新的系统发展机制。这几个方面，构成了评价的出发点，由此形成了"满意度"评价理论和投入—产出与系统评价理论。

（1）基于用户满意度的服务评价

用户满意度（Customer Satisfaction Index，CSI），又称为用户满意指数，最早由美国密歇根大学国家质量研究中心和美国质量协会提出。它通过测量用户对产品和接受服务后的满意程度，得出产品和服务质量的评价数值，以此来反映产品和服务的质量状况。此后，帕特里夏（Patricia J. Holahan）等将其应用于图书馆服务评价，从而形成了以信息用户满意为中心的评价体系[1]。最有影响的是LIBQUAL+™和Insync Surveys两种测评体系模型。

①LIBQUAL+™评价模型。1999年12月，美国研究图书馆协会（ARL）根据TEXAS大学图书馆6年来对SERVAQUAL的研究和实践经验，共同发起了"LIBQUAL+"研究计划。LIBQUAL+计划是图书馆为了更好地服务用户而通过追踪、访问等方式了解用户对服务质量的评价和对评价结果进行的分析计划[2]。

LIBQUAL+™基本模型形成于2000~2003年的4轮用户满意度调查和反馈，从而将LIBQUAL+™模型的绩效维度归为服务影响（Affect of Service）、信息获取（Information Access）、图书馆整体环境（Library as Place）和个人控制（Personal Control），如图9-4所示。随后，在应用中，LIBQUAL+™模型指标调整为服务影响（Affect of Service）、图书馆整体环境（Library as Place）和信息控制（Information Control）3个方面，包含22个核心评价问题。

在数据获取中，LIBQUAL+™采用了基于Web界面的用户感知问卷调查评价方法，参加馆之间还可开展基准检查，以了解同类图书馆的服务状况。LIBQUAL+™分析结果的呈现形式比较直观，它把图书馆三个方面的绩效统计结果和分析数据分别以长条图（Bar Chart）、极坐标图（Polar Charts）和雷达图

---

[1] 向海华. 图书馆用户满意度的影响因素探究[J]. 图书情报工作, 2005 (3): 83.
[2] LIBQUAL+Charting Library Service Quality [EB/OL]. [2010-03-04]. http://www.libqual.org/About/Information/index.cfm.

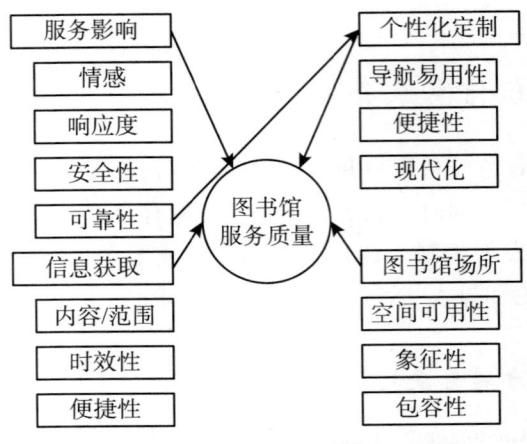

```
服务影响          个性化定制
情感              导航易用性
响应度            便捷性
安全性    图书馆   现代化
可靠性    服务质量
信息获取          图书馆场所
内容/范围         空间可用性
时效性            象征性
便捷性            包容性
```

图 9-4　LIBQUAL+™模型结构

资料来源：Cook C., Health F. and Thompson B.. Score norms for improving library service quailty: A LIBQUAL+™ study [J]. Libraries and the Academy, 2003 (3): 113-123.

(Radar Charts) 形式加以显示，从而直观地反映各种差距①。根据评价分析结果，大学图书馆一是能够参照用户的期望来改善自身的服务质量，二是可以参照评价基准，缩小与同行之间的差距。

LIBQUAL+™的基本思路与SERVQUAL相似，也以用户调查为基础，比较合理地解释了影响图书馆服务质量各因素之间的相互关系。在世界范围内的大学图书馆和公共图书馆中得到了成功的应用。但是，基于用户满意度的LIBQUAL+™的绩效评价理论和模型还存在以下不足：

LIBQUAL+™评价体系的信度和效度问题。LIBQUAL+™将用户的判断作为图书馆服务质量的唯一评价依据，其调查表设计比较简单，用户的回答随意性较大，以致评价结果的可靠性大打折扣。LIBQUAL+™信度和效度方面虽然具有可接受的指标，但在个别问项对用户感知评价数据处理却存在非客观的基准。如询问用户对于"可在宿舍或办公室访问图书馆电子资源"的实际感知时，就难以反映客观的现实满意状况②。

LIBQUAL+™评价体系的适用面问题。LIBQUAL+™将固定的指标体系应用于所有的图书馆，没有区分图书馆的类别和用户结构，同时，如果其应用于图书馆以外的知识信息服务评价，其维度设计和指标构建尚有许多问题需

---

① 徐革. 我国大学图书馆电子资源绩效评价方法及其应用研究 [D]. 西南交通大学, 2006: 47.
② 刘锦源. LIBQUAL+™的信度与效度检验：来自本土大学图书馆的证据 [J]. 图书情报工作, 2007 (9): 98.

要解决。[1]

②Insync Surveys 模型。Insync Surveys 模型是澳大利亚一家专门提供调查服务的商业公司建立的。图书馆用户满意度调查是其业务之一，其思想则直接来源于 20 世纪 80 年代末的一项研究。随后，开始为相关组织机构提供商业化服务[2]。Insync Surveys 用户满意度调查自 1998 年在墨尔本大学图书馆实施以来，与澳大利亚大学图书馆员委员会（Council of Australian University Librarians, CAUL）建立了稳定的合作关系[3]。

在用户满意度调查中，Insync Surveys 构建了关注度和满意度矩阵，以此为基础，形成了"关注度—满意度"问卷调查结构。在实际调查评价中，首先在一定的量表上（目前采用 7 度量表）测定指标的关注度（Importance），然后测定指标的满意度（Performance），在分析中以两者的差距（Gap）作为服务改进的依据（见图 9 – 5）[4]。

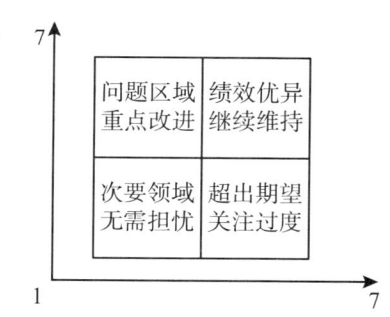

图 9 – 5 Insync Surveys 关注度/满意度矩阵模型

Insync Surveys 指标体系采用层次化构建方法，即将用户满意度分解为若干层面，再将各层面具体化为若干具体指标，各指标之间相互区别又相互联系，从而形成了一个完整的指标体系结构。测评指标体系反映了测评的核心内容，是测评工具发展成熟的标志[5]。

Insync Surveys 指标体系的核心指标是动态性的，2005 宣称"每两年进行一次更新。2006 年为了适应信息环境的变化，增加了虚拟服务层面（Virtual Li-

---

[1] 曹培培. LIBQUAL+™服务质量评价方法的思考与改进——以高校图书馆为例 [J]. 图书情报工作，2008（4）：101.

[2] Insync Surveys. [EB/OL]. [2010 – 03 – 04]. http://www.insyncsurveys.com.au/.

[3] Saw G., Clark N. Reading Rodski: User Surveys Revisited. [EB/OL]. [2010 – 03 – 04]. http://www.library.uq.edu.au/papers/reading_rodski.pdf.

[4] 张为杰，杨广锋，周婕. Insync Surveys 图书馆用户满意度调查分析 [J]. 图书情报知识，2009（11）：34 – 38，86.

[5] 杨广锋等. 图书馆用户满意度测评流程与技术分析 [J]. 图书情报工作，2008（3）：88 – 91，95.

brary，VL），形成了"7+6+7+6+3+6"的指标布局：交流沟通 C 指标 7 个、服务质量 SQ 指标 6 个、服务传递 SD 指标 7 个、设备设施 FE 指标 6 个、图书馆员 LS 指标 3 个、虚拟服务 VL 指标 6 个。该指标在 2007 年、2008 年的测评中维持了稳定。

相对于 LIBQUAL +™ 评价模型，Insync Surveys 拥有更为详尽的核心内容，两者指标的设计上虽然相似，但 Insync Surveys 指标内容更为详尽，指标的表达方式更加灵活和人性化。

(2) 投入——产出评价

投入产出理论在提出的数十年中发展迅速，由于它的基础性应用的可拓展性，直到现在，仍然是一种重要的经济测评方法[①]。随着投入产出分析技术与数量经济分析方法的融合，投入产出分析应用领域不断扩大。投入——产出评价应用于图书馆测评的依据是"成本与效益是影响知识信息服务可持续发展和信息资源共建共享的重要因素"。20 世纪中期以来，图书馆就开始尝试利用成本收益分析对图书馆资源和服务效益，试图通过图书馆投入——产出的分析，制订最为合理和经济的资源建设和服务方案[②]。

贝尔托和麦克卢尔（Bertot and McClure）是最早关注信息资源管理和信息服务的学者，尝试应用效果评价（Outcomes Assessment）理论来衡量信息资源服务的效果。然而，这种效果难以用具体的收益货币化形式表达，它往往体现为一种无形的价值，虽然包括经济效果，但更重要的是反映学习效果、研究效果、交流效果、文化效果和社区效果[③]。对此，提出了修正的图书馆投入——产出评价框架（见图 9 - 6）。

在知识信息服务中，公共图书馆的投入是由国家安排，但在市场经济条件下，提高图书馆知识信息服务的投入——产出效益比，则是推动图书馆业发展的关键。图书馆应该有投入——产出效益观，追求以尽量小的成本获得尽量多的社会效益和经济效益。因此，投入产出分析的应用要求图书馆必须明确投入和产出的关系，以便合理分配投入资源。从业务组织上看，知识信息服务中的主要投入包括网络基础设施的建设及购置（包括服务器、计算机、网络系统等的成本）、系统

---

① 投入产出理论的产生与发展 [EB/OL]．[2009 - 11 - 23]．http：//www.zj.stats.gov.cn/art/2008/3/15/art_2_101.html.

② Rabin J.，Caldwell C..Start Making Sense：Practical Approaches to Outcomes Assessment for Libraries [J]．Research Strategies，2000 (17)：319 - 335.

③ Bertot J. C.，McClure C. R..Outcomes Assessment in the Networked Environment：Research Questions，Issues，Considerations，and Moving Forward [J]．Library trends，2003 (4)：590 - 613，686.

管理和维护、工作人员报酬与培训、购买数据库等资源、资源协调建设、资源利用率补贴、服务创新投入等。知识信息服务的产出效益包括及时改进以及引进系统的成本节约、购置数据库等资源的经费节约、企业或社会团体资助、自主收费服务、公益性资源的增值利用以及用户利用服务的多方面效益等。这些效益集中体现在服务于社会公众、政府、企业、高等学校等用户所创造的社会效益和经济效益上。

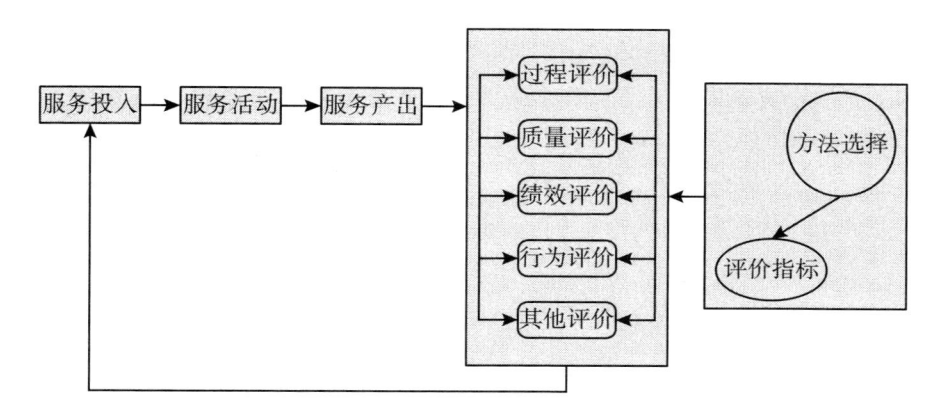

图 9-6　图书馆投入—产出评价框架

因此，基于投入—产出的评价，要求分析知识信息服务系统的投入产出比，进行效益评价时还要注重各部门之间的合作，通过部门之间投入—产出关系建立数学模型，以进行科学合理的知识信息服务投入—产出效益的客观反映。

（3）管理与发展评价

应用系统理论对知识信息服务评价时要充分考虑到由人、物资、设备和其他资源组成的整体化系统，这些要素的相互联系中，机构、人员和用户是主体，其他要素处于分布组合状态。用户知识信息服务系统可视为由相互联系、相互依赖的成员结合而成的系统，具有与环境进行物质、能量和信息的交换关系。基本特征是由若干要素和子系统按一定的方式进行组合。知识信息服务是建立在互联网络基础上的协同服务，各系统或成员之间相互依存、互相制约，以共建共享维系着子系统和成员之间的关系。从知识信息服务评价上看，评价体系包括评价目标、评价内容、评价原则、评价指标、评价方法、评价模型等。在评价过程中，各要素又是彼此独立的；从整体上看，系统相互关联，发挥着协同作用[1]。与此

---

[1] 牛培源. 网络信息传播绩效评价研究 [D]. 武汉大学博士学位论文，2009：46.

同时，系统管理评价的目的是，促进知识信息服务的持续发展，因此要求在评价中建立反映系统改革和发展的系列指标，通过对指标的分析，预测未来的发展前景。

在知识信息服务系统与发展评价中，应确立评价的综合原则：

①整体性原则是知识信息服务综合评价的出发点。知识信息服务系统发展综合评价的最终目标是通过评价提升知识信息服务系统的整体效益，即通过评价降低知识信息服务的投入产出比，使知识信息服务部门获得社会效益和经济效益的整体水平得以提高。因此系统整体性和可持续发展原则是知识信息服务综合评价的出发点。在对知识信息服务系统评价时，既要分析知识信息服务用户的满足率，又要考量知识信息服务的资源流通利用效率、服务集成平台利用效率、合作成员之间的协作效率，以及服务的经济效益和社会效益。通过评价，要求反映服务的可持续发展效果。

②联系性原则是评价知识信息服务合作成员之间效益关系的依据。知识信息服务系统的效益与其合作成员的效益紧密相关，同时各合作成员之间的效益也是相互关联的。知识信息服务系统整体绩效通过合作成员的效益来体现。因此只重视成员效益的提高，忽视系统合作效益，是无法达到整体效益评价的目标，因而必须考虑成员之间的资源分配，合作协调以及合作成员之间的联动效应，其目的是通过评价推进合作，通过服务合作和利益共享，使合作成员在各自效益提高的同时，最大程度地促进知识信息服务系统整体效益的提升。

③发展性原则是知识信息服务效益评价适应性的保障。随着信息技术的发展，信息环境的变化，用户信息需求也随之变化，因此，要求知识信息服务能力、模式和系统能够适应变化的外部环境和内部需求环境。在这一背景下，知识信息服务评价系统应该保持动态发展，以适应知识信息服务发展的需要。首先，知识信息服务评价系统模型应不是一成不变的，而需要反映技术、环境、系统和合作成员的关系变化，使评价系统能够能适应不断发展的知识信息服务环境；其次，在知识信息服务的系统发展综合评价中，要根据知识信息服务实际发展情况及时进行调整评价内容，以促进知识信息服务整体效益的提升。

9.2.2 知识信息服务评价模型

评价模型是指为实现特定的评价目标所应采取的评价策略、评价方式和内容的总体架构范式①。对于知识信息服务而言，从结果、过程和关系出发的评价，

---

① 溪淑琴. 审计学 [M]. 北京：经济科学出版社，2004：145.

形成了结果导向评价的绩效评价模型、过程导向评价的效益评价模型和面向结果与过程的综合评价模型。

(1) 面向结果的知识信息服务评价模型

面向结果的知识信息服务评价模型以知识信息服务效果作为评价的核心内容和考量标准,强调知识信息服务绩效的最终实现,以此出发进行效益要素和服务组织评价。

绩效的含义可以解释为完成某种任务或达到某一目标的效果,也可以简单定义为个体或组织在某时间范围内以某种方式实现的某种结果。因此,以结果为导向的绩效评价模型可视为对评价客体的管理或运营的效果的考评[1]。在这种评价中,评价主体会将评价客体的业绩与既定的目标和评价标准进行比较。如果发现结果不能令人满意,评价主体可采取各种措施对评价客体的管理或者业务实施展开调查,以期找出绩效低下的原因。可见,这种评价是一种事后评价,是以结果为评价核心标准的评价,因而能够较为简单地对评价对象进行直接判定,其评价相对容易操作。

面向结果的评价模型存在一定的缺陷。由于只关注结果,常用量化指标进行绩效评价和内容考量,定量指标虽然直观并具有较强的可比性,但量化指标往往难以完全表达定性绩效的内涵,因而需要辅以其他手段的运用。同时,结果评价由于对过程的忽视,评价结果往往滞后于服务现实状况,因此需要考虑结果影响因素的作用时效。

在结果导向的绩效评价中,可应用 SCP 方法进行范式分析,据此,贝恩(Joe Bain)利用结构—行为—绩效评价范式(Structure – Conduct – Performance Paradigm,SCP 范式)进行了服务评测实践。最初的 SCP 范式,在产业经济评价中直接从市场结构导出市场绩效,即"结构—绩效"两段论范式。随后,史赫利(Frederic Scherer)在 *Industrial Market Structure and Economic Performance* 一书中将两段论范式扩展为"结构—行为—绩效"三段论范式[2]。SCP 范式的基本思想是,从组织发展短期行为看,市场结构决定组织行为,组织行为决定经济绩效[3];从组织发展长期行为看,市场结构、组织行为和经济绩效之间存在相互作

---

[1] 黄荣哲,何问陶,农丽娜. SCP 范式从产业组织理论到经济体制分析 [J]. 经济体制改革,2009 (5):71 – 74.

[2] Gregorio A. D.,Mandalari G.,et al. SCP and Crude Pectinase Production by Slurry-state Fermentation of Lemon Pulps [J]. Bioresource Technology,2002 (83):89 – 94.

[3] McWilliams A.,Smart D. L.. Structure-conduct-performance:Implications for Strategy Research and Practice [J]. Journal of Management,Volume 19,Issue 1,Spring 1993:63 – 78.

用的复杂关系，SCP 范式内的结构、行为和绩效已不再是简单的直线关系，而是相互联系的网状架构关系[①]。

基于"结构—行为—绩效"规律的普适性，SCP 范式完全可以用于结果导向的知识信息服务效益分析。它将知识信息服务系统置于开放的和动态的信息市场环境中进行评价。通过利用 SCP 建立市场结构、市场行为和市场绩效的关联，将知识信息服务系统市场结构、市场行为纳入到评价之中，这样有利于克服知识信息服务系统绩效评价的局限性，有助于从知识信息服务的整体服务效果、市场潜力和竞争优势综合角度来考评知识信息服务的绩效。这一方式，对市场化的知识信息服务具有适用性。SCP 范式的特点在于，能够对知识信息服务的产业结构、发展环境和市场变化有清晰的认识，进而可实现知识信息服务绩效评价与自我发展评价的动态平衡（见图 9-7）。

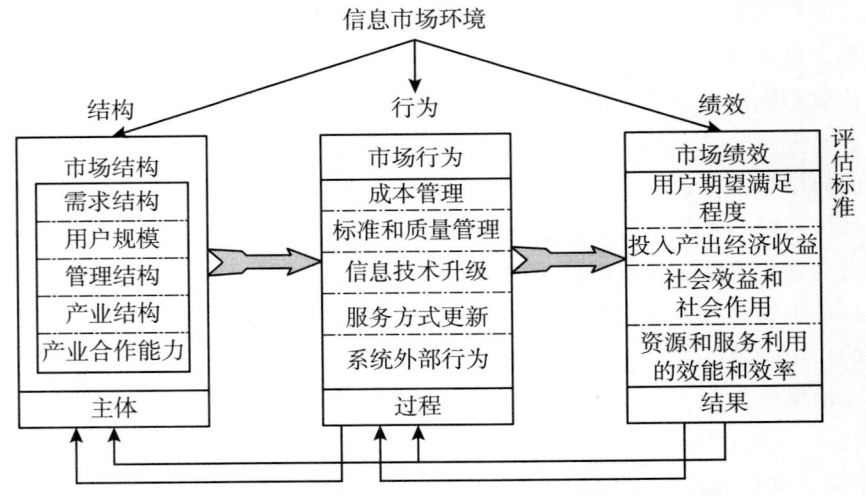

图 9-7 基于 SCP 范式的知识信息服务绩效评价模型

（2）面向过程的知识信息服务评价模型

面向过程的知识信息服务评价模型是以知识信息服务业务流程为中心，通过考量知识信息服务绩效产生的原因，最终进行知识信息服务的效益评价。

过程导向的评价模型以工作过程为评价对象，以业务系统为考查内容，在业务流程效率和关系分析中，考评知识信息服务的组织，所得出的结论具有适时性。该模型可应用于过程管理的评价和服务组织的评价。但是，面向业务过程的

---

① Cummins J. D.. Dynamics of Insurance Markets: Structure, Conduct, and Performance in the 21st Century [J]. Journal of Banking & Finance, 2008 (32): 1-3.

评价也存在固有的局限，其中的主要问题是评价面广，在复杂的组织机构中，对业务流程进行全面系统分析的成本较高，操作难度较大。另外，过程评价中，往往需要对结果进行预测，因为评价的准确性受限，导致了结果风险控制的困难。

2002年美国联邦政府相关部门提出了效益参考模型（Performance Reference Model，PRM）。这是一种效益评价标准框架，主要用于测评在信息技术驱动下组织效益的提升。PRM的核心思想是以政府部门业务过程的价值提升作为考核电子政务系统效益的主要依据，即强调保证系统运营目标与部门业务目标的一致性，以及系统整体价值的提升[1]。PRM主要由六方面评价内容构成，自下而上包括对人力资本的评价、技术的评价、固定资本的评价、业务流程及活动的评价、使命和业务结果的评价以及对用户结果的评价。由此可见，该范式已增加了结果的评价环节。

PRM评价标准框架有三大用途：获得组织效益信息以支持实施战略和组织决策；衡量组织业务过程的价值提升，进而得出组织达到期望的结果的过程改进方案；发现和识别组织效益提高的机会[2]。

从功能看，PRM评价可以用于基于流程的知识信息服务评价。PRM以价值链思想设计效益评价模型，明确了系统投入、产出、效益、效用的关系。在过程评价中，重视知识信息服务业务流程的考核和流程结构的改进。

PRM评价模型强调基于流程的价值提升，旨在使知识信息服务系统的价值得以充分发挥，模型在知识信息服务评价中的应用如图9-8所示。PRM在于评价知识信息服务业务流程的效率，强调通过业务流程各环节的改进，通过优化流程环节，降低信息服务成本，使知识信息服务系统的价值得到提升。因此，PRM评价的重点是知识信息服务系统价值通过业务流程的改进和提升。利用分析结果，知识信息服务系统可以实现从输入到输出各个关键环节的优化组合，即在资源组织、服务安排和服务环节上得到了进一步优化，以发挥服务的最终效益。

（3）结果和流程结合的综合评价模型

结果和流程结合的知识信息服务综合评价模型，既重视知识信息服务的效果，又重视知识信息服务业务流程效益，因此可以作为综合评价的范式。

结果和流程结合的综合评价模型在重视过程效率的同时，强调效果的产生，因此能很好地反映效益产生的全过程，即价值过程。

---

[1] 杨洋，胡克瑾. 基于改进PRM的电子政务系统绩效评价模型［J］. 同济大学学报（自然科学版），2007（12）：1713-1717.

[2] The Federal Enterprise Architecture Program Management Office. The Performance Reference Model Version 1.0：A Standardized Approach to IT Performance［EB/OL］.［2010-03-09］. http：//www.doi.gov/ocio/cp/PRM%20Draft%20I.pdf.

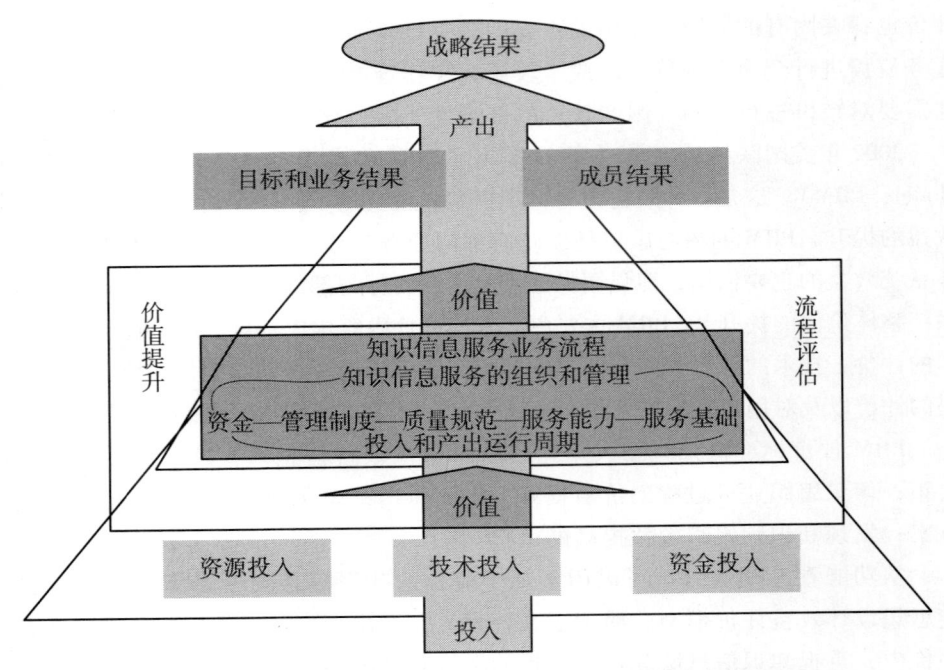

图 9-8　基于价值提升的 PRM 知识信息服务评价

这种综合评价模型包含事前评价、事中评价、事后评价。最大的优点在于评价面广、系统、全面。既重视评价过程的效益又重视评价绩效，因而是一种全面的评价方式。表 9-1 归纳了三种评价模型的对象、方法和出发点，从中可以看出，综合评价具有过程和结果相结合的评价优势。

表 9-1　知识信息服务的三种评价模型比较

模型类型	评价对象	评价方法	评价侧重点描述
结果导向评价	服务结果、知识信息服务绩效	SCP 范式等	①知识信息服务的用户期望满足程度 ②资源和服务利用的效能与效率 ③知识信息服务资源体系的优化程度 ④知识信息服务的投入产出经济效益 ⑤知识信息服务的社会效益
过程导向评价	业务过程、服务组织环节、过程效益等	PRM 方法等	①知识信息服务收藏、数字资源建设 ②不同知识信息服务的资源配置 ③知识信息服务业务过程 ④知识信息服务的服务质量考评 ⑤知识信息服务从开始到结束的价值提升

续表

模型类型	评价对象	评价方法	评价侧重点描述
结果和过程综合评价	结果、效益、业务过程、成本效应等	平衡计分卡（BSC）方法等	①综合利用产出评价、效果评价和质量评价等多种评价方式测评知识信息服务系统成本、用户、内部管理、变革与学习等 ②强调知识信息服务业务流程之间的关系以及业务流程组织与服务绩效的用户效益的关联

综上所述，面向结果的知识信息服务绩效评价忽视了业务流程的作用，由于知识信息服务绩效评价的目的是提高知识信息服务的过程效益，因而评价结果具有一定的局限性。面向流程的知识信息服务效益评价，虽然重视流程的管理和价值的形成，易于分析知识信息服务效益的来源，但其评价需要预测流程结果，因而具有不确定性。从评价组织上看，结果与过程评价的结合综合了两者的优势，克服了两者的弊端，因而是一种理想的模型。在实际应用中，对于结果明确的评价，可以采用过程方式进行；对于不确定性大的服务，为了鼓励服务机构的探索，在流程多样化情况下，可以采用结果方式。

值得指出的是，知识信息服务的综合评价由于具有完整性、系统性特点，其应用日益广泛，特别是对于知识信息服务的宏观评价和系统评价，这是单纯的结果和过程评价难以实现的。因此，我们将着重于基于综合评价的体系与方法研究。

9.3 知识信息服务评价指标体系构建与权重设置

知识信息服务指标体系在一定的评价模型基础上，按评价的基本原则和要素结构关系进行构建。根据评价的综合要求和结果与过程结合的评价构架，有必要从评价的科学性和客观性出发，规范评价流程，以寻求合理的具有普遍意义的服务评价指标结构体系。

9.3.1 知识信息服务评价指标体系构建

知识信息服务评价指标的选取是否科学，是否合适，对评价结论有着关键性

的影响。为了选取的指标科学和客观,在指标选取过程中要遵循如下的原则:

①保证评价的导向性和明确性。指标要体现对知识信息服务发展的宏观引导作用,在指标设立中,应明确面向用户的服务优化原则、跨系统资源共享原则、效益优先原则。同时,强调知识信息服务的改革发展方向,注重服务重组的评价,以引导评价对象在深化改革中,实现服务绩效的最大化。

②保证评价指标的代表性和针对性。指标的代表性是指标所具备的反映实质问题的特性,只有具备这样的特性,才能形成一个科学的评价体系,才能使测评结果准确可信;评价指标针对性包含两层含义,其一是指标体系设定必须针对知识信息服务的综合评价特点;其二是由于知识信息服务的内容广泛,服务的主体多样,因此应针对不同的服务提出有针对性的评价指标[①]。

③保证评价指标的客观性和可操作性。一方面,指标应客观,应能准确反映评价对象的情况,因此在指标设立中应避免对评价的倾向性行为的发生;另一方面,指标设置应立足于现实,应在充分调查研究基础上,设定评价内容,量化指标避免主观,即指标设置要有客观依据。另外,在实际评价中,指标应有具体的内容,具有可比性,便于实际操作,定量指标具有可测性。

④保证评价流程的科学性和合理性。评价需要建立指标体系、确定评价模型和综合指数,这就要求进行大量的调查和数据样本实验,以保证评价内容的完整性和评价结论的合理性。在指标设置中,应与评价方法相对应,相应指标也应具有统计意义。指标的合理性是指参考标准的设立应符合实际,既能反映实际情况,又能展示未来的发展。

实践表明,引入平衡计分卡构建知识信息服务综合评价模型是可行的。平衡计分卡作为综合评价工具的应用相对成熟,基于平衡计分卡的知识信息服务综合评价能够围绕知识信息服务的目标,分析目标实现过程中绩效与服务流程关系,使知识信息服务系统绩效产生的各个环节互为因果关系,因而可以全面测评知识信息服务中的绩效作用。选择平衡计分卡方法构建知识信息服务的评价体系主要基于以下考虑:知识信息服务综合效益的评价要求;改进知识信息服务测评效果的需要;有利于控制知识信息综合评价整体流程;可以监督全局性评价过程与效果;能全面辨析需要评价但是至今仍未开展评价的项目;可以建立开放的知识信息服务综合评价模型;能聚焦服务的关键问题。

平衡计分卡的适用面广,既可以用于营利性服务评价,也可以用于非营利性服务评价。对于非营利知识信息服务的综合评价,应用平衡计分卡可以构建完整

---

① 梁孟华,李枫林. 创新型国家的知识信息服务体系评价研究 [J]. 图书情报知识, 2009 (2): 27 – 32.

的评价指标。对于市场化的服务，平衡计分卡考虑了经营过程，因而更具实用性。因此，作为一种通用方法，平衡计分卡在知识信息服务评价中的应用是可行的。图9-9以图书馆知识信息服务为例，构建了基于平衡计分卡的知识信息服务综合评价指标模型。

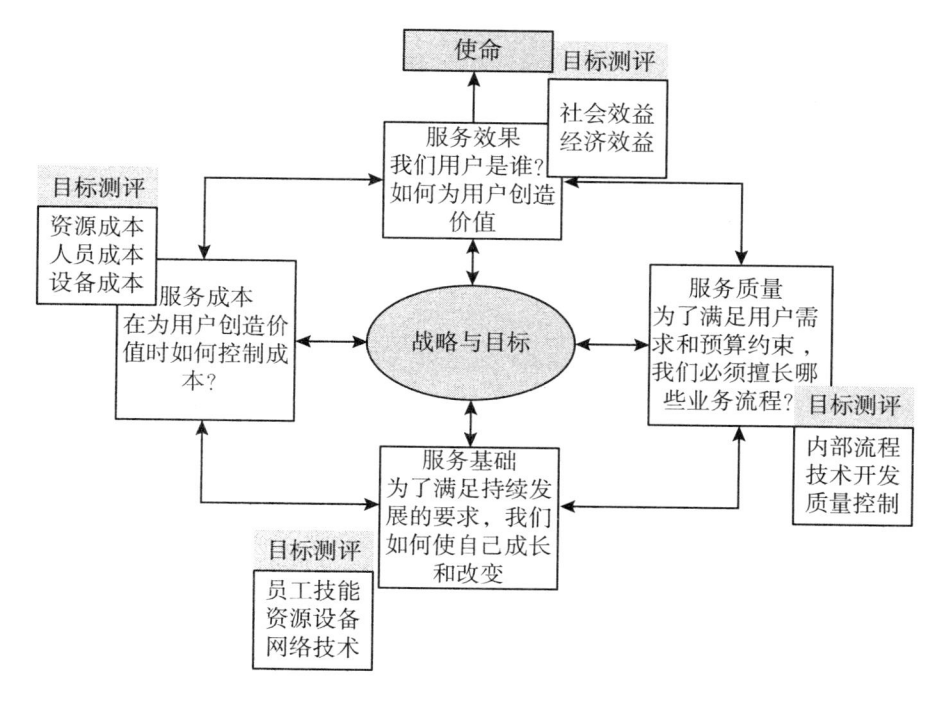

图9-9　基于平衡计分卡的知识信息服务评价指标模型

平衡计分卡反映了战略目标实现与各方面因素的关系，体现了各方面要素平衡作用。在均衡作用下的指标体系确立，从客观上反映了最佳的要素组合。以此作为参照，可以测评系统平衡效益。面向国家创新的知识信息服务综合评价中，在战略目标杠杆作用下，服务效果、基础、成本、质量等，无疑是评价指标体系的核心指标要素。其中的关系如下：

①使命。《中共中央办公厅、国务院办公厅关于加强信息资源开发利用工作的若干意见》（中办发［2004］34号）规定，现阶段加强信息资源开发利用工作的指导思想是，以信息资源开发利用为先导，充分发挥公益性信息服务的作用，提高信息资源产业的社会效益和经济效益，完善信息资源开发利用的保障环境，推动信息资源的优化配置，促进社会主义物质文明、政治文明和精神文明协调发展。为此，面向国家创新发展的知识信息服务的战略目标可以界定为整合现有资源，最大程度地满足社会对知识信息的需求。

②战略。在知识信息服务组织中，建立在信息技术和信息资源社会化共享开发基础上的知识信息网络，从根本上改变着用户的信息环境，决定着用户信息需求的满足方式和信息交流与利用的社会形态。用户信息需求的社会化、综合化、集成化和资源的全方位利用与深层开发，提出了以需求为导向的知识信息资源组织要求，以此为基础的面向用户的信息推送服务、数据挖掘和信息资源重组，不断取得新进展。这是知识信息资源全面整合战略的形成基础①。因此，知识信息服务的战略应该是实现资源的合理配置，使有限的人、财、物得到有效的利用。因此，知识信息服务评价体系框架应从这一战略基点出发，按服务效果、服务质量、服务基础、服务成本四个方面，把该战略目标分解为相应的评价目标，使之成为一个相互关联的指标系统。

③服务效果。在平衡计分卡体系框架中，服务效果与用户息息相关，不同的用户使用同一服务，其效果会因为个性特征而存在差异。因此，服务效果的测评应关注用户结构和面向用户的资源配置效果。在现实服务中，服务效果反映的是知识信息服务部门给用户带来的影响，表现为向用户提供了什么样的信息产品和信息服务以及用户对知识信息服务的满意程度，具体体现在社会效益和经济效益上。社会效益强调知识信息服务对知识创新活动的社会支撑，经济效益强调知识信息服务机构的年收益以及提供服务的增值效益。

④服务质量。服务质量评价，需要从资源组织和用户服务角度将平衡计分卡体系框架中的"内部流程"转换为"服务质量"。从资源组织的规范和服务的满足程度出发，设计内部流程考核指标，会更加符合知识信息服务效益评价要求。在评价中，不仅要评价服务业务量、服务满足率、服务响应时间等，而且要关注影响满足用户需求的业务流程，如服务管理制度、服务资源的有效链接等。这方面的指标体现的是知识信息服务质量的规范程度和服务水准。

⑤服务基础。知识信息服务基础包括人员、资源、设备和其他资源基础，它是开展服务的基本支撑。为了满足知识信息服务的可持续发展要求，不仅需要相应的投入保证，而且需要将投入转化为开展服务的基础设施、技术和人员保障。因此服务人员构成、网络技术设施、数字资源的数量和质量也是评价知识信息服务的重要指标②。此外，网络通信条件、软硬件设备以及系统运行的稳定性等不仅直接决定了服务的质量和效果，而且也影响着信息传递和信息服务的方式。

---

① 胡昌平．面向用户的资源整合与服务平台建设战略——国家可持续发展中的图书情报事业战略分析（2）［J］．中国图书馆学报，2005（2）：5－9，24．

② Miller R．, Schmidt S．. E-Metrics: Measures for Electronics Resources in Proceedings of the 4th Northumbria International Conference on Performance Measurement in Libraries and Information Services ［J］. Washington, DC: Association of Research Libraries, 2002: 37－42.

⑥服务成本。在平衡计分卡体系框架中，将"财务指标"转换为"服务成本指标"。成本因素是效益评价的基本要素，离开成本就无从进行效益评价。影响知识信息服务成本的因素主要包括两方面：一是知识信息服务的所需要的人员成本、软硬件购置成本、资源建设支出等；二是服务创新的补贴费用和其他成本支出。在市场化服务中，成本直接影响到服务的利用；对于公益性服务，虽然不直接影响用户，但关系到服务的投入—产出比。从核算角度看，效益评价理应包括成本效益测评。

知识信息服务效益评价平衡计分卡框架中，"服务成本"指标是衡量其效益水平的最基本的指标之一，"服务效果"是知识信息服务效益体现的核心指标。这两类指标属于外部测评指标，直接表现为知识信息服务机构使命与战略目标的实现。"服务质量"和"服务基础"指标属于内部测评指标，"服务质量"是从知识信息服务机构内部运行的业务流程和规章制度来评价其服务的，"服务基础"不仅从"人"的角度来考评，而且包括资源、设备等要素作用的测评。

根据图 9-9 所示的知识信息服务综合评价架构，可以提取各方面的关键指标 KPI（Key Performance Indicators）、绩效支持指标和衡量指标①。如果将服务基础、服务质量、服务效果和服务成本作为一级指标（A），那么可以在指标提取中，进行各层面的绩效影响因素分解，形成战略目标杠杆作用下的二级指标（B），然后逐层分解为三级指标（C）。指标体系的提取如图 9-10 所示。

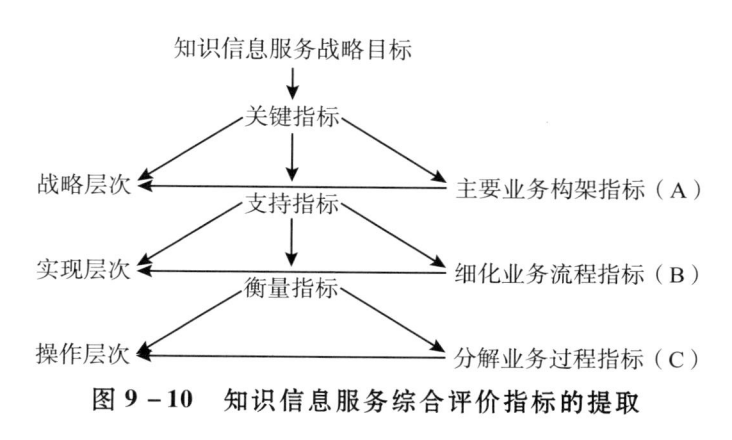

图 9-10　知识信息服务综合评价指标的提取

值得指出的是，在关键指标（KPI）设立和支持指标与衡量指标的分解中，应通过服务绩效因素的分析，结合专家调查和用户反馈调查结果，进行各层指标的遴选，最后选择出服务评价的操作性指标。对于确定的指标，还应利用信度、效度、方差等统计方法进行指标的二次优选，形成最后的知识信息服务优选指标

---

① 徐斌. 绩效管理流程与实务 [M]. 北京：人民邮电出版社，2006：67.

体系。例如，对于图书馆知识信息服务评价，通过二轮选择与遴选，指标体系如表9-2所示。

表9-2　　　　　　　　　知识信息服务综合评价指标体系

一级指标	二级指标	三级指标	指标含义
A1 服务基础	B1 资源数量	C1 能提供的纸本图书	能提供服务的纸本图书数量
		C2 能提供的纸本期刊	能提供服务的纸本期刊数量
		C3 能提供的电子期刊	能提供服务的电子期刊数量
		C4 能提供的电子图书	能提供服务的电子图书数量
		C5 资源揭示率	书目数据库的资源占总资源的比例
		C6 能提供的电子书目数据	能提供服务的电子书目数据
		C7 能提供的信息数量	能提供服务的信息总量
	B2 基础设备	C8 网络通讯条件	服务器接入速度/网络主干速度
		C9 软硬件设备	管理系统及软件、硬件设备
		C10 系统运行	知识信息服务系统停机次数
	B3 人员配备	C11 服务人员的技术职称	人员配备的技术职称
		C12 服务人员的学历	人员配备的学历
		C13 服务人员的数量	人员配备的数量
		C14 服务人员的稳定性	人员配备的流动性
	B4 服务方式	C15 信息传递方式	快递、邮递、E-mail 等信息传递的方式
		C16 信息获取渠道	包括国内和国外的信息共享渠道
A2 服务质量	B5 服务满足	C17 服务业务量	知识信息服务年业务总量
		C18 服务满足率	满足用户的服务数量与业务总量之比率
		C19 业务差错率	服务的差错与业务总量之比率
		C20 咨询问题	包括各种形式的解决问题的数量
		C21 完成业务的保存方式	完成工作业务的保存方式
	B6 服务时间	C22 服务响应时间	服务人员回应用户请求的时间平均数
		C23 服务完成时间	事务完成日期和事务申请日期之差的平均数
	B7 服务规范	C24 服务管理制度	服务管理制度是否完善
		C25 服务流程结构	服务流程结构是否合理
		C26 服务导航系统	服务的清晰指引、介绍和导航链接
		C27 规范的数据统计	数据的保存方式的合理性

续表

一级指标	二级指标	三级指标	指标含义
A3 服务效果	B8 社会收益	C28 服务用户数量	本服务系统已注册个人用户和团体用户
		C29 提供用户培训支持	服务提供的培训次数、培训人数
		C30 发展协作单位数量	发展资源共享单位的数量
		C31 用户满意度	使用过该系统的目标用户群对该数据库的整体满意程度
		C32 服务范围年科技论文索引数量	服务范围内科技论文被国际三大检索系统收录数量
		C33 服务范围年专利发明数量	服务范围内年申请专利数量
	B9 经济收益	C34 服务年收益	服务所带来的年经济收益
		C35 服务性价比	服务性能价格之比是否合理
		C36 共享收益增长幅度	资源共享所带来的收益增长幅度
A4 服务成本	B10 资源成本	C37 年涨价幅度	资源每年涨价的幅度
		C38 软硬件购置成本	年购置软硬件的成本付出
		C39 人员成本	年服务人员、管理人员支出
	B11 其他成本	C40 服务补贴	机构为服务创新的补贴数目
		C41 单次服务成本	平均每次服务支出的成本数目
		C42 全文下载成本	平均全文信息下载的成本数

如表 9-2 所示，服务效果、服务质量、服务基础、服务成本构成了图书馆知识信息服务综合评价的指标体系。在指标体系的关键指标分解中，我们针对不同类型的图书馆，进行了专家抽样咨询和服务用户反馈，在 100 个三级指标中遴选出 42 个。这 42 个指标，分别归入 11 个二级指标和 4 个一级指标。其中一级指标即平衡计分卡中的关键指标。"服务基础（A1）"定义为"培养高素质的服务人员、加强知识信息服务基础建设"，"服务质量指标（A2）"定义为"创造优质、高效的服务业务流程，提高服务质量"，"服务效果指标（A3）"定义为"提升服务的社会效益和经济效益"，"服务成本指标（A4）"定义为"知识信息服务成本保障及合理安排"。二级指标：资源数量（B1）是知识信息服务活动开展的基础，指能提供用户的各种资源，如电子图书、期刊等数量；基础设备（B2）指图书馆所拥有的计算机、服务器、网络设施等软硬件基础设备；人员条件（B3）指知识信息服务机构工作人员的整体素质，包括职称、学历等；服务方式（B4）指提供给用户的各种传统和网络的传递服务的方式；服务满足

（B5）指业务总量以及衡量服务质量的指标如满足率、差错率等；服务时间（B6）指服务的响应时间和完成一项服务的时间；服务规范（B7）指知识信息服务的管理制度的规范性以及服务流程的规范性；社会效益（B8）指知识信息服务利用现有资源满足社会用户需求的程度、资源共享程度以及创新服务的体现；经济效益（B9）指知识信息服务机构的经济收益；资源成本（B10）指图书馆为知识信息服务所购买的计算机软硬件、人员成本以及资源成本；其他成本（B11）指除了软硬件设备、人员成本、资源成本等常规成本以外的成本支出。综合评价指标体系共有三级指标（C）42个，具体含义说明如表9–2所示。

9.3.2 知识信息服务指标的权重测定

建立知识信息服务绩效评价的指标体系后，下一步的工作就是对各层的指标设立权重。指标权重的设置不能凭主观想象，而是要利用科学的方法，进行多方面、多层次的测定，然后得出综合结果。

权重也称权值或加权系数，是各层次指标在整体评价中相对重要程度的量化值。绩效评价指标体系反映了被评价对象的属性和特征，而每项绩效评价指标对知识信息服务评价体系而言，其重要程度各不相同。事实上，没有重点的评价就不算是客观的评价；在绩效评价过程中，权重是对被评价对象的不同侧面重要程度的定量分配，这样一组评价指标体系相对应的权重组成了权重体系。

一组权重体系 v_i，$i = 1, 2, \cdots, n$，必须满足下述两个条件：

$0 < v_i \leq 1$；$i = 1, 2, \cdots, n$（其中 n 为权重指标的个数）

一级指标和二级指标权重的确定为：

设某一评价体系的一级指标体系为 w_i，$i = 1, 2, \cdots, n$，其对应的权重体系为 v_i，$i = 1, 2, \cdots, n$，则有：$\sum_{i=1}^{n} v_i = 1$。

如果该评价的二级指标体系为 $w_{ij}(i = 1, 2, \cdots, n; j = 1, 2, \cdots, m)$，则其对应的权重体系 $v_{ij}(i = 1, 2, \cdots, n; j = 1, 2, \cdots, m)$，应满足：$\sum_{i=1}^{n} \sum_{j=1}^{m} v_i v_{ij} = 1$。

对于三级指标、四级指标可以依此类推。指标权重的选择，实际也是对系统评价指标进行排序的过程。

最早的权重设置方法是人为的主观定权，因其具有极大的随意性和盲目性，而逐渐被人们放弃，进而出现了许多确定权重的理论与计算方法。根据计算权重时原始数据的来源不同，权重确定方法大致可归纳为两大类：一类是判断赋权法，其权值由专家根据经验判断得到；另一类为客观赋权法，其权值由各指标在评价中的关联度决定。本研究中知识信息服务评价指标的赋权则是两种方式的结合。

在分层指标中的赋权中，利用层次分析方法进行权重测定是可行的。层次分析法（Analytic Hierarchy Process，AHP）是美国运筹学家沙旦（T. L. Saaty）于20世纪70年代初期提出的，AHP是对定性问题进行定量分析的一种简便、灵活而又实用的多准则决策方法。它的特点是把复杂问题中的各种因素通过划分为相互联系的有序层次，使之条理化。在计算中，根据对一定客观现实的主观判断结构（主要是两两比较）把专家意见和分析者的客观判断结果直接而有效地结合起来，将各层次元素两两比较的重要性进行定量描述。而后，利用统计方法计算反映各层次元素的相对重要性次序的权值，通过所有层次之间的总排序计算所有元素的相对权重并进行排序[1]。

层次分析法的基本思路是把复杂的问题分解成各个组成元素，按照系统间各因素的隶属关系由高到低排成若干层次，建立不同层次间的相互关系，构造一个各元素之间相互联结的、有序的递阶层次结构。然后通过对一定客观现实的判断，就各层次指标的重要性给予定量表示，同时确定每一层次中各元素之间的相对重要性。最后检验判断逻辑的一致性，从而确定各元素的相对权重。

利用层次分析法确定权重的基本步骤如图9-11所示。

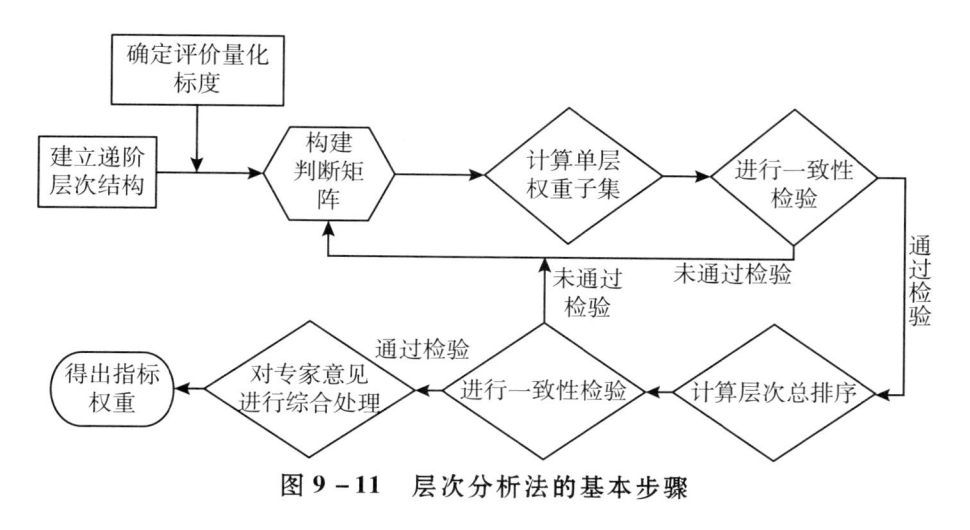

图9-11 层次分析法的基本步骤

①建立递阶层次结构。按知识信息服务评价指标的三层结构，将最高层视为目标层；目标层下有若干中间层次，是实现总目标的中间指标，称为准则层；最

---

[1] AHP [EB/OL]. [2009-07-09]. http://baike.baidu.com/view/70659.

底层则是包括影响目标的各类因素，被称为因素层。相邻的上下层次之间存在着特定的逻辑关系与隶属关系，将上层次的每个因素与其他有逻辑关系的下层次因素用直线连接起来，就构成了树状递阶层次结构模型[①]。显然，这一规则与知识信息服务指标体系的层次规则相吻合。用层次分析法确定权重的实质是，树状递阶层次结构模型实际上即评价的指标体系权值分配模型。其中，要进行的工作是明确体系指标的实际意义，为判断指标的重要性提供分析依据。

②构造两两比较判断矩阵。在对两个因素（A_i，A_j）进行比较、判断时，哪个比哪个重要、重要到什么程度，需要有定量的标度方法去衡量。层次分析法采用1～9级标度法对比较结果加以量化比较，在比较中区分为同等重要、稍微重要、明显重要、强烈重要、极端重要以及每二者之间的一个中间级别。详见表9-3。

表9-3　　　　　　　　　1～9级评价量化等级表

比较情况	比较结果	量化结果
两个因素相比，A_i，A_j同等重要	同等重要	$A_{ij}=1$，$A_{ji}=1$
两个因素相比，A_i比A_j稍微重要	稍微重要	$A_{ij}=3$，$A_{ji}=1/3$
两个因素相比，A_i比A_j明显重要	明显重要	$A_{ij}=5$，$A_{ji}=1/5$
两个因素相比，A_i比A_j强烈重要	强烈重要	$A_{ij}=7$，$A_{ji}=1/7$
两个因素相比，A_i比A_j极端重要	极端重要	$A_{ij}=9$，$A_{ji}=1/9$
因素相比，A_i，A_j比较情况介于上述相邻情况之间	取中间值	$A_{ij}=2$，4，6，8 $A_{ji}=1/2$，1/4，1/6，1/8

对于 n 个元素 A_1，…，A_n，通过两两比较，便得到两两比较判断矩阵 P：$P=(a_{ij})_{n\times n}$。

其中判断矩阵具有如下性质：$a_{ij}>0$；$a_{ij}=\dfrac{1}{a_{ji}}$；$a_{ii}=1$。

根据 P 的性质，对 n 阶判断矩阵仅需对其上（下）元素共 $\dfrac{n(n-1)}{2}$ 个给出判断即可。

③计算单一准则下元素的相对权重。在求解单层权重子集时，首先计算判断矩阵 P 的特征向量 w_0 和最大特征根 $\lambda_{\max}$，各特征向量 w_0 即是同一层次相应因素对于上一层次所属因素相对重要性的排序权值，故这一过程又称为层次单排序，可按以下方式求解：

将判断矩阵每一列正规化，然后将正规化后的判断矩阵按行相加，再将得到

---

① 吴俊卿，郑慕琦等．绩效评价的理论与方法［M］．北京：科学技术文献出版社，1992：99-108.

的行向量正规化，得出特征向量，最后计算判断矩阵的最大特征根：

$$\lambda_{\max} = \sum_{i=1}^{n} \frac{(PW)_i}{nW_i}$$

式中，$\lambda_{\max}$ 为判断矩阵 P 的最大特征根；n 为因素数；W_i 为对应各因素的特征向量；$(PW)_i$ 为向量 PW 的第 i 个因素。

④判断矩阵的一致性检验。在逻辑关联中，判断矩阵 P 的元素具有传递性，即满足等式 $a_{ij} \cdot a_{jk} = a_{ik}$。

例如，当 A_i 和 A_j 相比的重要性比例标度为 3，而 A_j 和 A_k 相比的重要性比例标度为 2，一个传递性的判断应有 A_i 和 A_k 相比的重要性比例标度为 6。当上式对矩阵 P 的所有元素均成立时，判断矩阵 P 称为一致性矩阵。

判断矩阵一致性检验的步骤如下：

首先，计算一致性指标 $C.I.$：

$$C.I. = \frac{\lambda_{\max} - n}{n - 1}$$，其中 n 为判断矩阵的阶数。

然后，查找平均随机一致性指标 $R.I.$。

平均随机一致性指标是多次重复进行随机判断矩阵特征根计算之后所取的算术平均值。最后，计算一致性比例 $C.R.$：

$$C.R. = \frac{C.I.}{R.I.}$$

当 $C.R. < 0.1$ 时，一般认为判断矩阵的一致性是可以接受的，否则应对判断矩阵作适当的修正。

⑤计算各层元素的组合权重。为了得到递阶层次结构中每一层次中所有元素相对于总目标的相对权重，需要把单一准则下元素相对权重的计算结果进行组合，并进行总体一致性检验。这一步是由上而下逐层进行的，最终得出最低层次元素权重，同时完成整个递阶层次模型的判断一致性检验。

假设递阶层次结构共有 m 层，第 k 层有 $n_k(k = 1, 2, \cdots, m)$ 个元素，如图 9-12 所示。

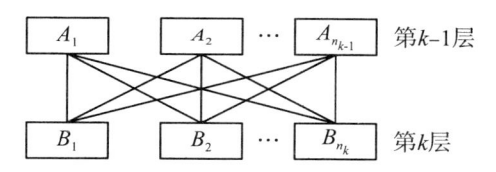

图 9-12 递阶层次结构

如果已经计算出第 $k-1$ 层 n_{k-1} 个元素 A_1，A_2，$\cdots$，相对于总目标的组合排序权重向量 $w^{(k-1)} = (w_1^{(k-1)}, w_2^{(k-1)}, \cdots, w_{n_{k-1}}^{(k-1)})^T$，以及第 k 层 n_k 个元素 B_1，

B_2，…，相对于第 $k-1$ 层每个元素 A_j ($j=1, 2, …, n_{k-1}$) 的单排序权重向量 $p_i^{(k)} = (p_{1j}^{(k-1)}, p_{2j}^{(k-1)}, …, p_{n_kj}^{(k-1)})^T$，$i=1, 2, …, n_k$，其中不受 A_i 支配的元素权重取为 0。

构建作 $n_k \times n_{k-1}$ 阶矩阵 $p^{(k)} = (p_1^{(k)}, p_2^{(k)}, …, p_{n_{k-1}}^{(k)})$，那么第 k 层 n_k 个元素 B_1, B_2, …，相对于总目标的组合排序权重向量为 $w^{(k)} = (w_1^{(k)}, w_2^{(k)}, …, w_{n_k}^{(k)})^T = p^{(k)} w^{(k-1)}$，计算公式为 $w^{(k)} = p^{(k)} p^{(k-1)} … p^{(3)} w^{(k-1)}$。

对于递阶层次模型的判断一致性检验，需要类似地逐层计算。

若分别得到了第 $k-1$ 层次的计算结果 $C.I._{k-1}$、$R.I._{k-1}$ 和 $C.R._{k-1}$，则第 k 层次的相应指标为：

$$C.I._k = (C.I._k^1, …, C.I._k^{nk-1}) w^{(k-1)}$$
$$R.I._k = (R.I._k^1, …, R.I._k^{nk-1}) w^{(k-1)}$$
$$C.R._k = C.R._{k-1} + \frac{C.I._k}{R.I._k}$$

这里 $C.I._k^j$ 和 $R.I._k^j$ 分别是第 k 层 n_k 个元素 B_1, B_2, …，B_{n_k} 在第 $k-1$ 层每个准则 A_j($j=1, 2, …, n_{k-1}$) 下判断矩阵的一致性指标和平均随机一致性指标。当 $C.R._k < 0.1$ 时，认为递阶层次中第 k 层上整个判断有满意的一致性。

由于我们所构建的知识信息服务绩效评价指标体系中的三级指标为 42 个，在对其逐一进行计算时步骤非常繁琐，因此有必要对权重的计算进行科学的处理。在处理中可运用 Yaahp 软件进行计算，达到优化计算的目的。

对权重计算的优化及利用 AHP 法计算权重的思路是：绘制评价指标体系的递阶层次结构图；通过问卷调查的方式向专家咨询，得到各层的判断矩阵；对判断矩阵进行计算，得到权重值；对所得权重值进行一致性检验，若不通过则进行修正。这里的关键问题是判断矩阵的构建、指标权重计算和一致性检验。这些工作可以按表 9-3 所示的标准进行专家判断调查，然后利用相应的分析软件（如 Yaahp）计算相应的指标权重，通过检验后，即可完成整个工作。

9.4 知识信息服务评价的组织实施

知识信息服务评价不仅关系到服务水平和质量的提升，而且关系到服务组织的可持续发展。在全国范围内，既有国家层面的评价、地区层面的评价、行业和系统层面的评价，也有机构的自我评价与用户评价。在服务评价推进中，一是要建立各方面协调的评价机制，二是要规范评价行为，通过评价促进知识信息服务的发展。

9.4.1 知识信息服务评价的组织要素与评价类型

知识信息服务的评价在于,通过面向知识创新的信息服务评价,实现知识信息资源的优化组织,不断提高服务质量,开拓服务业务,在改进服务过程中促进知识信息服务的可持续发展。以绩效为中心的知识信息服务评价针对知识创新价值链上的多元主体服务结构,组织国家层面的评价和系统与机构层面的评价。因此有必要从全局出发,规范各种评价的组织流程。

知识信息服务中,评价主体、评级对象、评价内容和评价标准构成了评价的基本要素,这些要素的不同组合形成了不同的评价形式和内容。

①评价主体。评价主体是指行使评价权利、开展评价活动的组织实施者。在知识信息服务评价中,主体具有多元结构的特点,即既有政府部门、行业组织、系统和机构,又有用户组织和第三方评价组织。从主体与服务的关联上看,有三种情况:一是知识信息服务绩效的相关主体,即受到绩效直接影响的部门或人员;二是知识信息服务绩效的非相关主体,即未受到绩效直接影响的部门或人员;三是混合构成的主体,即既有绩效相关主体又有非绩效相关主体。不同的评价主体所进行的评价关注重点是不同的,绩效相关主体关注的是绩效的实际效果及其产生的影响;绩效非相关主体关注的是程序、规则和指标等。从辩证观点看,知识信息服务绩效评价的主体应是全面的、混合构成的,它们既相互关联,又相互制约。它们对知识信息服务绩效评价的思路,相互影响,在评价进行过程中又相互制约。这种多元主体的参与形式,保证了评价的客观性。

②评价对象与内容。评价对象是指评价的接收者,在某一服务组织中,评价主体可能是上一层的管理者,评价对象则是其下属;在第三方评价中,评价对象是与主体无直接关联的客体;同时,作为知识信息服务对象的用户,在对服务质量的评价中,评价对象则是为其提供服务的机构和人员。虽然评价主体与对象关系不同,但就评价组织而言,评价者和被评价者的身份都具有共性。相对评价主体而言,评价对象就是评价的客体。就实质而论,知识信息服务评价并非单纯地评价客体,而是评价客体行为及其产生的结果,这就决定了评价的基本内容和评价意义。一般说来,评价内容是通过指标体系来定义的,包括评价对象内容的各个层面、角度的解释和期望值。在知识信息服务绩效评价中,评价对象是指知识信息服务的过程和绩效。知识信息服务过程评价的对象包括服务过程中各环节影响绩效的因子。知识信息服务绩效评价的对象从形式上来看,可以分为经济效益和社会效益,经济效益包括知识信息服务部门的各类直接产出指标,社会效益虽然无法直接用量化的指标来表示,但是可以将其分解为定性或定量的分层指标。

③评价标准。标准是指衡量服务的准则。评价标准主要由三方面因素构成:

第一，标规，是指评价要求行为或行为结果度量规范，也是评价标准的主要组成部分；第二，标号，是指不同标规的标记符号，通常用字符或数字表示，标号没有独立意义，只有当赋予它某种意义时才具有作用；第三，标度，是指测量的单位标准测度，可以是经典的测度（如类别、顺序、比值等），也可以是模糊集合测度或非量化的表达。标准体系是指标规、标号、标度结合而成的体系，体系中的各部分相互依存，是一个有机的整体。此外，评价的标准应具有完整性、协调性和比例性。完整性是指评价标准相互补充，内容完整；协调性是指标准在相关性质的规定方面相互衔接、相互协调；比例性是指各种标准之间存在着一定的数量比例关系。

按知识信息服务评价的要素构成和评价组织区分，我国知识信息服务评价可分为国家层面的全行业评价、系统层面的系统组织评价、机构层面的服务评价，以及信息服务联盟的跨机构评价、作为服务接收者的用户评价和第三方组织评价。这几方面的评价相互补充，其评价目标、对象内容和组织特点如表 9-4 所示。

表 9-4　　　　　　　知识信息服务评价的组织

评价主体与评价机构	评价目的与评价要求	评价对象与评价内容	评价组织特点
全行业评价：国家管理部门组织的国家知识信息服务评价，行业组织的全行业评价等	全面评价国家创新发展中的知识信息服务运行效益，要求全面反映体系变革与社会化发展的现状与问题，为服务组织提供依据	评价对象为全国和地方信息服务协调者、组织者和承担者，内容包括服务的宏观组织、政策、法规执行、机构改革与服务创新等	评价具有全局性、导向性、政策性特点，需要从战略上组织评价，以发展全局性的全局问题为评价内容
系统评价：知识服务系统内组织的评价，如 NSTL、CALIS 等评价	评价信息服务系统的服务组织绩效，为知识信息服务系统发展和服务优化提供依据；要求客观、全面地反映系统内各机构情况	评价对象为系统管理者和运行者，包括系统内的各机构，组织评价内容包括服务管理、服务流程、服务基础建设和服务绩效等	评价具有管理监督特性，往往是上级部门对本系统的评价，以促进发展为评价的基本准则，同时评价具有标准统一的特点
机构内评价：知识信息服务机构内组织的评价，如图书馆、信息中心等机构的评价	适时反映机构内信息服务的业务开展和服务绩效，要求建立第三方评价和用户参与的评价机制	评价对象为本机构内的各部门和系统内的资源组织、人员管理、技术支持等。在内容上可区分为机构运行评价、服务项目评价、人员评价和绩效评价等	评价的针对性强，是机构自我完善的重要手段，评价还具有及时性和灵活性的特点，评价内容全面、系统，涉及各方面业务

续表

评价主体与评价机构	评价目的与评价要求	评价对象与评价内容	评价组织特点
联盟评价：跨系统、跨机构联盟对知识信息服务的评价	重点评价跨系统信息服务的绩效和各系统的服务水准，要求发现系统运行中的问题，形成改进方案	评价对象为联盟组织者和联盟成员，评价内容包括联盟协作关系、资源利用情况、业务开展情况和基于联盟的服务绩效	作为跨系统的评价，具有集成评价的特点，评价重点在于联盟运行效率与效益；同时评价还具有连续性特点和机构互动特点
用户评价：用户组织对知识信息服务的评价	通过用户参与，形成以用户需求导向的信息服务组织机制，要求与用户互动，通过用户评价，拓展服务业务	评价对象为服务机构和服务人员，评价内容包括服务需求的满足情况、服务水平和服务充分性、及时性、完整性，以及服务收费情况	评价的针对性强，评价的内容与参与评价的主体用户关系密切，往往注重服务结果，对机构的内部管理涉及有限
第三方评价：社会化的第三方机构对知识信息服务的评价	第三方评价具有非利益主体特性，目的在于客观地反映服务现状与问题；要求评价体系科学、评价客观、可信	评价对象为委托评价部门所指定的对象，评价内容为委托评价者所指定的内容，一般包括服务组织、技术、资源和服务绩效等	评价具有公正、公平的特点，由于第三方是非利益主体，因而是超越系统、部门和机构的评价。另外，评价的组织形式多样，且具有固定的模式和要求

由于评价功能取向、目标、内容和形式的不同，知识信息服务评价可区别为不同范围和用途的评价，其中以下一些类型，在知识信息服务评价中是主要的：

①鉴定性评价和水平性评价。鉴定性评价又称合格性评价、验收性评价，是用来判断评价对象是否达到所规定的预期标准的一种评价活动。某一具体阶段的水平性检测可能只是针对某一方面的发展目标，但是鉴定性评价的全过程必须全面反映评价对象的整体目标要求，而每一个阶段性的检测评价必须有利于这个整体目标要求的逐步实现。水平性评价则是指用来判断评价对象是否达到某一方面的发展目标而进行的一种评价活动。显然，鉴定性评价和水平性评价是含义不同、目的不同的评估活动，鉴定性评价的基本含义是鉴定，即判断评价对象是否达到标准和预期的目标；而水平性评价的基本含义是区分、定位，即对评价对象的水平高低做出判断。它们在评价内容、指标体系、评价方法、评价结果运用等方面存在一定的差别。

②内部评价与外部评价。内部评价是指在知识信息服务机构内部，依据相应的质量方针和质量标准，对阶段性服务工作所进行的评价。包括知识信息服务人员的自我评价和主管领导的评价，类似于企业的内部审计、政府部门的内部考评等。内部评价的目的在于，完善服务方针和目标，规范服务行为，提高服务质量。外部评价是由第三方所进行的评价，是基于服务价值的评价。它的评价具有较强的独立性和客观性。外部评价不仅对知识信息服务进行评价，还可以评价"内部评价"，并纠正内部评价中存在的偏差和错误，规范内部评价的行为。早期的知识信息服务评价多数是以内部评价为主，由机构领导或部门间相互评价，评价往往根据机构内部制定评价项目和指标进行，较少加入用户因素，更没有第三方评价的客观效果体现；内部评价，虽然目标是提高服务质量，但往往带有一定的局限性。实际上，评价与评价对象之间必须存在相互关系，因此知识信息服务绩效评价，必然建立在服务与被服务的评价关系之上，也就是必须应有用户参与和第三方介入，以便建立起开放的评价组织体系①。

③对信息服务评价的评价。对服务评价的评价，在于确认评价的有效性、客观性和公正性，以从中发现新的问题，这是信息服务社会化发展中的评价监督需要。这种评价往往又称为元评价（Metal Evaluation），元评价的主要目的是对评价中各个环节的公正性和合理性作出判断②。任何一种评价要经得起考验就必须经过元评价，即通过不同方式、方法征求对评价结果的不同看法来获得更客观的意见，以便评价结果具有可信性。在知识信息服务中，元评价可以在机构自我评价基础上进行。通过元评价可以证明机构评价的客观性和质量，也可以充分发挥各机构的自我评价与自我约束的作用。元评价可以由机构上层组织，也可以委托第三方进行对机构评价的认证。由此可见，元评价对于保证评价的科学性和公正性具有现实的作用。目前，我国对知识信息服务评价所做的评价，有待于完善和发展。

9.4.2 知识信息服务评价的实施

以绩效为中心的知识信息服务评价由创新价值链上的多元主体承担。从国家组织层面看，社会化服务的推进和面向知识创新的信息保障网络发展，提出了国家规划下，由政府部门协调的评价实施要求。另外，从行业、系统和机构层面上看，也存在着针对各自的服务所进行的评价要求。虽然各层面的评价内容、方式

---

① 张丽华. 高校信息服务的评价组织系统及其运作 [J]. 国家图书馆学刊, 2004 (1): 54.
② 宋恩梅. 发挥信息管理者职能建立元评价机制 [J]. 中国高等教育评估, 2004 (2): 61.

和重点有异，但从评价的实施上看，却有着共同的组织机制，即存在着评价决策、管理、执行和操作层实施问题。

图 9-13 在国家层面上，按决策、管理、执行和操作关系，从服务评价的实质出发，构建了评价的系统结构模型，即宏观层次上的知识信息服务分层评价的组织结构模型。

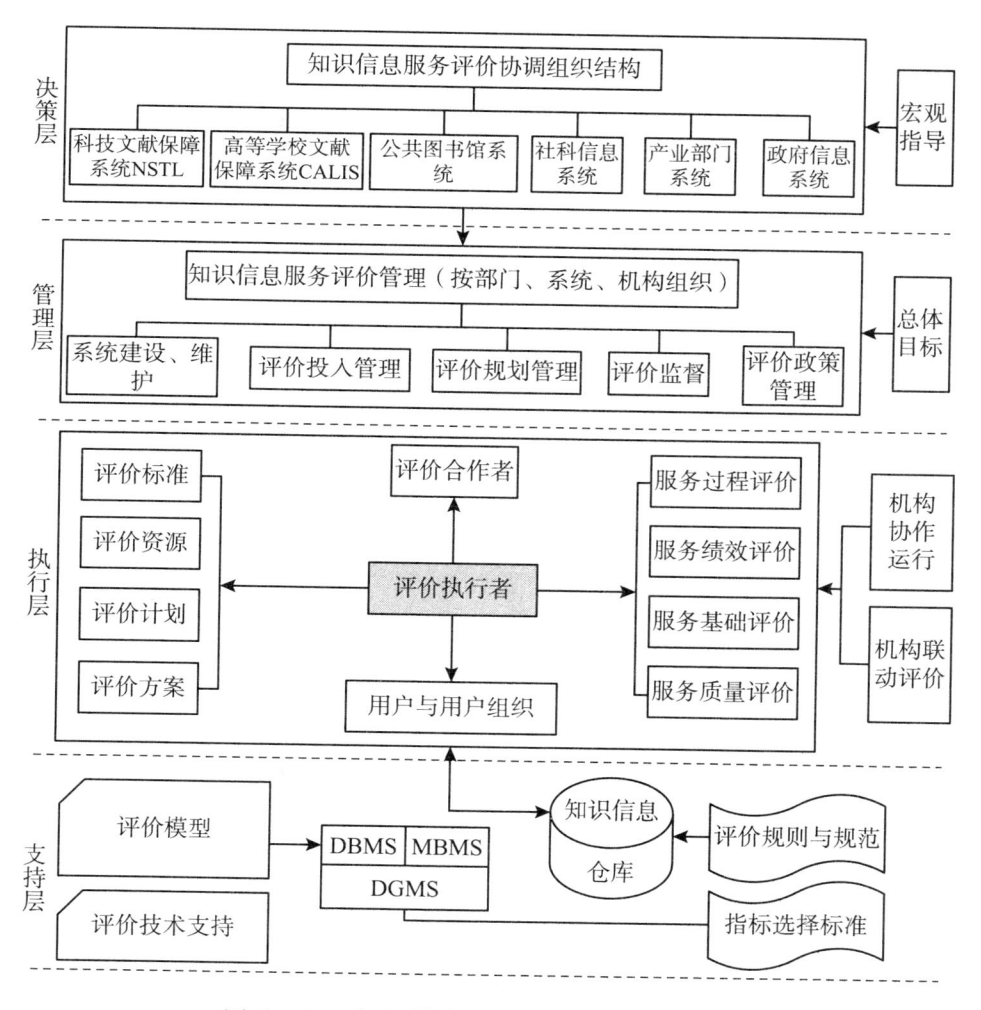

图 9-13　知识信息服务分层评价组织结构

知识信息服务分层评价在国家层面上，由相关部门协调推进，是各大系统在社会化协同基础上服务评价的系统组织。它既体现了国家的整体指导和推动，又在总体目标框架下，按统一的"标准规范"进行机构协作推进，以适应创新环境下知识信息服务的社会化运作需要。图 9-13 显示了知识信息服务分层评价的系统结构。如图所示,知识信息服务分层评价系统由四部分组成,即决策层、管理层、执行层和支持层。

①决策层。决策层对全国知识信息服务评价起宏观指导作用。从全国的角度看,应该建立一个权威的知识信息服务评价协调机构,负责全国知识信息服务效益评价的协调推进。目前,我国从属于不同部门的知识信息服务系统正实现面向国家创新的社会转型。其中国家科技图书文献中心(NSTL)由科技部联合财政部等六部委组建,其组织本身便具有集成化和社会化的组织特征;教育部负责建设的中国高等教育文献保障系统(CALIS);在面向产业的信息服务中不断延伸其服务范围;图书馆系统在数字化背景下面向用户的服务得以迅速发展;政府部门的公共服务制度已趋完善;此外,各地方的知识信息保障平台,正通过社会化、专业化的运作,服务于地方创新发展。我国分散化服务局面的改变,提出了知识信息服务评价的标准化和规范组织要求。因此,可以在现有的管理体制基础上,采用政府主导的协作评价模式,由各部门共同组织知识信息服务评价中心机构,拟对知识信息服务进行整体化、标准化推进。知识信息服务评价中心机构应关注知识信息服务效益以及对知识创新的保障作用,形成国家决策导向下的社会化组织评价体制。

②管理层。知识信息服务评价在国家宏观指导下和社会化机构协调下,由相应的部门和系统进行管理,如 NSTL 负责成员的评价、CALIS 推进高等学校知识信息服务的评价,其评价管理职责可以由相应的业务管理部门承担。国家统一协调下的分层评价管理需要设立具体的部门,按总体目标进行规范和组织知识信息服务评价工作。按知识信息服务评价流程,管理层应承担评价系统开发维护、评价资金管理、评价任务管理、评价监控和评价协调工作。评价系统开发维护的主要任务是,保证评价的规范性和高效性;评价资金管理在于提供合理的资金保证;评价规划在于根据评价任务制定可行的评价计划;评价监督在于根据目标要求和规划监督评价过程,以保证评价的真实、可靠;评价协调在于保证各方面正当的利益,解决评价中可能发生的问题。同时,在评价管理中还应强调政策、法规和执行,使评价得以顺利实施。从总体上看,知识信息服务评价管理应立足于创新服务的需求,坚持正确的决策导向,在国家政策指导和法规框架下,组织评价工作①。

③执行层。执行层是知识信息服务评价的操作层次,由社会化的评价机构或部门、系统机构承担。在评价中,评价主体的不同和任务的不同决定了不同的评

---

① Wang W. K., Huang H. C., Lai M. C.. Design of a Knowledge-based Performance Evaluation System: A Case of High-tech State-owned Enterprises in an Emerging Economy [J]. Expert Systems with Applications, 2008, 34: 1798-1800.

价执行范式。对于机构联动的评价，执行中应强调机构之间的互动和协调评价；对于政府部门组织的评价，在于测评各系统和机构的服务水准和效益，旨在改进服务，推进机构发展；对于机构内部的评价，执行中应强调对服务组织和绩效的评估。无论何种评价，执行层的共同点是，根据评价目标、内容和对象，制定科学的评价计划，按客观标准进行知识信息服务基础条件、业务过程、服务效果、运作成本和质量的全面评价。由于知识信息服务的复杂性和服务对象的多元性，知识信息服务评价执行过程中，应有详细的计划、安排，同时对评价结果应在科学认证的基础上，提供真实、可信的报告。

④支持层。支持层是由支持评价的客观物质条件、技术设施和适合不同机构的参考评价模型、指标选择标准等构成[1]。评价支持可以通过数据库管理系统、知识库系统的支持保障来实现。在支持层建设中，知识库中应有供评价机构参用的评价规则、条例、标准和相关的评价辅助工具。所有支持工具、系统的使用，是保证评价得以顺利进行的基础条件，为了提高评价水准，在组织评价中应强调基础条件建设。

知识信息服务的评价是服务机构的一项常规性工作，通过知识信息服务评价，可以及时发现服务中的问题，寻求优化服务的策略，以保证机构以服务绩效优化为导向的业务发展。在评价中，要实现这一目标，应在服务管理中确立基于评价的绩效激励机制，以利于在评价中发现问题，在服务中解决问题。

为了保证评价的客观性，在组织服务评价中，可以采用效益相关主体和非效益相关主体相结合的评价方式，图9-14归纳了这一方式的应用模型。

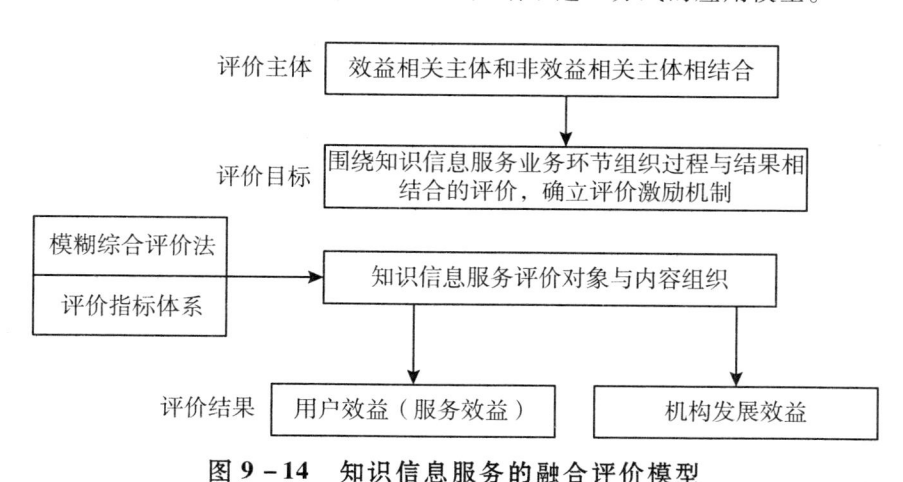

图9-14 知识信息服务的融合评价模型

---

[1] Skianis C., Performance Evaluation of QoS-aware Heterogeneous Systems [J]. European Journal of Operational Research, 2008, 191: 1056-1058.

在图 9-14 所示的知识信息服务评价中，评价主体是知识信息服务绩效的直接受益者和非受益者共同组成的评价小组，从而保证了评价的客观性和权威性。评价主体面向用户和机构发展进行双重效益评价，强调在提高服务效益的同时，促进机构的自身发展。

10

面向国家创新的知识信息服务机构改革与发展案例

我国科技、经济信息服务机构、各类图书馆和行业信息中心在面向国家创新的知识信息服务中,进行了多方面改革和创新。在知识信息服务体系构建和服务组织研究中,我们以国家科技图书文献中心(NSTL)、国家学位论文服务平台、广东省服务行业知识信息服务体系、武汉大学图书馆文献传递服务为对象,进行案例分析与实证。

10.1 国家创新环境下的 NSTL 知识信息服务体系变革与发展

国家科技图书文献中心(NSTL)是国家科技基础条件平台基本组成部分,由科技部联合财政部等六个部委,根据国务院的批示,于 2000 年组建。NSTL 的主要任务是:统筹协调国内外科技文献信息资源的收藏,制定数据加工标准、规范;建立科技文献数据库。利用现代网络,提供多层次协同服务,推进科技文献资源共建共享,组织科技文献信息资源的深层开发和利用,开展国际合作与交流。NSTL 作为虚拟的科技文献信息服务联合体,成员单位包括中国科技信息研究所、中国科学院文献情报中心、机械工业信息研究院、中国化工信息中心、冶金工业信息标准研究院、中国农业科学院图书馆、中国医学科学院图书馆等。网上共建单位包括中国标准化研究院和中国计量科学研究院等。自 2000 年以来，NSTL 在改革中持续发展，通过组织体制和运行机制的不断优化，确立了服务于国家知识创新的核心地位。

10.1.1 创新环境下的 NSTL 发展定位与战略选择

NSTL 作为国家知识信息服务与保障中心，致力于服务于国家知识创新的机构改革与业务拓展。基于这样的宗旨，NSTL 始终坚持面向国家知识创新的机构发展定位，不断推进服务创新。

（1）创新环境下的 NSTL 发展定位

NSTL 作为国家科技文献战略保障的核心机构，进行创新环境下的发展定位，应从国家知识创新战略出发，进行组织发展的目标选择，在协同联盟成员的资源建设和服务中，确立开放化、社会化的全方位服务拓展战略。十年来，NSTL 的改革与发展，始终坚持以下原则：

①目标原则。国家科技文献战略保障的根本目标，是满足国家科技创新和社会发展对科技文献的需求，保证满足程度不受地区、经济、技术和市场的限制，保证满足程度不受某个时期的需求或认知的限制，因此，坚持国家创新发展的知识信息需求目标导向，是机构服务于国家知识创新的根本原则。

②需求原则。在市场经济和多元信息服务体系下，国家科技文献资源建设与服务必须从基础研究、应用研究和实际发展需求出发，进行机构的服务整合和协同，解决各系统用户之间的交互问题，使各系统用户可以在 NSTL 平台上共享成员机构的资源与服务。

③层次原则。为了高效发挥 NSTL 在知识创新信息保障中的作用，应通过多层次的协作推进知识信息服务战略。其一，在国家层面上，组织基础资源平台的建设与服务；其二，通过协调成员信息机构的资源建设，推动社会化科技信息服务的开展；其三，通过与公共信息服务的协同，实现面向国家创新的服务发展。

④多元化原则。为了发挥知识信息服务的国家保障作用，NSTL 在规划国家科技文献资源保障结构时，应采用多元化的信息资源建设与服务方式。在国家平台上，集成包括基础研究文献、应用研究文献和工程技术文献在内的文献资源。推进成果信息库、专利、产品库的建设。以此出发，合理规划成员机构的协调保障服务，实现国家科学图书馆、国家工程技术图书馆和各专门文献收藏机构的资源布局，推进分布共享。

⑤拓展原则。一方面，NSTL 要不断加强自身的服务能力，约束成员单位充分履行公共服务契约，积极开拓服务业务，提高服务能力，保障服务质量；另一方面，NSTL 要充分保障社会公众和各类信息机构方便经济地利用 NSTL 的资源，在成员机构的业务拓展中，充分发挥各机构的积极性、创造性，积极支持它们利用 NSTL 资源提供个性化知识信息服务。

NSTL 是国家科技基础条件平台的组成部分和国家科技文献战略保障的主系统。根据我国科技创新体系的发展需要，NSTL 应定位为：国家科技基础条件平台的组成部分；国家科技文献保障战略中的核心机构；国家创新体系和社会化知识信息服务的支持系统；国家层面的知识信息服务跨系统协同联盟组织。NSTL 是国家科技文献服务集成枢纽，通过自身资源及其服务，通过支持成员机构的延伸服务，通过开放集成与融合服务，推动国家科技文献资源共建共享和联合信息服务的实现。

（2）NSTL 的发展战略

NSTL 的发展战略围绕资源建设、服务组织、平台推进和业务拓展制定：

①资源战略。在信息资源建设上，NSTL 采取了数字化信息资源与多种形式信息资源协调建设的战略原则。在 NSTL 成员机构的文献收藏中，一是纸本文献总量不足，二是学科分布不均衡（尤其是在新兴学科、边缘学科和学科交叉领域文献保障率不够），三是文献类型分布不均衡，尤其是会议文献、科技报告、标准、产品样本以及其他灰色文献的保障并未形成规模。在信息资源数字化发展的背景下，许多文献保障机构开始注重纸本文献的收藏，目前可以在 NSTL 成员单位内部集中实施纸本文献战略，支持 NSTL 成员单位纸本文献资源向 NSTL 转移。与此同时，NSTL 需要创新数字资源建设体系，支持成员单位建设核心数字文献资源库，尤其关注国外数字文献的获取，开拓多元化的数字资源保障渠道和经费来源，重点加强国家科技文献体系缺失的领域数字资源建设。

②服务战略。NSTL 作为国家科技文献的公共服务组织，应强调其公益性公共服务与资源保障职能，面向全国创新用户提供基础性文献信息保障。以此为出发点，NSTL 的信息资源服务应贯彻创新主体支撑战略。对于创新主体而言，信息保障环境直接影响其创新活动的开展。我国的自主创新主体，尤其是技术创新主体，受到信息环境和信息服务保障力度的制约，自主创新能力难以得到迅速的提高。因此，NSTL 资源和服务的支撑，应成为创新发展中 NSTL 服务战略的核心。目前，NSTL 针对企业的信息服务与保障是其全部业务中的薄弱环节，应采取积极的有效措施，以支持企业，特别是高科技企业对 NSTL 资源的利用。基于

此，NSTL已经开始着手加强面向企业的信息服务与保障，如在特色资源中增设有关企业及其产品的数据库资源，但纵观企业所急需的有关市场信息、经济信息、标准专利、科技报告等资源类型，NSTL并不能提供如一般文献资源同等的服务与保障力度。这需要NSTL调整资源结构，通过多元合作，强化对创新主体的信息资源与服务支撑。

③平台推进战略。在网络和数字化环境下，构建功能完整并可扩展的信息服务与保障平台是NSTL发展面临的重要课题。首先应根据创新主体的服务需求，建立开放的和多功能的文献服务平台系统，增强系统的数字化服务能力。在成员单位系统整合的基础上，积极与第三方服务机构协作，进行服务集成平台建设。在平台推进中，NSTL应重视技术发展，以挖掘NSTL服务潜力，如在针对企业的动态信息需求，挖掘NSTL已有的动态信息资源，构建动态信息资源集群。具体而言，技术推进战略包括NSTL服务系统改造，研发文献自动加工技术，开发文献自动标引和抽词系统、研究科技文献知识组织体系标准、开发知识组织与挖掘技术和相关实验系统等。

④业务拓展战略。NSTL的业务拓展可以从地域、学科、业务内容等不同方面进行。在时空上，应加强服务宣传、培训与监督，扩大NSTL服务覆盖面；继续保持部分区域、领域、学科和机构的服务优势，关注服务力度不足的区域、领域、学科、机构；支持成员单位的服务业务拓展；积极推进与其他信息服务机构的合作；增进与行业信息中心和相关组织机构的联系，建立更广泛的行业信息服务体系；建立科学的服务评价监督机制。在内容上，推进数字化参考咨询业务；进一步增强信息服务业务的集成化和个性化；提高数字化信息服务能力和全文传递质量；推进学科信息门户建设，尤其是新兴、边缘和交叉领域的门户建设；在预印本系统基础上，推动国家科技文献资源的开放获取服务；关注产业创新活动，为其提供服务；提高重大科研项目的学科化、知识化服务能力；增加科技进展通报、科研项目信息、专题服务等新的服务业务类型。

10.1.2 面向创新主体需求的NSTL业务拓展

目前，NSTL信息服务业务覆盖面最低的用户群体是企业，然而企业又是国家创新体系中技术创新的核心主体。因此基于企业需求的业务组织，是目前NSTL应着重加强的工作。

当前，企业创新活动的信息支撑主要依靠各行业和地方信息服务与保障机构，在企业运行中，科技信息保障与经济市场信息保障相比较，处于滞后状态。作为国家科技文献信息保障的主体机构，NSTL应在业务组织上强化面向企业创新的服务。在面向企业的服务中，NSTL可采取以下策略：

①进行文献资源的深加工。不可否认，NSTL在我国信息服务与保障机构中，文献资源总量具有绝对优势，但对这些文献的充分利用却相对滞后。当前的文献信息资源加工形式，对于科技部门来说，具有相对的适应性，然而却难以满足企业用户对技术创新信息的需求。因此，NSTL应在当前组织形式下，集中成员单位按照统一标准，对各自文献资源进行深加工，在此基础上，补充完整资源题录、分类体系、浏览方式，选取重点和对口文献向相关企业用户推送。

②强化动态信息服务。企业用户对信息，尤其是市场信息、经济信息、政策法规、行业动态等需求的时效性非常强，在NSTL所拥有的信息资源中，大量的动态信息却无法在第一时间揭示和推送，信息失效的情况时有发生，而对于企业用户而言，这部分信息资源又是非常重要的。因此，NSTL可以考虑在自身资源建设的基础上，引进其他社会力量，对动态信息进行甄选，以便在最短周期内将整理的动态信息推向相关企业。

③提供本地化服务。调查显示，很多企业拥有自己的内联网，而内联网和互联网之间的联系往往受到种种限制，目前NSTL所采用的全文传递方式，不适合企业用户的多次重复请求。因此，NSTL可以考虑让企业用户选择相关资源（库），使之集成进入企业内部信息系统，以方便企业用户使用。与此同时，在各地区信息化服务平台建设中，NSTL应突破系统障碍，将资源融入地方交换平台。

10.1.3 NSTL服务业务支撑体系构建

NSTL的建设宗旨是根据国家科技发展需要，按照"统一采购、规范加工、联合上网、资源共享"的原则，采集、收藏和开发理、工、农、医各学科领域的科技文献资源，面向全国开展科技文献信息服务。其发展目标是建设成为国内权威的科技文献信息资源收藏和服务中心，现代信息技术应用的示范区和对外的科技图书馆交流窗口。

在如图10-1所示的NSTL运行中，各成员单位建立了资源共建和服务协同关系。NSTL实行理事会领导下的主任负责制。理事会是中心的领导决策机构，由跨部门、跨系统的专家和有关部门人员组成。科技部协同其他部委对中心进行管理和监督。中心设信息资源专家委员会和计算机网络服务专家委员会，对中心的有关业务工作提供咨询指导，中心主任负责各项工作的组织实施。由此可见，NSTL服务业务支撑由理事会领导下的成员单位协作实现。

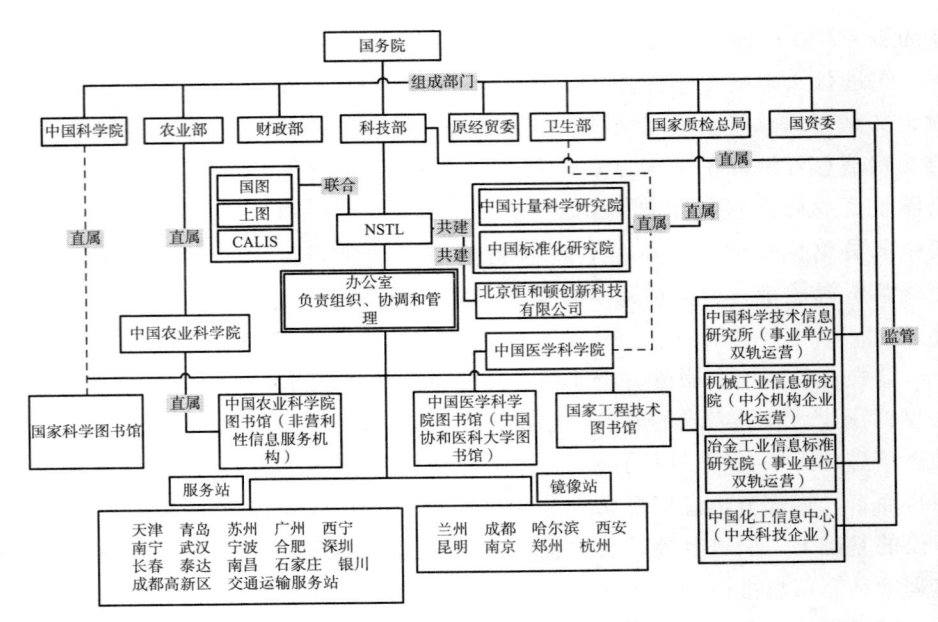

图 10-1　NSTL 的运行结构

　　NSTL 信息服务业务的拓展，必须有具有一致性的支撑体系辅助。在国家创新发展过程中，创新资源及其服务的社会化和网络化环境已经形成，世界各国的信息服务与保障机构都在积极谋求区域间、国际间的交流与合作。NSTL 发展至今，已经取得了显著的成就，但是与其他具有悠久历史的文献服务与保障系统相比，服务业务支撑体系建设仍待加强。综合考察全球各大文献服务机构建设思路和经验，结合我国创新发展背景下 NSTL 的实际情况，NSTL 可以采取如下策略：

　　从 NSTL 目标定位出发，突出服务支撑条件建设。新环境下信息资源海量涌现，内容形式多种多样，出版物价格上涨，资源建设经费不足。面对挑战，NSTL 应坚决从其目标定位出发，明确收藏范围，进行资源、技术、人才和市场的协同建设。

　　根据创新主体需求和创新环境变化，适时进行策略调整。面临外界环境的变化及用户需求的改变，实时调整资源建设策略。由于文献资源价格上升，很多国家的文献保障机构都降低了文献保障范围，NSTL 应在继续拓展经费来源的基础上，根据创新需求和环境变化，有针对性地重点保障需求量大和使用率高的文献资源。

　　提高数字化信息保障能力。随着网络信息的利用普及，在资源经费不足的情况下，NSTL 应继续加强数字化资源建设；在 NSTL 平台基础上，确立跨系统的数字化服务体系建设，实现数字化资源服务的跨系统集成和面向用户的定制。

　　加强数据库的自主建设。针对国外资源,很多信息服务与保障机构都在加强选择性收集力度,NSTL 也应如此。与此同时,应利用自身资源优势,积极推进特色数据库自主建设。在数据库建设中,一是数据库技术的开发,二是数据库的规划。

　　进行科学的用户管理。目前,NSTL 的用户管理主要依靠用户服务中心承担,但由于种种因素限制,用户中心主要只能完成用户咨询和成员用户之间的联系,整个用户管理并没有形成一套行之有效的体系。NSTL 在创新国家建设中开拓面向用户的服务业务,必须建立一套完整的用户管理体系,从制度层面、管理方法层面、数据保障层面等进行用户管理的转型。

10.2　面向知识创新的国家学位论文服务平台建设

　　学位论文是伴随着学位制度的建立而产生的,是高等学校和科研单位的毕业生为获取学位资格递交的学术性研究论文。其中,硕士和博士学位论文(以下简称学位论文),因其所涉及的学科广泛、选题现实、论述翔实、见解独创,通常具有较高的学术价值和使用价值,因而日益受到社会各界的广泛关注。随着科技发展和知识创新活动的深化,学位论文社会需求的高涨与学位论文信息资源开发的分散无序矛盾日益成为限制其有效利用的一个主要障碍,因此需要进行基于学位论文信息共享的服务平台建设。

10.2.1　我国学位论文管理和服务现状调研

　　作为国家重要的战略信息资源,经过 20 余年的积累,我国学位论文已成为一类可观的资源和成果集群。根据国务院学位管理与研究生教育司的官方网站上的统计数据,自从我国 1978 年恢复招收硕士研究生以来,研究生招生规模均保持一个递增的状态。其中 1978 年招收硕士研究生 10 966 人,1996 年增至 45 796 人,2000 年增至 102 923 人,而到 2009 年,全国硕士研究生招生人数已达到 449 042 人。与此同时,博士研究生的增长速度也很快。1981 年开始招收博士研究生,当年招收博士研究生仅为 403 人,1996 年增至 12 596 人,2000 年增至 25 142 人,到 2009 年达到 61 911 人。2010 年全国研究生的招生规模继续攀升,硕士 47.2 万人、博士 6.2 万人。研究生招生人数的增长导致学位论文的数量也迅猛增加。日益增长的学位论文数量对其有序的收藏管理和有效提供利用提出更高的要求。如表10-1所示。

表10-1　2000~2009年全国硕士、博士学位论文数量变化情况

单位：篇

年份	硕士、博士学位论文数量总计	硕士学位论文数量	博士学位论文数量
2000	58 569	47 565	11 004
2001	67 567	54 700	12 867
2002	80 841	66 203	14 638
2003	111 047	92 241	18 806
2004	150 777	127 331	23 446
2005	189 728	162 051	27 677
2006	255 902	219 655	36 247
2007	311 839	270 375	41 464
2008	344 825	301 066	43 759
2009	367 871	321 255	46 616

注：表中数据为教育部2010年12月30日发布的中华人民共和国教育部教育统计数据。
资料来源：中华人民共和国教育部教育统计数据2000~2009. [EB/OL]. [2010-12-30]. http://www.moe.gov.cn/publicfiles/business/htmlfiles/moe/s4958/index.html.

经过近30年的积累，我国形成了具有相当规模的学科门类大体齐全的国家学位论文收藏体系，构建了学位论文法定收藏的组织体系。截至2010年，中国科学技术信息研究所已经收藏1980年以来的学位论文150万册，中国社会科学院文献信息中心收藏1984年以来的学位论文20万册，国家图书馆收藏1981年以来的博士论文约22万册。除了学位论文国家法定收藏机构之外，对学位论文进行广泛、系统、集中收藏和服务的机构还包括中国高等教育文献保障系统（CALIS）（具体收藏在各高等学校图书馆或档案馆）、中国科学院文献情报中心等国内一些大型的文献信息机构，如表10-2所示。

相对分散的学位论文收集和保存体系为学位论文的管理和用户利用带来较多的困扰。通过建立统一的、国家层面的跨系统学位论文服务系统，将进一步提高学位论文的集中度，可以实现学位论文资源的分布保存和虚拟联合共享，同时有利于学位论文的有序收集和安全保存，有利于提升国家学位论文战略资源的完备性、权威性和保障性。

表 10-2 我国主要的学位论文数据库建设情况

内容特征 \ 数据库名称	CALIS 高校学位论文库	NSTL 中文学位论文库	国家图书馆学位论文数据库	中国科学院学位论文数据库	中国社会科学院学位论文数据库	万方学位论文数据库	CNKI 中国优秀博士、硕士学位论文数据库
主持者	教育部	科技部	文化部	中国科学院	中国社会科学院	万方数据股份有限公司	清华同方光盘股份有限公司
收录时间	1984 年至今	1984 年至今	1981 年至今	1981 年至今	1984 年至今	1980 年至今	1999 年至今
组织管理	三级保障体系：全国、地区和成员馆。"CALIS 工程中心管委会"领导，由牵头单位、参建单位代表组成，"项目管理小组"，负责整个项目的组织协调工作	科技部指导和监督，负责全国科技领域内的学位论文收集和服务	国家图书馆负责收集和整理我国学位论文，包括科技和社科领域	科学院系统内统一组织收缴开发	社会科学院文献信息中心负责收藏社科领域学位论文，提供服务	由中国科技信息研究所提供，委托万方数据加工建库，商业运作	同参与单位签约，商业运作
收录对象	综合性	综合性，以自然科学类为主	博士论文、部分硕士学位论文、海外留学生的博士论文	中国科学院的硕士、博士学位论文和博士后出站报告	中国社科院系统及全国高等学校人文社会科学学位论文	综合性	综合性
收藏情况	目前有大约 25 万篇学位论文摘索引	目前约 1 030 767 篇，每年增加论文 6 万余篇	全面收藏 1981 年至今的全国硕士、博士论文	约 4.3 万多篇，每年以不少于 5 000 篇的速度增长	收录人文社会科学学位论文，约 15 万篇	全文 60 余万篇，每年新增 15 余万篇	全文文献 42 万多篇

续表

数据库名称 内容特征	CALIS 高校学位论文库	NSTL 中文学位论文库	国家图书馆学位论文数据库	中国科学院学位论文数据库	中国社会科学院学位论文数据库	万方学位论文数据库	CNKI 中国优秀博士、硕士学位论文数据库
服务业务	元数据、论文前 16 页公开免费检索，全文通过认证结算机制在线浏览，通过馆际互借/文献传递离线获取	文摘公开免费检索；全文需到馆服务和原文传递获取	文摘公开免费检索；部分全文 24 页浏览；全文到馆服务和原文传递获取	科学院用户开放文摘及前 16 页检索服务	学位论文开放检索和查询服务	文摘、全文购买使用	免费检索题录、摘要。全文购买使用
建设方式	采用元数据集中建库，论文全文分散建库的两级保障模式，承建单位和参建单位联合建设	统一规范、分散加工、联合上网、分布服务	集中建库	集中建库	集中建库	集中建库	集中建库
参与单位	已有 80 多所大学签订协议，70 多家建立了本地学位论文提交发布系统	中国科学院文献情报中心、工程技术图书馆、中国农业科学院、中国医学科学院图书馆等	国家图书馆	中国科学院及其所属培养单位	中国社会科学院主持，有关高等学校协作	万方数据股份有限公司及其签约单位	全国部分签约单位

通过调研我们发现，学位论文跨系统的统一管理和协同服务还存在诸多问题和困难，主要包括：

①学位论文管理的集中度不够高。目前，国家学位论文法定收藏实行由中国科学技术信息研究所、中国社会科学院文献信息中心和国家图书馆三家机构"分工分藏"的政策，即按文理分工，又有硕、博之分。三家机构之间分工界限和范围无法得到严格控制，收藏的学位论文有所交叉和重复，而又没有进行集成共享，进行国家整体学位论文资源的系统整合、统一揭示、安全保存和集成服务。除3家单位以外，还有其他系统和商业单位也收集学位论文，容易形成业务资源的浪费和相互之间的不良竞争。

②学位论文收藏的完整性有待提高。经调查发现，国家学位论文法定收藏机构对各自负责的领域范围之内的学位论文收缴的完整性都存在着不同程度的缺陷，收集的齐全率最高也没有超过90%，低的甚至只达到40%～50%，没有做到应收尽收，缺乏完整性，无法作为国家学位论文的长期战略保存体系，不能很好地承担学位论文安全保存和有效保障的国家使命和功能。

③学位论文资源的检索和使用缺乏方便性。分散的学位论文收藏和管理体系也为学位论文的服务和利用带来了不便。首先是各个机构的学位论文信息发布和检索系统相互独立，功能不一致，揭示程度不同，没有相互连接，缺乏互操作性。由于学位论文的分散组织，给学位论文的查询、甄别和选择带来不便。其次，各家收藏机构对学位论文的借阅和使用的限制做法不一致，给用户带来很大困惑，也使资源的信息保障和资源的实体保障出现差异。

④学位论文信息加工标准和揭示的不统一。缺乏集成揭示。目前，"CALIS高校学位论文数据库"数据规范，由CALIS全国工程文献中心项目管理组依照国家标准GB/T2901-92《书目信息交换用磁带格式》，及该标准推荐执行的"中国公共交换格式（CCFC）"制定。国家图书馆和中国社会科学院文献信息中心的学位论文文摘数据库采用CNMARC作为著录标准。中国科学技术信息研究所的"中国学位论文数据库（文摘版）"采用CCFC作为著录标准。国家科技图书文献中心学位论文数据库的格式设计以CNMARC数据格式中定义的书目信息为基础，增加了若干存储管理信息的字段。中国科学院文献情报中心在学位论文数据库的格式设计方面以DC元数据为基础，并作了一定程度的扩展。可见，各系统、各机构采用的元数据标准未完全统一，相互间无法直接进行互操作，全国范围的集成揭示元数据系统没有形成，用户很难有效获知学位论文信息。

⑤国家层面上的学位论文统一管理和数字化服务工作进展较慢。目前学位论文的管理和服务处于一种相对封闭和分散的状态，虽然学位论文年产出量随着研究生的扩招而俱增，然而，学位论文的重复收集和资源争夺、行政渠道弱化和商

业行为介入招致的资源流失和资源部分缺失，已影响到学位论文的国家战略保存、安全管理和公共服务。国家层面数字资源整合和集成的滞后，在学位论文数字化管理和服务中反映突出。

10.2.2 学位论文服务平台建设目标与总体框架

学位论文服务体系的建立是国家科技文献资源建设与共享服务平台的重要保障措施之一，是更好地发挥学位论文在科教兴国和科技创新中作用的举措。中国学位论文服务平台建设体现在整合国内学位论文资源、实现开放共享和联合服务的具体行动上。

（1）平台建设目标

中国学位论文服务平台的建设旨在以我国大型学位论文收藏服务单位为主体，吸收各学位论文产出收藏单位参与，依托现有大型图书文献共建共享网络平台，以合同或协议为约定，以共建共享和开放互联为机制，以元数据交换集成和资源联合保障为模式，以标准规范和利益保障机制为基础，建立由有限成员单位组成的开放合作联合体。建设国家学位论文资源的整合平台和公共服务系统平台，实现学位论文元数据的集成和全文资源的共享传递。

中国学位论文服务平台需要达成多方面的共享，包括资源层面、技术层面、理念层面和服务层面等，包含从采集、加工到集成服务的一系列环节的共享。所以，这是一项长期的工程，应从"低起点起步"，从容易取得共识、易于操作、见效快的方面或环节着手，采取分步实施的方针，逐步推进拓展成员及合作项目，再逐步实现全方位联盟，最后实现共享的规模化发展。平台建设目标可以分为三个阶段目标：

首先，在大型馆藏单位间展开元数据资源的集中共享。我国几家大型学位论文收藏单位的技术条件和组织结构，有着共同的特点，也较有认同感，易于协调和沟通，可以先期在这些单位间展开合作。

其次，在整合大型馆藏单位学位论文元数据的基础上，逐步吸纳学位授予单位加入，建立学位论文服务系统。盘活学位论文资源的存量，持续稳定地扩大增量。形成覆盖全国的学位论文元数据资源集成共享体系，从而构建一个基本满足社会信息需求的学位论文资源服务系统。

最后，在对信息进行整合挖掘的基础上，开展增值服务，寻求通过网络进行协调采集和联合编目的可能性，吸纳其他相关单位参与建设。

（2）平台总体框架

我国学位论文服务平台应在资源合理组织和分布收藏的基础上建立，从整体建设目标出发，由政府组织相关部门（如 NSTL）进行协调管理。其组织框架如图 10-2 所示，主要由管理体系、主要任务和主要功能三个部分构成。

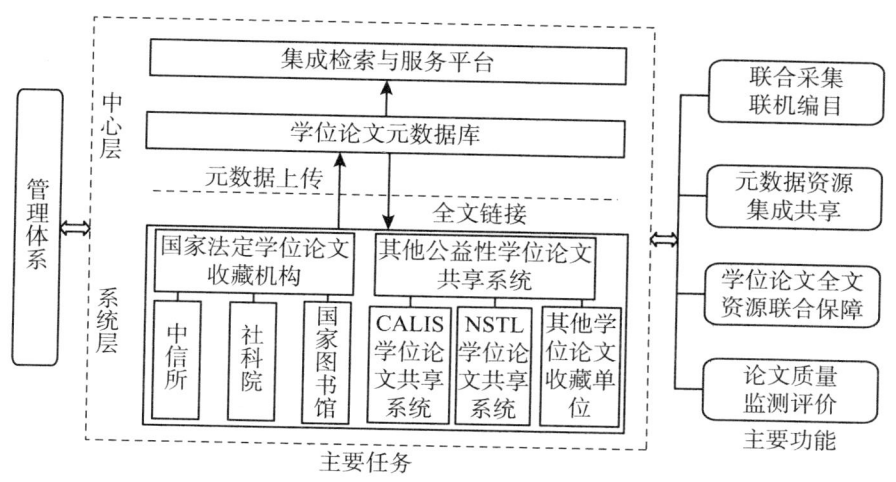

图 10-2 中国学位论文服务平台总体框架

中国学位论文服务平台的主要功能包括书目资源集成共享、文献资源联合保障、联合采集联机编目和论文质量监测评价等。

①书目资源集成共享。随着电子化学位论文系统的逐步建立，我国各大型学位论文收藏单位和学位授予单位大都建立了学位论文题录或文摘型数据库，将这些分散于各单位的学位论文元数据集中整合，剔除重复、冗余和劣质的信息，建立学位论文的元数据仓储与登记系统，提供一个统一的、包含多种检索方法和途径的用户界面，通过公共服务平台，面向社会提供即时、完整的学位论文目录查询和资源发现服务是可行的。实现对分布、异构的学位论文信息的整合检索和揭示，可以避免用户在不同的信息空间来回切换，将极大地提高用户的使用兴趣和使用效率。

②学位论文全文联合保障服务。研究生学位论文除少数发表或出版外，绝大多数不会出版，不易被交流利用，因此是一次文献中流通最受限制的资料。另外学位论文又是研究人员选择研究方向和确定论文选题的首选参阅文献，因此应建立国家学位论文资源共享体系，构成一个分级分布保障的国家学位论文信息服务网络，使各成员单位按照统一制定的服务规则和方式，进行学位论文资源的管理与服务。

③联合采集联机编目。随着电子版学位论文的普及，学位论文的共享已涉及学位论文采集、加工和服务的各个环节，既包括对学位论文采集渠道和呈交平台的共享，也包括学位论文联合编目和加工处理的共享。如果在各单位不断完善的电子化学位论文系统之上，通过对系统改造升级，逐步兼容沟通，可以形成一个统一的学位论文采集、呈交和联合编目加工的大平台。平台的使用将会有效提高学位论文采集效率，减少加工费用。

④论文质量监测评价。对学位论文元数据信息进行集成整合后，可以根据一定的需要，对数字资源系统中的数据对象进行文献统计、分析和评价，对其功能结构及其内涵关系进行融合、类聚和重组，使之重新结合为一个新的数字资源体系。一方面可以加快重点学科专业的知识导航服务，另一方面，可以按行业、地区和学科进行综合性分析，及时反映学位论文成果产出状况，供有关部门决策参考。学位论文质量监测有利于提高原创能力。

10.2.3 管理体系构建与实现

学位论文服务平台采用自愿参与、联合协作、平等互利的原则进行组织。根据虚拟联合和业务协同的需要，其组织结构应该强化顶层设计、制度设计和标准化建设，以各类制度作为业务协作和资源开放的保障，以规范标准作为业务联合和共享的纽带，建立学位论文服务平台长期可靠的组织保障机制。

（1）共享成员的确定

我国博士、硕士学位论文产出、收藏单位比较分散，论文产出单位包括高等学校、科研机构等，高等学校分布在全国范围，科研机构包括中国科学院系统、中国社会科学院系统、各部委下属科研机构、各省（自治区、直辖市）所属科研机构、军事科研机构（院校）、港澳台科研机构（院校）等。论文呈缴收藏单位包括中国科技信息研究所、国家图书馆和中国社会科学院文献情报中心。由于学位论文自身的特点，这些产出单位和法定单位都收藏着学位论文，也都是学位论文的提供者，因此构建全国性学位论文服务系统应该把所有这些成员都包括进来。但这样构建的联盟比较大，一次构建成功的可能性较小，因此可以采用分步推进的策略。第一步以现有国家法定呈缴机构和NSTL成员单位、CALIS为主构建，在此基础上，逐步把其他单位纳入进来，形成完整的中国博士、硕士学位论文服务系统。

第一步之所以选择现有国家法定呈缴机构和NSTL成员单位、CALIS作为联盟成员，是基于如下考虑：

①现有法定呈缴机构中国科技信息研究所、国家图书馆和中国社科院文献情报中心从《中华人民共和国学位条例暂行实施办法》等文件颁布起就开始收集各学位授予单位呈缴的学位论文，积累了 100 多万字的印本学位论文，前两家单位已经建立了文摘数据库和部分全文数据库。中国社科院文献情报中心目前正在进行文摘数据库建设工作，有望在近期完成。这些文摘数据库和全文数据库为学位论文的集成揭示和服务打下了坚实的基础。

②NSTL 成员作为第一批成员，它除了包括中国科技信息研究所外，还包括中国科学院文献情报中心、中国农业科学院图书馆、中国医学科学院图书馆等，它们收藏了科学院系统、农科院系统、医科院系统等产出的学位论文，同时这些机构与相应系统的学位授予机构关系密切，有助于解决学位论文版权问题，它们也不同程度地建立了学位论文文摘数据库。另外，更为重要的一点是，NSTL 经过 10 年的建设，证明它所采取的虚拟管理模式是可行的，各个成员单位在该模式下运行良好，这种共建共享的管理模式为建立中国学位论文服务系统提供了借鉴。

③将 CALIS 作为第一批成员，是因为 CALIS 作为高校图书馆联盟，集成了 211 院校和部分非 211 院校的学位论文文摘信息，形成了 25 万条的元数据信息和论文全文的前 16 页信息，具有较好的学位论文文摘数据库基础，同时 CALIS 以联盟形式运作，联盟管理机构与成员之间协作机制已经形成。另外，高等学校是学位论文的主要产出群体，可为进一步与著作权人解决版权问题打下基础。

通过上述分析可以看出，第一批成员单位发展目标为国家图书馆、中国科技信息研究所、社会科学院文献中心等国家法定学位论文收藏机构，以及中科院图书馆、CALIS 系统等学位论文的行业集中收藏机构，这些单位各项基础条件都比较好，拥有丰富、完整、系统的学位论文资源积累和法定收集渠道，具备海量学位论文资源的组织、描述、存储、发布和服务的能力和经验，具有完备的学位论文资源管理和服务的技术储备和人员队伍，在我国学位论文的收藏和服务方面有较强的实力和较高的知名度。可以快速构筑起资源覆盖完整、收集渠道稳定、业务和专业化人才聚集、服务设施和手段齐全的学位论文协同管理的组织架构。

（2）组织形式

我国学位论文共享的组织管理，本着自愿参与原则，以基于协议或备忘录的形式，形成各种事实上的合作组织，逐步从松散联合型发展到紧密结合型。

学位论文服务系统可以采取理事会制度，所有成员单位均是联合共享体系的理事单位，对系统的事务具有平等的发言权和表决权。由成员单位组成的学位论文服务理事会，负责系统建设的目标设定、战略规划、宏观决策、经费预算、总体协调、监督和评价考核等工作。

　　学位论文服务平台应采取专业化的管理方式，成立专家委员会，作为系统运作的专家咨询机构。专家委员会由成员单位的相关专家和系统之外的文献、信息技术、标准规范等方面的领域专家组成，负责项目实施中的咨询和技术方案的审定。

　　成立常设的学位论文服务系统管理中心，负责执行理事会决定，制定年度工作计划，组织制定学位论文服务的规章制度，开展学位论文元数据的共享集成和联合保障服务，指导和协调成员单位完成本地学位论文资源建设和开展日常工作。

　　学位论文服务管理中心下设学位论文元数据与技术工作组和学位论文联合服务工作组，由依托单位负责条件、人员的配备和日常工作运行管理，吸纳成员单位相关工作人员参与。学位论文元数据与技术工作组负责成员单位之间的学位论文元数据共享建设和元数据的技术整合，包括学位论文元数据的收割、交换、更新、转换、规范、质量控制、安全存储、数据监控、共享协调等以及元数据共享平台、学位论文公共服务平台、数据处理、数字化建设等方面的技术支持。学位论文联合服务工作组负责学位论文服务协同、联合服务协调与监督、服务制度和服务规范应用、知识产权处理、用户反馈处理、服务效果评价等。如图 10 - 3 所示。

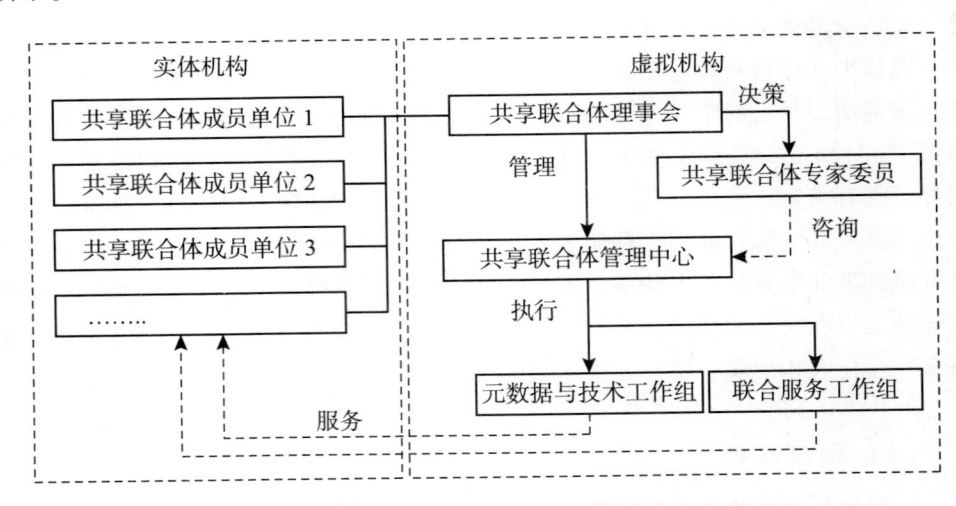

图 10 - 3　中国学位论文服务系统组织管理结构

　　现阶段，我国学位论文共享联合体的组织管理可采用动态联盟的模式进行运作，以发挥不同收藏机构在各自领域的核心能力，促进国家学位论文共享联合体的快速发展。

如图10-4所示，在动态联盟中，我国法定的三家学位论文收藏机构和几家大型学位论文共享系统（CALIS、NSTL等）处于核心位置，在技术安排、组织结构上形成了共享核心系统。这些单位开展开放式公益服务，它们之间的协调对国家大型馆藏单位学位论文元数据的整合至关重要，可以在成员单位共享平台中按照统一的实施方案和服务规则，实施学位论文分布保障。

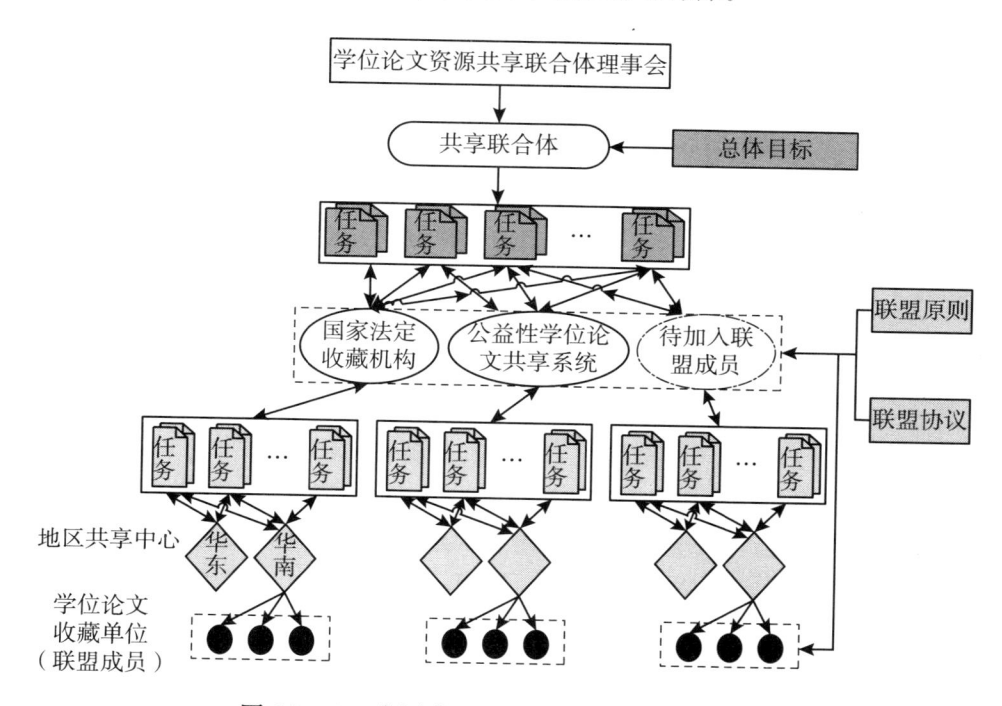

图10-4 我国学位论文共享中的联盟组织

在整合我国大型公益性馆藏单位和系统学位论文元数据的基础上，动态联盟可以逐步扩展，吸纳学位授予单位（高等学校、科研院所）和地方图书馆作为底层联盟成员加入联盟，同时在高校或研究机构集中的地区组建分中心，辐射全国。

10.2.4 基于平台的学位论文服务推进

根据我国的学位论文资源分布情况，中国学位论文服务平台服务以全国范围内的分布馆藏和虚拟资源为基础，充分发挥目前已经收藏或收集学位论文单位的作用，从文献传递和开放链接两个层面实施全文的分布分级保障。

在第一层面，先期实施基于学位论文传递的服务。借鉴国际范围内的成功经验，考虑到我国目前资源共享的实际情况，基于分布馆藏和虚拟资源开展学位论文传递服务，通过学位论文元数据库提供、获取来源和收藏线索，然后实现基于联盟的原文提供服务。

在第二层面，后期实施基于开放链接信息服务。根据国际经验和CALIS学位论文共享的实践，基于开放链接的服务需要较强的技术保障和紧密的沟通合作。在技术层面需实现通过开放链接提供全文服务的单位注册，建立统一认证机制，提供元数据传递的接口，以全面支持论文的全文开放查询与检索。

目前，中国学位论文服务系统建设项目与部分大型学位论文馆藏单位间就元数据集中共享达成了共识，制订了统一的元数据交换集著录规则，完成了学位论文集成与共享服务系统开发，实现了数据加载、数据检验、信息检索、全文服务系统引导功能。通过数据的测试，实现了NSTL与CALIS系统的对接，初步实现了对各单位学位论文元数据进行加工、整理和转换，整合的元数据总量达130万条。目前，项目正着手系统的推广应用和服务示范。

国外学位论文服务系统通常不受国家层面统一的制度安排限制，而是由多个部门或机构共同参与建设和管理的。各部门或机构各司其职、相互协作，为学位论文共享系统的有效运作提供了有力支持和保障。例如，PQDT的开发建设是由美国UMI公司与美国国会图书馆合作完成的，由美国版权局提供软件技术支持，进行作者版权登记；学位论文共享服务实施上，则由UMI公司负责商业化运营；BLDSC的开发建设是由英国政府统一规划实施的，其运作管理则由大英图书馆委员会具体负责；NDLTD的开发建设是由维吉尼亚科技大学完成的，联盟成员推选代表组成NDLTD委员会负责系统的日常管理工作。这种跨部门的分工协作能够充分利用不同部门的职能优势，形成规范化的建设和管理模式。

目前，我国学位论文共享尚没有一个统一的组织管理和协调机构，学位论文的管理主要由高等学校和研究机构的图书馆以及图书馆及国家授权的学位论文的收藏单位承担。这说明，在深化学位论文服务中，应进一步突破这个限制，实现跨部门、跨系统的协同服务。

10.3 面向行业创新的广东省纺织服装行业信息服务体系重构

广东省纺织服装行业信息服务重组，一是在体制变革和体系重构上，进行行业服务的重新布局、整合和改革，形成面向行业的开放式的服务体系；二是在服务中，实现基于互联网的共用平台建设，实现行业信息资源的协同共建和知识服务共享。

10.3.1 纺织服装行业知识信息服务体系重构动因

广东省纺织服装行业信息服务体系重构与系统的集成建设是区域性行业知识信息服务重组的一个较典型的实例。在体系重构和系统集成中，我们参与了调研和方案论证。项目由广东省纺织服装服务协会组织，华南理工大学等进行了系统开发，有关部门进行了应用推广。目前重组的系统运行良好。

我国的纺织服装行业中的小企业由于规模、资金、人才等方面的限制，在信息化建设投入和创新发展上远远低于大型企业。然而，各类信息服务平台的发展，为纺织行业面向中小企业的知识信息服务重组提供了技术环境和条件。

面向纺织服装行业的研发、商务及创新一体化的服务重组和平台建设具有广阔的发展前景。按国家规划，"十一五"是中国行业管理信息化以及创新发展的关键时期和高速成长期。同时，纺织服装的电子商务建设和应用专业化也将进入实质性发展阶段。通过对跨区域的纺织行业的高度专业化信息服务平台的投入，将使企业获得技术创新优势，缩短市场反应时间，降低成本，提高产品质量和服务品质，增强企业的竞争力。随着中国加入WTO和世界经济一体化进程的加快，纺织服装行业企业生存与发展不再是孤立的，大多数中小企业必须通过基于行业信息平台服务的信息化，融入经济生态链中。

国际上，美国企业正享受行业信息集成外包服务，相当一部分行业平台同时提供信息服务与商务支撑，日本也出现了大量的基于行业运行的创新服务平台。与此同时，欧盟委员会倡导下的欧洲行业信息平台的建设，为面向中小企业在内的行业知识信息服务重组和平台建设提供了经验。

随着全球经济贸易一体化的加速，国内的纺织行业面临着跨越组织边界甚至国界的创新交流、商务交流和技术交流平台化的问题。从行业信息服务的角度看，目前纺织行业的信息资源的来源更加复杂，内容更加细化与专业，容易在成员企业和部门之间形成"信息孤岛"。因此，纺织行业的企业信息资源环境发生了深刻的变化。同时，行业内企业之间的相互学习、知识创新及转移贯穿着企业创新和运营的全过程，由此形成了创新发展与经营活动的特殊信息需求，以至于使传统的企业信息服务难以适应，由此提出了基于纺织行业信息平台建设的行业信息服务的重组要求。

基于此，广东省纺织服装行业协会于2006年开始着手行业信息平台的建设。作为重组的平台项目，从纺织服装行业信息、商务及创新一体化的公用服务平台建设出发，结合产业细分和纺织服装行业产业的商务平台发展，进行资源和服务重组，以构建一个稳固、可行的行业服务平台，旨在为纺织服装企业带来最终的用户体验与服务。

10.3.2 基于重构的纺织服装行业信息平台建设与服务组织

广东省纺织服装行业信息服务重组，实现了电子商务与信息交流和交互服务的结合，同时留下了与企业管理信息系统的接口。

面向纺织服装行业的信息、商务及创新一体化服务平台的框架如图 10-5 所示。

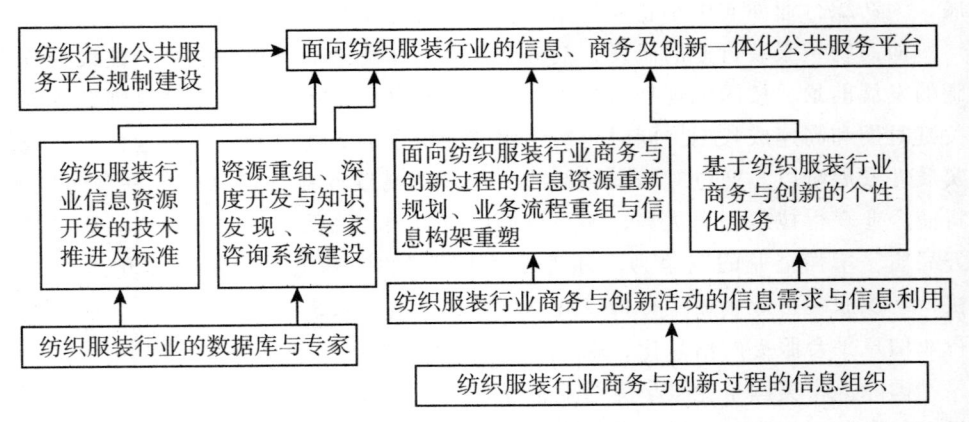

图 10-5 广东省纺织服装行业信息服务平台框架

如图 10-5 所示，面向纺织服装行业的信息、商务及创新一体化的公共服务平台建设包含三个层次：

①行业数据库与专家库服务。地方行业数据库和专家库的建设是地方行业发展的需要，是面向纺织行业的信息、商务及创新一体化的公共服务平台最基础的工作，其目的是通过联系有关信息部门、政府部门和服务机构，建立地方纺织服装行业的专门文献资源、行业信息资源、技术信息资源以及产品信息资源等专门数据库；同时，汇集行业内的专家信息，将专家们的知识资源加以整合，构成行业的专家库，以提供行业咨询服务。

②商务服务系统开发。面向纺织服装行业的信息、商务及创新一体化的公共服务平台的另一功能是开展商务信息服务、提供应用平台，项目通过纺织服装行业电子交易过程中的电子订单处理、电子合同签订、安全认证、电子签名、在线

洽谈、电子支付等，建立其服务支持体系。其目标是研究开发多对多电子商务系统，建设纺织行业的网上交易服务系统。

③创新信息服务平台建设。这是面向纺织服装行业的信息、商务及创新一体化的公共服务平台建设的高层运用，平台要求对行业内不同类型的企业创新具有较强的适应性，通过多元信息动态采集、过滤、加工、处理和集成智能化技术，使创新平台的功能技术与性能得以升级，既增强灵活性又确保可靠性。创新平台具有的功能包括用户信息需求识别、协同产品信息服务、定题信息服务、专家咨询等。

按照三个方面的要求，项目建设第一期工作结束后，在网络服务上比较全面地实现了面向广东省纺织服装行业的网络信息服务重构和平台建设目标。

在纺织服务行业知识信息服务重组与服务平台建设中，项目组采用统计、抽样调查和系统分析的方法深入到企业，考察其信息资源的分布与流动、创新及商务过程中的需求，按各成员企业系统的构成，建立其"资源的结构分布模型与信息需求模型"。考虑到各企业信息系统的数据格式及信息标准的异构性，利用整合技术工具建立行业信息资源组织与服务的基础技术平台。在协议管理中，利用安全和信任通信协议、访问控制软件及法律手段来解决行业创新与成果转移过程中的业务流程再造与信息构架重塑问题。在平台服务中，以促进行业的知识创新、转移与学习为目的，以成员企业员工的需求为导向，构建基于整个行业的、跨企业的信息资源组织与服务系统，以解决纺织服装行业企业信息资源组织、开发与利用的实际问题。

10.3.3 纺织服装行业信息服务平台的启示

广东省纺织服装行业信息服务平台是区域性面向小型企业的行业信息服务重组系统，虽然不具备全国行业中心的地位，然而可以作为全国中心的区域性平台节点，在实现全国资源互联共享的情况下，进一步进行与大行业系统的链接和改进。实践证明，面向中小企业的行业信息集成服务，在地方行业协会组织下是可行的。

从国内行业知识信息服务重组与集成服务的实现上看，"面向纺织行服装业的信息、商务及创新一体化的服务平台"通过与行业协会、专业市场、专业镇（专业基地）等合作，所建设的汇聚纺织服装行业的信息、电子商务以及创新信息的行业共用平台，这是一种新的平台模式。平台针对纺织服装行业经营过程中的信息服务（企业、产品、广告、展会等资讯）、电子交易（电子订单、电子合同、安全认证、电子签名、在线洽谈、电子交付）、物流服务（公共物流服务平台）等过程进行多方信息采集、过滤、加工、处理和集成，在与企业的内部信息化管理系统（包括客户关系管理、进销存管理、供应链管理、人才招聘、商务、经营服务系统等）整合中，构成了一体化的服务体系。

面向纺织服装行业的信息、商务及创新一体化的服务平台建设，支持了纺织服装行业中的企业运营与创新发展，从而推动了行业自主创新、产品研发、质量保障和信息共享。平台模式的推广与运用有助于解除中小企业与各个行业在投资、创新、人才交流等方面存在信息障碍。

10.4 武汉大学图书馆文献传递服务评价

随着教学科研的发展，单个图书馆的馆藏资源已难以满足高校师生的信息需求，走资源共建共享之路，开展馆际文献传递服务是弥补馆藏资源不足，满足用户需求的有效方式。馆际文献传递一直是 CALIS 重点建设的项目之一，是 CALIS 公共服务系统的重要组成部分，是体现与实现 CALIS 共建共享成果的重要手段。因此，对文献传递服务的适时评价，不仅是推进这一专门化服务的需要，而且运行专项服务评价，有利于图书馆服务的协同发展。

利用知识信息服务的融合评价模型，本研究对武汉大学图书馆的文献传递服务进行了自 2003 年以来的服务组织与服务效益评价。在连续评价中，不断发现问题，寻求服务持续发展的对策。实践证明，这种融合评价对机构创新发展有着重要的支持作用。

10.4.1 武汉大学图书馆文献传递服务与综合评价指标的确定

文献传递网由众多成员馆组成，包括利用 CALIS 馆际互借与文献传递应用软件提供馆际文献传递的图书馆（简称服务馆）和从服务馆获取馆际文献传递服务的图书馆（简称用户馆）。目前 CALIS 已发展服务馆 46 个，用户可以通过馆际文献传递方式从所在成员馆获取 CALIS 文献传递网成员馆的文献收藏。

2003 年 CALIS 文献传递项目启动，武汉大学图书馆率先对文献传递的业务处理流程进行了改进和重组，一方面在岗位设置上从兼职变为专职，根据工作流程划分岗位职责，形成了各负其责的工作机制；另一方面根据用户需要在医学分馆增设文献获取地。

2004 年 6 月，武汉大学图书馆作为 CALIS 文献传递网的首批试点服务馆面向全国开展文献传递服务，这也是武汉大学图书馆文献传递服务大发展时期。此后，武汉大学文献传递进入不断改善和调整时期，管理制度不断完善，服务流程逐步改进，请求篇数不断增加，满足率也不断得到提高，社会效益和经济效益已得到了全面显现。

2003~2008 年能提供的纸本期刊数由 4 975 种逐步增加到 6 073 种，年平均增长率达到 4%。纸本图书和电子数目数据在文献传递中也起到了很重要的作用，从 2003 年的 70 万种逐年增加到 2008 年的 110.6 万种，年平均增长率 9.7%；能提供的电子数目数据从 2003 年的 72 万条增加到 2008 年的 110 万条，年平均增长率 9%。以上的调查数据表明：无论纸本图书、纸本期刊、电子期刊还是电子数目数据都是逐年增长的，这为文献传递的资源数量和质量给予了充分的保证。

2003 年以来，武汉大学图书馆的文献传递服务处于持续发展中。从表 10-3 和图 10-6 可以看到：2003 年文献传递申请量是 6 807 篇，其中 5 800 篇满足用户需求，服务满足率为 85.2%；2004 年文献传递申请量是 10 860 篇，其中 9 546 篇得到满足，服务满足率为 87.9%；2005 年文献传递申请量 10 128 篇，其中 8 670 篇得到满足，服务满足率为 85.6%；2006 年文献传递申请量为 9 640 篇，其中 8 396 篇得到满足，服务满足率为 87.1%；2007 年文献传递申请量为 11 007

表 10-3　　　　　　　　　文献传递服务满足统计

年份	2003	2004	2005	2006	2007	2008	2009	2010
服务业务量（篇）	6 807	10 860	10 128	9 640	11 007	12 401	12 401	14 085
服务满足篇数（篇）	5 800	9 546	8 670	8 396	9 489	10 673	10 673	12 110
咨询问题（条）	1 500	2 000	2 450	2 292	3 050	3 500	3 500	3 800

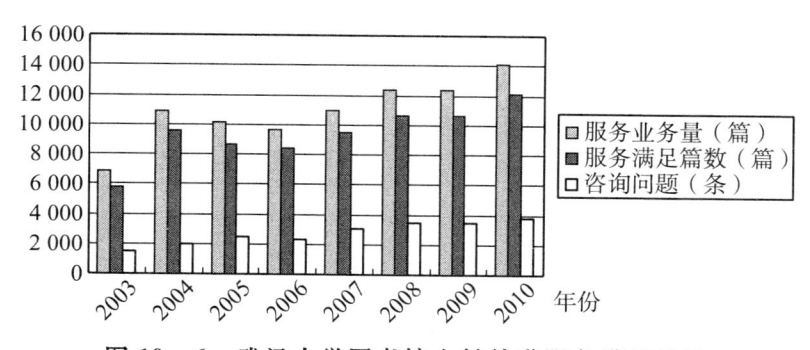

图 10-6　武汉大学图书馆文献传递服务满足统计

篇，其中 9 489 篇得到满足，服务满足率为 86.2%；2008 年文献传递量为 12 401 篇，其中 10 673 篇得到满足，服务满足率为 86.07%；2009 年文献传递量为 12 401 篇，服务满足率为 86.06%；2010 年文献传递量为 14 085 篇，其中 12 110 篇得到满足，服务满足率为 85.98%。

文献传递服务效益主要体现在社会效益和经济效益两个方面。文献传递服务属于社会服务，因此其服务效果更多地体现在社会效益上。社会效益重要是考察文献传递的服务用户数量、提供用户培训支持（人次）、发展协作单位数量（户）、服务范围年科技论文索引的数量（篇）以及服务范围年专利发明数量（项）。

图 10 - 7 显示了 2003 ~ 2008 年的用户数量和接受培训人次。文献传递提高服务的影响力和扩大服务的受益面，年平均提供用户的培训支持力度是不断加大的。2003 年培训场次 10 次，一场约有 50 人，共培训 500 人。2004 年由于 CALIS 文献传递软件的应用，服务中加大了培训力度，全年共开设 30 场培训，共计培训人次 1 400 人，相对于 2003 年年增长率是 180%。2005 年培训人次稍有下降，约 500 人，其后基本都保持在 1 000 多人。

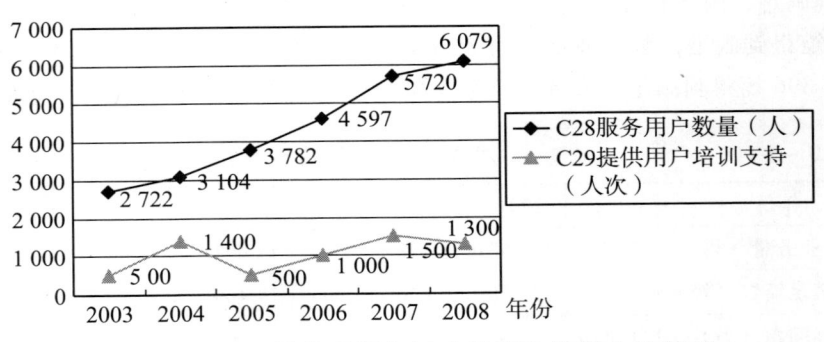

图 10 - 7　文献传递服务用户数量和培训人次统计

通过以上调查分析，汇总 2003 ~ 2010 年武汉大学文献传递服务基础、服务质量、服务效果、服务成本 4 个一级指标下 31 个指标的数值统计（见表 10 - 4），结合文献传递服务的实际情况，省略了 C4、C7、C12、C14、C19、C21、C25、C27、C36、C37 统计项。这些调查数据将作为效益评估的基础和依据。

10.4.2　文献传递综合评估指标的权重安排

根据文献传递服务指标体系的特点，采取基于主观赋值和客观赋值相结合的方法可以确定各指标的权重。

表10-4　文献传递与馆际互借调查情况汇总表

一级指标	二级指标	三级指标	2003年	2004年	2005年	2006年	2007年	2008年	2009年	2010年
A1服务基础	B1资源数量与质量	C1 能提供的纸本图书（万种）	70	80	98	106	110.2	110.6	110.6	115.5
		C2 能提供的纸本期刊（种）	4 975	5 024	5 176	5 222	5 970	6 073	6 073	6 535
		C3 能提供的电子期刊（种）	20 000	24 500	24 700	24 700	29 000	29 000	29 000	32 000
		C5 资源揭示率（%）	80	80	85	90	95	95	95	95
		C6 能提供的电子数目数据（万条）	72	76	80	89	99	101	101	109
	B2基础设备	C8 网络通讯条件	100M/1G	100M/1G	100M/1G	100M/1G	100M/1G	100M/1G	100M/1G	100M/1G
		C9 软硬件设备（件）	5	5	5	5	5	5	5	5
		C10 系统运行（停机次数）	0	0	0	0	0	0	0	0
	B3人员配备	C11 服务人员的技术职称	较合理	较合理	较合理	合理	合理	合理	合理	合理
		C13 服务人员的数量（人）	3.5	5	4	4	4	4	4	4
A2服务质量	B4服务方式	C15 信息传递方式（种）	3	3	4	4	4	4	4	4
		C16 信息获取渠道（户）	60	80	85	120	125	125	125	125
	B5服务满足	C17 服务业务量（篇）	6 807	10 860	10 128	9 640	11 007	12 401	14 509	14 085
		C18 服务满足率（%）	85.20	87.90	85.60	87.10	86.2	86.07	87.2	85.98
		C20 咨询问题（条数）	1 500	2 000	2 450	2 292	3 050	3 500	3 420	3 800
	B6服务时间	C22 服务响应时间（天）	1	1	1	1	1	1	1	1
		C23 服务完成时间（天）	14.73	6.1702	6.201	7.021	5.1351	3.638	3.688	3.524
	B7服务规范	C24 服务管理制度	不完善	较完善	完善	完善	很完善	很完善	很完善	很完善
		C26 服务导航系统（有效链接数）	4	6	10	10	10	10	10	10

续表

二级指标	三级指标	2003年	2004年	2005年	2006年	2007年	2008年	2009年	2010年
A3 服务效果 B8 社会收益	C28 服务用户数量（人）	2 722	3 104	3 782	4 597	5 720	6 079	7 042	6 678
	C29 提供用户培训支持（人次）	500	1400	500	1 000	1 500	1 300	1 400	1 500
	C30 发展协作单位数量（户）	28	40	42	45	50	55	55	55
	C31 用户满意度（%）	82.2	85.9	90.2	89.1	90.2	90.38	90.29	90.32
	C32 服务范围年科技论文索引的数量（篇）	1 590	2 235	3 050	3 499	3 942	4 853	5 689	5 353
	C33 服务范围年专利发明数量（项）	196	138	254	302	235	338	351	286
B9 经济收益	C34 服务年收益（元）	10 881.5	31 770.6	20 492	40 697.8	78 529	57 181.1	68 762.8	64 821.5
	C35 服务性价比	低	低	较高	较高	高	高	高	高
A4 服务成本 B10 资源成本	C38 软硬件购置成本（元）	15 497	15 370	15 668	13 968	11 066	11 536	11 500	11 536
	C39 人员成本（元）	90 000	144 000	120 000	120 000	120 000	120 000	120 000	120 000
B11 其他成本	C40 服务补贴（元）	82 000	120 000	130 000	119 000	75 360	63 850	75 890	68 074
	C41 单次服务成本（元）	27.55	25.7	26.2	26.2	18.75	15.76	15.96	15.03

注：表中数据系以校内用户为服务对象统计。

文献信息传递服务第一层和第二层的指标采用层次分析法确实权重是合适的，但由于第三层的指标数量多且具有多种特点，故要对第三层的指标进行详细的分析，采用客观赋权法或适当的主客观相结合的赋权法。在客观赋权法中，主成分分析法的运用是基于充足数据的；而关联度分析法则适用于数据少、信息量较少的情况。因此，选用关联度分析法作为权重的客观分析法。

第三层的指标均是知识信息服务评估的具体体现，一般情况下，指标都有量化值，即使是定性的指标值，也可以通过一些方法将定性指标转化成定量的指标值，故单纯地采用主观赋权法不合适，因此，这里如果将2003~2010年的每一年的所有的知识信息服务评估指标值的集合看作一个样本，一共收集了6个样本，因此对于第三层的指标采用关联度分析法确定指标权重是最为理想的客观赋值方法。

在使用关联度分析法确定指标权重时，首先要确定参考数列。在知识信息服务效益评估指标体系的第三层指标当中，确定哪些数列为参考数据列，是一种主观判断。其次在确定好参考数据列后，采用关联度分析法确定权重是一种客观计算赋权法，因此第三层指标权重的确定方法也是主客观相结合的方法。

第二层的第一指标B1"资源数量与质量"下的5个三级指标均为定量指标，从指标的数量和性质来看，适合运用关联度分析法来确定权重。同理，第5个二级指标B5"服务满足"、第8个二级指标B8"社会收益"下的三级指标也适合运用关联度分析法来确定权重。第2个二级指标B2"基础设备"虽然有3个三级指标，其中有1个是定性的，即使可以转换成定量的指标，然而其他两个指标的指标值在年份之间没有变化，不宜采用关联度分析法，这时可以采用层次分析法确定权重。其他7个二级指标下均只有2个三级指标，也不宜采用关联度分析法，同样采用层次分析法确定权重。

综合以上分析，在知识信息服务效益评估指标体系的指标权重确定中，对第一、二和三层均采用层次分析法确定权重；对第二层的B1、B5和B8下面的三级指标分别采用关联度分析法确定权重，然后与前面由层次分析法得到的权重进行平均得到最终权重。

在定量统计和调查的基础上，可以得到如下文献传递服务综合评估指标权重分配。如表10-5所示。

由于测评对象武汉大学图书馆文献传递属于非营利性服务，服务目的是以有限的资金和资源取得最大的社会效益和经济效益，其中最主要的是利用文献传递共享单位的资源为教学科研和社会需求提供有价值的知识信息服务。因此，专家主观赋值和客观数据计算出的权重是以社会效益为主。

表 10 - 5　　图书馆文献传递服务评价指标体系权重分配

一级指标（权重 W）	二级指标（权重 W1）	三级指标（权重 W2）	综合权重 W×W1×W2
A1 服务基础（0.2768）	B1 资源数量（0.3932）	C1 能提供的纸本图书（万种）（0.2540）	0.0276
		C2 能提供的纸本期刊（种）（0.2114）	0.0230
		C3 能提供的电子期刊（种）（0.2180）	0.0237
		C5 资源揭示率（%）（0.1613）	0.0176
		C6 能提供的电子数目数据（万条）（0.1553）	0.0169
	B2 基础设备（0.3196）	C8 网络通讯条件（0.4286）	0.0378
		C9 软硬件设备（件）（0.4286）	0.0378
		C10 系统运行（停机次数）（0.1428）	0.0122
	B3 人员配备（0.1439）	C11 服务人员的技术职称（0.3333）	0.0133
		C13 服务人员的数量（人）（0.6667）	0.0266
	B4 服务方式（0.1433）	C15 信息传递方式（种）（0.3333）	0.0132
		C16 信息获取渠道（种）（0.6667）	0.0265
A2 服务质量（0.3050）	B5 服务满足（0.5396）	C17 服务业务量（篇）（0.5815）	0.0957
		C18 服务满足率（%）（0.3090）	0.0499
		C20 咨询问题（条数）（0.1095）	0.0167
	B6 服务时间（0.2969）	C22 服务响应时间（天）（0.2500）	0.0227
		C23 服务完成时间（天）（0.7500）	0.0679
	B7 服务规范（0.1635）	C24 服务管理制度（0.6667）	0.0333
		C26 服务导航系统（链接数）（0.3333）	0.0166
A3 服务效果（0.3050）	B8 社会收益（0.8333）	C28 服务用户数量（人）（0.1485）	0.0378
		C29 提供用户培训支持（人次）（0.1081）	0.0275
		C30 发展协作单位数量（户）（0.1337）	0.0389
		C31 用户满意度（%）（0.1528）	0.0378
		C32 服务范围年科技论文索引的数量（篇）（0.2773）	0.0705
		C33 服务范围年专利发明数量（项）（0.1796）	0.0446
	B9 经济收益（0.1667）	C34 服务年收益（元）（0.6667）	0.0339
		C35 服务性价比（0.3333）	0.0168

续表

一级指标 （权重 W）	二级指标 （权重 W1）	三级指标（权重 W2）	综合权重 W×W1×W2
A4 服务成本 （0.1132）	B10 资源成本 （0.5000）	C38 软硬件购置成本（元）（0.5000）	0.0283
		C39 人员成本（0.5000）	0.0283
	B11 其他成本 （0.5000）	C40 服务补贴（元）（0.3333）	0.0189
		C41 单次服务成本（元）（0.6667）	0.0377

10.4.3 文献传递年度模糊综合评价

文献传递效益综合测评是以 2003~2010 年的调查数据为评估考核对象，采取模糊综合评价法对每年的综合效益进行测评，以下以 2008 年统计数据为例，进行分析说明：选取 2008 年为测评对象，应用模糊变换原理，采用定性与定量相结合的方法，可以从多个方面对文献传递进行评价。

评价建立评判集 V = {V1，V2，V3，V4，V5}，它们分别表示效益水平"优"、"良"、"中"、"低"、"差"。其中"优"表示各项目标已全面实现或超过并取得了令人非常满意的效果，"良"表示大部分目标已经实现或达到了预期的效益和影响，"中"表示实现了既定的部分目标或取得了一定的效益和影响，"低"表示目标完成非常有限或几乎没有产生什么正效益和影响，"差"表示目标根本没有实现。

根据文献传递调查情况汇总表中 2008 年的数据，对文献传递与馆际互借工作进行评判打分，并将 9 位专家的判定结果进行汇总，具体结果如表 10-6 所示。

表 10-6　　　　　　专家对各指标评判结果汇总表

一级 指标	二级 指标	三级指标	专家评判情况				
			优 V1	良 V2	中 V3	低 V4	差 V5
A1 服务 基础	B1 资源 数量与 质量	C1 能提供的纸本图书（万种）	5/9	3/9	0	1/9	0
		C2 能提供的纸本期刊（种）	5/9	1/9	2/9	1/9	0
		C3 能提供的电子期刊（种）	5/9	2/9	1/9	1/9	0
		C5 资源揭示率（%）	1/9	5/9	3/9	0	0
		C6 能提供的电子数目数据（万条）	2/9	5/9	1/9	1/9	0

续表

一级指标	二级指标	三级指标	专家评判情况				
			优 V1	良 V2	中 V3	低 V4	差 V5
A1 服务基础	B2 基础设备	C8 网络通讯条件	7/9	2/9	0	0	0
		C9 软硬件设备（件）	1/9	5/9	2/9	1/9	0
		C10 系统运行（停机次数）	7/9	2/9	0	0	0
	B3 人员配备	C11 服务人员的技术职称	1/9	6/9	2/9	0	0
		C13 服务人员的数量（人）	2/9	5/9	1/9	1/9	0
	B4 服务方式	C15 信息传递方式（种）	1/9	6/9	1/9	1/9	0
		C16 信息获取渠道（种）	5/9	2/9	2/9	0	0
A2 服务质量	B5 服务满足	C17 服务业务量（篇）	5/9	2/9	1/9	1/9	0
		C18 服务满足率（%）	2/9	6/9	1/9	0	0
		C20 咨询问题（条数）	4/9	3/9	1/9	1/9	0
	B6 服务时间	C22 服务响应时间（天）	4/9	3/9	1/9	1/9	0
		C23 服务完成时间（天）	1/9	5/9	1/9	2/9	0
	B7 服务规范	C24 服务管理制度	5/9	2/9	1/9	1/9	0
		C26 服务导航系统（链接数）	2/9	5/9	1/9	1/9	0
A3 服务效果	B8 社会收益	C28 服务用户数量（人）	5/9	1/9	2/9	1/9	0
		C29 提供用户培训支持（人次）	2/9	4/9	2/9	1/9	0
		C30 发展协作单位数量（户）	5/9	2/9	1/9	1/9	0
		C31 用户满意度（%）	5/9	3/9	1/9	0	0
		C32 服务范围年科技论文索引的数量（篇）	6/9	1/9	2/9	0	0
		C33 服务范围年专利发明数量（项）	5/9	3/9	1/9	0	0
	B9 经济收益	C34 服务年收益（元）	1/9	5/9	1/9	1/9	1/9
		C35 服务性价比	2/9	5/9	1/9	1/9	0
A4 服务成本	B10 资源成本	C38 软硬件购置成本（元）	2/9	6/9	0	1/9	0
		C39 人员成本	1/9	5/9	2/9	1/9	0
	B11 其他成本	C40 服务补贴（元）	2/9	4/9	1/9	1/9	1/9
		C41 单次服务成本（元）	4/9	2/9	2/9	1/9	0

在模糊评价中，可以分层对文献传递服务各项指标进行关联分析，逐层汇总

便可以得到总体服务评价结果。

例如，对于 B1 资源数量与质量。

因素集 B1 = {C1 能提供的纸本图书　C2 能提供的纸本期刊　C3 能提供的电子期刊　C5 资源揭示率　C6 能提供的电子数目数据}

评判集 V = {优　良　中　低　差}

综合评估专家组 9 名成员对"B1 资源数量与质量"效益的每个因素进行评估，得到单因素评定矩阵 RB1：

$$R_{B_1} = \begin{pmatrix} \frac{5}{9} & \frac{3}{9} & 0 & \frac{1}{9} & 0 \\ \frac{5}{9} & \frac{1}{9} & \frac{2}{9} & \frac{1}{9} & 0 \\ \frac{5}{9} & \frac{2}{9} & \frac{1}{9} & \frac{1}{9} & 0 \\ \frac{1}{9} & \frac{5}{9} & \frac{3}{9} & 0 & 0 \\ \frac{2}{9} & \frac{5}{9} & \frac{1}{9} & \frac{1}{9} & 0 \end{pmatrix} \begin{matrix} \text{C1 能提供的纸本图书} \\ \text{C2 能提供的纸本期刊} \\ \text{C3 能提供的电子期刊} \\ \text{C5 资源揭示率} \\ \text{C6 能提供的电子数目数据} \end{matrix}$$

根据服务综合评估指标体系权重分配表中得出的指标权重，C1 为能提供的纸本图书，C2 为能提供的纸本期刊，C3 为能提供的电子期刊，C5 为资源揭示率，C6 为能提供的电子数目数据，相对于二级指标 B1"资源数量与质量"的重要性程度比重为 0.2540，0.2114，0.2180，0.1613，0.1553，由此得出权重矩阵为 WB1 = {0.2540，0.2114，0.2180，0.1613，0.1553}，所以模糊综合评估矩阵是：

$$b_1 = W_{B_1} \circ R_{B_1} = [0.2540, 0.2114, 0.2180, 0.1613, 0.1553] \circ \begin{pmatrix} \frac{5}{9} & \frac{3}{9} & 0 & \frac{1}{9} & 0 \\ \frac{5}{9} & \frac{1}{9} & \frac{2}{9} & \frac{1}{9} & 0 \\ \frac{5}{9} & \frac{2}{9} & \frac{1}{9} & \frac{1}{9} & 0 \\ \frac{1}{9} & \frac{5}{9} & \frac{3}{9} & 0 & 0 \\ \frac{2}{9} & \frac{5}{9} & \frac{1}{9} & \frac{1}{9} & 0 \end{pmatrix}$$

$$b_1 = (0.4321, 0.3325, 0.1422, 0.0932, 0.0000)$$

因此，从资源数量与质量评估指标来看，评优的隶属度为 0.4321，评良的隶属度为 0.3325，评中的隶属度为 0.1422，评低的隶属度为 0.0932，评差的隶属度为 0.0000。依据隶属度最大原则,从"B1 资源数量与质量"来评估该馆的综合评定为"优"。

同理:

B2 基础设施评价为:b2 = (0.4921, 0.3651, 0.0952, 0.0476, 0.0000)
B3 人员配置评价为:b3 = (0.1852, 0.5926, 0.1481, 0.0741, 0.0000)
B4 信息传递方式评价为:b4 = (0.4074, 0.3704, 0.1852, 0.3070, 0.0000)
B5 服务满足评价为:b5 = (0.4404, 0.3717, 0.1111, 0.0768, 0.0000)
B6 服务时间评价为:b6 = (0.1945, 0.5000, 0.1111, 0.1944, 0.0000)
B7 服务规范评价为:b7 = (0.4445, 0.3333, 0.1111, 0.1111, 0.0000)
B8 社会收益评价为:b8 = (0.5504, 0.2358, 0.1704, 0.0434, 0.0000)
B9 经济收益评价为:b9 = (0.1481, 0.5556, 0.1111, 0.1111, 0.0741)
B10 资源成本评价为:b10 = (0.1667, 0.6111, 0.1111, 0.1111, 0.0000)
B11 其他成本评价为:b11 = (0.3704, 0.2963, 0.1852, 0.1111, 0.0370)

对一级指标层所属的 11 个二级指标的评估结果,即 B1 ~ B11 指标对知识信息服务效益不同等级评语的隶属度,再进行二次模糊综合评估。

对于 A1 服务基础:

因素集 A1 = {B1 资源数量与质量 B2 基础设备 B3 人员配备 B4 服务方式}

评判集 V = {优 良 中 低 差}

从"A1 服务基础"的每个因素着眼,参考前文依据综合评估专家组 9 名成员评估结果计算出的各指标值对其进行评估,得到模糊关系矩阵 RA1:

$$R_{A_1} = \begin{pmatrix} 0.4321 & 0.3325 & 0.1422 & 0.0932 & 0.0000 \\ 0.4904 & 0.3637 & 0.0948 & 0.0474 & 0.0000 \\ 0.1852 & 0.5926 & 0.1481 & 0.0741 & 0.0000 \\ 0.4074 & 0.3704 & 0.1852 & 0.0370 & 0.0000 \end{pmatrix} \begin{matrix} B1\ 资源数量与质量 \\ B2\ 基础设备 \\ B3\ 人员配备 \\ B4\ 服务方式 \end{matrix}$$

根据表 10 - 5 得出的指标权重,B1 为资源数量,B2 为基础设备,B3 为人员配备,B4 为服务方式,相对于一级指标 A1 服务基础的重要性程度比重为 0.3932、0.3196、0.1439、0.1433,由此得出权重矩阵为 WA1 = {0.3932、0.3196、0.1439、0.1433},

$$a_1 = W_{A_1} \circ R_{A_1} = (0.3932 \quad 0.3196 \quad 0.1439 \quad 0.1433) \circ$$

$$\begin{pmatrix} 0.4321 & 0.3325 & 0.1422 & 0.0932 & 0.0000 \\ 0.4904 & 0.3637 & 0.0948 & 0.0474 & 0.0000 \\ 0.1852 & 0.5926 & 0.1481 & 0.0741 & 0.0000 \\ 0.4074 & 0.3704 & 0.1852 & 0.0370 & 0.0000 \end{pmatrix}$$

$$= (0.4117, 0.3853, 0.1342, 0.0678, 0.0000)$$

因此，从服务基础指标来看，评优的隶属度为 0.4117，评良的隶属度为 0.3853，评中的隶属度为 0.1342，评低的隶属度为 0.0678，评差的隶属度为 0.0000。依据隶属度最大原则，从"A1 服务基础"来评估该馆的综合效益为"优"。

同理：

A2 服务质量评价为：a2 = (0.3681, 0.4035, 0.1111, 0.1173, 0.0000)

A3 服务效果评价为：a3 = (0.4833, 0.2892, 0.1605, 0.0547, 0.0123)

A4 服务成本评价为：a4 = (0.2686, 0.4537, 0.1482, 0.1111, 0.0185)

对所属的 4 个一级指标的评估结果，即 A1 ~ A4 指标对知识信息服务不同等级评价的隶属度，再进行三次模糊综合评估。

因素集 X = {A1 服务基础　A2 服务质量　A3 服务效果　A4 服务成本}

评判集 V = {优　良　中　低　差}

根据"一级指标层模糊评判"计算出的结果进行评估，可得到文献传递模糊关系矩阵 RA：

$$R_A = \begin{pmatrix} 0.4321 & 0.3325 & 0.1422 & 0.0932 & 0.0000 \\ 0.4904 & 0.3637 & 0.0948 & 0.0474 & 0.0000 \\ 0.1852 & 0.5926 & 0.1481 & 0.0741 & 0.0000 \\ 0.4074 & 0.3704 & 0.1852 & 0.0370 & 0.0000 \end{pmatrix} \begin{matrix} A1 \text{ 服务基础} \\ A2 \text{ 服务质量} \\ A3 \text{ 服务效果} \\ A4 \text{ 服务成本} \end{matrix}$$

根据服务综合评估指标体系权重分配表中得出的指标权重，A1 为服务基础，A2 为服务质量，A3 为服务效果，A4 为服务成本占整个评估体系的效益比重为 0.2768, 0.3050, 0.3050, 0.1132，由此得出权重矩阵为 WA = {0.2768, 0.3050, 0.3050, 0.1132}，

$$a = W_A \circ R_A = (0.2768\quad 0.3050\quad 0.3050\quad 0.1132) \circ$$

$$\begin{pmatrix} 0.4321 & 0.3325 & 0.1422 & 0.0932 & 0.0000 \\ 0.4904 & 0.3637 & 0.0948 & 0.0474 & 0.0000 \\ 0.1852 & 0.5926 & 0.1481 & 0.0741 & 0.0000 \\ 0.4074 & 0.3704 & 0.1852 & 0.0370 & 0.0000 \end{pmatrix}$$

$$= (0.4040, 0.3693, 0.1367, 0.0838, 0.0059)$$

因此，从知识信息服务整体效益来看，评优的隶属度为 0.4040，评良的隶属度为 0.3693，评中的隶属度为 0.1367，评低的隶属度为 0.0838，评差的隶属度为 0.0059。依据隶属度最大原则，整体综合效益为"优"。

以上是利用模糊评估法对武汉大学文献传递 2008 年的综合效益所进行测评

的说明。2008年文献传递的综合效益评估为"优"。同理，可以对其他各年度文献传递综合效益进行测评。

2008年武汉大学文献传递与馆际互借综合效益评估为"优"，其他测评的4个一级指标来看，服务基础、服务质量、服务效果、服务成本的模糊评估结果分别为"优"、"优"、"优"、"良"。

服务基础方面：由于武汉大学图书馆十分重视传递服务的开展这项工作，基础设备方面如网络通信条件、软硬件设备配备等给予充分支持，因此系统运行状况很好，没有停机记录。因武汉大学图书馆本身拥有的纸本图书、纸本期刊、电子期刊、电子数目数据等资源可为文献传递资源共享提供了充足的物质基础，因此模糊综合评价都为"优"。不足之处：一是资源揭示率还有待提高，特别是有些资料室的馆藏目录还无法得到揭示，这将直接影响文献传递的用户满足率。二是人员配备不够稳定，人员的换岗会影响工作效率，高级职称的人员配备只有1名，这影响文献的深层次服务和特种文献的检准率。

服务质量方面：2008年文献传递工作是建立在前期的努力之上，因此已经形成规范的服务管理制度和收费标准。由于宣传培训工作和服务成本的下降，所以业务量也大大增加，咨询问题数量也逐步增多，服务质量整体上升。不足之处：一是服务满足率还较低，这一方面是资源揭示率的问题，另一方面是由于纸本图书中有些是工具书、标准等无法互借，本馆电子资源中有些学位论文设计版权问题也无法传递，这些都使其服务能力打折，使满足率一直维持在85%左右，无法突破。二是服务时间，虽然工作人员服务响应较快，但服务完成时间还是较长，这主要是由于服务量的增大，服务渠道的增多，服务方式的多样化以及服务人员的有限。另外，还有一些是合作单位的原因如国家图书馆邮寄图书平均要10天，大英图书馆纸本图书服务约15天。这些因素都使服务质量大打折扣。

服务效果方面：图书馆作为公益性质服务单位，较重视的社会效益。因此，文献传递工作也十分重视社会效益，注重用户的满意度、强调用户培训、重视发展合作单位，这些合作单位都是有签约的，彼此之间实现资源共享。特别强调为本校教学科研服务，每年的补贴都是用于教师和博士生的科研服务，因此，创新服务这几个指标模糊评估都为"优"。至于经济效益方面，领导没有经济意识，工作人员也没有创收意识，因此服务年收益相对于服务成本以及补贴投入等是赔本的，因此其模糊评级为"良"。

服务成本方面：由于主观上整体服务缺乏市场意识，缺乏经济意识。因此对于成本的有效利用没有进行合理分配，也就是对于服务成本如何合理运用发挥最大效益从来没有考虑过，因此成本损耗交大。另外，客观上也存在很多因素致使服务成本增高：一是文献传递渠道的增多，国外获取成本高，这样使单篇服务成本高；二是国内高校未和国外高校建立代查文献联系；三是补贴力度的加大对提高服务效率影响不大。这些都使服务成本指标打折扣。因此，模糊综合评估其为"良"。

总而言之，通过对文献传递4个维度的31个指标实施模糊评估，2008年文献传递与馆际互借中仍存在许多问题需要改进，但整体评估为"优"，这与2008年调查中用户对文献传递的满意度为90.38%相符合。

10.4.4 基于文献传递综合评价结果的建议

通过以上文献传递年度综合评估和发展评估，可以看到武汉大学图书馆文献传递服务是逐年进步的。进一步分析表明，在战略调整、工作流程、资源建设、特种文献的知识产权管理等方面还有待改进。

（1）整合两大文献共享系统的馆藏资源

目前除了 CALIS 文献传递系统外，高等学校常用的还有一个 CASHL 系统即中国高校人文社会科学文献中心，该中心收录 CASHL7 500 多种人文社会科学外文期刊，可提供目次的分类浏览和检索查询，以及基于目次的文献原文传递服务。CASHL 的资源和服务体系由2个全国中心、5个区域中心和10个学科中心构成，其职责是收藏资源、提供服务。目前两大系统服务虽各有所侧重，但大量资源重复；虽共享同一系统，但两套管理机制，两套登录子系统，两套检索子系统，致使用户需重复注册，工作人员也要分别进入两套检索子系统。据对武汉大学文献传递小组的调查可以看到 CALIS 年申请量近万篇，CASHL 的年申请量在3 000~4 000篇，如此必然造成工作人员大量重复工作，用户也感到对两种运行机制无所适从。工作人员接到的咨询电话70%以上都是有关两种运行机制的操作问题。因此，虽然文献传递流程不断优化，但是还是有很多实际问题得不到解决，这将直接影响文献传递的用户满意度和业务量的提高。

（2）加强跨区域文献共享平台的建设

建设区域跨系统文献共享平台的建设，在于利用现代信息技术打破条块分割，对区域内各系统的文献信息资源进行战略重组和系统优化，协调各系统的资源建设、运作和服务，削减重复和低效的资源，补充缺乏和薄弱的资源，在各系统中强调"不求为我所有，但求为我所用"的信息观。CALIS 馆际互借和文献传递有统一的系统平台，但各系统各机构的隶属关系不同，经费来源各异。这就要求，一方面，CALIS 作为权威的组织协调者，不仅要强调各服务馆的中心作用，而且要树立用户馆资源共享理念，明确各自的权利、职责、管理制度。以立法的形式明确规定收费项目与免费项目等，将管理条款进行公示，使用户充分享有知情权。另一方面，不仅侧重支持前沿的文献资源建设，支持先进水平的文献信息服务，而且要形成良好的激励机制，才可以更有效地引导、监督、评估平台建设工作。只有这样，才能在有限的成本投入下实现真正的最大效益的资源共享。

（3）完善馆际文献传递的支撑服务体系

支撑系统收集信息的广泛性、提供信息的可靠性以及获取信息的容易性是馆际互借与文献传递的基础保障。① 目前，一方面，有些由于图书馆编制变动，致使院系资料室或本馆的数据未能及时加入各种联合目录，很大程度上影响文献揭示率，阻碍了资源的共享。另一方面，联合目录的建设有待进一步加强，目前全国几种主要联合目录是：CALIS 联合目录、中国科学院全国期刊联合目录，以及国家科技图书文献中心的联合目录。但三大联合目录无统一接口，在互相渗透、相互交叉方面都不够完善。② 因此，在全国需要形成一个科学、系统、层次分明、覆盖面广的联合目录体系。最后，建立期刊篇目联合数据库能进一步提高文献查询的效率，CALIS 中心 CCC 西文期刊篇名目次数据库综合服务系统包含了 2.3 万种西文学术类期刊，涵盖 9 种著名二次文献的期刊收录数据，包括 100 多个大型图书馆的馆藏数据和 15 个已在国内联合采购的电子全文期刊数据库的全文链接（覆盖 8 000 种以上期刊），逐步完善的支撑系统，有利于提高文献满足率。

（4）开辟学位论文等特种文献传递渠道

虽然期刊文献是用户最大的需求，但学位论文、会议论文等特种文献的需求也不少，而这一部分文献由于知识产权等问题是最难以获取的，因为几乎所有的 OPAC 都对它们不予揭示。目前各大学图书馆受学位论文版权限制一般对于其传递不予支持，而国内涉及会议论文数据库少之甚少，更没有会议论文联合目录，因此会议论文的获取也比较困难，尤其是国外的会议论文，几乎都得从国外获

---

① Weible C. L.. Selecting Electronic Document Delivery Options to Provide Quality Service [J]. Journal of Library Administration, 2004, Vol. 41 Issue 3/4：535 - 536.
② 鄢珞青，李云华. 拓展文献传递优化文献资源配置 [J]. 图书馆杂志，2006（8）：30 - 32.

取，这样文献传递的周期长、成本很高致使普通用户难以接收。至于其他特种文献，例如科技报告或其他非公开发行的文献，由于没有规范的获取渠道，则更是难以获取，这也是导致特种文献传递失败的主要原因。因此，由 CALIS 这样的权威组织出面来开辟特种文献传递渠道，解决好知识产权问题，规范其文献来源是提高满足率的主要途径。

（5）扩大馆际文献传递的受益面

从调查中可以看到，武汉大学文献传递工作作为地区中心的服务馆的工作开展得较好，但目前国内多数图书馆由于观念和各种条件的限制，馆际互借与文献传递工作刚开始起步，用户接收率极低。调查中发现许多地方大学的年请求量只有 100 多篇，有的还呈下降趋势。主要原因是补贴无法到位，本馆无补贴，传递成本太高，用户根本无法接收。另外就是宣传培训不够，使大量用户对此项工作的性质不了解。因此，CALIS 管理中心应该制订相应管理条例保证服务馆的发展同时，注重用户馆的发展。合理使用经费补贴，扩大补贴经费的受益面，确保服务馆补贴经费的一定比例用于用户馆的发展。另外，管理中心应该设立长效的激励机制，使各个图书馆领导充分认识馆际互借和文献传递的重要性和必要性，积极利用，才可激活馆藏，提高资源配置的利用率。[1]

---

[1] 梁孟华. 面向国家创新发展的 CALIS 文献传递服务绩效调查分析 [J]. 情报科学，2009（4）：587-592.

参考文献

中文部分

1. 路甬祥. 创新与未来：面向知识经济时代的国家创新体系［M］. 北京：科学出版社，1998：27.

2. 胡昌平，邱允生. 试论国家创新体系及其制度安排［J］. 中国软科学，2000（9）：120－124.

3. 胡昌平. 信息资源管理原理［M］. 武汉：武汉大学出版社，2008.

4. 陈其荣. 科技创新的哲学视野［J］. 复旦学报（哲学社会科学版），2000（1）：18－19.

5. 刘高勇. 基于Web2.0的信息服务研究［D］. 武汉大学博士论文，2008：50.

6. 青木昌彦著，周黎安译. 比较制度分析［M］. 上海：上海远东出版社，2001.

7. 郭哲. 纵览国家创新系统［N］. 科技日报，2002－08－16.

8. 刘蔚然，程顺.《韩国科技发展长远规划2025年构想》剖析［J］. 科学对社会的影响，2004（3）：8－11.

9. 胡志坚. 国家创新系统理论分析与国际比较［M］. 北京：社会科学文献出版社，2000：12.

10. 邓胜利，胡昌平. 建设创新型国家的知识信息服务发展定位与系统重构［J］. 图书情报知识，2009（2）：17－21.

11. 乐庆玲，胡潜. 面向企业创新的行业信息服务体系变革［J］. 图书情报知识，2009（2）：34－38.

12. 胡昌平等. 面向用户的信息资源整合与服务［M］. 武汉：武汉大学出版社，2007.

13. 李丹，俞竹超，樊治平. 知识网络的构建过程分析［J］. 科学学研究，2002（6）：620－623.

14. 胡昌平，谷斌．数字图书馆建设及其业务拓展战略——国家可持续发展中的图书情报战略分析（4）[J]．中国图书馆学报，2005（5）：13-16．

15. 王德禄．知识管理的IT实现：朴素的知识管理[M]．北京：电子工业出版社，2003．

16. 赵志耘．中国的战略选择走创新型国家道路[J]．太原科技，2005（4）：9．

17. 白春礼．我国有条件建设创新国家[EB/OL]．[2008-03-20]．http：//www.gov.cn/jrzg/2007-01/18/content_499761.htm．

18. [美]唐纳德·马灿德著，吕传俊，周光尚，魏颖译．信息管理：信息管理领域最全面的MBA指南[M]．北京：中国社会科学出版社，2002：144．

19. 石定寰．加大创新型服务业的发展力度[J]．科技潮，2006（2）：1．

20. 田海峰．信息产业发展与我国产业结构升级的关联分析[J]．现代经济探讨，2003（6）：28-30．

21. 郑新立．当前科技创新的重点[J]．发明与创新，2005（9）：23-26．

22. 宋河发，穆荣平，任中保．自主创新及创新自主性测度研究[J]．中国软科学，2006（6）：60-65．

23. 陈其荣．技术创新的哲学视野[J]．复旦学报（哲学社会科学版），2000（1）：18-19．

24. 科技统计资料汇编[EB/OL]．[2010-08-03]．http：//www.sts.org.cn/zlhb/2010/hb1.1.htm#_6．

25. 陈伟丽，王雪原．产业集群网络结构与创新资源配置效率关系分析[J]．科技与管理，2009（5）：63-66．

26. 朱勤．国际竞争中企业市场势力与创新的互动——以我国电子信息业为例[M]．北京：经济科学出版社，2008．

27. 胡昌平等．网络化企业管理[M]．武汉：武汉大学出版社，2007．

28. 张首魁，党兴华，李莉．松散耦合系统：技术创新网络组织结构研究[J]．中国软科学，2006（9）：122-124．

29. 刘俊．"产学研"创新联盟的基本价值分析[J]．经济师，2007（1）：55．

30. 梁祥君．高校科技创新联盟及体系[M]．合肥：合肥工业大学出版社，2008：166-168．

31. 钟柯远．完善国家创新价值链[J]．决策咨询通讯，2005（4）：35-38．

32. 茅宁，王晨．软财务——基于价值创造的无形资产投资决策与管理方法研究[M]．北京：中国经济出版社，2005：328-329．

33. 陈玲，毕强. 国家自主创新信息需求研究［J］. 情报资料工作，2009（3）：85－90.

34. 社会主义从空想到科学的发展. 马克思恩格斯选集（第3卷）［M］. 北京：人民出版社，1972.

35. 覃征，汪应洛等. 网络企业管理［M］. 西安：西安交通大学出版社，2001.

36. 柯平，李大玲，王平. 基于知识供应链的创新型国家知识需求及其机制分析［J］. 图书馆论坛，2007（6）：64－69.

37. 郑小平. 国家创新体系研究综述［J］. 科学管理研究，2006，24（4）：63－68.

38. 李正风，曾国屏. OECD国家创新系统研究及其意义［J］. 科学学研究，2004，22（2）：44－51.

39. 周子学. 经济制度与国家竞争力［D］. 华中师范大学博士学位论文，2005：64－68.

40. 世界经济论坛全球竞争力报告2008~2009［EB/OL］.［2009－12－10］. http：//www.weforum.org/en/initiatives/gcp/Global%20Competitiveness%20Report/index.htm.

41. 波特等著，杨世伟等译. 全球竞争力报告（2005~2006）［M］. 北京：经济管理出版社，2006.

42. 中共中央办公厅，国务院办公厅. 2006~2020年国家信息化发展战略［EB/OL］.［2007－12－10］. http：//www.cqyl.org.cn/P0000060.aspx？IID＝N000003200002030&OID＝N0000120.

43. CNNIC. 中国互联网络发展状况统计报告2007［R］. 2008－01－11.

44. 国务院信息化工作办公室. 中国信息化发展报告2006［R］. 2006－03－10.

45. 胡昌平，邱允生. 试论国家创新体系及其制度安排［J］. 中国软科学，2000（9）：51－57.

46. 中共中央、国务院关于加速科学技术进步的决定［EB/OL］. http：//news.xinhuanet.com/misc/2006－01/07/content_4021977.htm.

47. 科鲁夫等著，北乔译. 知识创新：价值的源泉［M］. 北京：经济管理出版社，2003.

48. 陈喜乐. 网络时代知识创新中的信息传播模式与机制［D］. 厦门大学博士学位论文，2006：78－80.

49. 周寄中，许治，侯亮等. 创新系统工程中的研发与服务［M］. 北京：经济科学出版社，2009.

50. 张晓林. 走向知识服务：寻找新世纪图书情报工作的生长点［J］. 中国图书馆学报，2000（1）：57－59.

51. 胡昌平. 面向新世纪的我国网络化知识信息服务的宏观组织［J］. 中国图书馆学报，1999（1）：27－30.

52. 胡昌平，曹宁，张敏. 创新型国家建设中的信息服务转型与发展对策［J］. 山西大学学报（哲学社会科学版），2008（1）：31－34.

53. 胡昌平. 信息服务转型发展的思考［N］. 光明日报，2008－06－10.

54. 卢现祥. 西方新制度经济学［M］. 北京：中国发展出版社，2003.

55. 胡锦涛. 坚持走中国特色自主创新道路，为建设创新型国家而努力奋斗. 在全国科学技术大会上的讲话，2006－01－09.

56. 胡潜. 我国建设创新型国家的行业信息服务转型发展［J］. 情报学报，2009（3）：315－320.

57. 胡昌平，向菲. 面向自主创新的图书馆信息服务业务重组［J］. 图书馆论坛，2008（1）：9－12.

58. 中共中央办公厅，国务院. 2006~2020年国家信息化发展战略［EB/OL］. http://www.cqyl..org.cn/p0000060.aspx? IID＝N000003200002030&OID＝N0000120，2006/10/27.

59. 陈禹. 复杂适应系统理论及其应用：由来、内容与启示［J］. 系统辩证学学报，2001（4）：16－21.

60. 王晓耘，江贺涛，梁玲夫. 软件企业显性知识整合的实证研究［J］. 情报杂志，2007（6）：45－47.

61. 焦玉英，曾艳. 我国合作式数字参考咨询服务发展的对策［J］. 情报科学，2005（4）：528－531.

62. 张智雄，林颖等. 新型机构信息环境的建设思路及框架［J］. 现代图书情报技术，2006（3）：1－6.

63. 国家科技图书文献中心［EB/OL］. ［2008－03－01］. http://www.nstl.gov.cn/index.html.

64. 陈凌，王文清. CADLIS总体架构概述［EB/OL］. ［2008－03－28］. http://www.calis.edu.cn/calisnew/images1/neikan/1/2－1.htm.

65. 汪岚，张正亚. 论供应链信任治理机制［J］. 商业时代，2007（24）：16－17.

66. 陈朋. 基于机构合作的信息集成服务——传统文献信息服务走出困境的突破口［J］. 情报理论与实践，2004（2）：166－169.

67. 牛德雄，武友新．基于统一信息交换模型的信息交换研究［J］．计算机工程与应用，2005，41（21）：195-197，226.

68. 张智雄．NSTL 三期建设：面向开放模式的国家 STM 期刊保障和服务体系［EB/OL］．［2009-02-12］．http：//www.nlc.gov.cn/old2008/service/jiangzuozhanlan/zhanlan/gjqk/yjjb.htm.

69. 张道顺，白庆华．公共信息整合策略研究综述［J］．计算机科学，2004，31（8）：8-12，15.

70. 贺炜，邢春晓等．电子政务的标准化建设是一个系统工程——英国电子政务互操作框架分析［J］．电子政务，2006（4）：8-11.

71. 郑志蕴，宋瀚涛等．基于网格技术的数字图书馆互操作关键技术［J］．北京理工大学学报，2005，25（12）：1066-1070.

72. 第 3 期科学技术基本计划（2006~2010 年度）概要［EB/OL］．［2009-08-20］．http：//crds.jst.go.jp/CRC/chinese/law/law3.html.

73. 谢英亮．系统动力学在财务管理中的应用［M］．北京：冶金工业出版社，2008.

74. 钟永光，贾晓菁等．系统动力学［M］．北京：科学出版社，2009.

75. 齐秀辉，张铁男，王维．基于生命周期企业协同能力形成的序参量分析［J］．现代管理科学，2009（11）：81-82.

76. 郭建宁．利益协调与社会和谐［M］．天津：天津人民出版社，2008.

77. 李亚，李习彬．多元利益共赢方法论：和谐社会中利益协调的解决之道［J］．中国行政管理，2009（8）：115-120.

78. 胡潜．信息资源整合与服务集成中的权益保障［J］．情报科学，2008（8）：1236-1239.

79. 王知津，全胜勇．图书情报领域中的信息法律问题研究［J］．图书与情报，2006（2）：1-5.

80. 夏义堃．公共信息资源的多元化管理［M］．武汉：武汉大学出版社，2008：252.

81. 苏海潮．图书馆合作竞争的分歧与统一［J］．文献信息论坛，2006（1）：1-5.

82. 火炬 IT 服务创新联盟：协同创新力促产业升级［EB/OL］．［2009-09-30］．http：//finance.sina.com.cn/roll/200905 19/14336245960.shtml.

83. 刘旭东，赵娟．产学研战略联盟可持续发展的运行机制研究［J］．太原科技，2009（4）：88-91.

84. 胡小明．谈谈信息资源开发的机制问题［EB/OL］．［2006-10-15］．ht-

tp：//www.wchinagov.com/echinagov/radian/2006-4-8/4495，shtml.

85．汤代禄，韩建俊，朱友芹．基于 IP 的数字媒体信息服务网络系统［J］．计算机工程与应用，2006（22）：174-175，185.

86．张晓林．开放元数据机制：理念与原则［J］．中国图书馆学报，2003（3）：9-14.

87．徐罡，黄涛等．分布式应用集成核心技术研究综述［J］．计算机学报，2005（4）：433-444.

88．刘炜．元数据与互操作［EB/OL］．［2009-02-11］．http://www.libnet.sh.cn/sztsg/ko/ch3 元数据概述．ppt.

89．Li M. Z.，BakerM．著，王相林，张善卿等译．网格计算核心技术［M］．北京：清华大学出版社，2006：126.

90．方清华．面向知识服务的信息传递机制研究［D］．武汉大学博士论文，2008：33.

91．张晓林．元数据研究与应用［M］．北京：北京图书馆出版社，2002：243.

92．张付志，刘明业等．数字图书馆互操作综述［J］．情报学报，2004（4）：191-197.

93．孙坦．基于开源软件构建数字图书馆开放式资源与服务登记系统［EB/OL］．［2009-02-10］．http://oss2006.las.ac.cn/infoglueDeliverWorking/digitalAssets/131_6-.pdf.

94．国家中长期科学和技术发展规划纲要．［EB/OL］．［2008-01-17］．http://www.gov.cn/ivzg/2006-0209/content.183787.htm.

95．胡潜，张敏．学位论文资源的跨系统共享与集成服务的推进［J］．图书情报知识，2008（6）：82.

96．郑志蕴，宋翰涛等．基于网络技术的数字图书馆互操作关键技术［J］．北京理工大学学报，2005（12）：25.

97．胡昌平，谷斌，贾君枝．组织管理创新战略——国家可持续发展中的图书情报事业战略分析（5）［J］．中国图书馆学报，2005（6）：68-62.

98．漆贤军，张李义．基于国家知识创新网络的知识信息服务业务拓展［J］．图书情报知识，2009（2）：32-36.

99．王伟军，孙晶．我国公共信息服务平台建设初探［J］．中国图书馆学报，2007（2）：33-37.

100．诺曼著，付秋芳，程进三译．情感化设计：Why We Love（or Hate）Everyday Things．北京：电子工业出版社，2005：40.

101. 靳红. 图书馆知识服务研究综述 [J]. 情报杂志, 2004 (8): 8-10.

102. 陈丽萍. 学科门户资源组织模式研究 [D]. 北京: 中国科学院文献情报中心, 2005: 20-23.

103. 荫蒙著, 王志海, 王琨, 王继奎等译. 数据仓库 (第2版) [M]. 北京: 机械工业出版社, 2000.

104. 哈格等著, 严建援等译. 信息时代的管理信息系统 (第2版) [M]. 北京: 机械工业出版社, 2000: 233.

105. 张晓林. 分布式学科信息门户中网络信息导航系统的规范建设 [J]. 大学图书馆学报, 2002 (5): 28-33.

106. 郭海明, 邓灵斌. 数字图书馆信息服务模式研究 [J]. 中国图书馆学报, 2005 (2): 47-49, 53.

107. 陈朋. 基于机构合作的信息集成服务——传统文献信息服务走出困境的突破口 [J]. 情报理论与实践, 2004 (2): 165-169.

108. Vredenburg K., et al. User-Centered Design: An Integrated Approach (影印本) [M]. 北京: 高等教育出版社, 2003.

109. 徐健. 利用 XML 实现图书馆 Web 数据库的动态发布 [J]. 现代图书情报技术, 2003 (1): 54-56.

110. 徐敏, 施化吉, 张晓阳等. 基于神经网络集成的专家系统模型 [M]. 计算机工程与设计, 2006, 27 (7): 1216-1219.

111. 黄如花, 陈朋. 基于网络的集成化信息检索 [J]. 中国图书馆学报, 2005 (1): 46-49, 60.

112. 李春旺. SOA 标准规范体系研究 [J]. 现代图书情报技术, 2007 (5): 2-5.

113. 张晓青, 相春艳. 基于 Web 服务组合的数字图书馆个性化动态定制服务构建 [J]. 情报学报, 2006 (3): 337-341.

114. 任树怀, 盛兴军. 大学图书馆学习共享空间: 协同与交互式学习环境的构建 [J]. 大学图书馆学报, 2008 (5): 25-29.

115. 焦玉英, 李进化. 论网格技术及其信息服务的机制 [J]. 情报学报, 2004 (2): 225-230.

116. 中国科学院计算机网络信息中心. 科学数据网格 [EB/OL]. [2010-10-25]. http://portal.sdg.ac.cn/sdgportal.

117. 曾昭鸿. 合作数字参考咨询服务: 发展与思考 [J]. 情报杂志, 2003 (11): 71.

118. 陈顺忠. 虚拟参考咨询运行模式研究 (下) [J]. 图书馆杂志, 2003

(6)：27 – 29.

119. 张喜年. 合作数字参考咨询服务模式比较分析 [J]. 情报杂志，2006 (4)：134 – 139.

120. 徐铭欣，王启燕等. 联合虚拟参考咨询系统的调度机制研究 [J]. 河南图书馆学刊，2008 (2)：49 – 51.

121. 詹德优，杨帆. 数字参考服务提问接收与转发分析 [J]. 高校图书馆工作，2004 (6)：1 – 8.

122. 刘秋梅. 数字参考服务智能调度系统分析 [J]. 情报资料工作，2006 (5)：48 – 51.

123. 黄敏，林皓明等. 分布式联合虚拟参考咨询系统及其调度机制 [J]. 现代图书情报技术，2005 (4)：18 – 21.

124. 周宁丽，张志雄，李珍. 分布式参考咨询服务标准与规范研究与应用 [J]. 现代图书情报技术，2003 (4)：25 – 26.

125. 张鹰. 数字参考服务理论与实践研究 [EB/OL]. [2008 – 10 – 30]. http：//219.137.192.223/xuehui/2002lw/%D5%C5%D3%A5%C2%DB%CE%C4.doc.

126. 江其务. 制度变迁与金融发展 [M]. 杭州：浙江大学出版社，2003：37 – 41.

127. 刘斌，司晓悦. 完善国家制度体系的维度取向 [J]. 齐齐哈尔大学学报，2007 (1)：19 – 23.

128. 陈华. 生产要素演进与创新型国家的经济制度 [M]. 北京：中国人民大学出版社，2008：45 – 47.

129. 胡鞍钢. 第二次转型：国家制度建设 [M]. 北京：清华大学出版社，2009.

130. 李风圣. 中国制度变迁的博弈分析 [D]. 中国社会科学院博士学位论文，2000：45 – 48.

131. 李桂华. 信息服务设计与管理 [M]. 北京：清华大学出版社，2009.

132. 萧斌. 制度论 [M]. 北京：中国政法大学出版社，1989.

133. 卢现祥. 西方新制度经济学 [M]. 北京：中国发展出版社，2003.

134. 王芳. 我国政府信息机构管理体制改革的探讨 [J]. 中国信息导报，2005 (7)：16 – 19.

135. 刘靖华，姜宪利，张胜军，罗振兴，张帆. 中国政府管理创新 [M]. 北京：中国社会科学出版社，2004.

136. 康继军. 中国转型期的制度变迁与经济增长 [D]. 重庆大学博士学位

论文，2006：67-68.

137. 邓岩. 基于制度均衡视角的中国农村金融制度变迁与创新研究 [D]. 山东农业大学博士学位论文，2009：51-53.

138. 易琮. 行业制度变迁的诱因与绩效 [D]. 暨南大学博士学位论文，2002：46-48.

139. [美] 迈克尔·波特，陈小悦译. 竞争优势 [M]. 北京：华夏出版社，1997：34.

140. 彭锐，吴金希. 核心能力的构建：知识价值链模型 [J]. 经济管理. 新管理，2003（18）：20-25.

141. 徐可. 企业知识价值链模型研究及运行机制 [J]. 商场现代化，2007（10）：138-139.

142. 胡锦涛. 在纪念党的十一届三中全会召开30周年大会上的讲话（2008年12月18日）[J]. 求是，2008（24）：3-16.

143. 梁孟华，李枫林. 创新型国家的知识信息服务体系评价研究 [J]. 图书情报知识，2009（2）：27-32.

144. 向海华. 图书馆用户满意度的影响因素探究 [J]. 图书情报工作，2005（3）：83.

145. 徐革. 我国大学图书馆电子资源绩效评价方法及其应用研究 [D]. 西南交通大学，2006：47.

146. 刘锦源. LIBQUAL+^{AM}的信度与效度检验：来自本土大学图书馆的证据 [J]. 图书情报工作，2007（9）：98.

147. 曹培培. LIBQUAL+^{TM}服务质量评价方法的思考与改进——以高校图书馆为例 [J]. 图书情报工作，2008（4）：101.

148. 张为杰，杨广锋，周婕. Insync Surveys 图书馆用户满意度调查分析 [J]. 图书情报知识，2009（11）：34-38，86.

149. 杨广锋等. 图书馆用户满意度测评流程与技术分析 [J]. 图书情报工作，2008（3）：88-91，95.

150. 投入产出理论的产生与发展 [EB/OL]. [2009-11-23]. http://www.zj.stats.gov.cn/art/2008/3/15/art_2_101.html.

151. 牛培源. 网络信息传播绩效评价研究 [D]. 武汉大学，2009：46.

152. 溪淑琴. 审计学 [M]. 北京：经济科学出版社，2004.

153. 黄荣哲，何问陶，农丽娜. SCP范式从产业组织理论到经济体制分析 [J]. 经济体制改革，2009（5）：71-74.

154. 杨洋，胡克瑾. 基于改进PRM的电子政务系统绩效评价模型 [J]. 同济大学学报（自然科学版），2007（12）：1713－1717.

155. 胡昌平. 面向用户的资源整合与服务平台建设战略——国家可持续发展中的图书情报事业战略分析（2）［J］. 中国图书馆学报，2005（2）：5－9，24.

156. 徐斌. 绩效管理流程与实务［M］. 北京：人民邮电出版社，2006：67.

157. 吴俊卿，郑慕琦等. 绩效评价的理论与方法［M］. 北京：科学技术文献出版社，1992：99－108.

158. 张丽华. 高校信息服务的评价组织系统及其运作［J］. 国家图书馆学刊，2004（1）：54.

159. 宋恩梅. 发挥信息管理者职能建立元评价机制［J］. 中国高等教育评估，2004（2）：61.

160. 中华人民共和国教育部教育统计数据2000～2009.［EB/OL］.［2010－12－30］. http：//www.moe.gov.cn/publicfiles/business/htmlfiles/moe/s4958/index.html.

161. 鄢珞青，李云华. 拓展文献传递优化文献资源配置，图书馆杂志，2006（8）：30－32.

162. 梁孟华. 面向国家创新发展的CALIS文献传递服务绩效调查分析［J］. 情报科学，2009（4）：587－592.

英文部分

1. Freeman C.. Economics of Hope［M］. Printer：London，1992.

2. Lundvall B. A.. Product Innovation and User-producer Interaction［M］. Aallborg：Aallborg University Press，1985.

3. OECD. National Innovation System［R］. Paris，1997：7－11.

4. Patel P.，Pavitt K.. The continuing, Widespread (and Neglected) Importance of Improvements Inmechanical Technologies［J］. Research Policy，1994，23（5）：533－545.

5. Asheim B. T.，Isaksen A.：Regional Innovation Systems：The Integration of Local Sticky and Global Ubiquitous Knowledge［J］. The Journal of Technology Transfer，2002，27（1）：77－86.

6. Datta P. et al.. A Global Investigation of Granger Causality between Information Infrastructure Investment and Service-sector Growth［J］. Information Society，2006，22（3）：149.

7. Unsworth J.. Scholarly Primitives：What Methods Do Humanities Researchers Have in Common and How Might Our Tools Reflect This?［EB/OL］.［2008－12－

13]. http：//jefferson. village. virginia. edu/~jmu2m/Kings. 5-00/primitives. html.

8. A Multi-Dimensional Framework for Academic Support：Final Report［R/OL］.［2009-03-01］. http：//www. lib. umn. edu/about/mellon/docs. phtml.

9. Rothwell R.. Successful Industrial Innovation：critical factors for the 1990s［J］. R&D Management，1992，22（3）：221-239.

10. Drucker P. F.. Innovation and Entrepreneurship［M］. New York：Harper & Row Publishers，198.

11. Innovation America［R/OL］.［2009-08-15］. http：//www. nga. org/Files/pdf/06NAPOLITANOBROCHURE. pdf.

12. Japan 2015［R/OL］.［2009-08-15］. http：//www. soumu. go. jp/main_content/000030866. pdf.

13. Evaluation of the Finnish National Innovation System-Policy Report［R/OL］.［2009-08-11］. http：//www. tem. fi/files/24928/InnoEvalFi_POLICY_Report_28_Oct_2009. pdf.

14. Chesbrough H.，Vanhaverbeke W.. Open Innovation：Researching a new paradigm［M］. Oxford：Oxford University Press，2006.

15. United States Intelligence Community. Information sharing strategy2008.［R/OL］.［2009-01-10］. http：//www. dni. gov/reports/IC_Information_Sharing_Strategy. pdf.

16. Koch R.，Godden L.. Managing Without Management：A Post-management Manifesto for Business Simplicity［M］. London：Nicholas Brealey Publishing，1997.

17. Syslo M. M.，Kwiatkowska A. B.. Informatics Versus Information Technology-how Much Informatics Is Needed to Use Information Technology-A School Perspective［M］. Springer Berlin/Heidelberg，2005.

18. Porter M.. Locations，Clusters，and Company Strategy［M］. The Oxford Handbook of Economic Geography. Oxford：Oxford University Press，2000.

19. Takeda Y.，Kajikawa Y.，Sakata I.. An analysis of geographical agglomeration and modularized industrial networks in a regional cluster：A case study at Yamagata prefecture in Japan［J］. echnovation，2008，28（8）：531-539.

20. United States Intelligence Community. Information sharing strategy2008.［R/OL］.［2009-01-10］. http：//www. dni. gov/reports/IC_Information_Sharing_Strategy. pdf.

21. Miller P.. Interoperability what is it and why should I want it?［EB/OL］.［2008-11-20］. http：//www. ariadne. ac. uk/issue24/interoperability/.

22. Friesen N. Semantic Interoperability and Communities of Practice. [EB/OL]. [2008 - 12 - 15]. http: //www. cancore. ca/documents/semantic. html.

23. British library theses service [EB/OL]. [2009 - 09 - 26]. http: //www. bl. uk/britishthesis.

24. Index to theses [EB/OL]. [2009 - 09 - 26]. http: //www. hw. ac. uk/library/theses. html.

25. Cole T. W. , Foulonneau M. . Using the Open Archives Initiative Protocol for Metadata Harvesting [J]. The Journal of Academic Librarianship, 2008 (1): 80 - 81.

26. American Competitiveness Initiative: Leading the World in Innovation, ACI [EB/OL]. [2009 - 08 - 20]. http: //www. innovationtaskforce. org/docs/ACI%20booklet. pdf.

27. The Year book of World Electronics Data 2009 [EB/OL]. [2009 - 08 - 22]. http: //www. docstoc. com/docs/6530689/Yearbook-Of-World-Electronics-Data.

28. 2009 Social Media Marketing & PR [R/OL]. [2009 - 08 - 20]. http: //www. chrisg. com/social-media-marketing-survey-results-free-pdf/.

29. Lichtenthaller U. , Ernst H. . Developing reputation to overcome the imperfections in the markets for knowledge [J]. Research Policy, 2006, 36 (1): 1 - 19.

30. Ansoff H. I. . Corporate Strategy [M]. New York: McGraw-Hill, 1965.

31. Avisona D. , Jonesb J. , et al. . Using and Validating the Strategic Alignment Model [J]. Journal of Strategic Information Systems, 2004 (13): 223 - 246.

32. Beer M. , Voelpel S. C. , et al. . Strategic Management as Organizational Learning: Developing Fit and Alignment through a Disciplined Process [J]. Long Range Planning, 2005, 38 (5): 445 - 465.

33. Wilson W. . Constitutional government in the United States [M]. Transaction Publishers, 2001.

34. Ferrary M. , Granovetter M. . The Role of Venture Capital Firms in Silicon Valley's Complex Innovation Network [J]. Economy and Society, 2009, 38 (2): 326 - 359.

35. Xi Y. M. , Tang F. C. . Multiplex Muti-core Pattern of Network Organization: An Exploratory Study [J]. Computational and Mathematical Organization Theory, 2004 (2): 179 - 195.

36. An overview of the Innovation Relay Centre (IRC) Network [EB/OL]. [2009 - 09 - 30]. http: //www. responsible-partnering. org/library/sc2007/13 - dantas. pdf.

37. Kim C., Jahng J., Lee J.. An Empirical Investigation into the Utilization-based Informationtechnology Success Model: Integrating Task-performance and Social Influence perspective [J]. Journal of Information Technology. Vol. 22, 2007 (2): 152 – 160.

38. Smith R., Bush A. J.. Information Technology and Resource Use by Using the Incomplete Information Framework to Develop Service Provider Communication Guidelines [J]. Journal of Services Marketing, 2002 (1): 35 – 42.

39. Calia R. C., Guerrini F. M., Mourac G. L.. Innovation networks: From technological development to business model reconfiguration [J]. Technovation. 2007, 27 (8): 426 – 432.

40. Nahl D.. Social-biological information technology: An integrated conceptual framework [J]. Journal of the American Society for Information Science and Technology, 2007, 58 (13): 2021 – 2046.

41. Fairbank J. E., Labianca G., et al.. Information Processing Design Choices, Strategy, and Risk Management Performance [J]. Journal of Management Information Systems. 2006. 1. Volume: 23: 293 – 319.

42. Antonioletti M., Atkinson M., et al.. The Design and Implementation of Grid Database Services in OGSA-DAI [EB/OL]. [2008 – 10 – 20]. http://www.nesc.ac.uk/events/ahm2003/AHMCD/pdf/156.pdf.

43. SIMDAT-Data Grids for Process and Product Development using Numerical Simulation and Knowledge Discovery [EB/OL]. [2008 – 12 – 21]. http://www.hlrs.de/news-events/events/2006/metacomputing/TALKS/simdat_clemens_august_thole.pdf.

44. Papazoglou M. P.. Servcie-oriented Computing: State of the Art and Research Challenge [J]. IEEE computer society, 2007 (12): 64 – 71.

45. Cruz I. F, Xiao H. Y.. Using a Layered Approach for Interoperability on the Semantic Web [C]. IEEE Proceedings of the Fourth International Conference on Web Information Systems Engineering (WISE'03), 2003: 221 – 231.

46. UK GovTalk: e-Government Interoperability Framework Version 6.1 [EB/OL]. http://www.govetalk.gov.uk/schemasstandards/egif_document.asp?docnum=949, 2006/12/15.

47. Kim Y., Kim H. S., et al. Economic Evaluation Model for International Standardization of Technology [J]. IEEE Transactions on Instrumentation and Measurement, 2009, 58 (3): 657 – 665.

48. Tan F. B. , Sutherland P. . Online Consumer Trust: A Multi-Dimensional Model [J]. Journal of Electronic ommerce in Organizations, 2004, 2 (3): 40 – 59.

49. Channel Integration Solutions —Creating a Single View for Singular Customer Relationships [EB/OL]. [2005 – 12 – 20]. http: //www. roundarch. com/brochures/RA_Integration. pdf.

50. Murray R. . Information Portals: Casting a New Light on Learning for Universities. Campus-Wide Information Systems. Bradford: 2003, 20 (4): 146.

51. Palade V. , Howlett R. J. , et al. . Automated Knowledge Acquisition Based on Unsupervised Neural Network and Expert System Paradigms [M]. Berlin Heidelberg: Springer-Verlag, 2003.

52. Ni Q. , Sloman M. . An ontology-enabled Service Oriented Architecture for pervasive computing [C]. Information Technology: Coding and Computing, 2005. ITCC 2005. International Conference, 2005, 2: 797 – 798.

53. University of Manitoba Library [EB/OL]. [2008 – 10 – 30]. http: //www. umanitoba. ca/virtual learning commons/pape/1514.

54. Sakaibrary: Bridging Course Management and Digital Library [EB/OL]. [2008 – 11 – 20]. http: //igelu. org/files/webfm/public/documents/conference2006/11_2006_jon_dunn. pdf.

55. Foster I. , Kesselman C. . The Grid: Blueprint for a New Computing Infrastructure [EB/OL]. [2007 – 09 – 08]. San Fransisco, CA: Morgan Kaufmann, 1999. http: //mkp. com/grids.

56. Lindbloom M. C. . Ready for Reference: Managing a 24/7 Live Reference Service. Virtual Reference Desk Conference 2005. [EB/OL]. [2008 – 10 – 23]. http: //www. vrd. org/conferences/VRD2001/proceedings/lindbloom. shtml.

57. Holsapple C. W. , Singh M. . The knowledge chain model: activities for competitiveness [J]. Expert Systems with Applications, 2001 (20): 77 – 98.

58. Saliola F. , Zanfei A. . Multinational Firms, Global Value Chains and the Organization of Knowledge Transfer [J]. Research Policy, 2009 (38): 369 – 381.

59. Pedroso M. C. , Nakano D. . Knowledge and information flows in supply chains: A study on pharmaceutical companies [J]. Int. J. Production Economics, 2009, (122): 376 – 384.

60. Robert A. P. , Stephen M. . Services Innovation: Knowledge Transfer and the Supply Chain [J]. European Management Journal, 2008 (26): 77 – 83.

61. LIBQUAL + Charting Library Service Quality [EB/OL]. [2010 – 03 – 04].

http：//www. libqual. org/About/Information/index. cfm.

62. Cook C. , Health F. and Thompson B. . Score Norms for Improving Library Service Quailty：A LIBQUAL +™ study ［J］. Libraries and the Academy, 2003 (3)：113 – 123.

63. Insync Surveys. ［EB/OL］. ［2010 – 03 – 04］. http：//www. insyncsurveys. com. au/.

64. Saw G. , Clark N. . Reading Rodski：User Surveys Revisited. ［EB/OL］. ［2010 – 03 – 04］. http：//www. library. uq. edu. au/papers/reading_rodski. pdf.

65. Rabin J. , Caldwell C. . Start Making Sense：Practical Approaches to Outcomes Assessment for Libraries ［J］. Research Strategies, 2000 (17)：319 – 335.

66. Bertot J. C. , McClure C. R. . Outcomes Assessment in the Networked Environment：Research Questions, Issues, Considerations, and Moving Forward ［J］. Library Trends, 2003 (4)：590 – 613, 686.

67. Gregorio D. , Mandalari G. , et al. . SCP and Crude Pectinase Production by Slurry-state Fermentation of Lemon Pulps ［J］. Bioresource Technology, 2002 (83)：89 – 94.

68. McWilliams A. , Smart D. L. . Structure-conduct-performance：Implications for Strategy Research and Practice ［J］. Journal of Management, volume 19, Issue 1, Spring 1993：63 – 78.

69. Cummins J. D. . Dynamics of Insurance Markets：Structure, Conduct, and Performance in the 21st century ［J］. Journal of Banking & Finance, 2008 (32)：1 – 3.

70. The Federal Enterprise Architecture Program Management Office. The Performance Reference Model Version 1. 0：A Standardized Approach to ITPerformance ［EB/OL］. ［2010 – 03 – 09］. http：//www. doi. gov/ocio/cp/PRM% 20Draft% 20I. pdf.

71. Miller R. , Schmidt S. . E-Metrics：Measures for Electronics Resources in Proceedings of the 4th Northumbria International Conference on Performance Measurement in Libraries and Information Services ［J］. Washington, DC：Association of Research Libraries, 2002：37 – 42.

72. AHP ［EB/OL］. ［2009 – 07 – 09］. http：//baike. baidu. com/view/70659.

73. Wang W. K. , Huang H. C. , Lai M. C. . Design of a Knowledge-based Performance Evaluation System：A Case of High-tech State-owned Enterprises in an Emerging Economy ［J］. Expert Systems with Applications, 2008, 34：1798 – 1800.

74. Skianis C. . Performance Evaluation of QoS-aware Heterogeneous Systems ［J］. European Journal of Operational Research, 2008, 191：1056 – 1058.

75. Weible C. L. . Selecting Electronic Document Delivery Options to Provide Quality Service ［J］. Journal of Library Administration, 2004, Vol. 41 Issue 3/4：535 – 536.

后 记

由胡昌平主持的教育部哲学社会科学研究重大课题攻关项目"创新型国家的知识信息服务体系研究",2006年12月启动,2010年9月完成,2010年11月通过教育部组织的专家鉴定(鉴定结果为优)。本书根据专家鉴定意见,对理论研究和应用成果进行了进一步的提炼,现提交经济科学出版社出版。本项目所取得的成果是团队合作的结晶,项目成果基础上形成的本著作由胡昌平、毕强、沈固朝、李纲、张李义、张敏、胡吉明、赵杨、梁孟华、程鹏、曾建勋(以姓氏笔画为序)执笔。除执笔者外,项目组成员还有:中国社会科学院黄长著教授,中国科学院文献信息中心刘细文研究馆员,国家信息中心王宪磊研究员,中国科技信息研究所郑彦宁研究员,湖北省科技信息研究院李勇副研究员,武汉大学信息管理学院陈传夫教授、邓仲华教授、李枫林教授、余世英教授、肖希明教授、邓胜利副教授、王林副教授、袁琳副教授、颜海副教授,华中师范大学胡潜副教授(武汉大学博士),湖北大学乐庆玲讲师(武汉大学博士),广西大学漆贤军讲师(武汉大学博士),武汉大学信息资源研究中心彭哲博士。

在项目研究和成果应用中,项目组得到了国家相关部门的大力支持,国家信息中心、国家科技图书文献中心、中国高等教育文献保障系统成员单位、广东省佛山市人民政府发展和改革局、湖北省科技情报局、各地相关高新技术开发区、相关行业信息系统,以及项目组成员单位的多方面指导和帮助,确保了本项目的案例和实证研究的开展,使得项目的创新性成果得以应用。在此,特致谢意。

教育部哲学社会科学研究重大课题攻关项目成果出版列表

书　名	首席专家
《马克思主义基础理论若干重大问题研究》	陈先达
《马克思主义理论学科体系建构与建设研究》	张雷声
《人文社会科学研究成果评价体系研究》	刘大椿
《中国工业化、城镇化进程中的农村土地问题研究》	曲福田
《东北老工业基地改造与振兴研究》	程　伟
《全面建设小康社会进程中的我国就业发展战略研究》	曾湘泉
《自主创新战略与国际竞争力研究》	吴贵生
《转轨经济中的反行政性垄断与促进竞争政策研究》	于良春
《当代中国人精神生活研究》	童世骏
《弘扬与培育民族精神研究》	杨叔子
《当代科学哲学的发展趋势》	郭贵春
《面向知识表示与推理的自然语言逻辑》	鞠实儿
《当代宗教冲突与对话研究》	张志刚
《马克思主义文艺理论中国化研究》	朱立元
《历史题材创新和改编中的重大问题研究》	童庆炳
《现代中西高校公共艺术教育比较研究》	曾繁仁
《楚地出土戰國簡册〔十四種〕》	陳　偉
《中国市场经济发展研究》	刘　伟
《全球经济调整中的中国经济增长与宏观调控体系研究》	黄　达
《中国特大都市圈与世界制造业中心研究》	李廉水
《中国产业竞争力研究》	赵彦云
《东北老工业基地资源型城市发展接续产业问题研究》	宋冬林
《中国民营经济制度创新与发展》	李维安
《中国加入区域经济一体化研究》	黄卫平
《金融体制改革和货币问题研究》	王广谦
《人民币均衡汇率问题研究》	姜波克
《我国土地制度与社会经济协调发展研究》	黄祖辉
《南水北调工程与中部地区经济社会可持续发展研究》	杨云彦

书 名	首席专家
《我国民法典体系问题研究》	王利明
《中国司法制度的基础理论问题研究》	陈光中
《多元化纠纷解决机制与和谐社会的构建》	范 愉
《生活质量的指标构建与现状评价》	周长城
《中国公民人文素质研究》	石亚军
《城市化进程中的重大社会问题及其对策研究》	李 强
《中国农村与农民问题前沿研究》	徐 勇
《中国边疆治理研究》	周 平
《中国大众媒介的传播效果与公信力研究》	喻国明
《媒介素养：理念、认知、参与》	陆 晔
《创新型国家的知识信息服务体系研究》	胡昌平
《新闻传媒发展与建构和谐社会关系研究》	罗以澄
《教育投入、资源配置与人力资本收益》	闵维方
《创新人才与教育创新研究》	林崇德
《中国农村教育发展指标体系研究》	袁桂林
《高校思想政治理论课程建设研究》	顾海良
《网络思想政治教育研究》	张再兴
《高校招生考试制度改革研究》	刘海峰
《基础教育改革与中国教育学理论重建研究》	叶 澜
《中国青少年心理健康素质调查研究》	沈德立
《处境不利儿童的心理发展现状与教育对策研究》	申继亮
《WTO主要成员贸易政策体系与对策研究》	张汉林
《中国和平发展的国际环境分析》	叶自成
*《马克思主义整体性研究》	逄锦聚
*《中国现代服务经济理论与发展战略研究》	陈 宪
*《面向公共服务的电子政务管理体系研究》	孙宝文
*《西方文论中国化与中国文论建设》	王一川
*《中国抗战在世界反法西斯战争中的历史地位》	胡德坤
*《近代中国的知识与制度转型》	桑 兵
*《中国水资源的经济学思考》	伍新木
*《转型时期消费需求升级与产业发展研究》	臧旭恒

书　名	首席专家
*《中国政治文明与宪政建设》	谢庆奎
*《中国法制现代化的理论与实践》	徐显明
*《中国和平发展的重大国际法律问题研究》	曾令良
*《知识产权制度的变革与发展研究》	吴汉东
*《中国能源安全若干法律与政策问题研究》	黄　进
*《农村土地问题立法研究》	陈小君
*《中国转型期的社会风险及公共危机管理研究》	丁烈云
*《边疆多民族地区构建社会主义和谐社会研究》	张先亮
*《数字传播技术与媒体产业发展研究》	黄升民
*《数字信息资源规划、管理与利用研究》	马费成
*《公共教育财政制度研究》	王善迈
*《非传统安全合作与中俄关系》	冯绍雷
*《中国的中亚区域经济与能源合作战略研究》	安尼瓦尔·阿木提
*《冷战时期美国重大外交政策研究》	沈志华
……	

＊为即将出版图书